道德情操论

[英] 亚当·斯密 著
谢宗林 译

THE THEORY OF MORAL SENTIMENTS

中央编译出版社
Central Compilation & Translation Press

图书在版编目（CIP）数据

道德情操论／（英）亚当·斯密著；谢宗林译. —北京：中央编译出版社，2023.10
ISBN 978-7-5117-4455-5

Ⅰ.①道… Ⅱ.①亚…②谢… Ⅲ.①伦理学–思想史–英国 Ⅳ.①B82-095.61

中国国家版本馆 CIP 数据核字（2023）第 108312 号

本书译文由五南图书出版股份有限公司授权中央编译出版社，在中国大陆地区出版发行简体中文版本

道德情操论

责任编辑	李小燕
责任印制	李　颖
出版发行	中央编译出版社
地　　址	北京市海淀区北四环西路 69 号（100080）
电　　话	（010）55627391（总编室）（010）55627301（编辑室） （010）55627320（发行部）（010）55627377（新技术部）
经　　销	全国新华书店
印　　刷	北京汇林印务有限公司
开　　本	880 毫米×1230 毫米　1/32
字　　数	359 千字
印　　张	16.625
版　　次	2023 年 10 月第 1 版
印　　次	2023 年 10 月第 1 次印刷
定　　价	78.00 元

新浪微博：@中央编译出版社　　微　信：中央编译出版社（ID：cctphome）
淘宝店铺：中央编译出版社直销店（http://shop108367160.taobao.com）
　　　　　（010）55627331

本社常年法律顾问：北京市吴栾赵阎律师事务所律师　　闫军　　梁勤
凡有印装质量问题，本社负责调换，电话：（010）55626985

译者序

《道德情操论》（*The Theory of Moral Sentiments*）是亚当·斯密（1723—1790）的第一本成名作。初版于1759年问世，当时他还在苏格兰格拉斯哥大学担任道德哲学教授，《道德情操论》便是根据他在课堂上的讲义改写而成的；后来，同一门课的讲义也孕育出他的另一本名著《国富论》①。《道德情操论》出版后，立即大受国内外的欢迎②，后来又历经五次修订改版。第二版发行于1761年，第三版发行于1767年，第四版发行于

---

① Adam Smith, *An Inquiry into the Nature and Causes of the Wealth of Nations*，中译本《国富论》（谢宗林与李华夏合译）和《国富论II》（谢宗林译），由台北先觉出版社分别于2000年与2005年出版。

② 由于《道德情操论》风评极佳，亚当·斯密乃有机会于1764年辞去格拉斯哥大学的教职，应聘担任某位贵族子弟的家庭教师。这个职位的酬劳非常丰厚，他不仅因此有机会于1764至1766年间陪伴他所教导的那位子弟到法国游历，因此得以结识法国当代许多哲学界的翘楚，而且在1766年回国后有能力退隐到他的故乡Kirkcaldy，陪伴自他出生以前便一直守寡的母亲，并全力撰写《国富论》。1778年，很可能是因为发表了《国富论》而备受尊重的缘故，他被任命为海关署长，因此移居爱丁堡，直到1790年辞世。

1774年,第五版发行于1781年,第六版发行于1790年①;在这之后不久,亚当·斯密便撒手人寰。第二版的修订内容主要响应他的一些哲学研究同好的批评,澄清一些关键性的概念,特别是同情感的性质;第三、四、五版和第二版几乎没有什么不同;但是,第六版却有大幅度的增订,如作者在该版新增的《告读者》部分所言,主要的增订出现在第一篇第三章第三节(《论钦佩富贵与藐视贫贱的心理倾向腐化我们的道德判断》,全部新增),第三篇第一至第四节(主要讨论作者所谓"存在我们心中的那位公正的旁观者"或一般所谓"良心"的形塑过程与运作原理),第六篇(《论好品格》,全部新增),第七篇第四章有关义务与诚实的段落,以及把前几版中散见于全书各处有关斯多亚哲学的段落大部分整并到第七篇第二章。第六版的增订,显然是一个在1776年发表了《国富论》的作者,长期深思熟虑其个人丰富的人生阅历与公职服务经验,以及同样丰富的历史学识后,所得到的结果。本译本根据的,是1790年发行的第六版。

亚当·斯密刚开始在格拉斯哥大学的课堂上②讲授他的道德哲学时,他的讲义很可能是从收编在《道德情操论》第七篇里的一些论述开始的。例如,该篇第一章第二段说道,"在论述道德原理时,有两个问题需要考虑。第一,美德或美好的品

---

① 读者或许对《国富论》经过几次修订也会感兴趣。答案是4次。《国富论》第一版于1776年问世,第二版发行于1778年,第三版发行于1784年,第四版发行于1786年,第五版发行于1789年。主要的修订出现在第二版和第三版之间。

② 当时上这门课的学生主要是年龄在13至14岁的苏格兰贵族子弟。

行究竟是什么？或者说，是什么格调的性情和什么取向的行为，构成卓越且值得称赞的品行，构成那种自然受到尊敬、推崇与赞许的品行？第二，这种品行，不管它是什么，究竟是被我们心里面的什么能力或机能推荐给我们的，令我们觉得它是值得称赞的？或者换句话说，究竟透过什么机制，以及怎么运作，以至于我们的心灵会喜欢某一行为取向，而不喜欢另一行为取向；会把前者称为是对的，而把后者称为是错的；会认为前者是该受赞许、推崇与奖赏的对象，而后者则是该受责备、非难与惩罚的对象？"这很适合作为全书导论的第一段话。读者或许可以从此处开始阅读本书。好处是，可以很快地对全书的讨论架构有一粗略的鸟瞰；坏处是，直接阅读这部分可能会觉得比较枯燥乏味。值得注意的是，作者在第一至第五版对前述第一个问题并未详述他个人的看法。这一项缺憾直到第六版增订了第六篇之后，才获得补正。少了第六篇关于实务上什么是好品格的论述，是一项缺憾。按照作者本人的说法，是因为"第二个问题的答案，虽然在理论上极为重要，但在实务上却一点儿也不重要。那些探讨美德之性质的研究，必然会对我们在许多特定场合的是非对错观念产生影响。但是，那些探讨赞许之原理的研究，却不会有这种效果。探讨那些不同的念头或感觉来自我们心中的什么机关或能力，纯然只是一种哲学上的好奇"[①]。作者把在我们的心中运作的那些促使我们赞许或非难任何品行的机关或能力，比作决定各个天体运动的万有引力，不管各个天体知不知道有万有引力，它们仍旧受万有引力的牵引

[①] 摘自第七篇第三章的引言。

运动,所以,不论我们知不知道那些机关或能力,都不会妨碍那些机关或能力的运作。他自谦出于"哲学上的好奇"所尝试建立的那个以同情为基础的理论,主张"当我们赞许任何品行时,我们自己所感觉到的那些情感,……来自四个在某些方面彼此不同的源头。第一,我们对行为人的动机感到同情;第二,我们对因他的行为而受惠的那些人心中的感激感到同情;第三,我们观察到他的品行符合前述那两种同情通常遵守的概括性规则;最后,当我们把他的那些行为视为有助于增进个人或社会幸福的行为体系的一部分时,它们好像被这种效用染上了一种美丽的性质,好比任何设计妥善的机器在我们看起来也颇为美丽那样。在任何一个道德褒贬的实例中,扣除了所有必须被承认来自这四个原理的那些道德情感后"①,应该不会有什么剩下来。作者大体上在本书第一篇说明前述第一个源头;在第二篇说明第二个源头;在第三篇说明第三个源头;在第四篇说明第四个源头;第五篇说明和评估社会习惯与时尚对我们的同情感或我们的道德判断的影响与扭曲。作者认为社会习惯与时尚对道德判断的影响比较严重的,仅限于少数几个特殊与过时的习俗,至于对一般品行风格的影响不是很大。真正对一般品行风格的道德判断有重大影响的,也许是钦佩富贵与藐视贫贱的心理(见第一篇第三章第三节)、敌对的党派斗争(见第三篇第三节第四十一、四十二与四十三段)与宗教狂热(见第三篇第六节第十二段)等等,严重妨碍与扭曲同情感运作的情况。

在好几个地方,亚当·斯密显然是在暗示,《道德情操论》

---

① 摘自第七篇第三章第三节第十六段。

是立法者必修的一门课,即他所谓"自然法理学"(Natural Jurisprudence)的先修课程。他认为,"所有角色中那最伟大与最高贵的角色,(是)伟大的国家的改革者与立法者;(他)以暗藏在那些被他建立起来的制度里的智慧,在他身后连续许多世代,确保国家内部的平静和同胞们的幸福"①;但是,要在他所建立起来的制度里暗藏智慧,一个立法者显然必须自己先学得智慧,亦即,必须对人性在各种不同的制度规范与引导下会产生什么样的行为与后果,有深远与广泛的了解②。譬如,他须分辨仁慈与正义的美德,"仁慈总是自由随意的,无法强求……(但正义)不是我们自己可以随意自由决定是否遵守的,而是可以使用武力强求的"③。分辨正义的规则与其他美德的规则,"正义的规则是唯一精密准确的道德规则;所有其他的道德规则都是松散的、模糊的,以及暧昧的。前者可以被比作文法规则;后者可以被比作评论家对什么叫作文章的庄严优美所定下的规则,比较像是在为我们应该追求的完美提示某种概念,而不是什么确实可靠的、不会出错的指示,供我们用来达成完美"④。因此,立法者的首要责任是制定或恢复正义的法律;至于立法"迫使……人民遵守一定程度的合宜性,互相亲

---

① 摘自第六篇第二章。

② Nathan Rosenberg, "Some Institutional Aspects of the Wealth of Nations", *The Journal of Political Economy*, Volume 68, Issue 6, Dec. 1960, pp. 557 – 570,对亚当·斯密的这种尝试透过立法建立适当的法律与政府制度以福国利民的思想倾向,也有类似的看法。

③ 摘自第二篇第二章第一节。

④ 摘自第七篇第四章第一段。

切仁慈对待",有时候也许是可以做到的,"然而,在立法者的所有责任当中,也许就数这项工作,若想执行得当,最需要大量的谨慎与节制了。完全忽略这项工作,国家恐怕会发生许多极其严重的失序与骇人听闻的罪孽,但是,这项工作推行过了头,恐怕又会摧毁一切自由、安全与正义"①。由于各种历史偶然的因素阻碍自然的正义情操发挥影响,"各个制定法体系,作为人类在不同时代与国家的情感纪录②,固然应当享有最大的权威,但绝不能被视为是什么精确的自然正义规则体系"。"法律学者们,针对不同国家的法律体系内各种不同的缺陷与改进所作的评析,应该……导致他们把目标放在建立一套或许可以恰当地称作自然法理学的体系,亦即建立一套一般性的法律原理,这套原理应该贯穿所有国家的法律体系,并且应该是那些法律体系的基础。"作者立志对这个目标作出贡献,他在1759年《道德情操论》第一版的最后一段承诺说,"将在另一门课努力说明法律与政府的一般原理,说明那些原理在不同的时代与社会发展阶段所经历过的各种不同的变革,不仅在有关正义的方面,而且也在有关公共政策、公共收入、军备国防以及其他一切法律目标方面"③。他在1776年出版的《国富论》中,部分履行了这个承诺,至少就公共政策、公共收入与军备

---

① 摘自第二篇第二章第一节。

② 这句话隐含某种"法律不外人情"的意思,因此,研究人情义理的《道德情操论》应有助于研究法律与政府的一般原理,研究那些原理在不同的时代与社会发展阶段所经历过的各种不同的变革,不仅在有关正义的方面,而且也在有关公共政策、公共收入、军备国防,以及其他一切法律目标方面。

③ 这三段引文全都摘自第七篇第四章。

国防的部分而言。可惜，剩下的有关正义的法律原理部分，他生前未能完成。

最后，或许值得一提的是，对于亚当·斯密在《道德情操论》中把人的行为溯源于人性中同情的原则，却在《国富论》中把人的行为溯源于人性中自私的原则，有些学者感到大惑不解，认为其中牵涉到某种难以解释的逻辑上或见解上的断裂。姑且不论亚当·斯密是否真的在《道德情操论》中完全把人的行为溯源于人性中同情的原则，而在《国富论》中完全把人的行为溯源于人性中自私的原则，即使真有这回事，也不表示亚当·斯密的整体思想有什么瑕疵。因为，如果自私的行为，透过自然正义的规则所保障的市场交易，可以达到宛如直接仁慈或甚至优于直接仁慈的结果，那么，对一个立法者来说，夫复何求？仅以下面两段引文证明，这很可能就是亚当·斯密会用来回答质疑者的话。第一段引文摘自《道德情操论》第四篇第一节第十段："即使有这么一个既骄傲又无情的地主，当他望着他自己的那一大片广阔的田地，完全没想到他的同胞们的需要，只想到他本人最好吃光那一大片田地里的全部收成，那也只是白费功夫的幻想罢了。'眼睛大过肚子'这句庸俗的谚语，在他身上得到最为充分的证实。他肚子的容量，和他巨大无比的欲望完全不成比例；他的肚子所接受的食物数量，不会多于最卑贱的农民的肚子所接受的。他不得不把剩余的食物，分配给那些以最精致的方式，烹调他本人所享用的那一丁点食物的人，分配给那些建造和整理他的邸第，以供他在其中消费那一丁点食物的人，分配给那些提供和修理各式各样没啥效用的小玩意，以装点他豪华生活气派的人。所有这些人，就这样从他的豪奢与任性中,得到他们绝不可能指望从他的仁慈或他的公正中得到的那一份生活必需品。土地的产出物,无论在什么时候,都几乎维持了它所能维持的居民人数。有钱人只不过从那一堆产出物中挑出最珍贵且最宜人的部分。他们所消费的数量,不会比穷人家多多少。尽管他们生性自私贪婪,尽管他们只在意他们自身的便利,尽管从他们所雇用的数千人的劳动中,他们所图谋的唯一目的,只在于满足他们本身那些无聊与贪得无厌的欲望,但他们终究还是和穷人一起分享他们的经营改良所获得的一切成果。他们被一只看不见的手引导而做出的那种生活必需品分配,和这世间的土地平均分配给所有居民时会有的那种生活必需品分配,几乎没什么两样。他们就这样,在没打算要有这效果,也不知道有这效果的情况下,增进了社会的利益,提供了人类繁衍所需的资源。当上帝把这世间的土地分给少数几个权贵地主时,他既没有忘记也没有遗弃那些似乎在分配土地时被忽略的人。最后这些人,在所有土地的产出中,也享受到他们所需的那一份。就真正的人生幸福所赖以构成的那些要素而言,他们无论在哪一方面,都不会比身份地位似乎远高于他们的那些人差。在身体自在和心情平静方面,所有不同阶层的人民几乎是同一水平、难分轩轾的,而一个在马路边享受日光浴的乞丐,则拥有国王们为之奋战不懈的那种安全。"

第二段引文摘自《国富论》卷一第一章最后一段:"诚然,如果和豪门大户的浪费奢侈相比,零工目前这种生活水平看起来确实很简陋。然而,我们也许可以说,在欧洲,一般王公贵族的生活水准胜过任何一个勤俭的佃农的程度,不一定大于后者的生活水平胜过许多非洲国王的程度,尽管任何一个非洲国王都绝对拥有数以万计的赤裸野人的生命与自由。"而这正是自然正义的规则,所保障的市场交易,所促成的社会分工,以及所达到的优于直接仁慈的结果。

告读者①

自从《道德情操论》第一版在这么久以前的1759年初问世以来,我曾经想到若干处修正,以及好几个可以用来说明其中一些学理的例子。但是,人生的各种机缘使我卷入种种不同的俗事工作,直到现在一直妨碍我按我始终坚持的那种细心专注的方式修订这本著作。读者将发现我在这一新版中所完成的主要变更出现在:第一篇第三章最后一节,以及第三篇的前四节。在本新版中出现的第六篇是完全新增的。我把大部分有关斯多亚哲学的段落收拢在第七篇,而在以前的版本中,那些段落是散见在这本著作的不同篇章里。另外,我也尽力更充分地说明,并且更清楚地检查,该著名的哲学门派的某些教义。在同一篇的第四节也是最后一节,我急就章地把少数几则附加的对于义务与诚实原则的看法凑在一起。除了前述那些增订,在本书的其他部分,还有其他少数几处不怎么重要的变更与修正。

在本书第一版的最后一段,我曾说,"我将在另一门课努

---

① 译注:这部分说明是作者于1789—1790年间增订《道德情操论》第六版时加上的。

力说明法律与政府的一般原理，说明那些原理在不同的时代与社会发展阶段所经历过的各种不同的变革，不仅在有关正义的方面，而且也在有关公共政策、公共收入、军备国防以及其他一切法律目标方面。"在《国富论》中，我已部分履行了这个承诺，至少就公共政策、公共收入与军备国防的部分而言。剩下的是有关正义的法律原理或所谓法理学的部分。这部分我虽然规划了很久，迄今却受阻于同样的那些直到现在一直妨碍我修订这本著作的俗事工作，而未能完成。虽然，我承认，以我现在这么一大把年纪，实在不太有希望能够如我所愿地完成这个重大的事业。不过，由于我尚未完全放弃原来的规划，而且也由于我希望仍继续负起我的义务，所以，我让该段在三十几年前，当我对于能够完成其中所宣称的每一件事没有任何疑虑时所发表的话，一字不变地保留下来。

目 录

第一篇　论行为的合宜性

第一章　论合宜感 ……………………………………… 3
　第一节　同情感 ……………………………………… 3
　第二节　论彼此同情的快感 ……………………… 10
　第三节　论通过他人的情感与我们的是否相合来
　　　　　评论他人的情感合宜与否的方式 ……… 15
　第四节　续前节 …………………………………… 19
　第五节　论可亲与可敬的美德 …………………… 26

第二章　论各种感情合宜的程度 …………………… 31
　引　言 ……………………………………………… 31
　第一节　论源自身体的感情 ……………………… 32
　第二节　论源自特殊的想象偏向或习性的感情 … 38
　第三节　论不和乐的感情 ………………………… 43
　第四节　论和乐的感情 …………………………… 50

第五节　论自爱的感情……………………………………… 53

第三章　论处境的顺逆对人类评论行为合宜与否的影响…… 58
　第一节　虽然我们对悲伤的同情感通常比对快乐的
　　　　　同情感更为强烈，但悲伤的同情感通常远
　　　　　远不如主要当事人自然感觉到的悲伤那般
　　　　　强烈……………………………………………………… 58
　第二节　论雄心壮志的根源以及地位差别………………… 67
　第三节　论钦佩富贵与藐视贫贱的心理倾向腐化
　　　　　我们的道德判断………………………………………… 82

第二篇　论功劳与过失，即论奖赏
　　　　与惩罚的对象

第一章　论功过感…………………………………………………… 93
　引　言……………………………………………………………… 93
　第一节　凡是看起来当受感激的对象，似乎都该受
　　　　　奖赏；同样的，凡是看起来当受怨恨的对
　　　　　象，似乎都该受惩罚…………………………………… 94
　第二节　论当受感激与怨恨的对象……………………………… 97
　第三节　如果施惠者的行为未获赞许，则受惠者的
　　　　　感激便很少会有人同情；相反，如果加害
　　　　　者的动机未受谴责，则受害者的怨恨便不
　　　　　会有人同情……………………………………………… 100
　第四节　前几节的要点重述……………………………………… 102

第五节　功过感的分析 ·················· 104

第二章　论正义与仁慈 ······················ 111
　　第一节　这两种美德的比较 ················ 111
　　第二节　论正义感、自责感，并论功劳感 ······ 116
　　第三节　论自然女神赋予心灵这种构造的效用 ···· 121

第三章　论运气如何影响人类对于行为功过的感觉 ···· 131
　　引　言 ································ 131
　　第一节　论运气有这种影响的原因 ············ 133
　　第二节　论运气的这种影响的程度 ············ 138
　　第三节　论这种感觉出轨的终极原因 ·········· 149

第三篇　论我们品评我们自己情感与行为的基础，并论义务感

　　第一节　论自许与自责的原理 ·············· 157
　　第二节　论喜欢受到赞美及喜欢值得赞美；并论
　　　　　　害怕受到谴责及害怕应受谴责 ········ 161
　　第三节　论良心的影响与权威 ·············· 188
　　第四节　论自欺的性质，并论概括性规则的起源
　　　　　　与应用 ······················ 219
　　第五节　论概括性道德规则的影响与权威，以及
　　　　　　这些规则应当被视为神的法律 ········ 227

第六节 在哪些情况下，义务感应当是我们唯一的行为原则，以及在哪些情况下，它应当获得其他动机的赞许 ………………………… 241

第四篇 论效用对赞许感的影响

第一节 论合用的外表赋予所有工艺品的美，并论这种美的广泛影响 ……………………… 255
第二节 论合用的外表赋予人的性格与行为的美，并论这种美在何等程度内可以被视为赞许该性格或行为的一个根本要素 ……………… 267

第五篇 论社会习惯与时尚对道德赞许与谴责等情感的影响

第一节 论社会习惯与时尚对美丑概念的影响 ……… 279
第二节 论社会习惯与时尚对道德情感的影响 ……… 288

第六篇 论好品格

引　言 ……………………………………………… 309

第一章 论个人的性格中影响其自身幸福的那一面，或论审慎 ……………………………………… 309

| 第二章　论个人的性格中影响他人幸福的那一面 | 319 |

引　言 ⋯⋯⋯⋯⋯⋯⋯⋯⋯⋯⋯⋯⋯⋯⋯⋯⋯⋯⋯⋯ 319

第一节　论自然女神按何种顺序把哪些个人托付
　　　　给我们照顾 ⋯⋯⋯⋯⋯⋯⋯⋯⋯⋯⋯⋯⋯⋯ 320

第二节　论自然女神按何种顺序把哪些社会团体
　　　　托付给我们帮助 ⋯⋯⋯⋯⋯⋯⋯⋯⋯⋯⋯⋯ 334

第三节　论博爱 ⋯⋯⋯⋯⋯⋯⋯⋯⋯⋯⋯⋯⋯⋯⋯⋯ 345

第三章　论克己 ⋯⋯⋯⋯⋯⋯⋯⋯⋯⋯⋯⋯⋯⋯⋯⋯⋯⋯ 350

结　论 ⋯⋯⋯⋯⋯⋯⋯⋯⋯⋯⋯⋯⋯⋯⋯⋯⋯⋯⋯⋯⋯⋯ 389

第七篇　论道德哲学体系

第一章　论道德情感的理论应该探讨的问题 ⋯⋯⋯⋯⋯⋯ 397

第二章　论各种说明美德之性质的学说 ⋯⋯⋯⋯⋯⋯⋯⋯ 400

引　言 ⋯⋯⋯⋯⋯⋯⋯⋯⋯⋯⋯⋯⋯⋯⋯⋯⋯⋯⋯⋯ 400

第一节　论主张美德以合宜为本的学说 ⋯⋯⋯⋯⋯⋯ 401

第二节　论主张美德以审慎为本的学说 ⋯⋯⋯⋯⋯⋯ 440

第三节　论主张美德以慈善为本的学说 ⋯⋯⋯⋯⋯⋯ 448

第四节　论善恶不分的学说 ⋯⋯⋯⋯⋯⋯⋯⋯⋯⋯⋯ 456

第三章　论各种关于赞许之原理的学说 ⋯⋯⋯⋯⋯⋯⋯⋯ 469

引　言 ⋯⋯⋯⋯⋯⋯⋯⋯⋯⋯⋯⋯⋯⋯⋯⋯⋯⋯⋯⋯ 469

第一节 论主张赞许之原理本于自爱的学说 ………… 470
第二节 论主张赞许之原理本于理性的学说 ………… 474
第三节 论主张赞许之原理本于感觉的学说 ………… 478

第四章 论不同的作者处理道德实务规则的方式 ………… 488

第一篇

论行为的合宜性

日本の民衆十字架

第一章 论合宜感

第一节 同情感

人,不管被认为是多么的自私,在他人性中显然还有一些原理,促使他关心他人的命运,使他人的幸福成为他的幸福必备的条件,尽管除了看到他人幸福他自己也觉得快乐之外,他从他人的幸福中得不到任何其他好处。属于这一类的原理,是怜悯或同情,是当我们看到他人的不幸,或当我们深刻怀想他人的不幸时,我们所感觉到的那种情绪。我们时常因为看到他人悲伤而自己也觉得悲伤,这是一项显而易见的事实,根本不需要举出任何实例予以证明。因为这种同情的感觉,就像人性中所有其他原始的感情那样,绝非仅限于仁慈的人才感觉得到,虽然他们的这种感觉也许比其他任何人都更为敏锐强烈。即使是最残酷的恶棍,最麻木不仁的匪徒,也不至于完全没有这种感觉。

由于我们没有直接体验到他人的感觉,我们不可能知道他们有什么样的感受,除非我们设想在相同的处境下我们自己会有什么样的感觉。即使我们的亲兄弟正在拷问台上遭受酷刑，只要我们本身还轻松自在，我们的感官便不可能使我们感受到他正在遭受什么样的痛苦。我们的感官从来没有，也绝不可能，带给我们超出我们自身以外的感受；只有透过想象，我们才能对他的感觉有所感知。而想象的机能，除非是向我们描述，倘使我们身处他的处境时，我们自己将会有的感觉外，也不可能以其他任何方式帮助我们对他的感觉有所体会。我们的想象所复制的，是我们自身的感官所感受到的感觉，不是他的感官所感受到的感觉。借由想象，我们把自己摆在他的位置，我们设想自己正在忍受所有相同的酷刑折磨，我们可以说进入他的身体，在某一程度内与他合二为一，从而对他的感觉有所体会，甚至我们自身也升起某种程度上虽然比较微弱，但也并非与他的感觉完全不相像的感觉。当我们这样对他的种种痛苦有所感知时，当我们这样接纳那些痛苦，并让那些痛苦变成我们的痛苦时，他的种种痛苦终于开始影响我们，于是我们一想到他的感觉便禁不住战栗发抖。因为，正如任何痛苦或穷困的处境都会激起悲伤的情绪那样，所以，设想或想象我们身处那样痛苦或穷困的处境，也会激起同一种情绪，其强弱视我们的想象鲜明或模糊的程度而定。

　　这就是我们对他人的不幸之所以有同情感的根源。正是借由设想和受难者易地而处，我们才会对他的感受有所感知，他的感受也才会影响我们。这一点有许多明显的事实可以证明，如果有人认为它本身还不够明显的话。当我们看到一根棒子正对着另一个人的腿或手臂就要打下去的时候，我们会自然而然缩回我们自己的腿或手臂；而当那一棒真的打下去时，我们多少会觉得自己好像被打中似的,并且感到疼痛。一群民众,当他们目不转睛盯着一个舞者走在一条松弛的绳子上时,自然而然会随着他歪曲、扭动、平衡他们自己的身体,因为他们觉得自己好像走在绳子上似的,必须像那位舞者那样歪曲、扭动,否则就会失去平衡从绳子上摔下来。常有神经敏感与体质纤弱的人抱怨说,当他们在街上看到乞丐身上露出脓肿的溃疮时,他们自己身上的对应部位往往也会有发痒或不适的感觉。那些可怜人身上的溃疮,在他们心里引起的那股恐怖感,对他们身上那个部位的影响大于对其他任何部位的影响;因为那股恐怖感来自设想他们如果真的是他们所遇上的那些可怜人,而他们身上那个特定部位实际上也同样不幸受到溃疮感染时,他们自己将会有什么样的感受。光是此一想象的感受,其力道便足以在他们纤弱的身躯上产生他们所抱怨的那种发痒或不适的感觉。一些体质最强韧的人也注意到,当他们看到溃烂的眼睛时,他们自己的眼睛时常会有很明显的疼痛感,这也是相同的道理所引起的。体质最强韧的人身上那个器官,比体质最纤弱的人身上其他任何部位,都更为娇嫩敏感。

并非只有痛苦或悲伤的情况才会激发我们的同情感。不管主要当事人遭遇到什么样的情况而呈现出什么样的感情,每一位用心注意的旁观者,一想到当事人的情况,自会有一股类似的情绪在他自己身上油然升起。当悲剧或浪漫剧里让我们着迷的那些英雄人物最后得以脱离困境时,我们所感觉到的那股喜悦之情,和我们因为他们的苦难而感觉到的那股悲伤一样的真诚;我们为他们悲惨的遭遇而兴起的那种同情感,不见得比我们为他们的幸福而兴起的同情感更为真实。对那些在他们苦难时未离弃他们的忠实朋友,我们和他们一样心怀感激;我们从心底里也和他们一样怨恨那些背信乃致伤害、离弃或欺骗他们的叛徒。就人类心灵容许产生的每一种情感来说,旁观者的情感总是和旁观者设身处地的想象中主要当事人应该会有的那种感受相像。

怜悯(pity)与悲悯(compassion),一般用来表示我们因为他人的悲伤而产生的相同的情感。同情或同情感(sympathy)一词,虽然原义也许是相同的,但是,现在如果用来表示我们与任何一种情感同感共鸣,或对它产生相同的情感,或许没有什么特别不恰当之处。

在某些场合,似乎只要在另一个人身上看到某一种感情,便可以在我们身上引起同情。有时候,某种感情好像就在一瞬间便从某个人倾注到另一个人似的,事先完全不必知道究竟是什么情况在主要当事人身上引起了那种感情。例如,悲伤或喜悦,当被任何人的面容与姿态强烈呈现出来时,立即会使旁观者多少感到类似的痛苦或愉快。笑脸迎人,令人开怀;相反,愁容满面,则令人心情郁闷。

然而,这一点并非普遍成立,亦即,并非每一种感情都会引起同情。有一些感情,当它们被表达出来时,一点也不会引起同情,相反,在我们弄清楚导致那些感情的原因以前,它们的表达只会激起我们的厌恶与反感。一个发怒的人,他的狂暴行为,比较可能刺激我们起来反对他,而不是起来反对他发怒的对象。由于我们不清楚他被触怒的缘由,我们无法体会他的处境,因此也就无法怀想任何类似由那个处境所引起的感情。但是,我们清楚看到他发怒的那些对象所面对的是一个什么样的处境,知道一个如此暴怒的对手,可能在他们身上施加什么样的伤害。所以,我们很容易对他们的恐惧或怨恨产生同情,并且立即想到要和他们站在一起,反对那个看起来使他们蒙受如此严重危险的人。

我们之所以看到悲伤或喜悦的表情时,心里便多少会兴起类似的情绪,是因为那些表情通常会让我们笼统地联想到,有某种好运或厄运已经降临在出现这些表情的那个人身上;而且在这些感情方面,此一笼统的联想足以对我们的心情感受造成些许的影响。悲伤或喜悦的心情,所产生的后果仅及于感受到这些情绪的人;它们的表达,不像愤怒或怨恨的表情那样,会让我们联想到其他任何我们所关心的人也许正处在它们的对立面。所以,好运或厄运的笼统联想,多少会促使我们关切遭遇到好运或厄运的人;但是,不清楚被什么原因触怒的笼统联想,却不会促使我们对那个被触怒者的愤怒兴起同一情感。自然女神似乎教我们要比较厌恶去体谅愤怒的感情,甚至教我们在得知这种感情的原因以前,稍微倾向站在它的对立面。

甚至我们对他人的悲伤或喜悦的同情,在我们得知那悲伤或喜悦的原因以前,也总是极不完备的。只是表现受苦者身心极为痛苦的那种常见的悲叹恸哭,在我们身上引起的,更多的是探究其处境的好奇心,并附带些许产生同情的意向,而不是非常明显真实的同情感。我们问的第一个问题是:你遇上了什么不幸?直到这个问题获得澄清。尽管我们心里因为有他遭到不幸的模糊念头而感到不安,也尽管我们因为折腾自己揣测那不幸究竟是怎么一回事而心里头益发不舒坦,但我们身上的同情感却不是很显著。

所以，同情感，与其说是因为我们看到某种感情所引起的，不如说是因为我们看到引起那种感情的处境所引起的。有时候，我们会为他人的行为感觉到一股他自己似乎完全不可能感觉到的感情。因为，当我们设想自身处在他的处境时，我们的想象会在我们的胸臆中燃起那股感情，尽管在他的胸臆中，那处境并没有引起那样的感情。我们为他人的厚颜无耻与粗野无礼而感到面红耳赤，尽管他自己似乎不觉得他自己的行为有什么不合宜之处。因为，当我们设想自己的举止是这么的荒唐可笑时，我们会禁不住觉得全身狼狈到无地自容。

在命运可能为人类带来的所有灾难当中，丧失理智，即使对最残酷的那些人来说，似乎也是最为可怕的；当他们看到此一最为悲惨的人生境遇时，他们悲天悯人的心情，比看到其他任何不幸都更为深切。但是，那丧失理智的可怜人，也许还边笑边唱着歌，对他自身的不幸完全没有感觉。所以，在看到这种景象时，人类心中所感到的那股悲痛，不可能是对受难者的任何情感的反映。旁观者的同情感，必定完全来自他想到，当自己沦落到同样不幸的情况，同时又能够（这也许是不可能的）以他目前的理智与判断去看待那种状况时自己将会有的感觉。

一个母亲，当她听到她那无法以言语表达感觉的婴儿在病痛中的呻吟声时，她会感受到哪些苦楚呢？在她的想象中，那婴儿所承受的痛苦，除了有其事实上的无助无告之外，还掺杂了她自己对那无助无告的感觉，以及她自己对生病可能产生的种种不明后果的恐惧。所有这些想象所构成的那一幅最完整深刻的悲惨与苦恼的情境，正是让她自己感觉到哀伤的对象。然而，那个婴儿所感觉到的，只不过是眼前这一刻的不舒服，而这种不舒服也绝不可能很严重。对于未来，那婴儿是完全无忧无虑的，因为他的懵懂无知与缺乏远见，让他拥有对抗畏惧与焦虑的免疫力；相对的，当他长大成人后，要使他免于人类内心这两大苦恼来源的肆虐，即使有再多的理智与学问企图保护他，也将徒劳无功。

我们甚至对死去的人兴起同情感，我们瞻望等着他们的那个可怕的未来，对他们的处境中真正重要的东西反而视而不见，以致影响我们的，主要是那些冲撞我们的感觉，但对他们的幸福绝不会有任何影响的情况。我们想，他们被剥夺了阳光；被隔绝在活生生的社交世界之外；被摆在寒冷的坟墓里，变成各种腐败细菌与泥土中爬虫的猎物；在这世界上，不再被人想念，反而只消一会儿，就会从他们至亲好友心中挚爱的名单中除名，甚至几乎从他们至亲好友的记忆中消失。如此这般的处境，是多么的悲惨啊！我们想，毫无疑问，他们遭逢如此可怕的灾难，我们无论再怎么怜悯他们，也绝不可能过分。我们现在似乎更应该加倍同情他们，因为他们此刻正面临被人人遗忘的危险。于是，我们参加纪念他们的仪式，表示我们空洞的礼敬，我们努力抗拒自然让自己显得凄惨，让自己不断忧伤地回忆他们的不幸。事实上，我们的同情无法提供他们什么慰藉，但此一事实似乎使他们的处境显得更加凄惨；而想到我们所做的一切皆无济于事，想到我们所做的一切只是减轻了其他所有痛楚，只是舒缓了他们的朋友疼惜他们、爱恋他们与悲叹他们的心情，却完全无法带给他们任何安慰，益发加深我们对他们的不幸的感伤。然而，最无可置疑的是，死者的幸福完全不受前述那些情况的影响,而我们想要安慰他们的那些想法,也丝毫不可能扰动他们那无忧无虑的长眠安息。那个凄凉可怕且永无止境的忧郁意念,亦即,在我们自然而然的想象中,他们的处境应该会兴起的那个意念,完全是因为我们把他们身体上所产生的变化和我们自己对那个变化的知觉结合在一起而引起的,亦即,那个意念是起于我们把自己摆在他们的处境中,或者说,如果允许我这么说的话,是起于我们把我们自己还活着的灵魂塞进他们已经失去活力的躯壳里,然后设想在这种情况下我们自己将会有什么样的情绪。正是由于此一想象上的错觉,所以,对我们来说,预见自己的死亡,才会这么令人胆颤心惊;也正是由于这种错觉,所以,在我们死后无疑不可能给我们带来任何痛苦的那些情况,在我们活着时想起来却让我们心痛不已。而从这里便衍生出人性中一个至为重要的原理,亦即,恐惧死亡。这种恐惧,虽是个人幸福的一大毒害,却是抑制人类各种不义的伟大力量,它虽然折磨与抑制个人,却守护与保障社会。

第二节　论彼此同情的快感

但是,无论同情感的原因是什么,或同情感是怎样被引发的,最让我们觉得愉快的事,显然莫过于发现他人的感觉和我们自己心里头全部的情绪相一致;而且最让我们震惊的,也莫过于发现他人和我们完全没有同感。特别喜欢以某种吹毛求疵的自爱(self-love)原理演绎人类所有情感的那些作者,自以为根据他们自己吹嘘的原理,要解释这种快乐或这种痛苦,一点儿也不困难。他们说，人，由于意识到自己的力量薄弱，以及意识到自己需要他人的协助，所以，每当他注意到他人表现出和自己一样的情感时，他就会高兴，因为那时候他自信可以获得自己所需的协助；而每当他注意到情形相反时，他就会苦恼，因为那时候他以为他们必定会和他作对。但是，这种高兴与这种苦恼总是这么立即地被感受到，而且也时常是在一些微不足道（因此不怎么样需要协助）的场合中被感受到，所以，我认为，不管是这种高兴还是这种苦恼，显然都不可能是源自于任何这样以自我利益为中心的考量。某个人，当他在尽力娱乐同伴之后环顾四周，如果看到除了自己没有任何人为他所讲的笑话而发笑时，一定会觉得很丢脸、很懊恼。相反，同伴的欢笑则会让他感到心里很舒畅；他会认为，他们的情感和他自己的相一致，是他所能得到的最高礼赞。

他的这种快乐，似乎不完全是由于同伴的欢乐在他身上所引起的同情感，使他原本欢乐的心情获得额外的活力所致；而他的这种痛苦，同样也不完全是由于他错失了这种快乐的机会，以致他因为失望而感到心情沮丧。不管是前一种场合还是后一种场合，同情感之有无，无疑多少都会有这样的影响。当我们已经如此频繁地熟读了一本书或一首诗，以致我们不再能够从独自阅读那本书或那首诗获得任何乐趣时，我们仍然能够从朗读它给某个同伴听而得到一些乐趣。对他来说，它还充满全部新鲜的魅力；我们与它在他身上自然引起的那种惊讶与赞叹的感情同感共鸣，虽然它不再能够直接在我们心中唤起这种惊讶与赞叹；我们比较像是从他的眼光，而不是从我们自己的眼光，去看待它所呈现的所有构想与理念；我们透过和他的愉快起同感共鸣而感到心情愉快；他的愉快就这样重新唤醒或活化我们的愉快。相反，如果他看起来似乎不怎么欣赏它，那我们将会感到懊恼，而我们在朗读它给他听时，当然也就不再能够得到任何乐趣。这里的情形和前面那个例子完全相同。同伴的欢乐，无疑会唤起或活化我们的欢乐，而他们的沉默，无疑也会使我们失望、沮丧。纵使这个原理或许有助于我们在前一种场合获得一些快乐，也有助于我们在后一种场合感受到一些痛苦，但在这两种场合，它都绝不可能是快乐或痛苦的唯一原因。因为，他人和我们自己在情感上的相互契合，似乎就是快乐的一个原因，而缺乏这种契合也似乎就是痛苦的一个原因，然而，这种现象却无法以前述那个原理予以解释。没错，我的朋友们对我的喜悦所表现出来的那种同情感，或许可以透过活化那个喜悦而给我带来快乐；但他们对我的悲伤所表现出来的那种同情感，如果只会活化那个悲伤的话，便不可能给我带来任何快乐。然而，同情感不仅活化喜悦，也缓和悲伤。在人们喜悦时，它以提供另一种方式的满足（译按：指彼此情感相互契合所产生的感觉）来活化喜悦；在人们悲伤时，它以迂回委婉的方式，将几乎是人心在那时候还可能接受的唯一愉快的感觉（译按：同样是指彼此情感相互契合所产生的感觉）巧妙地渗入人心，从而缓和人们的悲伤。

所以，值得注意的是，我们虽然愿意和我们的朋友分享我们的喜悦，但我们更加渴望向他们倾诉我们心里的不愉快；他们同情我们的不愉快，比同情我们的喜悦，会让我们得到更大的满足，而他们对我们的不愉快缺乏同情感，则比他们对我们的喜悦缺乏同情感，更加令我们震惊。

对遭逢不幸的人来说，当他们找到一个对象可以倾诉他们悲伤的缘由时，他们心里的悲痛会怎样得到缓解呢？他们似乎把自己的一部分痛苦卸下，放在他的同情感上。说他分担了他们的痛苦，也许并不为过。他不仅感觉到一股他们所感觉到的同一种悲伤，而且他也宛如把他们的一部分悲伤引到他自己身上似的，所以，他所感觉到的悲伤，似乎减轻了他们所感觉到的悲伤的分量。不过，在倾诉他们的不幸时，他们也多少重新唤起自己心里的悲伤。他们唤醒了带给他们苦恼的那些情况的回忆。所以，他们的眼泪比从前流得更快，甚至嚎啕大哭，不能自已。然而，他们其实以所有这些动作为乐，而他们的心情也显然因此获得极为显著的纾解，因为他的同情给他们带来的那种慰藉的甜美，绰绰有余地抵销了他们为了激起此一同情而在他们心里重新唤起的那股悲伤的苦涩。相反，对遭逢不幸的人，我们能够给予的最残酷的侮辱，莫过于表现出一副藐视他们的悲惨遭遇的样子。如果我们对同伴们的喜悦显得无动于衷，那也只不过是于我们的礼貌有损罢了；但是，当他们向我们倾诉痛苦时，如果我们不装出很严肃的表情，那就是真正严重的残忍了。

爱是一种愉快的，而怨恨则是一种不愉快的感情。所以，我们虽然也渴望我们的朋友接纳我们对第三者的友情（或者说，渴望他们把我们的朋友当作是他们自己的朋友），但这种渴望的热切程度，恐怕没有我们渴望他们体谅我们对第三者的怨恨时的一半。当他们对我们所获得的恩惠显得无动于衷时，我们或许还能够原谅他们，但如果他们对我们所遭受的伤害显得漠不关心，那我们一定无法忍受。我们或许会气恼他们不赞许我们心中的感激,但这种气恼的程度,恐怕没有我们在他们不体谅我们心中的怨恨时的一半。他们能够轻易地避免变成我们的朋友的朋友,但他们很难避免变成我们的敌人的敌人。我们很少怨恨他们与我们的朋友不和,虽然我们有时候也许会因为那个缘故而别扭地假装和他们吵架;但如果他们和我们的敌人和睦共处,那我们一定会认真地和他们吵架。爱与喜悦的愉快感情,无需其他快感的辅助,便能够满足与鼓舞我们的心灵。而悲伤与怨恨这两种痛苦的情绪,则是更强烈地需要同情的抚慰。

  正如任何事故的主要当事人,会因为我们的同情而觉得欣慰,也会因为我们缺乏同情而觉得痛心那样,所以,当我们能够和他同感共鸣时,我们也似乎会觉得欣慰,而当我们不能够和他同感共鸣时,我们也似乎会觉得痛心。我们不仅真心想要祝贺那些成功的人,而且也真心想要吊慰那些受苦的人;当我们和一个我们能够和他心中的所有情感同感共鸣的人交谈时,我们从交谈中所得到的快乐,除了补偿了我们因为看到他的情况而心感悲伤的那种痛苦之外,似乎还剩下很多。相反,我们无法和他同感共鸣的事实,总是会让我们觉得不愉快;我们非但不会因为免于同情的痛苦而觉得欣慰,反而会因为发现我们无法分担他心里的不舒服而觉得痛苦。如果我们听到某个人大声悲叹他的种种不幸,但我们在设想自身处于他的情况时,却觉得他的那些不幸不可能在我们身上造成如此激烈的影响,那么,他的悲伤一定会令我们震惊;而且因为我们无法附和他的悲伤,所以我们会说他的悲伤是懦弱的表现。另一方面,如果看到某人只要交到一丁点儿好运,就万分高兴,或者说,就高兴到昏了头，那也会让我们生气。我们甚至觉得被他的喜悦得罪了；而且因为我们无法附和他的喜悦，所以我们会说他的喜悦是轻浮与品行不端。如果我们的同伴在听完了某则笑话后，笑得比我们认为该则笑话值得笑的程度，或比我们觉得我们自己能够因该则笑话而发笑的程度更大声或更久，我们甚至会觉得不高兴。

第三节 论通过他人的情感与我们的是否相合来评论他人的情感合宜与否的方式

当主要当事人原始的感情和旁观者同情的感觉完全一致时，对后者来说，那些原始的感情必然显得正当与合宜，并且适合它们的对象。相反，如果他在设想自身处于当事人的处境时，发现当事人那些原始的感情和他所感觉的并不一致，那对他来说，它们便显得不正当与不合宜，而且也和引起它们的那些原因不相称。所以，赞许他人的感情适合其对象，等于是在表示我们完全附和那些感情；而不赞许他人的感情，则等于是在表示我们不完全附和那些感情。某个人如果怨恨我所受到的那些伤害，而且也注意到我对那些伤害的怨恨和他的怨恨完全一致，那他必定会赞许我的怨恨。某人的同情感，如果和我的悲恸完全合拍，那他就不可能不承认我的悲恸合乎道理。某人如果和我一样喜爱同一首诗或同一幅画，而且喜爱它们的程度完全和我的一致，那他无疑必须承认我的喜爱很正当。某人如果和我一样因同一则笑话而发笑，而且和我一道发笑一道停止，那他就不好否认我的笑声合宜。相反,如果在这些不同的场合,某人没感觉到任何像我所感觉到的那些情绪,或者,他所感觉到的和我所感觉到的完全不成比例,那他必定难免因为我的情感和他的不和谐而不赞许我的情感。如果我的憎恨超过我的朋友的义愤能够附和的程度;如果我的悲伤超过他最仁慈敏锐的同情心能够一道体会的程度;如果我的喜爱与赞美,或者过高或者过低,并不符合他喜爱与赞美的程度;如果当他只是露齿微笑时,我却开怀大笑,或者相反的,当他开怀大笑时,我却只是露齿微笑,在所有这些场合,一旦他考虑过引发情感的对象后,回头观察我怎样受到那个对象的影响时,按照他的情感和我的情感之间不一致的比例大小,我必定会立即招致他或多或少的责难;在所有这些场合,他自己的情感,是他据以评判我的情感的标准与尺度。

赞许他人的意见,就是接纳那些意见,而接纳那些意见,也就是赞许那些意见。如果让你信服的那些论证同样也让我信服,那我必然赞许你的信服;如果它们并未让我信服,那我必然不赞许你的信服;我无法想象自己信服但不赞许你的信服,也无法想象自己不信服却赞许你的信服。所以,每一个人都须承认,我们赞许他人的意见与否,只不过表示他们的意见和我们自己的意见符合与否。但是,我们是否赞许他人的情感或感情所涉及的原理,和我们是否赞许他的意见所涉及的原理,并没有两样。

没错,在某些场合,我们虽然赞许,但心里似乎没有任何同情感或彼此一致的情感,因此,在这种场合,赞许的感觉似乎和彼此一致的感觉有所不同。然而,我们只要稍微留意,便可使我们自己相信，即便在这些场合，我们的赞许终究也是植基在同情或情感彼此一致的基础上。我将提出一个非常琐碎的事例，因为在这种琐屑的事例中，人类的判断比较不至于被错误的理论体系扭曲。我们或许时常赞许某个小玩笑，并且认为同伴的笑声颇为正当与合宜，虽然我们自己并没有笑，因为我们当时也许心情比较低沉，或者因为我们刚好分心注意别的事物。然而，根据经验，我们知道，哪一种玩笑在大多数场合能够使我们发笑，而我们也观察到当时这个玩笑是一个属于那一种通常会使我们发笑的玩笑。所以，我们赞许同伴的笑声，并且觉得这笑声很自然、很适合它的对象；因为，虽然在我们目前的心情下，我们无法轻易地和同伴齐声发笑，但我们觉得在大多数场合，我们应当会和同伴一样开怀地笑出来。

在所有其他情感方面，也时常发生同样的事情。一个陌生人在街上从我们的身旁走过，脸上布满极为深刻忧伤的表情；而我们也被立即告知，他刚接获他父亲去世的消息。在这样的场合，我们不可能不赞许他的悲伤。不过，在那当下，即使我们没有任何人性缺陷，我们往往不仅绝没有感觉到像他那样强烈悲伤的同情感，我们甚至几乎感觉不到我们心中对他兴起了任何关切之情。他和他的父亲也许和我们完全素不相识，或者因为我们刚好忙于其他的事情，以致无法好好地想象他必然会遭遇到的各种苦恼情境。然而，根据经验我们知道，这样的不幸自然会引起这样的悲伤，而且我们也知道，如果我们花一点时间充分仔细地考虑他的处境，那我们的心中无疑将极其真诚地兴起同他一样悲伤的感觉。正是由于意识到在某些条件下会有那种同情感，所以我们对他的悲伤才觉得赞许，虽然当时我们实际上并没有那种同情感，或者说，并没有像他那样悲伤的感觉；根据我们以往的经验累积建立起来的，有关我们的情感通常会和什么情感契合的那些通则，在这样的场合，如同在其他许多场合那样，使我们当下各种不合宜的情感得到了适当的补正。

情感或心里的感受，是各种行为产生的根源，也是品评整个行为善恶最终必须倚赖的基础。因此，我们可以从两个不同的方面来看待情感，或者说，可以在两个不同的关系中考量情感；第一是从引起它的原因，或者说，从引起它的动机来考量它；第二则是从它所意图的目的，或者说，从它倾向产生的后果来考虑它。

行为的合宜与否，或者说，行为究竟是端正得体或粗鲁下流，全在于行为根源的情感，相对于引发情感的原因或对象是否合适，或是否比例相称。

行为的功与过或行为的性质，究竟是使它有资格得到奖赏抑或受到惩罚，全在于引发行为的情感所欲产生或倾向产生的后果，性质上是有益的抑或是有害的。

晚近的哲学家主要考察各种情感所意图的目的，很少注意情感和引发情感的原因之间的关系。然而，在日常生活中，当我们评论任何人的行为，以及评论引发行为的情感时，我们经常兼顾行为与情感的所有这些方面。当我们谴责某人过分爱恋、过分悲伤或过分怨恨时，我们不仅考虑到那些情感倾向产生毁灭性的后果，而且也考虑到引发那些情感的原因是多么的无足轻重。我们说，他所爱戴的那个人功劳并非这么伟大，他的不幸并非这么可怕，或使他发怒的那个原因并非这么不寻常，因此都尚未达到可以使这么强烈的情感反应显得正当的地步。我们说，我们应当会纵容，也许还会赞许他那种强烈的情感，如果引发那情感的原因在任何方面都和那情感相称。

当我们依此方式评论任何情感和引发它的原因是否相称时，我们几乎不可能有其他什么规则或规范足资依凭，除了我们自身与之对应的情感。我们在设想自身处于相同的情况后，如果发现该情况在他人身上所引发的那些情感和我们自己的情感相互吻合，我们必然会赞许他人的那些情感，认为它们和它们的对象相匹配或相称；否则，我们必然会责难那些情感，认为它们过度夸张，和它们的对象不成比例。

每一个人身上的各种官能，是他据以评论他人身上同一类官能的标准。我根据我的视觉评论你的视觉，根据我的听觉评论你的听觉，根据我的理智评论你的理智，根据我的怨恨或愤怒评论你的怨恨或愤怒，根据我的爱恋评论你的爱恋。我不但没有，也不可能有其他任何评论它们的方法。

第四节　续前节

我们在两种不同的情况下，根据他人的情感和我们的是否吻合，去评论他人的情感是否合宜；第一种情况是，引发情感的对象，被认为和我们自己，以及和我们想评论其情感的那个人，都没有任何特别的关系；第二种情况是，引发情感的对象，被认为对我们自己，或对我们想评论其情感的那个人，有某种特别的影响。

(1)被认为和我们自己,以及和我们想评论其情感的那个人,都没有任何特别关系的那些对象;每当他的情感完全和我们自己的一致时,我们便会认为他有品位、有见识。一处平原的美景,一座山峰的雄伟,一栋建筑的装饰,一幅画的意境,一篇论文的构思,第三者的品行,各个数量与数目之间的比例,宇宙大机器永远不断展现的各种不同的现象,以及这部机器当中赖以产生所有那些比例与现象的种种秘密的齿轮和弹簧;所有科学与文艺品位方面的一般题材,都是我们和我们的同伴一致认为和我们当中任何一方没有任何特殊关系的对象。我们双方都从同一观点考察它们,因此,我们无须借助同情感,或者说,无须借助那种产生同情感的易地而处的想象,以便对这些事物产生最完全一致的情感或感觉。尽管如此,如果我们仍时常对这些事物有不同的感觉,那也是由于我们的生活习惯不同,使得我们在面对这些复杂的事物时,对其中各个部分所给予的注意程度很容易有所不同,或是因为我们的心灵对于这些事物的感受能力,其敏锐程度天生有所不同所致。

在这一类事物方面,当我们的同伴的那些情感和我们自己的一致时,如果所涉及的那些事物是显而易见的,甚至我们也许从未遇见过什么人对那些事物的感觉和我们有所不同,那么,虽然我们无疑会赞许同伴的那些情感,不过,我们似乎并不会因此而觉得他值得我们称赞或钦佩。但是,如果我们同伴的那些情感不仅和我们自己的一致,而且还领先并且引导我们自己的情感;如果他在形塑他的那些情感时,显然注意到许多被我们视而不见的情况,并且他也显然针对所有不同的方面,把那些情感调整到和它们的对象极为匹配的地步,那么,我们不仅会赞许他的那些情感，同时还会感到惊奇，并且对他的那些情感非比寻常与出乎意料的敏锐与包罗广泛感到讶异，觉得他似乎值得我们给予高度的钦佩与赞扬。由于混合了惊奇与讶异而更为强烈激动的赞许，正是应当被称为钦佩的那种感情，而鼓掌喝彩则是那种感情的自然表现。一个判断绝妙的美丽比极端丑陋的畸形较为可取的人或一个判断二乘二等于四的人所作出的决定，确实会被全世界的人所赞许，但显然不会有人钦佩他。让我们大感钦佩，觉得似乎应该给予鼓掌喝彩的，是能够辨别出细微得几乎无法察觉的那种美丑差异的风雅人士，他们那种敏锐与细致的鉴赏能力；是能够轻而易举地解开与理顺最错综复杂与纠缠不清的各种比例关系的老练数学家，他那种广泛精确的理解能力；是科学与文艺界的那些大行家，是引导我们自己的情感，是才能高超与品位优越到让我们大感惊奇与讶异的那些人。所谓知性美所受到的赞扬，大部分就是建立在这个基础上。

也许有人会认为，最初打动我们，让我们觉得那些性质值得钦佩的，是那些性质的效用。毫无疑问，效用方面的考虑，当我们定下心来注意它的时候，确实会赋予那些性质一个新的价值。然而，我们最初之所以赞许某个人的判断，并不是因为那个判断有些什么用处，而是因为那个判断正当、准确、符合真理和事实；而且很显然的，我们之所以将那些性质归属于那个判断，除了因为我们发现那个判断符合我们自己的判断之外，别无其他任何原因。同样的，某个品位最初之所以获得赞许，也不是因为它有什么用处，而是因为它正当、优雅、丝毫不差地和它的对象相匹配。所有属于这一类的性质，它们的效用如何，显然是一个事后才有的想法，而不是最初引起我们赞许它们的原理。

（2）至于对我们自己，或对我们想评论其情感的那个人有特别影响的那些事物，双方要保持情感上的和谐一致就比较困难，但同时也更加重要。我的同伴自然不会以和我相同的观点来看待我所遭遇到的不幸或我所受到的伤害。那些不幸或伤害对我的影响，显然更有切身之感。我们双方并不是像观看一幅画，或聆听一首诗，或研究某一派哲学体系那样，在相同的位置看待它们，所以，它们对我们个别的影响，便往往大不相同。在那些于我们双方都没有切身利害关系的事物上，即使我们双方缺乏一致的情感，我或许还能够轻易地予以宽容，但是，在于我有切身利害关系的事物上，譬如，我所遭遇的不幸或我所受到的伤害，如果我们双方缺乏一致的情感，那要获得我的宽容就不是那么容易。即使你所藐视的那一幅画，或那一首诗，或甚至那一派哲学体系是我所推崇的，但我们双方为此而起口角争执的危险也不会很大。你我都不可能合理地和它们发生什么了不起的利害关系。对我们双方来说，它们全都应当是无关紧要的事物。所以，虽然我们的意见或许相反，但我们的情感仍然可以是近乎相同的。但是，在面对于我或于你有特别影响的那些事物时，情况就大为不同了。虽然在属于理论猜测范畴的事物方面，你的判断和我大相径庭，虽然在属于品位范畴的事物方面，你的情感和我大异其趣，但我还能够轻易地容忍这种差异对立；即使我心中不无气恼，但我仍然可以从和你的交谈中找到一些乐趣，即使交谈的主题正是我们有歧见的那些事物。但是，如果你对我所遇到的不幸没有一丝和我一样的感觉，或者你感觉到的悲伤和使我近乎失神的悲伤不成比例；如果你对我所蒙受的伤害没有愤慨的感觉，或者你的愤慨和几乎使我近乎发狂的愤怒不成比例，那我们就不再可能就这些主题进行交谈。于是，我们变成宛如冰炭、互不相容的两人。我受不了你的相伴，而你同样也受不了我的作陪。你对我强烈的情感反应感到困惑与震惊，而我对你的冷漠无情与无动于衷则大感愤怒。

在所有这一类的场合，旁观者和主要当事人间，如果要在情感上有某一程度的对应调和，那么旁观者首先必须尽可能努力把他自己置于当事人的情境中，用心体会当事人可能感受到的每一个苦恼的细节。他必须把他同伴的全盘处境，包括这处境中所有最琐细的情节，当作是他自己的处境；并且努力使他赖以产生同情感的那种处境转换的想象工作，尽可能作到分毫不差的地步。

然而，在如此这般的努力后，旁观者的情感，仍将不太可能达到当事人所感觉到的那样强烈的程度。人，虽然有天赋同情的本能，但对于发生在他人身上的事件，其心情激荡的程度，绝不会像主要当事人自然感受到的那样强烈。他的同情感赖以产生的那个处境转换的想象，只不过是个短暂的心思。他自己安全无虞的念头，他自己不是真正受难者的念头，不断地自动闯入他的脑海里，虽然这种念头不至于妨碍他怀有某种和受难者所感觉到的有几分类似的感情，却足以使他的那种感情无法像受难者本人那样强烈。主要当事人察觉到这个事实，同时又热切地渴望旁观者有更为完整的同情感。他渴望获得的那种心理慰藉，唯有旁观者和他自己的情感完全一致才能提供给他。

看到他们心中的情绪在每一个层面都和他自己的情绪合拍共鸣，是他自己在强烈不愉快的感情煎熬中唯一的慰藉。但是，他知道，除非把他自己的感情抑制到旁观者能够附和的程度，否则他就不会有希望获得那个慰藉。如果允许我将感情比作乐曲，那就是他必须把它自然高昂的音调降低半音，以便使它变得和周围那些旁观者的情感脉动协调一致。没错，他们的感觉总是会在某些层面不同于他的感觉，因为他们的同情感绝不可能和他原始的悲伤完全一模一样，因为他们暗中意识到，同情感赖以产生的那个处境转换只不过是一种想象，而这意识不仅会降低同情感的音阶，而且多少还会改变它的音质，从而赋予它一个相当不同的曲音。然而，这两种感情相互间显然还是会有相当的一致性，足以维持社群和谐。虽然它们绝不会是同音齐唱，但它们可以是谐音合唱，果能如此，那也就够了。

为了产生此一谐音合唱，自然女神一方面教那些旁观者要把主要当事人的处境当作他们自己的处境，同时她也教当事人要在某一程度内把那些旁观者的处境当作他自己的处境。正如他们不断地把他们自己置于他的处境，并借此在他们内心孕育出各种类似他所感觉到的情绪，他也同样不断地把他自己置于他们的处境，并借此在他内心多少孕育出接近他们的那一种冷静以看待他自己的命运，因为他觉察到他们将会以这样的冷静来看待他所遭逢的命运。正如他们不断地设想，如果他们实际上是受难者，他们自己将会有什么样的感觉那样，他也不断地被自然女神引领去设想，如果他只是一个他自身处境的旁观者，他的情感将会怎样受影响。正如他们的同情感多少促使他们以他的眼光来看待他的处境，他的同情感也多少促使他以他们的眼光来看待他自己的处境，尤其是当他在他们的面前，在他们的观察下行动时，更是如此；而且，由于他如此反思回想所孕育出来的那种感情，比他的原始感情微弱了许多，所以，那种由反思回想而来的感情，必然会在他面对他们以前，就使他心里的情感激荡的强度缓和，使他在开始想起他的处境将会怎样影响他们的感觉以前，便得以用比较公正无私的眼光来看待他自己的处境。

所以，人类的心灵很少会是如此动荡混乱，以致连朋友相伴也不能使它稍微恢复平静沉着。在我们遇到朋友的那一刻，我们的胸怀多少便会立即沉着镇静下来。我们会立即想起他将会以什么样的眼光看待我们的处境，于是我们自己也会开始以同样的眼光看待我们的处境，因为同情感的作用是立即发生的。我们预期普通熟人对我们的同情少于朋友对我们的同情，因为我们不会对前者公开所有我们会向后者吐露的那些细节。所以，在普通熟人的面前，我们会装出比较平静的心情，并且努力把我们的心思固定在我们的处境当中他乐于考虑的那些轮廓梗概。我们预期一群陌生人对我们的同情会更少，所以，在他们的面前，我们会装出更为平静的心情，并且总是会努力把我们的感情压抑在我们周围那一群人可望附和我们的那个程度。而这种平静的心情，也不见得只是假装出来的表象，因为，如果我们真是我们自己的主人，真能做到自我克制，那么，只要有一个普通的熟人在场，我们的心情便可真的平静下来，而且普通的熟人在场，将会比亲密的朋友在场更为有效；而一群陌生人在场，则又比普通的熟人在场更为有效。

所以，无论人类的心灵在什么时候不幸失去了平静，要使它恢复平静,与人共处和交谈,无疑是最有效的两帖药方;而这药方,同时也是保持自得其乐与满足的心情所迫切需要的那种平静与愉快的性情的最佳防腐剂。那些隐居沉思的人,往往整天呆坐在自己家里沉思默想他们的悲伤或怨恨,虽然他们也许时常有比别人更多的仁慈、更多的慷慨,以及更高尚的荣誉感,不过,他们却很少具有在一般社会人士中相当常见的那种平静的性情。

第五节　论可亲与可敬的美德

这两种不同的努力,即旁观者努力要体会主要当事人的情感,以及主要当事人努力要把他的情感克制在旁观者能够体会附和的那个程度,是两组不同的美德赖以建立的基础。坦白谦逊与宽容仁慈,这些温柔、殷勤与和蔼可亲的美德,建立在前一种努力的基础上;而高贵、庄严与可敬的美德,即克己、自制、驾驭情感,必使我们本性抒发的一切行为举止都符合我们自身尊严、荣誉与合宜的美德,则是源自后一种努力。

某个人看起来是多么的和蔼可亲啊!如果他的同情心似乎与亲近他的那些人的所有情感同感共鸣,如果他为他们的灾难感到悲伤,为他们的伤害感到愤怒,为他们的幸福感到喜悦。当我们设身处地想象他的那些同伴的处境时,我们会油然兴起他们心中的那种感激,并且感觉到他们从这么慈爱的一位朋友的温柔同情中必定会得到的那种慰藉。相反,某个人看起来又是多么的讨厌啊!如果他那颗冷酷顽固的心,只会为他自己着想,却对他人的幸福或悲惨完全无动于衷。同样的,在这一场合,我们心里会油然兴起某种痛苦的感觉,感觉到他的存在必然会给他周围每一个人带来的那种痛苦,特别是给我们最容易兴起同情感的那些不幸与受伤害的人带来的那种痛苦。

另一方面,某些人的行为举止,让我们觉得是多么的高贵合宜与优雅庄严啊!如果他们在自己的处境中致力保持镇静与自制,赋予每一丝感情以尊严,同时把他们的感情克制在他人能够体会附和的那个范围。我们讨厌那种捶胸顿足、呼天喊地的悲伤,憎恶那种不假修饰,一味以长吁短叹、涕泗横流,以及死缠烂打的悲叹恸哭要求我们同情的悲伤。但是,我们尊敬含蓄自制、沉默不语与庄严高雅的悲伤,这种悲伤只流露在眼睛泛红、流露在嘴唇与脸颊微微颤抖,以及流露在整体举止的疏离但感人肺腑的冷淡气氛中。这种悲伤强迫我们保持同样的沉默不语。我们毕恭毕敬地专心凝视着它,忐忑不安地注意我们整个人的举止动静,唯恐自己稍不合宜,就会把那全体一致的平静,把那需要如此巨大的努力才得以维持的平静给搅乱了。

同样的,当我们毫无节制地放纵怒火延烧时,那种怒气冲冲的傲慢无礼与残忍野蛮,是所有事物当中最令人厌恶的。但是,我们赞赏高贵与慷慨的愤怒,这种愤怒,即使在对最大的伤害进行追究的动作,也不是受命于该伤害很可能在受害者心中激起的那种狂怒的指使,而是受命于该伤害自然会在公正的旁观者心中激起的那种义愤的指使;这种愤怒,不允许任何言语或姿态上的发泄,逾越旁观者较为公正的情感抒发范围;这种愤怒,甚至绝不会想到要进行任何一种比每一个公正的旁观者都乐于看到执行的更大的报复,或渴望实施任何一种比后者乐于看到实施的更严厉的惩罚。

因此，人性之尽善尽美，就在于多为他人着想而少为自己着想，就在于克制我们的自私心，同时放纵我们的仁慈心；而且也只有这样，才能够在人与人之间产生情感上的和谐共鸣，也才有情感的优雅合宜可言。正如我们必须像爱我们自己那样爱我们的邻人，是基督教的伟大律法，我们爱我们自己的程度必须只像我们爱我们的邻人那样，或者同样也可以说，我们必须只像我们的邻人能够爱我们的程度那样爱我们自己，是自然女神给我们的伟大教训（译按：简言之，基督教要我们爱人如己，而自然女神则要我们爱己如人。前者要我们放纵仁慈心，后者要我们克制自私心）。

优雅的品位与卓越的判断，当它们被认为是值得喝彩与赞扬的品质时，应当是指某种不常遇到的情感的优雅性与理解的犀利性，所以，感性与自制方面的美德，也应当是指那些性质非比寻常，不是一般常见的那种程度。可亲的仁慈美德，毫无疑问的，必须具备远高于粗陋庸俗者所拥有的那种感性。伟大高贵、气魄恢弘的美德所要求的那种自制，无疑远高于最懦弱的人也能够用力达到的那个程度。正如在普通程度的人性品质上，没有所谓的才能，所以，在普通程度的人性质量上，没有所谓的美德。美德是人品卓越，是某种非比寻常的伟大与美丽，是远高于庸俗与寻常的性质。可亲的美德在于，以其敏锐细腻与出乎意外的体贴关怀，令人感到惊奇的那种程度的感性。庄严可敬的美德在于，以其令人讶异的优势驯服人性中最难驾驭的那些热情敏锐，而令人大大吃惊的那种程度的自制。

在这方面，那些值得喝彩赞扬的品行与那些只是值得赞许的举止间，亦即，美德与仅是合宜间，有一显著的差异。在许多场合，要表现出最充分合宜的行为，只需要有一般凡夫俗子普通常见的那种程度的感性或自制就够了，有时候甚至连那种程度也不必要。譬如，举一个很卑微的例子，肚子饿了便吃饭的行为，显然通常是完全正确适当的，绝不会有什么人不表赞许，说它不合宜。然而，要是有人说这样的行为是美德，那就未免荒谬绝伦。

相反，有些尚未达到最完全合宜的行为，也许往往具有显著程度的美德，因为在一些极难达到完全合宜的场合，它们也许仍比一般所能预期的更接近完全合宜；在需要最大的努力发挥自制的场合，情形往往便是如此。某些场合对人性的考验是如此的严酷难堪，以致像人类这样不完美的性灵可能拥有的那个最大程度的自制力，也无法完全消除人性弱点的呼唤，或者说，也无法把感情强度降低至公正的旁观者能够完全体会附和的那个中庸的程度。所以，在那些场合，受难者的举止，虽然没有达到最完全合宜的地步，但也许多少仍值得一些掌声喝彩，甚至在某一意义上，可以被称为美德的表现。它所展现的那种慷慨与气魄恢弘的努力，也许仍然是大部分人类无法做到的。虽然它没有达到绝对完美的地步，不过，在这样艰苦难堪的场合，它也许仍然远比通常可以看到的，或可以预期的，都更为接近完美。

在这种场合，当我们在决定什么行为似乎该得到责难或掌声时，我们往往采用两种不同的标准。第一种标准是某种完全合宜与完美的想法，是在那些困难的处境中，没有什么人的行为曾经或有能力达到的那种完美的标准。和这种标准相比，所有人类的行为必定永远显得该受责备与不完美。第二种标准是大部分人通常达到的那个多少和完全合宜的完美有一段距离的程度。凡是超过这个程度的，不管距离绝对的完美还有多远，似乎都该得到掌声喝彩；而凡是未达到这个程度的，则似乎都该受谴责。

我们也采取同样的方式，评判所有致力于发挥想象的艺术品。当一个评论家在审查任何一位大诗人或大画家的作品时，他有时候是根据他心中某种完美的想法来审查它，而这种完美绝不是那个作品或其他任何人类的作品可望达到的；只要他拿这种标准和它相比，那么，在它当中，他所看到的无非都是瑕疵与不完美。但是，当他想要评判它在同一类的其他作品当中该有的等级地位时，他必然会拿一种大不相同的标准，即该门艺术中通常看得到的那个普通程度的卓越标准和它相比；当他根据这个新标准来评判它时，它也许往往看起来应该得到最高程度的赞扬，因为它比大部分能够拿来和它相比的那些作品更为接近绝对的完美。

第二章 论各种感情合宜的程度

引 言

和我们自身有特殊关系的事物所引起的每一种感情,其合宜点,或者说,旁观者能够附和它的那个强度,显然位在某一中庸的程度。如果感情过于强烈,或过于微弱,旁观者就无法附和它。例如,个人的不幸与伤害引起的悲伤与愤怒,也许往往过于强烈,而就大多数人来说,也确实是如此。但是,感情也有过于微弱的时候,虽然这种情形比较少见。我们称过于强烈的悲伤与愤怒为懦弱与狂怒;称这些感情强度不足为愚蠢胡涂、麻木不仁和缺乏勇气。对于过分强烈或过分微弱的感情,我们不仅无法附和,而且在看到它们时也会觉得震惊与惶惑。

然而,合宜点所在的那个中庸的程度,就各种不同的感情来说,并不相同。在某些感情,那个中庸的程度比较高,而在其他感情,则是比较低。有一些感情,如果强烈表达,那就很不得体,即使是在一般承认我们免不了会极端强烈感觉到它们的场合。但是,也有其他一些感情,如果以最强烈的方式把它们表达出来,在许多场合却被认为极端优雅得体,即使我们胸中并不会那么自然地燃起那些感情。属于第一种的,是基于某些理由,很少或完全不会引发同情的那些感情;属于第二种的,是基于其他一些理由,会引发极大同情的那些感情。如果我们审视人性中所有不同的感情,我们将发现它们被视为得体或不得体,恰好与一般人比较容易或比较不容易对它们产生同情感是平行一致的。

第一节 论源自身体的感情

(1) 因我们的身体处于某种状态或倾向而产生的情感,任何强烈的表达,都是不得体的,因为我们不可能指望同伴,在他们的身体没有相同的倾向时,对我们的那些情感产生同情。例如,强烈表示饥饿,虽然在许多场合不仅是很自然,而且也是无法避免的事,但总是很不得体;狼吞虎咽的吃相普遍被认为是一种不礼貌的行为。然而,我们对饥饿,还是多少有些同情感。看到我们的同伴吃得津津有味,会让我们觉得愉快;而所有难以咽下的表情,都会惹我们不快。一个健康的人经常会有的那种生理倾向,使他的肚子,如果允许我这么粗鲁地说,比较容易和前一种情感合拍,而不大容易和后一种情感合拍。当我们在围城或航海的日志中读到极度饥饿的场景描述时,我们能够体会极度饥饿所造成的那种痛苦。我们设想自身就是那些受难者,从而很容易在我们心中孕育出必然使他们心神恍惚的那种苦恼、忧虑与惊惶失措的感觉。我们自己感觉到某种程度的那些热情，因此对他们产生了一些同情。但是，由于我们并不会因为读了那些饥饿的场景描述而变得饿起来，所以，即使是在这场合，说我们对他们的饥饿产生同情，不可能算是顶恰当的。

就自然女神用来使两性结合的那种热情来说，情形也是一样。虽然这是所有情感中天生最为炽热激烈的那一种，然而，无论在什么场合，所有强烈表示这种情感的动作都被认为是不得体的，即使那些动作是发生在所有法律，不管是人订的或神启的，都承认他们无论怎样尽情放纵也完全无罪的那两个人中间。然而，即使对这种情感，我们似乎还是有某种程度的同情。如果我们对女人说话的方式像对男人那样，那就会被认为不适宜。因为一般预期，有她们做伴应当会使我们的心情更为愉快、更为和蔼、更为小心殷勤；而对女性完全无动于衷，则会使一个男人，甚至在同为男人的眼中，多少变成是一个可鄙的家伙。

对所有源自身体的欲望，我们都一概觉得反感，所有强烈表示它们的举动，都令人恶心不快。根据某些古代哲学家的看法，这些欲望是我们人类和兽类共通的情感，和人性中特有的性质没有关联，因此不配享有人性的尊严。但是，有其他许多情感，同样也是我们和兽类所共有的，譬如，愤怒、自然的亲情，甚至感激之情，却不会因此而显得那么的野蛮下流。当我们看到他人表现出身体的欲望时，我们之所以觉得特别恶心，真正的原因是我们自己无法附和它们。对感觉到它们的那个人本身来说，一旦它们获得满足，则引发它们的那个事物，便立即变得不再令他觉得愉快；甚至那个事物的存在，反而往往会惹他不快；他回头想要寻找那个在一刻钟前还使他心荡神移的魅力所在，却遍寻不着；而他现在就好像一个旁人似的，几乎无法体会他自身一刻钟前的情感。当我们用餐完毕后，我们会吩咐餐具马上撤走；我们也会以相同的方式对待最炽热激烈的情欲所希冀的那些对象，如果它们只不过是源自身体的情感所企求的对象。

被人们恰当称为节制的那种美德，其本质就在于控制身体的那些欲望。将它们限制在健康与财富的考量所指示的范围内，是审慎之德的本分。但是，把它们限制在优雅、合宜、细致与谦逊的考虑所要求的范围内，则是节制之德的职责。

（2）正是基于同一理由，所以，呼喊自己身体疼痛，不管这疼痛是多么难以忍受，总是显得懦弱与失礼。然而，即使如此，对于身体疼痛，我们还是有不少的同情感。如同前文已经指出的那样，如果我看到一根棒子正对着另一个人的腿或手臂就要打下去的时候，我会自然而然缩回我自己的腿或手臂；而当那一棒真的打下去时，我多少会觉得自己像被打中似的，并且感到疼痛。然而，我的疼痛感无疑是极端的轻微，因此，如果他发出任何激烈的呼喊，由于我无法附和他的感觉，我难免会瞧不起他。所有源自身体的情感，所面对的正是这样的情况：它们或者完全不会引起同情感，或者所引起的同情感是如此的微弱，以致和主要当事人所感觉到的原始情感的强度完全不成比例。

源自想象的情感，所面对的情况就大不相同。我的同伴身体上所发生的构造变化，对我的身体构造不可能有很大的影响。但是，我的想象则是比较柔软可塑，比较容易，如果允许我这么说，采纳我所熟悉的那些人的想象形态。因此，恋爱或雄心壮志遭到挫折，将会比身体遭到最大的伤害，引来更多同情。失恋或壮志未酬所引起的那些情感，完全源自想象。某一个人，即使失去全部的财富，如果他还健康，是不会觉得身体上有什么痛苦的。让他感到痛苦的，全来自他的想象。这想象让他意识到，他将失去尊严，他的朋友将忽视他，他的敌人将轻视他，他将乞怜于他人，贫乏困顿与悲惨不幸的命运很快将落在他身上；而我们也将因此而更强烈地对他产生同情，因为我们的想象比我们的身体更容易形塑成他的那个样子。

失去一条腿的不幸，也许通常比失恋的不幸，被认为更加真实悲惨。然而，如果有哪一部悲剧是以前一种不幸为收场来铺陈的话，那它无疑将是一部蹩脚可笑的悲剧。而后一种不幸，不管它看起来是多么的微不足道，以它为铺陈的主题，却产生过许多很出色的悲剧。

没有什么比身体的疼痛被遗忘得更快。疼痛一旦过去，全部的苦恼挣扎也就烟消云散，而再想到它时，也不会给我们带来任何烦恼。我们自己甚至无法体会我们先前感觉到的焦虑不安与悲痛。一个朋友不小心脱口而出的一句话，给我们带来的不舒服，反而会比较持久。它所造成的心理痛苦绝不会随着那句话而消失。最初让我们觉得不舒服的，不是刺激我们感官的那句话，而是在我们想象中引起的某个念头。正因它是一个念头，所以，我们心里将持续因为想到它而觉得烦躁与悲痛，直到时间与其他偶发事故在某一程度内把它从我们的记忆中抹去。

身体的疼痛从来不会引起任何生动逼真的同情感，除非这疼痛有危险相伴。我们和受害者的恐惧，而不是和他的疼痛起同感共鸣。然而，恐惧完全是一种来自想象的情感；这想象将种种不是我们实际感觉到的,而是我们未来或许会尝到的痛苦景象呈现在我们脑海里,这想象的不确定与起伏徘徊使我们更加焦虑不安。痛风或牙疼,即使痛彻心扉,也不会引起多少同情;比较危险的疾病,即使没有什么附带的痛苦,反而会引起比较多的同情。

有些人,一看到手术的场景,就会昏厥或恶心呕吐;撕裂肌肉所造成的那种身体疼痛的场景,似乎在他们身上引起最剧烈的同情感。我们对于外部原因所引起的疼痛感的想象,比我们对于体内害病所引起的疼痛感的想象,更为生动鲜明。当我的邻居被痛风或结石折磨时,我几乎无法想象他受到什么样的痛苦。但是,如果他的痛苦是由于割伤、创伤或挫伤,那我对他的痛苦就会有很清晰的概念。然而,这种景象之所以在我们身上产生这么剧烈的影响,主要的原因还是在于它们的新奇。一个曾经目睹十几二十次解剖和同样多次截肢手术的人,以后再看到这种手术,就会比较冷漠,甚至完全无动于衷。然而,即使我们已经读过或看人家表演过不下五百部悲剧,对于它们呈现在我们脑海里的景象,我们的感受也很少会减退到如此彻底的地步。

有一些希腊悲剧企图借由呈现身体的疼痛挣扎来引起悲情怜悯。菲洛克忒忒斯①(Philoctetes) 由于极端的疼痛而大声喊叫并且昏厥。希波吕托斯②(Hippolytus) 与赫拉克勒斯③

---

① 译注:希腊悲剧诗人 Sophocles (495—406 BC) 的同名剧作中的主人翁。
② 译注:希腊悲剧诗人 Euripides (480—406 BC) 的同名剧作中的主人翁。
③ 译注:希腊悲剧诗人 Sophocles 的 *Trachiniae* 中的主人翁。

（Hercules）都被呈现在最严酷的折磨下吐出最后一口气，那种折磨似乎连赫拉克勒斯的坚忍刚毅也无法承受。然而，在这些场合中，感动我们的，不是身体的疼痛，而是一些其他的情况。菲洛克忒忒斯感动我们的，不是他红肿溃烂的双脚，而是他的孤独寂寞，这孤寂使那整部迷人的悲剧弥漫着一股令人向往与心旷神怡的浪漫野性。希波吕托斯与赫拉克勒斯的痛苦挣扎之所以感人，全是因为我们预见他们挣扎的结果是死亡。如果那些英雄最后的结局是复原，我们一定会认为铺陈他们受苦的场景全然荒谬可笑。以腹绞痛的痛苦为主题铺陈的悲剧，算是哪门子的悲剧！然而，没有什么比腹绞痛的疼痛更剧烈。这些企图借由铺陈身体的疼痛挣扎来引起悲情怜悯的剧作，或许可被视为希腊戏剧所树立的悲剧典范之外少数几个伟大的异类。

我们对他人身体的疼痛不会兴起多少同情感，这是面不改色地忍耐身体痛苦之所以显得合宜的基础。某个人，如果无论身体遭到怎样严厉的折磨，也绝不允许自己露出任何怯懦的表情，或发出任何呻吟的声音，或屈服于任何我们无法完全附和的感情，那他一定会得到我们最高的钦佩与赞扬。他面不改色的刚毅，使他得以和我们的冷漠与无动于衷合拍。我们钦佩并且完全附和他为了这个目的所做的那种豪迈恢宏的努力。我们赞许他的行为，而根据我们对人性共同的弱点所获得的经验，我们也觉得讶异，奇怪他怎么能够在这么困难的情况下做出这么值得赞许的行为。如同我们在前面已经指出的那样，由于混合了惊奇与讶异而更为强烈激动的赞许，正是应当被称为钦佩的那种情感，而鼓掌喝彩则是这种情感的自然表现。

第二节　论源自特殊的
想象偏向或习性的感情

　　甚至在那些从想象衍生出来的情感当中，以积久养成的某种特殊想象偏向或习性为基础而产生的那些情感，即使被认为十分自然，也不会引起多少同情。一般人的想象，由于未养成那种特殊偏向，所以无法附和它们。这样的情感，即使一般认为是任何生命中几乎无可避免的一部分，也总是多少会显得荒唐可笑。在不同性别的两个人间，由于长期互相倾心思念对方而自然滋长出来的那种强烈依恋的感情，便属于这种情形。由于我们的想象和恋人们的想象一向不是在同一跑道上奔驰，我们无法附和他们的情感热烈的程度。如果我们的朋友受了伤，我们很容易同情他的愤怒，并且对他所愤怒的那个人也感到愤怒。如果他得到了某项恩惠，我们很容易体会并且附和他心中的感激，同时也会深深地将他恩人的功德铭记在我们的心中。但是，如果他是在恋爱，虽然我们或许会认为他的感情完全和任何同类的感情一样的合理，不过，我们绝不会认为我们自己有义务怀抱同一种感情，或有义务对他感情投注的对象同样怀有这种感情。这种感情，除了感觉到这种感情的那个人之外，对其他每一个人来说，都显得完全和其对象的价值不成比例。恋爱，如果是发生在某一适当的年龄，虽然会被原谅，因为我们知道它是很自然的现象，不过，它总是会被嘲笑，因为我们无法体会附和它。所有认真强烈的示爱动作，对第三者来说，都显得荒谬可笑；一个恋人，对他的情人来说，或许是一个很有趣的伴侣，但对其他任何人来说，他可不是这样。对于这一点他自己也很清楚，因此，只要他的各种感官还保持冷静清醒，总是会努力以揶揄逗笑的方式来对待他自己的这种感情。这是我们唯一还想听它被谈起的方式，因为这也是我们自己想谈论它的唯一方式。对于考利①（Cowley）和彼特拉克②（Petrarca）那种严肃、卖弄和冗长的爱情诗句，我们会逐渐感到厌烦，他们两人老是没完没了地夸大他们的恋爱剧烈的程度；但是，奥维德③（Ovid）的轻快风格，以及贺拉斯④（Horace）的豪爽风流，则总是让我们觉得愉快。

　　但是，虽然我们对这样的一种依恋不会有严格意义的同情感，虽然我们甚至绝不会心动想要对被爱恋的那个人怀有任何同样的感情，不过，由于我们或者曾经怀抱过，或者也许倾向怀抱同一类的感情，所以，我们很容易体会某个人在高度期待他的爱恋获得满足时那种幸福陶醉的心情，也很容易体会他在忧虑爱恋落空时那种剧烈的苦恼。这种爱恋之所以感动我们，并不在于它是一种感情，而在于它是一种情境，会引起其他一些感情使我们感动，亦即，它会引起各种期待、忧虑与苦恼。正如在某一则航海过程的叙述中，感动我们的，不是饥饿，而是饥饿所引起的那种苦恼。虽然严格地说，我们没有体会到恋人的那种爱恋的感情，但我们很容易体会处于热恋中的他对幸

---

① 译注：Abraham Cowley（1618—1667），英国诗人。
② 译注：Francesco Petrarca（1307—1374），意大利诗人。
③ 译注：Ovid（43 BC—AD 17），罗马诗人。
④ 译注：Horace（65—8 BC），罗马诗人。

福浪漫的种种期待。我们觉得,对于任何心灵来说,如果处在某种因怠惰而松弛,因热烈渴望而精疲力尽的状况下,它是多么自然会盼望得到宁静与安详,盼望在使它神魂涣散的那种热情的满足中找到宁静与安详,同时也多么自然会为它自己编造那个优雅的、那个温柔的与那个多愁善感的提布卢斯①(Tibullus)非常喜欢描述的那种宁静与悠闲的田园牧歌生活;一种像是某些诗人所描述的幸运岛(the Fortunate Islands)上的生活,一种充满友谊、自由与恬静安详的生活;完全免于劳苦、免于忧虑,以及免于所有伴随劳苦与忧虑而来的各种狂暴情感。甚至这一类场景,最感动我们的时候,是当它们被描述为某人所盼望的处境时,而不是当它们被描述为某人所享受的处境时。和爱情混杂在一起,甚至也许是爱情基础的那种热情,其下流粗鄙的那一面,当它的满足还在很遥远的未来时,不会被什么人察觉到,但是,当它的满足被描述为可被立即享有时,那整个局面便会变得惹人讨厌。因此,快乐的感情令我们感动的程度,远低于害怕与忧郁的感情令我们感动的程度。凡是能够使这样自然与愉快的希望落空的,都会使我们心惊胆战,从而使我们体会到恋人所有的焦虑、担心与苦恼。

正是由于这样的道理,所以,在一些现代的悲剧与浪漫剧里,这种感情才显得这么精彩有趣。在《孤女》②(the Orphan)

---

① 译注:Albius Tibullus(54—18 BC),罗马挽歌诗人。
② 译注:英国剧作家 Thomas Otway(1652—1685)于1680年发表的一部爱情悲剧。剧中女主角 Monimia 是 Castalio 的养女。两人的爱情悲剧,源自于只想占有她的身体的 Castalio 之兄,在两人打算秘密结婚的那一夜,阴差阳错地上了她的床。

这一部戏剧里，使我们着迷的，与其说，是卡斯塔里欧（Castalio）与莫尼米亚（Monimia）的爱情，不如说，是他们俩人的爱情所引起的那些苦恼。设使作者呈现一对恋人在一个无忧无虑的场景中互诉衷情、互吐爱意，那他所引起的将是讪笑，而不是同情。这一类的场景如果出现在任何悲剧里，总是多少有点不伦不类，而它的出现如果还可以被容忍，那也绝不是因为观众对那种场景当中所表达的感情会有什么同情，而是因为观众预先见到要满足那种感情很可能会遇上许多危险与波折而觉得忧心忡忡。

在爱情这个人性弱点上，社会法律强要女性保持的那种含蓄与节制，使爱情在她们身上变得更为特别的苦恼，但也因此而使她们的爱情变得更加扣人心弦。我们深深为费德尔的爱情着迷，尽管在这一出与女主角同名的法国悲剧中①，她的爱情带有极大的放肆与罪恶感。那种放肆与罪恶感甚至可以说，在某种程度上，使那爱情对我们更具吸引力。她的忧虑，她的羞愧，她的后悔自责，她的恐惧，她的绝望，因此变得更为自然，也更为感人。在爱情的场合所衍生出来的这一切属于第二线的感情，如果我可以被允许这么称呼它们的话，必然变得比在其他的场合更为猛烈与极端；而在爱情的场合，我们真正能够对之产生同情感的，也只有这些第二线的感情而已。

然而，在所有与其对象的价值极端不成比例的感情当中，爱情，即使对心灵最迟钝的人来说，也许是唯一还有一些令人

---

① 译注：指法国诗人与悲剧作家 Jean Baptiste Racine（1639—1699）于 1677 年发表的 *The Phèdre*。故事中女主角为人继母，却爱上她自己的继子。

觉得优雅或愉快的东西在其中的感情。首先，就它本身而言，虽然它也许是荒谬可笑的，但它不一定自然令人厌恶；而且虽然它往往会导致种种致命与可怕的后果，但它很少怀有什么邪恶的意图。再说，这种感情本身虽然很少有什么合宜性，不过，在某些总是和它相伴而来的感情中却有不少的合宜性。爱情当中混杂大量的仁慈、慷慨、亲切、友谊、尊重；这些感情，在所有其他感情当中，基于一些我们即将说明的理由①，是我们最容易有同情感的那些感情，即使我们察觉到它们多少有点儿失之过分。我们对它们的同情感，让有它们陪伴的那种感情变得比较不讨厌，从而在我们的想象中鼓舞与支持那种感情，尽管我们知道通常会有许多败德恶行随着那种感情而来；尽管它在女性方面最后必然导致身败名裂；尽管它在男性方面，虽然被认为比较不是那么的致命，但它也几乎总是会导致工作倦怠、疏忽职责、轻视荣誉，甚至轻视普通的名声。尽管有这一切恶果，被认为会随它而来的那个程度的感性与豪爽慷慨，却使它变成许多人虚荣爱慕的对象，而他们也喜欢展现出一副对它有所感觉的样子，即使他们当真有所感觉时，那种感觉也不会给他们带来什么荣誉。

正是基于同样的一个理由，所以，当我们谈到我们自己的朋友，我们自己的研究或我们自己的专业时，最好要有所保留。我们不能指望，所有这些事物让我们同伴感兴趣的程度，会和它们吸引我们的程度一样大。正是由于缺乏这种保留，所以，有一半的人类才不是另一半的好伙伴。一个哲学家，只可能是

---

① 译注：参见本章第四节。

另一个哲学家的好伙伴；某一俱乐部的会员，只可能是他自己那一小撮会员的好伙伴。

第三节 论不和乐的感情

有另外一类感情，虽然也同样源自想象，不过，在我们能够附和它们，或者觉得它们优雅或合适之前，总是必须被压抑至某个程度，这程度远低于未经淬炼的天性会把它们抬高到的程度。这一类感情，包括怨恨与愤怒，以及它们所有不同的变异亚种。对于所有这一类感情，我们的同情感分给两种人，其一是感觉到这一类感情的那个人，另一是这一类感情所针对的那个人。这两种人的利益正好相反。我们对感觉到这一类感情的那个人的同情感，促使我们要求实现的我们对另外那个人的同情感，会使我们感到害怕。由于他们两者都是人，我们对他们两者都很关心，而我们对其中一人可能受伤害的忧虑，则会减弱我们为另一人受了伤害所感到的愤怒。所以，我们对遭到挑拨的那个人的同情感，必然无法达到在他心中自然鼓动的这种感情的强度，这不仅是因为有使一切同情感都低于原始情感的一般性原因在发生作用，而且也是因为有仅适用于这一类感情的特殊性原因在发生作用，即我们对另一个人怀有相反的同情感。所以，愤怒，在能够变得令人觉得优雅与愉快之前，必须被压低至比几乎其他任何一种感情更低于它自然会上升到的高度以下。

不过，人类对于施加在他人身上的伤害还是有很强烈的感觉。我们对悲剧或浪漫剧里的反派角色感到愤慨的程度,绝不亚于我们对剧中主人翁感到的同情与喜爱。我们厌恶埃古①(Iago)的程度,不亚于我们对奥塞罗(Orthello)的爱慕尊敬;我们为前者受到惩罚而欣喜的程度,不输给我们为后者的苦恼而悲伤的程度。但是,虽然人类对于施加在他们同胞身上的伤害有这么强烈的同情感,他们却不一定会因为受害者露出愤怒受伤害的样子,而更加愤怒他所受的伤害。在大多数场合,他越有耐性,越和颜悦色,越仁慈,只要他并不因此显得缺乏勇气,或因此显得他容忍是因为他害怕,则他们对伤害他的那个人的愤慨就会越强烈。受害者和蔼可亲的性格,会使他们对害人者的残酷不仁有更深的感受。

然而,这一类感情仍被视为人性特征中必不可少的部分。一个温驯坐着不动,乖乖顺从他人侮辱,而不想抵抗或报复的人,会被人瞧不起。我们无法附和他的漠不关心与无动于衷;我们称他志气卑劣或行为猥琐,并且就像被他的对手激怒那样,真的被他这种行为给激怒了。甚至一群无关的民众,也会因为看到某个人耐心屈服于公然的侮辱与虐待,而对那个人感到愤怒。他们渴望看到这公然的侮辱与虐待被人怨恨,特别是被受到侮辱与虐待的那个人怨恨。他们怒气冲冲地吆喝他,要他挺身自卫或为自己报仇雪恨。如果他的愤慨终于奋起,他们会衷心地鼓掌喝彩,并且附和他的愤慨。他的愤慨重新燃起他们本身对他的敌人的愤慨,他们乐于看到他反击他的敌人,并且会因为他的报复行动,而宛如遭到伤害的是他们自己那样,衷心

---

① 译注:莎士比亚四大悲剧之一《奥塞罗》里阴险残忍的反派角色。

感到报复后的满足，只要这报复并非毫无节制。

但是，即使那些情感对个人的效用应当被承认，亦即，它们会使侮辱或伤害别人具有相当危险性；即使它们对公众的效用，亦即，它们守护正义与司法公平，正如后文①将会说明的那样，其重要性并不亚于它们对个人的效用，不过，那些情感本身还是有一些令人不愉快的成分，使它们出现在他人身上时，会成为我们自然厌恶的对象。对任何人表示愤怒的程度，如果超过只是稍微暗示一下我们察觉到他的粗鲁，不仅会被认为侮辱到那个人，而且也会被认为是对所有在场人士的无礼。对他们的敬意，应该约束我们，使我们不至于流露出这么狂暴无礼的激情。令人觉得愉快的，是这些感情的长远影响；它们的直接效果，却是对它们所针对的那个人有害。但是，任何事物让人觉得愉快或不愉快，正是取决于该事物的直接效果，而不是取决于该事物的长远影响。一座监狱无疑比一座宫殿对公众更为有用；而且建造监狱的人，通常也比建造宫殿的人，受到更恰当的爱国情操指使。但是，一座监狱的直接效果，亦即，使一些被关在里头的可怜人失去自由，令人不愉快；而人们的想象，或者没有仔细去探索长远的影响，或者和那些影响距离太过遥远，以致即使想到了，也不会有什么感觉。所以，监狱总是令人觉得不愉快，而且它越是适合它的预定目的，越是让人不愉快。相反，宫殿总是令人觉得愉快，虽然它的长远影响也许往往对公众不利。它也许有助于提高奢侈的风气，树立不良的示范，导致善良风俗的崩溃。然而，它的直接效果，亦即，

---

① 译注：参见本书第二篇第二章第三节。

住在里头的那些人享有的方便、快乐与喜庆的气氛,全都令人觉得愉快,并且会使人联想起其他数以千计的愉快念头,以致人们的想象通常就停留在那些直接的效果上,很少会进一步去探索它会有哪些比较长远的后果。模拟乐器或农具等纪念物的油画或灰泥浮雕,挂在我们的玄关或餐厅的墙壁上,是很常见且令人觉得愉快的装饰。但是,如果同一类装饰纪念物,换作是在模拟外科手术用具,例如,解剖刀、截肢刀、切割骨头的锯子,或切开头壳的圆锯等等,那就不仅与常情不合,甚至使人震惊。然而,外科手术用具,和农具相比,总是被琢磨得更为精致,而且通常也更为细腻地适合它们的预定目的。再说,它们的长远影响,亦即病人的健康,也是令人愉快的;不过,由于它们的直接效果是使人疼痛与受苦,所以,看到它们总是会使我们心生不快。武器,例如,军刀,令人觉得愉快,虽然武器的直接效果似乎同样是使人疼痛与受苦。但是,那是我们的敌人在疼痛与受苦,我们可是一点儿也不会同情他们的。就我们来说,看到武器便会立即联想到英勇、胜利与光荣等等令人愉快的念头。所以,武器本身被认为是整套衣装中最高尚的一部分,而武器的模拟物则是最优雅的建筑装饰。对于人类心灵的各种性质,我们的感觉也是这样。古代斯多葛派的学者(the stoics)认为,由于世界受到一个贤明、有力而且善良的上帝支配一切的旨意统治,所以,每一件事情都应该被看做是整个宇宙蓝图中必不可免的部分,并且总是倾向于促进整个宇宙的全面秩序与幸福。所以,人类的种种恶行与愚蠢,和他们的智慧或美德一样,都被塑造成是此一宇宙蓝图中必不可少的部分;而且通过祂手上那种从恶因导出善果的神奇艺术,恶行与愚蠢，也和智慧或美德一样，都被塑造成同样有助于伟大的自然体系的繁荣与完美。然而，任何这一类的理论思索，不管它在人心中是多么的根深蒂固，都不可能减少我们自然厌恶恶行的感觉，因为恶行的直接效果是这么具有破坏性，而它的长远影响又是这么的遥远，以至于超出一般人的想象思索范围。

我们刚刚正在探讨的那些情感也是同样的情形。它们的直接后果是这么的令人不愉快，以致即使它们被挑起的程度极其恰当，它们仍然有一些令我们觉得厌恶的氛围。所以，如前所述，在所有情感当中，唯有这些是在我们得知引起它们的原因之前，它们的表达不会使我们想要或预备要附和的那些情感。悲惨呼叫的声音，从远方传来时，不会允许我们对发出这声音的那个人的际遇无动于衷。当它传到我们的耳中时，就会立即使我们关心起他的命运，如果那声音继续传来，就会迫使我们几乎身不由己地跑过去协助他。同样的，即使是正在沉思的人，当他看到微笑的脸庞时，他的心情也会受到鼓舞而转为轻松愉快，使他倾向附和与分享那张笑脸所表达的那股欢乐；他觉得他那颗原本因为苦思焦虑而收缩郁闷的心马上舒张高兴起来。但是，如果是怨恨与愤怒的表情，情形就大不相同。嘶哑、咆哮与刺耳的怒声，从远方传来时，会使我们兴起恐惧或厌恶的感觉。我们不会像听到某个人痛苦挣扎的喊叫声那样飞快地奔向怒声的来处。女性或神经比较脆弱的男性，甚至会因为恐惧而全身发抖乃至暂时瘫痪，即使她们知道自己不是那股怒气宣泄的对象。然而，他们却因为设想自身处在那股怒气宣泄对象的位置而心生恐惧。甚至心脏比较强壮的那些人，他们的心情也会被搅乱。没错，那声音虽然尚不足以使他们心生畏惧，不过，却足以使他们生气，因为生气正是他们在另一个人的处境中将会感觉到的激情。怨恨的情形也是一样。仅是一味露出怨恨的表情（而不告知怨恨的缘由），不会使人跟着怨恨什么人，除了怨恨那个露出怨恨的人。这两种情感天生就是我们厌恶的对象。它们不讨喜与狂暴的外表，绝不会引起我们的同情感，绝不会使我们预备要同情，反而往往搅乱我们的同情。悲伤的人有时也会露出愤怒或怨恨的表情，不过，他的悲伤吸引我们去接近他的力量，通常不会比他的怨恨或愤怒使我们厌恶与想避开他的力量更大。自然女神的意图似乎是要那些比较不礼貌与比较不亲切，亦即比较会使人彼此疏远的感情，比较不容易与比较少被传染出去。

当音乐模仿悲伤或喜悦的声调时，它实际上在我们心中引起那些情感，或者至少使我们的心情倾向于怀抱那些感情。但是，当音乐模仿愤怒的声调时，它会使我们心生恐惧。喜悦、悲伤、慈爱、钦佩、虔敬，全都是自然富于音乐性的感情。它们自然的声调，全都是柔和、清爽、旋律美妙的；而且它们自然的表达声调，被有规则的停顿区分成若干高下缓急的段落，因此很容易对应转化为节奏分明的曲调旋律。相反，愤怒以及所有与愤怒类似的感情，它们的声音则是粗暴刺耳与荒腔走板的。它们的声调段落全都不规则，时长时短，段落之间的停顿也没有规则可循。所以，音乐很难模仿这些感情；即使真有模仿它们的音乐，那也绝不会是最悦耳的音乐。整个音乐余兴节目，若是全由模仿那些和乐与愉快的情感曲调组成，或许不至于有什么不合宜之处。但是，若是完全由模仿怨恨与愤怒的情感曲调组成，那将是一场很奇怪的余兴表演。

如果说那些情感令旁观者不愉快，那它们对心怀它们的那个人来说，也不见得就比较好受。对一颗善良心灵的幸福来说，怨恨与愤怒是最有害的毒药。在那些激情的感觉当中，有某种粗糙、倾轧、痉挛的东西，有某种扯裂胸怀、使人心神涣散的东西，它会彻底摧毁心灵的沉着与宁静，而这沉着与宁静正是幸福的必要条件；相反，心怀感激与慈爱，则是最有益于增进心灵的沉着与宁静。往往使慷慨仁慈的人悲叹不已的，不是他们因为周遭某些人的背信与忘恩负义而失去的那些东西的价值。无论他们曾经失去了什么东西，即使没有那些东西，他们通常也能够过得很愉快。让他们内心最难平复的，是有人对他们背信与忘恩负义的那个念头；这念头所引起的种种不调和与不愉快的情感，在他们看来，才是他们受到的主要伤害。

要使愤怒的宣泄变得完全合宜，亦即，要使旁观者完全附和或同情我们的报复，究竟有多少必要的条件须先满足呢？首先，我们遭到的挑衅必须是那一种，如果我们没有多少表示一点愤怒，我们就会被人瞧不起，甚至会没完没了地继续招来侮辱。小于这种程度的侮辱挑衅，我们最好予以忽视；再也没有什么比在每一件小事情上只因一言不合就发火的那种刚愎乖僻与吹毛求疵的脾气更为可鄙的了。我们应该在感觉到发怒合宜时才发怒，亦即，应该在感觉到人们期待并且要求我们发怒时才发怒，而不应该在我们感觉到自己一有那种不愉快的激情勃然跃动时就立即发怒。在人类心灵能够产生的各种情感当中，对于它们的正当性，我们最应该怀疑的，以及对于是否放纵它们，我们最应该仔细请教我们自然的合宜感的，或者说，最应该用心考虑冷静公正的旁观者将会有什么样感觉的，莫过于愤怒的激情了。豪迈恢宏的肚量，或者说，那种想要维持我们自己的社会地位与尊严的顾虑，是唯一能使这种不愉快的情感表达显得尊贵的动机。我们全部的举止态度与应对风格必须以此动机为其特征。这些态度与风格必须是坦率、公开与直接的；坚决而不执拗，昂扬而不傲慢；不仅完全不温不火、不刻薄下流，而且慷慨豁达、坦白正直、心中充满适当的善意，即使对触怒我们的人也是这样。总而言之，我们整体的风格态度，必须毫不矫揉造作地呈现出，愤怒的激情并未泯灭我们的人性；呈现出，即使我们屈服于报复的心理指令，那也不是因为我们心甘情愿，而是迫于必要，是一再受到严重的挑衅后无可奈何的结果。当愤怒受到这样的约束与克制时，它或许可以算是慷慨与高贵的感情了。

第四节　论和乐的感情

正如是一种分割的同情感，使刚刚讨论过的那一类感情，在大多数场合，变得这么的令人厌恶与不愉快，所以，也有另一类和它们正好相反的感情，由于会引起某种加倍的同情感，因此几乎总是令人觉得特别的愉快与合宜。豪迈慷慨、仁慈、亲切、怜悯、相互友爱与尊敬，以及所有和乐与慈善的情感，当表现在面容或行为上时，即使其抒发的对象和我们没有特殊关系，也几乎总是会使每一个中立的旁观者感到愉快。这样的旁观者对发出那些情感的人的同情，和他对那些情感投注对象的关怀，完全相一致。他，作为一个人，对于后者的幸福，必然会有的关怀，使他对另一个人，一个在同一对象上投注其情感的人所怀有的情感产生更为生动的同情。因此，我们总是有最强烈的倾向对慈善的情感兴起同情感。这些情感在每一方面都使我们觉得愉快。我们体会到怀有这些情感的那个人身上的满足，也体会到这些情感投注的对象身上的满足。正如给人更多痛苦的，不是勇敢的人或许会担心的那一切可能来自敌人的伤害，而是意识到自身是被人怨恨与愤怒的目标。所以，意识到被人所爱，自有一种满足感，对一个心思纤细与感觉敏锐的人来说，这种满足感带给他的幸福，比他或许会期待的那一切可能从被人所爱当中得到的实质利益更为重要。有些人以在朋友间撒播不和的种子为能，以使他们彼此最柔和的友爱转变成不共戴天的仇恨为乐。有什么样的性格比这种人更令人厌恶呢？然而，这么令人厌恶的伤害，其残酷之处究竟在什么地方呢？难道是在于他们被剥夺了某些微不足道的相互协助，被剥夺了如果他们的友谊继续，彼此可望从对方获得的那些琐碎的帮忙？不！是在于剥夺了那个友谊本身，在于使他们失去了彼此的友爱，失去了他们原本在彼此的友爱中享有的那种大量的满足，亦即，是在于搅乱了他们心灵的和谐，在于中断原本存在于他们之间的那种快乐的心灵交流。这些友爱，那个和谐，这种交流，不仅被温柔纤细的人，也被最粗鲁下流的人，觉得比所有那些可望与它们俱来的琐细的互助对幸福更为重要。

对心中有"爱"的人来说，"爱"这种情感本身便是令人愉快的。它抚慰与镇静人心，它似乎特别有利于生命力的转动，有利于增进人体的健康；在所爱的对象身上，"爱"必定会引起感激与满足的心情，而意识到这种心情，益发使爱人者觉得

"爱"的愉快。他们的互相关心，使他们彼此因为拥有对方而觉得高兴，而对此一互相关心的同情，则使其他每一个看到他们的人都觉得愉快。我们会以什么样愉快的心情，注视这样一个家庭呢？如果那个家庭的全体成员互敬互爱，如果父母与子女是彼此的好伙伴，他们之间除了一方的敬爱，以及另一方的和蔼纵容之外，没有其他任何的抵触不合；如果那里的自由自在与慈祥钟爱，那里的相互逗趣与彼此亲切对待，显示那里既没有分化兄弟的利益冲突，也没有使姐妹失和的争宠；如果那里发生的每一件事情，都让我们联想起祥和、快乐、和谐与知足的念头？相反，如果我们走进一户人家，发现那里的倾轧斗争，使住在同一屋檐下的一半人仇视另一半人；发现那里在假装平静与柔顺的气氛当中，有着猜疑的脸色与突然发作的脾气，无意中泄漏出彼此妒忌的火焰正在他们心中燃烧，而且随时准备冲破朋友在场所强加的一切约束而爆发出来时，那会让我们觉得多么的不安？

那些和蔼可亲的情感，即使在它们被认为失之过分时，也绝不会被人们投以厌恶的眼光。即使在友爱与仁慈的过错当中，也有令人觉得愉快的东西。心肠过于柔软仁慈的母亲，过于宽大放纵的父亲，过于慷慨与情义深重的朋友，有时候也许会因为他们的性情过于柔软，而被投以某种遗憾的眼光，然而，这种遗憾是一种当中掺杂着爱意的怜惜，他们绝不可能被什么人投以怨恨与憎恶的眼光，也不会被什么人瞧不起，除非是最残忍下流的人。我们总是带着关怀、带着同情与善意，责备他们过于放纵他们的爱恋。在极端仁慈的性格当中，有一种比什么都更惹人爱怜的无助感。这种性格丝毫没有让人觉得有丑陋下流或不愉快的成分。我们只是惋惜它不适合这个世界，因为这个世界不配拥有它，而且也因为被赋予它的人，必定因它而成为背信与忘恩负义者假意巴结玩弄的牺牲品，成为被数以千计的痛苦与烦恼不安所困的猎物，然而，在所有人类当中，就数他最不该感受到这些痛苦与烦恼不安，并且通常也就数他最没有能耐忍受这些痛苦与烦恼不安。怨恨与愤怒的情形就大不相同。某个人，如果过于激烈地倾向产生那些讨厌的感情，那他就会成为大家畏惧与憎恶的对象；我们会认为，这样的人，就像一只野兽那样，应该被驱逐出所有文明的社会。

第五节　论自爱的感情

除了前述那两类相反的情感，即和乐与不和乐的情感外，还有另外一类可以说介于它们之间的情感。它们绝不像和乐的感情有时候那么的令人觉得合宜优雅，但也绝不像不和乐的感情有时候那么的令人厌恶。悲伤与快乐，当它们的起因是我们自己个人的幸运或不幸运时，构成这第三类情感。即使极为过分，它们也绝不会像过分的愤怒那样令人不愉快，因为绝不会有相反的同情感促使我们去反对它们；而即使恰如其分，它们也绝不会像公正无私的博爱与慈善那样的令人愉快，因为绝不会有加倍的同情感促使我们去赞许它们。然而，在悲伤与快乐间，还是存在着这样的一个差异，即：我们通常最倾向对小快乐与大悲伤产生同情感。一个由于意外的运气大转变而突然被擢升到远高于他从前所处的生命层次的人，大可放心相信，他最好的朋友们给予他的那些祝贺并非全都十分真诚。一个暴发户，即使有最伟大的优点或功劳，也通常是令人不愉快的，因为妒忌的感觉通常会阻止我们衷心附和或同情他的喜悦。如果他还有一些判断力的话，他一定会察觉到这一点，从而尽可能克制他的喜悦，尽可能压抑他的新处境自然会在他身上激起的那种飘飘然的感觉，而不是表现出一副因为交到好运而得意洋洋的样子；他装模作样地采取适合自己从前处境的朴素打扮，做出适合自己从前处境的谦逊行为；他加倍关心起他的老朋友们，并且努力显得比从前任何时候都更为低声下气、更为殷勤周到、更为柔顺有礼。而这也正是，在他目前的处境中，我们最赞许的那种行为，因为我们似乎期待，和我们同情他感到的幸福相比，他更应该多多同情我们因他的幸福而感到的妒忌与憎恶。然而，他很少会因为他的这一切努力而成功博得我们的赞许。我们怀疑他的谦卑缺乏真诚，而他则对刻意的谦卑拘束感到厌倦。所以，通常不需要多久时间，他就会把所有他的老朋友抛诸脑后，除了其中最卑鄙的一些人，后者也许会甘心屈就，成为仰赖他的附庸；而且他也不见得一定会交到什么新朋友；他的新交们，发现他居然和他们平起平坐时，觉得自尊受到羞辱的程度，绝不亚于他的旧交们因为他超越了他们而觉得自尊受到羞辱的程度；而他若真想为这两者所感到的羞辱赔罪，那他非得有最固执与最坚忍不拔的谦卑不可。但是，他通常很快就会觉得厌倦，很快就会被旧交们的愠怒与疑神疑鬼的自尊以及新交们的傲慢轻蔑所激怒，而以轻忽的态度对待前者，以暴躁的脾气对待后者，直到他最后变得经常狂傲自大，以致失去众人的尊敬。如果人生幸福的主要部分，就像我所相信的那样，是来自为人所爱的感觉，那么，意外的运气大好转就很少对幸福有什么帮助。最幸福的，是这样的人：他比较缓慢地逐步晋升到高贵的地位，在他每一次晋升到一个较高的位置前，大家便已盼望他占有那个位置很久了，因此，他的每一次晋升，绝不可能在他身上引起过度的喜悦，而且按理也不太可能在被他赶上的那些人身上引起什么猜忌，或在被他抛在后头的那些人身上引起什么嫉妒。

然而，对于来由比较不重要的小喜悦，人类却比较容易兴起同情感。在获得大成功时，得体的举止是保持谦卑。但是，在日常发生的所有生活小事情上，譬如，在昨晚和我们共度良宵的朋友们身上，在为我们安排的余兴节目上，在昨晚所说的话以及所做的消遣上，在此刻交谈中的所有小插曲上，以及在所有填补人生空虚的那些可有可无的小玩意儿上，我们再怎么夸张地表示心满意足，也不太可能失之过分。没有什么比经常保持愉悦的心情更显得优雅合宜了，这种心情是建立在一种特殊的品位风趣上，是一种对所有日常发生的小事情都觉得趣味盎然的兴致。我们很容易对这种愉悦的心情产生同情感：它使我们内心兴起同一种喜悦，它使每一件琐事都同样以让具有这种幸运的兴致倾向的人觉得愉快的面相朝向我们。也就是因为如此，青春年少这个欢乐的人生季节，才会这么轻易吸引我们的喜欢。年轻丽人双眼中闪耀的喜悦倾向，似乎甚至使青春红润的脸颊更增光辉，这种喜悦的倾向，即使出现在一个性别相同的人身上，也会使老年人的心情变得比平常更为高兴。他们会暂时忘掉虚弱多病的身躯，纵情沉浸在他们从前愉快的念头与情绪中，这些念头与情绪，虽然他们久已生疏，但是，当这么多眼前的幸福又把它们召回到他们心中时，它们便像老相识那样盘踞在那里，他们一面为曾经和这些老相识分离而感到难过，一面因这长久分离的缘故而更加热情拥抱它们。

悲伤的情形就大不相同了。小苦恼不会引起什么同情，但深沉的忧伤则会招致最大的同情。一个每次遇上不如意的小事情，心里就觉得不舒服的人；一个每当他的厨师或管家一有小小的过错，就会不愉快的人；一个对隆重高雅的礼貌仪式吹毛求疵的人，不管这仪式是做给他或是给其他任何人看的；一个和密友在午前相见时，如果密友没向他道声早安，他就见怪的人；一个当他在讲故事时，如果他的兄弟一直哼着歌，他就生气的人；一个在郊外度假遇上坏天气，或出外旅行遇上道路状况不佳，就会发脾气的人；一个待在城市里，会因为没有朋友做伴或所有大众娱乐都乏味无聊，而抱怨连连的人，这样的人，我敢说，即使他的生气或抱怨有那么一点道理，也很少会有什么人同情他。喜悦是一种愉快的感情，因此即使只有最轻微的原因，我们也乐于纵情沉湎于喜悦。所以，当我们没有因为妒忌而心怀偏见时，我们很容易对他人身上的喜悦兴起同情感。但是，悲伤是一种令人痛苦的感情，因此即使遭逢不幸的是我们自己，我们内心也会自然而然抗拒与排斥它。我们或者会尽力完全不去怀想这种感情，或者在怀想到它时，就立刻尽力甩掉它。没错，我们对悲伤的厌恶，不见得总是会阻碍我们在自身遭逢一些鸡毛蒜皮的不幸时感到悲伤，但它经常会阻碍我们同情他人的悲伤，如果这悲伤是由同样微不足道的一些原因所引起的，因为从我们的同情感产生出来的情感，总是比较不像我们原始的情感那样的不可抗拒。此外，人类的心中有一种恶意，不仅会完全阻碍我们对他人的小小苦恼产生同情，甚至会使他人的小小苦恼多少变得有趣。所以，我们都以开玩笑为乐，以看到我们的同伴在处处被逼迫、被催促、被戏弄时所显现的小气恼为乐。最常见的那种教养良好的人，会掩饰任何意外的小事故给他们带来的痛苦；而被塑造得比较彻底适合社会生活的那些人，则会自动把所有这种小事故想成是自然女神的小玩笑，因为他们知道，即使他们不这样想，他们的朋友也会这样想。一个认真生活在这世界上，学会了习惯从他人的角度看待牵涉到他自己的每一件事的人，他这样的习惯，会使那些微不足道的不幸，对他来说，变成如同他的朋友们所想的那样可笑。

　　相反，对深沉的悲伤，我们的同情感，不仅很强烈，而且很真诚。这无须举例说明。我们甚至会因为虚构的悲剧演出而哭泣。所以，如果你为重大的灾难所苦，如果你因异常的不幸陷入贫穷、疾病、耻辱与失望之中，纵使你自己的过错也许是其中的部分原因，你通常仍然可以信赖你的所有朋友们会对你产生最真诚的同情，而且在利益与荣誉允许的范围内，你还可以信赖他们提供最亲切的援助。但是，如果你的不幸不是这么的可怕，如果你的不幸只是你的雄心壮志稍微受到了一点小挫折，如果你只是被你的情人抛弃了，或只是被你的太太骑到头上责骂了一顿，那么，你就等着被所有熟识你的人揶揄戏弄吧。

第三章　论处境的顺逆对人类评论行为合宜与否的影响

为什么顺境中的人比逆境中的人更容易获得人们的赞许

第一节　虽然我们对悲伤的同情感通常比对快乐的同情感更为强烈，但悲伤的同情感通常远远不如主要当事人自然感觉到的悲伤那般强烈

和我们对喜悦的同情相比，我们对悲伤的同情，虽然不见得比较真实，却一向比较受注意。"同情"（sympathy）一词最严格与最原始的意思，是指我们和他人的痛苦，而不是和他们的快乐，同感共鸣。有一位聪明巧妙的已故哲学家①认为，有必要以严谨的论证方式，证明我们确实会同情他人的喜悦，证

---

① 译注：指英国哲学家 Joseph Butler（1692—1752）。

明恭喜他人成功是人性的一个根本的性能。但是，我相信，从未有什么人认为有必要证明，怜悯他人的悲伤是人性的一个根本的性能。

首先，我们对悲伤的同情，就某一意义来说，比我们对喜悦的同情更为全面与包容。某人的悲伤即使过了头，我们对那悲伤还是多少有点同情。没错，在这场合，我们感觉到的悲伤，并未达到所谓赞许那样完全同情的程度，亦即，并未达到与主要当事人的感觉完全对应一致的地步。我们不会和受苦者一样地哭泣、哀号、悲叹。相反，我们觉得他太过懦弱，觉得他的情绪太过强烈，不过，我们往往还是会为他深感忧虑。但是，如果我们和他人的喜悦没有完全的调和共鸣，亦即，如果我们无法完全附和他的喜悦，那我们对他的喜悦就不会有丝毫关心或同类的感觉。一个手舞足蹈，宛如发狂，流露出我们无法附和的那种过度喜悦的人，是我们蔑视与愤怒的对象。

此外，痛苦，无论是心灵的或身体的，都是一种比愉快更为深刻的感觉。我们对痛苦的同情，虽然远远不如受苦者本人自然感觉到的那样强烈，却通常是一种比我们对愉快的同情更为强烈的感觉，虽然我们对愉快的同情，正如我马上要说明的那样，往往比较接近主要当事人原始的愉快那样的生动自然。

还有，我们时常会努力想要克制我们自己，避免对他人的悲伤产生同情。每当受苦者看不见我们的时候，为了让我们自己觉得舒服些，我们会努力将同情的悲伤尽可能克制住，不过，我们未必一定成功。我们越是反抗它，越是不甘愿屈服于它，反而必然使自己更加特别地感觉到它。但是，我们从来没必要对同情的喜悦作出这样的反抗。在喜悦的场合，如果妒忌感作祟，我们就完全感觉不到什么同情喜悦的倾向；而如果没有丝毫妒忌感作祟，我们就会欣然对同情的喜悦让步。甚至当不愉快的妒忌感使我们丧失了产生同情喜悦的能力时，由于我们总是会为我们的妒忌感而觉得羞耻，所以，我们往往会假装，甚至有时候还真的希望，对他人的喜悦产生同情。我们口头上说，我们为邻居的好运道感到高兴，虽然我们的内心也许正为此而觉得真难过。当我们希望赶走我们同情的悲伤时，我们却还时常感觉到它；而当我们希望怀有同情的喜悦时，却往往感觉不到它。所以，自然横亘在我们眼前，等着我们去指认的一项明显的事实，似乎是我们同情悲伤的倾向必定很强烈，而我们同情喜悦的倾向则必定很微弱。

然而，尽管有这个成见，我还是要大胆断言，当没有妒忌感作祟时，我们同情喜悦的倾向，远比我们同情悲伤的倾向更为强烈，而且我们对愉快的情绪所产生的同情，也远比我们对痛苦的情绪所感到的同情，更为接近主要当事人自然感觉到的情绪那样的生动鲜明。

对于我们无法完全附和的过度悲伤，我们还有些纵容的肚量。我们知道受苦者需要付出多么宏大的努力，才能把他的情绪克制到和旁观者的情绪完全调和一致的地步。所以，即使他失败了，我们也很容易原谅他。但是，对于过度的喜悦，我们就没有这样纵容的雅量；因为我们不觉得，要把喜悦克制到我们能够完全附和的程度，需要付出什么样宏大的努力。一个在遭逢最大的不幸时还能克制住悲伤的人，似乎值得最高程度的钦佩；但是，一个在获得极大的成功而同样能够克制住喜悦的人，却似乎很少被认为值得什么赞扬。我们深知，主要当事人自然感觉到的情绪,与旁观者能够完全附和的情绪间,总是有一段距离,而这种距离在悲伤的场合,远比在喜悦的场合来得更大。

对于一个身体健康、没有负债、问心无愧的人来说,还有什么能够增进他的幸福呢?对一个处境如此的人,所有财富的增加或更好的运气,严格地说,全是多余的;如果他为那些多余的增益而大感得意洋洋,那也必定是因他的个性极为轻浮所致。然而,这样的处境也许很可称之为自然平常的人类状态。尽管时下世界确实有许多值得慨叹的悲惨与堕落,但是,这处境实际上仍是大部分人所处的状态。所以,对大部分人来说,要把他们自己的心情提升到和这处境的任何进步改善很可能在他们同伴身上引起的全部喜悦完全契合一致的地步,绝不会有什么太大的困难。

但是,能够为这个状态增添的幸福虽然很少,能够自这个状态减去的幸福却是很多。虽然这个状态和至高的人生幸福距离只不过是一丁点儿;它和最悲惨的深渊底部距离却是不可计量的大。因此,逆境使受苦者的心情消沉到低于自然状态的程度,必然远大于顺境能够使他的心情提升到高于自然状态的程度。所以,旁观者要完全附和他的悲伤,必定比要完全附和他的喜悦更为困难,因为在悲伤的场合,旁观者必须比在喜悦的场合,更为偏离他自身平常自然的心情。就是因为这个缘故,所以,我们对悲伤的同情,虽然时常是一种比我们对喜悦的同情更为深刻的感觉,却总是远远不如主要当事人自然感觉到的那样强烈。

同情喜悦令人觉得愉快;只要妒忌感没有从中作梗,我们内心总会自然放纵它自己，彻底沉浸在同情的喜悦这种令人心荡神移的快感中。但是，同情悲伤却令人觉得痛苦，所以，我们总是不太愿意同情悲伤。① 当我们观赏悲剧表演时，我们会努力尽可能抗拒该娱乐节目所鼓起的同情的悲伤，并且只有当我们再也没有办法避免感觉到它时，我们最后才会屈服于它，这时我们甚至还会尽力掩饰我们的悲伤，不让我们的同伴知道。如果我们竟然流泪，我们会小心翼翼地藏起眼泪，因为我们担心，无法体会这过分温柔的旁观者，恐怕会以为我们太过女人气与脆弱。遭逢不幸很值得我们同情的可怜人，因为体会到我们要同情他的悲伤将会有多勉强，所以，他在向我们显示他的悲伤时，总是怀着畏惧与犹豫：他甚至压制了一半的忧伤，只因为人类有这铁石心肠，使他羞于泄漏他的满腔忧伤。但是，因成功而欣喜若狂的人，所面对的情况就不是这样。只要没有妒忌感从中作祟使我们厌恶他，他便可期待获得我们最完整的同情。所以，他不怕以最兴高采烈的欢呼来表达他心中的喜悦，因为他充分相信我们会衷心倾向陪他一道高兴。

为什么我们在朋友面前会比较羞于哭泣，而不是比较羞于

---

① 原作注：有人曾经向我表示异议说，由于我把赞许的感觉（这感觉总是令人愉快）建立在同情的基础上，所以，承认有任何不愉快的同情存在，便与我的理论体系相互矛盾。我对此异议的答复如下：在赞许的感觉中，有两种成分应予注意，其一是旁观者同情的感觉，其二是源自他观察到他自己身上这个同情的感觉和主要当事人身上原始的感觉完全一致而兴起的那种情绪。后一种情绪，严格地说，正是赞许的感觉，而这种感觉总是愉快可喜的。但是，另一种感觉或情绪或者是愉快的，或者是不愉快的；究竟如何，取决于主要当事人原始的感情的性质，因为旁观者同情的感觉必定总是多少会保有主要当事人原始感觉的特征。

欢笑呢？就像我们时常有很好的理由欢笑那样，我们时常也有同样好的理由哭泣。但是，我们总是觉得，旁观者比较可能陪我们一起愉快，而比较不可能陪我们一起痛苦。悲叹诉苦总是不体面的，即使在我们遭逢最可怕的不幸压迫时。但是，欢呼胜利不见得总是不合时宜。没错，精明的审慎往往劝我们得意时应该更加克制自己的喜悦，因为精明的审慎教我们应该避免的妒忌，正是得意时的欢呼比什么都更容易引起的一种感觉。

对上级没有丝毫妒忌的群众，在凯旋仪式或公共庆典上，他们的欢呼是多么的真诚啊！而在执行死刑的场合，他们的悲伤通常又是多么的沉静缓和！在丧礼中，我们的悲伤通常只不过是装模作样的严肃，但是，在洗礼或婚礼仪式中，我们却总是由衷地欢笑，没有丝毫做作。在这些，以及所有类似的欢乐场合，我们的喜悦虽然不像主要当事人那样的持久，却往往像他们那样的生动活泼。每当我们诚挚地祝贺朋友时（使人性蒙羞的是，我们很少这么做），他们的喜悦简直变成我们的喜悦；刹那间，我们就像他们那样的快乐；我们内心溢满真正的愉快；喜悦与满足在我们的眼中闪耀，我们的容光更为焕发，举止更为轻盈。

但是，相反，当我们吊慰朋友的忧伤时，和他们相比，我们的感受是多么的微弱！我们在他们身旁坐下，注视着他们，严肃认真地聆听他们倾诉种种不幸的遭遇。但是，当自然突发的激情时时打断他们的倾诉，时时几乎使他们哽咽窒息时，我们内心懒洋洋的情绪，想要追随他们内心恍惚迷离的情感悸动，距离却是多么的遥远啊！而在同一时候，我们也许还觉得他们的激情表现很自然，不见得比我们自己在相同的场合或许会感受到的更为强烈。我们甚至会暗中谴责我们自己不够敏感,也许正因为如此,我们会尽力在我们自己的想象中勉强鼓起一种矫揉造作的同情,然而这种同情,即使被勉强鼓起,也总是各种想象得出的同情中最轻微与最短暂的那一种。一般来说,当我们一踏出朋友的房门,这种同情就会永远消失不见。看起来,当自然女神在我们身上装载我们自己的悲伤时,她似乎认为那些悲伤已经够沉重了,所以,除了敦促我们去减轻他人的悲伤时必须分担的那一部分外,她便没再命令我们去分担他人身上更多的悲伤。

就因为对他人的忧伤我们的感觉是这样的迟钝,所以,在大灾难当中,豪迈恢宏地承受痛苦,看起来总是显得这么的庄严神圣。一个在遭逢许多琐碎的霉运时仍能维持心情开朗的人,他的品行可以算是优雅宜人的了。但是,一个在遭逢最可怕的不幸时仍能维持同样态度的人,看起来就有点超凡入圣。我们感觉到,任何人在像他那样的处境中须要付出多么宏大的努力,才能把自然会搅乱他们、使他们心神涣散的那些强烈的激情克制住。我们因为发现他居然能够如此彻底克制住自己的激情而大感惊愕。同时,他面不改色的刚毅,也完全和我们内心的冷淡合拍一致。他不会给我们丝毫压力,要求我们展现更为细腻敏锐的感性,展现那种我们不仅发现我们没有,而且也很惭愧我们没有的感性。在他的感觉和我们的感觉间,存在最完美的调和一致,因此,他的行为在我们看来至为合宜。然而,根据我们对寻常人性弱点的经验,这样的合宜正是我们不可能合理预期他应当能够展现出来的那种合宜。我们大感讶异,奇怪他的精神力量怎可能发挥到如此高贵恢弘的地步。正如我们已经不止一次指出过的，混合着惊奇与讶异而更为强烈激动的赞许，正是应当被称为钦佩的那种感情。处处被敌人们包围的小加图（Cato）①，没有能力抵抗他们，又不屑向他们屈服，以致最后迫于他那个时代重视名誉的处世准则，不得不以自戕寻求解脱。然而，他从未因为遭逢困厄而畏缩过，也从未发出过可怜的悲叹声息，哀求人们为他一掬悲惨的同情眼泪，一掬他们总是这么不愿意给予的那些眼泪；相反，他以大丈夫威武不能屈的气概武装自己，而且在他决意夺去自己性命的前一刻，还以他一贯镇定从容的态度，为了朋友们的安全，安排了所有必要的命令。那位极力鼓吹禁欲与冷静的伟大哲学家塞涅卡②说，这景象甚至连神仙们自己看了也会觉得欣慰与佩服。

每当我们在日常生活中碰到气度恢弘到这样超凡入圣的例子时，我们总是会非常感动。我们比较容易为这种似乎完全不为他们自身着想的人恸哭流泪，而不会为那些懦弱到忍不住任何悲伤的人恸哭流泪；而且在这样特殊的场合，旁观者同情的悲伤似乎会超过主要当事人原始的悲伤。当苏格拉底喝下最后一滴毒药时，他的朋友全都哭了，然而他自己却表现出最快乐高兴的从容镇静。在所有这样的场合，旁观者不会努力，也没有必要努力去克制同情的悲伤。他不会害怕同情的悲伤会使他心荡神移到怎么样过分或不合宜的地步；他反而会很高兴他自己很有感性，并且会以完全屈服于他自己的感性而自许自夸。

---

① 译注：Cato, the Younger (95—46 BC)，罗马政治家、军人及斯多葛派哲学家。

② 译注：Seneca (4 BC—AD 65)，罗马政治家、哲学家及悲剧作家。

所以，在想到朋友的不幸遭遇时，他很乐于沉迷在那可能呈现在他心里的最忧郁悲伤的想法中，尽管先前他对这位朋友也许从未有过这么深刻的感觉，感觉过如此慈悲与凄怆的强烈爱恋。但是，主要当事人的情况就大不相同了。他必须尽可能移开他的眼睛，不去注意他的处境中所有自然令人觉得可怕或不愉快的情况。他生怕，过于认真注意那些情况，或许会使他的情绪大受影响，以至于使他再也无法将情绪控制在适度的范围内，使他再也无法让自己变成旁观者完全同情与赞许的对象。所以，他的全副心思只专注在让他觉得愉快的那些情况上，专注在他即将因超凡的刚毅恢弘而博得的赞扬与钦佩上。当他感觉到自己能够做出这么高尚慷慨的努力，当他感觉到在这样可怕的处境中，自己仍能够表现出自己想要表现的神情时，就会使他的精神大受鼓舞，使他喜不自胜，使他能够保持某种胜利凯旋的喜悦，保持那种似乎在为他自己能够如此这般战胜困厄而欢腾雀跃的喜悦。

相反，一个因为自己的困厄而陷溺于悲伤与颓丧的人，看起来总是多少有点卑鄙可耻。我们无法使自己为他感觉到他为他自己所感觉到的，我们甚至也许感觉不到，如果我们在他那样的处境，我们将为我们自己感觉到的，所以，我们藐视他。如果有什么感觉可以被视为不公平的话，这种藐视他的感觉也许就是了，然而，我们却天生无法抗拒地被注定就是会这样的不公平。过度的悲伤，无论从哪一方面来看，都绝不会令人愉快，除非这悲伤的成分，来自我们为他人感觉到的比较多，而来自我们为自己感觉到的比较少。一个儿子，在他那宽容可敬的父亲过世时，即使纵情悲伤，也不会有什么人责怪他。他的悲伤主要是基于他对过世的父亲的同情，我们会欣然体谅这种富有爱心的同情。但是，他同样过度的悲伤，如果全是为了某种只影响到他自己的不幸，那就丝毫得不到这样的宽容。如果他沦落到成为一无所有的乞丐，如果他暴露在最可怕的危险中，甚至如果他被带出去公开处决，而在处刑台上流下一滴眼泪，那人类当中所有最英勇慷慨的人都将认为，他使他自己永远蒙羞。然而，他们对他的怜悯，还是很强烈，而且很真诚。但是，由于这怜悯仍然没有他那过度的悲伤强烈，所以，对于这样一个敢在世人眼前自曝其短的人，他们不会有丝毫原谅的意思。他的行为让他们感觉到的，与其说是悲伤，不如说是羞耻；在他们看来，他这样使自己蒙受的耻辱，才是他整个不幸中最可悲之处。时常在战场上无视于死亡的毕洪公爵①，当他站在处刑台上，看到他自己沦落到那样的处境，回想起所有恩宠与光荣全因他自己的鲁莽以致这么不幸地弃他而去，不禁伤心落泪。但是，这眼泪是多么有损于他在人们记忆中的勇猛形象啊！

第二节　论雄心壮志的根源以及地位差别

就因为人类比较容易完全同情我们的喜悦，而比较不容易完全同情我们的悲伤，所以，我们才倾向夸耀我们的财富，而隐藏我们的贫穷。最令人感到羞辱的，莫过于必须在众人面前

---

① 译注：Charles de Gontaut, Duke of Biron (1562—1602)。曾因战功彪炳被法国国王亨利四世任命为法国元帅及勃艮第省省长；后因阴谋反叛失败，于 1602 年 7 月 31 日被处死刑。

展露我们的窘迫困厄,又同时感觉到,虽然我们的处境暴露在所有世人的眼前,却没有任何一个人为我们感受到我们自己的一半痛苦。不只如此,我们所以追求财富、避免贫穷,主要也就是因为考虑到人类会有这样的感觉。否则,这世上所有熙熙攘攘的辛劳忙碌,所为何来?所有贪婪与雄心,所有财富、权力与地位的追逐,目的何在?难道是为了供我们以生活必需品?只要有最卑贱的劳动者那样的工资,便可以供给那些东西。我们看到那样卑微的工资,足以让他衣食无虞,让他享有一个舒服的房子与家庭的温暖。如果我们仔细检视他的日常收支,我们应当还会发现,他把大部分的支出花在一些可以被视为奢侈品的生活便利品上,而且在一些特殊的场合,他甚至还为了虚荣与标新立异而花了一些钱。然而,我们为什么还嫌恶他的处境呢?为什么那些养尊处优的人会认为,如果他们沦落到必须和他吃一样简单的食物,和他一样住在低矮的屋顶下,和他一样穿上素朴的衣服,即使不必像他那样的辛苦劳动,那也还是比死去更糟糕呢?难道他们自以为他们的胃比较高级,或他们在宫殿里会比在茅屋里睡得更为酣甜?时常有人指出,实际情形正好与此相反,而且事实是如此明显,以致即使这事实从未被什么人刻意指出过,也肯定不会有人不知道。然而,遍及人类所有不同阶级的相互较量、模仿与竞争又是源自何处?改善我们的处境(译按:人往高处爬),被我们称为伟大的人生目的。然而,透过这个目的,我们指望得到哪些好处呢?透过这个目的,我们所能指望获得的全部好处,就在于吸引别人以同情、满足、赞许的态度注视我们,倾听我们和礼遇我们。我们在意的,是虚荣,而不是悠闲或逸乐。但是,虚荣总是建立在相信我们受人注意与被人赞许的基础上。富人之所以沾沾自喜于他的财富，是因为他觉得他的财富自然会使他成为世人注视的焦点，而且他也觉得世人，对他优渥的处境很容易在他自身上引起的那些愉快的情绪，都倾向于附和与同情。一想到这一点，他便觉得通体舒畅，整个人轻飘飘地陶醉起来。他因为这个缘故而爱上财富的程度，更甚于财富可能让他取得的其他任何好处。相反，穷人则以他本身的贫穷为耻。他觉得，由于他的贫穷，世人或者无视于他的存在，或者，如果他们注意到他，对他所承受的苦恼，也几乎不会有丝毫的同情。这两种情况都使他的自尊受到羞辱。虽然被人忽视与被人责难，是完全不同的两回事，不过，由于我们的默默无闻宛如一层乌云隔绝了荣誉与赞许的阳光照耀那样，感觉到他人对我们不理不睬，必然会使我们心中最愉快的希望，以及最热烈的渴求，因为缺乏他人的关心滋润而枯萎泄气。一个忙进忙出没人搭理的穷人，即使置身于人群中，也宛如独自关在自家里那般，一样的默默无闻。穷人们不辞辛劳费心打理的那些卑微的事物，在那些放荡快活的人们眼中，没有丝毫的趣味可言。他们的视线一碰到他就会想避开，万一他那极端潦倒的困境迫使他们盯着他看，那也是为了以眼示意叫这么令人不快的对象自动移开。那些幸运与自大的人感到惊奇，讶异人世间的不幸竟然可以这样的傲慢无礼，竟然胆敢出现在他们的眼前，并且肆无忌惮地以它那令人恶心的悲惨面相打搅他们的幸福安宁。相反，一个伟大显赫的名人则受到全世界的注意。每一个人都伸长脖子盯着他看，他们的心中并且渴望，至少借由同情的作用，分享他的处境自然会在他身上引起的那种洋洋得意的喜悦。他的一举一动都是众所嘱目的对象。他的任何一句话，任何一个手势，即便是不经意的，也几乎不会被完全忽略。在大型集会的场合，他是所有人士注目的焦点；他们的情感似乎全都充满期待地侍候在他身旁，随时等着承接他将施予的撼动与向导；只要他的举止不是全然的荒谬悖理，他便时时刻刻有机会使全世界觉得他很有趣，并且使他自己成为周遭每一个人注视与同感共鸣的对象。正是这种情况，使伟大显赫成为世人羡慕的目标，尽管它使人受到约束，尽管它使人丧失自由；这种情况，在人类看来，可以使追求伟大显赫的过程中必须忍受的一切辛劳、一切焦虑及一切屈辱，全都得到充分补偿；而且，更为重要的是，这种情况也可以使由于伟大显赫而永远失去的一切悠闲、一切自在，以及一切无忧无虑的安逸，全都得到充分补偿。

  当我们想到大人物的境遇时，在人类的想象力往往用来描绘与涂抹它的那些迷人的色彩渲染下，它几乎像是理想中最为完美的幸福状态。在所有我们的白日梦与无聊的幻想中，我们心中勾勒出来作为我们所有愿望的终极目标的，就是这一种状态。所以，对于身在其中的那些人的幸福满足，我们感觉到一种特殊的同情。所有他们的性向嗜好，我们全都偏爱；所有他们的希望，我们全都想促成。我们会想，要是有什么把一个这么愉快的情境搞糟弄坏了，那是多么可惜啊！我们甚至还会祝愿他们长生不死，我们似乎很难接受死亡终究会结束他们那样完美的快乐。我们会想，自然女神实在很残忍，居然迫使他们离开他们那样伟大得意的处境，进入她为所有她的孩子准备好的那种虽然卑微、不过却很亲切宽广的家。若不是经验告诉我们这样的恭贺语荒谬悖理，说不定我们还会模仿东方的阿谀奉承方式，欣然地向他们高呼"大王万岁"呢！每一个临到他们身上的不幸，每一件对他们的伤害，在旁观者的心中引起的怜悯与愤怒，比同样的不幸与伤害发生在他人身上时，还要多十倍。只有国王们的不幸才是适当的悲剧题材。在这方面，它们类似恋人们的不幸。在剧场里，让我们觉得有趣的，主要就是这两种人的情况。因为，尽管有理性与经验能够告诉我们的那一切相反的事实，人类的想象力仍然偏执地认为，这两种状态的幸福优于其他任何状态。搅乱或终结这样完美的快乐，似乎是所有伤害中最残酷的那种伤害。阴谋夺取其君主性命的叛徒，被认为比其他任何一种阴谋杀人犯更为可恶。内战中所有无辜的鲜血所引起的愤怒，还不如查理一世①的死所引起的那样激烈。一个平素对人性陌生的人，当他看到人们对于地位比他们低的那些人的不幸感觉是这么的冷漠，而对于地位比他们高的那些人的不幸与苦楚则是这么的痛惜与愤怒，很可能会认为，相对于处境比较卑贱的那些人来说，地位比较高贵的那些人的痛苦必定比较让人受不了，而且他们死前的那种痉挛抽搐也必定比较可怕。

地位差别，以及社会秩序，就是建立在人类倾向同情与附和有钱有势者的所有感情这个基础上。② 我们之所以谄媚逢迎

---

① 译注：Charles I（1600—1649），因内乱而被处死的英国国王（在位期间1625—1646）。

② 译注：作者显然反对卢梭（Rousseau）的民约论（contract theory）。作者认为文明政府的基本原理在于某种权威地位或上下服从关系，而这种关系首先有其"自然"产生的原因，并非人的理智刻意安排的，虽然事后经过理智的认识后，人们或许会更加拥护权威关系。参见作者另一本著作《国富论》第五卷第一章第二节：论司法经费。

地位高于我们的人，多半是由于我们钦佩他们的处境优渥，而不是由于我们个人期待从他们的善意得到什么恩惠。他们的恩惠能够照顾到的只不过是少数几个人，但是，他们的命运却吸引几乎每一个人的关心。我们急切地想要帮他，使他那如此接近完美的幸福变得十全十美。除了施恩于他们使他们感激，可以满足我们的虚荣心或荣誉感外，即使没有其他什么回报，我们还是想要为他们本身的幸福美满效劳。而且，我们所以服从于他们的意向，主要也不是，甚至也全然不是基于考虑到这种服从的效用，亦即，并非考虑到我们的服从，对社会秩序的维护有很大的效用。甚至当社会秩序似乎需要我们挺身起来反抗他们的时候，我们也几乎无法说服我们自己这么做。有人说，国王们是人民的仆人，因此根据公共利益的要求，可以被服从、被抵抗、被罢黜或被惩罚。但是，那是理性与哲学的教义，不是自然女神的教义。自然女神教导我们，要为他们本身的缘故去服从他们，要在他们崇高的地位前，紧张发抖与哈腰低头；要把他们的微笑当作是足以补偿我们的一切效劳的报酬；要把他们的不悦，即使不会有其他什么不幸随着那不悦临到我们头上，当作是所有我们可能遭受的屈辱中最严重的那一种来害怕。要在任何方面把他们当作是人来对待，要在平常的场合对他们讲道理，和他们辩论，需要我们鼓起非常大的决心，以至于很少有人刚毅恢弘到能够把持住这样的决心，除非那少数人另外有亲密或熟人的身份好倚靠。最强烈的冲动，最猛烈的激情、恐惧，怨恨与愤怒，也几乎不足以抵消这样尊敬他们的自然倾向；他们的所作所为必定已经把所有那些激情引发到最猛烈的程度了，不管这程度是否正当，才会迫使大部分人民站起来激烈地反抗他们，或希望看到他们被惩罚或被罢黜。甚至在已经被逼到这样极端的地步时，人民在每一刻还很容易变得温和起来，很容易又回复到他们平素的老样子，对他们已经习惯视为天生高他们一等的那些人又俯首称臣起来。他们无法忍受他们的君主遭到屈辱。于是，怜悯很快取代愤怒，他们忘记所有过去惹恼他们的那些恶劣事迹，他们以前的忠贞气节恢复了，他们急忙重建他们昔日的主人曾经倾颓的权威，为此他们的行动，一如他们过去反抗它时那样的激烈。查理一世的死亡，导致（斯图亚特）王室的复辟。① 当詹姆斯二世②在逃亡的船上被人民逮获时，全国民众对他的怜悯几乎阻止了革命③，至少使革命的步伐变得比他被捕以前较为蹒跚沉重。

难道大人物没察觉到，他们要得到一般民众的钦佩，代价是多么的轻松便宜？难道他们真的以为，他们也必须像其他人那样流汗或流血才能够博得一般民众的钦佩？你想，年轻的贵族子弟会被训示要以什么重要的才艺成就，去保持他那个地位的尊严，使他自己值得站在他的市民同胞的头上，坐在他的先祖们凭借他们的美德跃上的那个高位？他会被训示要以知识，以勤劳，以耐心，以自我克制，或以其他什么美德，去保有他的地位吗？由于他的一言一行都受到注意，所以，他学会习惯注意日常行为的每一个细节，并且用心以最精确合宜的方式，

---

① 译注：Charles II（1630—1685），于1660年继位为英王（在位期间1660—1685）。

② 译注：James II（1633—1701），英格兰国王（在位期间1685—1688）。

③ 译注：英史称为光荣革命（发生于1688年）。

完成所有不足挂齿的责任。由于他意识到他是多么受到注视，意识到人们是多么倾向于偏袒所有他的性向嗜好，所以，在最无关痛痒的一些场合，他的一举一动总是带有这种意识自然会在他身上激起的那种自在与昂扬的神态。他的神情，他的态度，他的举止，无不透露出某种特别优雅合宜的感觉，感觉到他自己的优越地位不是那些出身比较寒微的人毕生可能达到的。这些就是他打算用来使人类更容易顺从他的权威，更容易随着他的旨意起舞的技巧，而他在这一点很少会遭到挫折。这些技巧，在显赫地位的协助下，平常也真是足以统治这个世界。路易十四①，在他统治法国的大部分时间，不仅在法国，而且也在全欧洲，被认为是伟大君主的一个最完美的典型。但是，他凭什么才能或美德得到这么响亮的名声呢？难道是靠他的事迹全是一丝不苟、不屈不挠地伸张正义？是靠那些事迹布满莫大的危险与困难？或是靠他在执行那些事迹时所展现的那种孜孜不倦、永不松懈的勤勉？难道是靠他的知识广博？他的判断细腻绝妙？或他的气概英勇？他所倚靠的，全不是这些品行或才能。但是，首先，他是欧洲最强大的君主，因此，他在各个国王当中拥有最高的地位；其次，为他作传的历史学家②说，"他的体态优雅，相貌堂皇俊美，胜过所有他的朝臣。他的声音高贵感人，掳获所有因为面对他而被震慑住的人心。他有一种特殊的举手投足方式，这方式只适合他和他的身份，如果出现在其他任何人身上，就会显得荒谬可笑。他让那些和他说话的人感到局促

---

① 译注：Louis XIV（1638—1715），法国国王（在位期间 1643—1715）。
② 译注：指伏尔泰（Voltaire）。

不安,这使他感觉到自己的优越地位而暗地里龙心大悦。那位在请求他恩赐时张皇失措、支支吾吾的老军官,由于实在不知道怎样结束自己丢三落四的话语,最后向他说:先生,陛下,我希望,您相信,我在您的敌人面前不会像现在这样的战栗发抖。那个老家伙毫无困难地获得他所要求的恩赐。"这些微不足道的才艺,在他的地位协助下(他当然还有某个程度的其他才能与美德,不过,那个程度似乎并不比平庸高明多少),使这位君主在他那个时代备受世人尊敬,甚至使后代在想起他的时候还对他怀有不少敬意。和这些微不足道的才艺相比,在他那个时代,在他的面前,其他一切美德,看起来似乎都没有什么优点可言。知识、勤劳、勇气与德行,在他的面前战栗发抖,自惭形秽,丧失所有尊严。

但是,地位低下的人万万不可冀图借由这种才艺为自己扬名立万。优雅有礼完全是大人物专属的美德,除了他们,它不会给其他什么人带来荣誉。模仿他们的样子,企图以平素举止端庄出众,假装自己地位显赫的纨绔子弟,只会因为他自己的痴癫与厚脸皮而受到双重的藐视。那个任谁都不觉得值得注视的人,当他穿过房间时,为什么还这么在意他的头要怎么抬,或他的手要怎么摆呢?他显然专注在一个很没有必要去注意的问题上,而这样的注意也显示他觉得自己很重要,虽然没有其他什么人会苟同他的这种感觉。最完美无瑕的谦逊与朴素,加上在适当尊重同伴的范围内尽可能漫不经心,应当是一个平民主要的行为特征。如果他真想为他自己扬名立万,那就一定要靠更为重要的美德或长处。他必须取得相当于大人物的侍从附庸身份,但他没有其他的财源可以报答他们,除了他的身体勤劳，以及他的心思敏捷。所以，他必须培养这两方面能力：他必须在他的专业领域取得卓越的知识，并且必须格外勤勉地运用这知识。他必须在工作时忍辛耐劳，在危险时不屈不挠，在困境中坚定不移。他必须以他的事迹的困难度与重要性，同时，以他的事迹所涉及的优秀判断，并且以他完成那些事迹时必备的严格与毫不松懈的勤勉，让公众看到他的这些才能。在所有平常的场合，他的行为必须展现正直与审慎、慷慨与坦率的特征；同时，他必须主动踊跃参与所有那些想要有合宜的表现，就非得有最高才能与美德不可的场面，因为在这种场面中，凡是能够表现合宜的人都可获得最热烈的喝彩赞扬。一个充满精力、雄心勃勃，但碍于其处境而不得志的人，为了寻找某个可以大显身手的机会，好让自己在世上扬名立万，是多么焦急的在四处张望啊？在他看来，凡是能够提供这种机会的情况，似乎没有什么是令人觉得不快的。他甚至满心欢喜期待国际战争或国内冲突的到来；他暗地里高兴到甚至心醉神迷，因为在伴随着战争冲突而来的那一切惊惶混乱与流血伤害当中，他看到了他所冀望的那些场面有机会自然地出现在他眼前，那些场面可以让他把人类的注意与赞扬招引到自己身上。相反，就一个伟大显赫的名人来说，他足以自傲的事迹全在于日常行为的端庄合宜，他对这事迹能够提供给他的那种卑微的名声感到心满意足，而他也没有什么才能可以取得其他什么名声，更不愿意为了什么附带有困难或苦恼的名声而使自己卷入麻烦。在舞会上头角峥嵘是他的伟大胜利，在风流韵事上密谋成功是他的最高成就。他对所有社会失序的场面都感到厌恶，这倒不是由于他爱人类，因为大人物们绝不会把地位比他们低的人看成是他们的同类生物；也不是由于他缺乏勇气，因为他很少在这一点有什么缺陷，而是由于他意识到他丝毫没有处理这种场面所需的那些才能与美德，同时，他也意识到，在这种场面，众人的注意力一定会被其他某些人从他那里吸走。他或许愿意让自己冒些小危险，来个什么活动，如果那活动碰巧正流行。但是，一想到任何需要长期连续勠力发挥耐性、勤劳、刚毅，以及运用心思的场面，他就恐惧得发抖。这些美德几乎绝不会出现在那些出身高贵的人身上。因此，在所有政府里，即使是君主国的政府里占据最高级职位，以及管理全体行政细节的那些人，通常出身于中下层社会。他们之所以晋升于高位，全凭他们自己的勤勉与才华。虽然他们在往上爬的过程中，遭到所有出身比他们优越的那些人的妒忌与怨恨，处处受到那些人的小心提防与反对。然而，起初藐视他们，后来妒忌他们的那些人，最后却自甘堕落对他们奴颜婢膝起来，而且其卑贱没品的模样，一如那些人希望其余人类应该对待他们自己的那样令人不忍卒睹。

从崇高的地位跌落，之所以这么令人难受，正是由于从此会失去这种不费吹灰之力便可左右人类感情的地位。当马其顿国王和他的家人，被保鲁斯伊米尼乌斯①带领，走在凯旋游行的队伍里的时候，他们的不幸，据说，使他们得以和他们的征服者分享罗马人的注意。看到国王的子女们，因为年纪幼小而对他们自己的处境毫无感觉的样子，使旁观者的内心，在群众兴高采烈的胜利欢呼声中，兴起最温柔的感伤与怜悯。那位国

---

① 译注：Paulus Aemilius，罗马将军，于公元前168年征服马其顿（Macedon）。

王接着出现在队伍里,他像是一个被临头大祸惊吓得分不清楚方向的人,完全失去了感觉。他的朋友与大臣们紧跟在他后面。当他们随着队伍移动时,他们的眼睛不时瞟向他们那位已经垮台的君主,而每次看到他时总是忍不住泪水直流。他们的一举一动无不表明,他们丝毫没想到他们自己的不幸,盘踞在他们心里头的,反而全是他的大祸无与伦比的庞大阴影。相反,慷慨豪爽的罗马人,则是以轻蔑与愤慨的眼光瞧着他,认为一个品性这么卑劣,在这么不幸的遭遇下还死皮赖脸活下来的人,完全不值得同情。然而,他的那个大祸结果究竟是些什么呢?根据大部分历史学家的记述,他将在一个很有势力而且很有人情味的民族保护下度过他的余生,并且他余生的那种状态本身似乎也颇值得一般人羡慕,那是一种丰富、自在、悠闲与安全的状态,一种无论他自己有多愚蠢也不可能被他搞砸掉的状态。不过,他的身边将不再围绕着一群爱慕与敬佩他的傻瓜、谄媚者,以及侍从附庸,将不再像从前那样有习惯随着他的一举一动起舞的那些人围绕着他。他将不再被民众着迷地注视,而且他也不再能够使自己成为他们所尊敬、所感激、所爱戴以及所钦佩的对象。全世界人民的情感,将不再随着他的意向起舞。这就是所谓让人难以忍受,让那位国王失去所有感觉,让他的朋友们忘记他们自己的不幸,让慷慨豪爽的罗马人几乎无法想象有什么人的品行可以卑劣到还能够忍辱偷生的那个大祸。

拉罗什福科爵爷①说,"爱情通常会被雄心取代;但是,雄

---

① 译注:François duc de la Rochefoucauld (1613—1680),法国思想家,格言体道德论作家。

心很少会被爱情取代。"那种激情一旦完全占据了心灵，便不会容许竞争者或继承者进入。对习于占有，或甚至仅仅习于希望占有民众的赞美与钦佩的那些人来说，所有其他的乐事都会使他们觉得恶心倒胃。有些被抛弃的政治家，为了他们自己的身心安顿，力图克制雄心，藐视他们再也不可能获得的那些荣誉，但是，他们当中又有几人能够做到呢？他们大多是在最没精打采与懒洋洋的怠惰中虚耗他们的时光；不时因为想到自己的无足轻重而懊恼不已；没办法对一般平民生活的任何工作发生兴趣；没有什么会让他们觉得愉快，除非谈论他们从前如何的光彩伟大；也没有什么会让他们感到满足，除非他们正忙于进行某个白费心机企图恢复昔日光彩的计划。你真的下定决心，绝不拿你的自由去交换宫廷里堂皇的奴隶状态，而要生活得自由自在、无忧无虑与独立自主吗？似乎有一个办法，可以保持这种纯洁的决心，而且也许只有这一个办法。那就是绝对不要进入很少有人能够退出来的那个处所；绝对不要进入充满雄心壮志的权力圈子；绝不要拿你自己去和已经垄断了你眼前半数人类注意力的那些人世间的大人物相比。

在人们的想象中，置身在最受众人注目与同情的位置，显然是非常重要的一回事。因此，所谓位置，那个使所有市镇参议员的夫人们失和的伟大目标，是人世间大半辛劳的目的；是所有喧嚣嘈杂的原因；是那一切被贪婪与野心引进到这个世界的抢夺与不义的原因。据说，通情达理的人真的藐视位置，亦即，他们不认为坐在一张桌子的首位有什么了不起；对于那个不足挂齿的细节究竟把谁点选出来给桌上的众人认识不以为意，因为只要有一丁点儿的其他优势便可绰绰有余地抵消那个细节上的差异。但是，没有人会藐视地位、殊荣与卓越，除非他的品行修为或者远高于，或者远低于寻常的人性标准；除非他的智慧与真正哲理的修为根基是如此深厚，以致他觉得只要他自己的行为合宜，足以使自己成为值得赞许对象，他就心满意足，即使没有人注意到他或赞许他，他也觉得那无关紧要，或者，他是如此习于自认下流卑劣，如此沉沦在懒惰麻痹的醉生梦死中，以致全然忘了想要往上爬的愿望，甚至几乎全然忘了这世上还有所谓愿望这回事。

正如功成名就的所有耀眼的光芒，全出自于这样的状况，即功成名就可以使人成为众人的快乐祝贺与同情注视的自然对象，所以，使厄运失败的忧郁景象变得更为阴暗的，莫过于感觉到我们的不幸，非但不是我们的同胞们同情的对象，反而是他们轻蔑与厌恶的对象。因此，最可怕的不幸并非总是最难忍受的那些。在大庭广众间，显露自己遭到小小的厄运，比显露自己遭到巨大的不幸，更令人感到羞辱。前一种不幸不会引起任何同情；后一种不幸，虽然不会在旁观者心中引起任何接近受难者的那种极端痛苦的感觉，然而，却可以唤起相当强烈的怜悯。在后一种场合，旁观者的感觉距离受难者的感觉比较不是那么的远，他们的同情虽然不是那么的完备，总是多少提供了一些协助，使他比较容易承受他的不幸。让一个绅士觉得更为屈辱的，是衣衫褴褛与满身污秽地出现在一群快乐的民众面前，而不是伤痕累累与血迹斑斑地出现在他们的面前。后一种情形会引起他们的同情；而前一种情形则会挑起他们的笑声。命令某个罪犯被挟在颈手枷中示众的法官，使那位罪犯受到的羞辱，更甚于判处他在绞刑台上受死。若干年前，有某位大国的君主,当着军队的面以手杖责打某位陆军将领,使那位将领的名誉扫地,永远无法挽回。那位君主给的惩罚将会轻很多,如果他当众一枪射穿那位将领的胸膛。根据荣誉律,以手杖责打,是一种羞辱,而以剑击杀,则不是,个中的道理非常明显。在人民普遍慈悲豁达的国度里,那些比较轻微的惩罚,如果施加在绅士身上,反而会被视为比什么惩罚都来得更为可怕,因为对一个有身份地位的绅士来说,不好的名誉是所有灾祸中最大的那一种。所以,对具有那种地位的人,比较轻微的惩罚普遍被搁置不用;法律虽然在许多场合要他们以命抵罪,但是,法律几乎在所有场合都尊重他们的名誉。对一个上流社会的人科以笞刑,或把他挟在颈手枷中示众,无论是基于他犯了什么罪的理由,都是一种也许除了俄罗斯外不会有其他欧洲政府做得出的残忍行为。

一个勇敢的人不会因为被带上绞刑台而变得可鄙,但是,他会因为被挟在颈手枷中示众而变得这样。在前一种场合,他的行为也许可为他赢得普遍的尊敬与钦佩。在另一种场合,不管他有什么样的行为,他都不可能令人愉快。在前一种场合,旁观者的同情鼓舞他,使他免于所有感觉中那种最难堪的羞耻,亦即免于感觉到他的不幸只有他自己感觉到。在另一种场合,便没有什么同情,即使有,那也不是同情他的痛苦(这痛苦实在微不足道),而是同情他意识到他的痛苦没有人同情,亦即即使有同情,也是同情他的羞耻,而不是同情他的悲伤。怜悯他的那些人,为他感到羞愧而低下头来。他也同样垂头丧气,觉得他自己被那种惩罚,虽然不是被他的罪行,无可挽回地降低了地位。相反,那个决心就死的人,由于他自然被旁观者以充满尊敬与赞许的直挺挺的面相注视着,所以他自己的脸上也同样呈现出无所畏惧的从容表情;而且,如果他的罪行没有夺走别人对他的尊敬,那他所接受的惩罚就绝不会夺走这种尊敬。他毋庸怀疑他的处境会是什么人轻蔑或嘲笑的对象,而且他也可以正正当当地表现出一副不仅是完全平静沉着,而且是兴高采烈的胜利神态。

德利兹枢机主教①说,"巨大的危险,自有其迷人之处,因为即使在我们挑战失败时,还是可以得到一些光荣。但是,平庸的危险,除了可怕之外,其他什么也没有,因为名誉丧失总是与缺乏成功相随。"他的这个箴言,和我们刚才针对刑罚所说的,有相同的哲理基础。

人类的美德可以胜过痛苦、贫穷、危险与死亡,而且它要藐视这些逆境,甚至也不需要使尽它的全身力气。但是,要是它的不幸遭到侮辱与嘲笑,要是它被带领着走在凯旋队伍里游街示众,要是它被竖立起来任人轻蔑地指指点点,那么,它往往便比较难以保持一贯的坚定。如果和被人轻蔑相比,所有其他外在的厄运伤害都很容易承受。

第三节　论钦佩富贵与藐视贫贱的心理倾向腐化我们的道德判断

这种对有钱有势者的钦佩乃至几乎崇拜,以及对贫穷卑贱

---

① 译注:Jean François Paul de Gondi, Cardinal de Retz (1614—1679),法国神学家。

者的藐视或至少是忽视的倾向,虽然是地位差别与社会秩序赖以建立与维持的必要基础,然而,它同时也是我们的道德情感之所以败坏的一个重大且极普遍的原因。历代的道德家无不抱怨:财富与显贵时常享有只应属于智慧与美德的尊敬与钦佩;而只应针对恶行与愚蠢表示的轻蔑,却往往极不公正地留给贫穷与卑微承受。

我们希望自己是值得尊敬的人,也希望自己被人尊敬。我们害怕自己是该被轻蔑的人,也害怕自己被人轻蔑。但是,一旦踏入这个世界,我们很快便发现,智慧与美德绝不是人们唯一尊敬的对象;而恶行与愚蠢也一样不是人们唯一轻蔑的对象。我们时常看到,世人尊敬的目光比较强烈地投向有钱与有势的人,而不是投向有智慧与有美德的人。我们也时常看到,有权有势者的恶行与愚蠢,远比天真无辜者的贫穷与卑微受到更少的轻蔑。值得世人的尊敬与钦佩,获得世人的尊敬与钦佩,以及享受世人的尊敬与钦佩,是这世上的雄心壮志与竞争较量的伟大目标。有两条不同的路出现在我们眼前,同样可以达到这个被如此渴求的目标:其中一条,经由学习智能与实践美德;另一条,经由取得财富与显贵的地位。有两种不同的性格出现在我们的面前,供我们仿效;其中一种,满怀高傲自大的野心与庸俗卖弄的贪婪;另一种,是满怀朴素的谦虚与公平的正义。有两个不同的模式,两幅不同的画像,悬在我们的眼前,供我们据以形塑我们自己的品格与行为;其中一幅,在着色上比较庸俗华丽与光彩耀眼;另一幅则是在轮廓线条上比较正确,也比较细腻美丽。其中一幅迫使每一只游移的眼睛不得不注意到它;另一幅则几乎不会吸引什么人注意,除非是最用心与仔细的观察者。真心坚定爱慕智慧与美德的,主要是一些贤明有德的人,他们非常优秀,不过,为数恐怕不是很多。绝大多数的人是财富与显贵地位的爱慕者,而且,也许更为古怪的是,大部分还往往是没有私心的爱慕者与崇拜者。

我们对智慧与美德感到的那种尊敬,和我们对财富与显贵怀有的那种尊敬,无疑有所不同;而且要区分这种不同,也不需要有很高明的识别能力。但是,尽管有这种不同,那两种感觉还是很相像。在某些特征上,它们无疑不一样,但是,在笼统的脸部表情上,它们是这么的近乎相同,以致没注意观察的人很容易错把后者当成前者。

如果两者的功劳相当,很少有什么人不是更多尊敬有钱有势者,而较少尊敬贫穷卑微者。甚至对大部分人来说,前者的放肆与虚荣,还远比后者真材实料的功劳,更值得他们钦佩。说纯粹的财富与显贵,抽离功劳与美德,值得我们尊敬,这也许很难被好的道德或甚至好的语言欣然接受。然而,我们必须承认,纯粹只是有钱有势的那些人,几乎经常得到我们的尊敬。所以,在某些方面,他们可以被视为我们自然尊敬的对象。那些崇高的地位,无疑也会因为恶行与愚蠢而彻底崩毁。但是,那种恶行与愚蠢必定是非常巨大,否则就不会有彻底崩毁崇高地位的作用。同样不检点的行为,出现在一个上流社会人士身上,远比出现在较卑微的人士身上,较不受人轻蔑与厌恶。后者偶尔违反一次自我克制与行为正当的规矩,惹人愤怒的程度,通常远大于前者经常且公开轻蔑那些规矩所引起的愤怒。

在社会中下层的生活中,通往美德的路,和通往富贵的路,或者至少是通往这个阶层的人可以合理期待获得的那种富贵的路，幸好在大多数场合，几乎是一条相同的路。在所有中下层的职业中，真材实料的专业技能，加上审慎、公正、坚定，以及自我克制的品行，很少不会获得成功。有时候，即使品性不是那么正确，靠专业技能也可以奏效。然而，习以为常的轻率鲁莽、邪恶不义、摇摆懦弱或放荡浪费，必定总是会遮蔽，有时候甚至会完全压制最光彩耀眼的专业技能。此外，在社会中下层生活的人，绝不可能伟大到超越法律的惩罚，所以，一般来说，法律对他们有一定的威吓作用，一定会迫使他们以某种方式，对至少是比较重要的正义规则表示尊重。再说，这种人的成功，几乎总是仰赖他们的邻居与同辈的惠顾与口碑；而这些惠顾与口碑，如果没有相当正常与规矩的品行，他们就很难获得。所以，"诚实是最好的政策"这一则古老的处世良言，在这种情况下，几乎总是完全真实不虚的。因此，在这种情况下，我们通常可以期待看到相当显著的美德；而对社会的善良道德来说，幸亏绝大部分人类是在这种情况下过活。

可惜，在高阶层的生活中，情况并非总是和前述相同。在君主的宫廷里，以及在大人物的会客室里，成功与晋升所仰赖的，不是机灵与内行的同辈中人的尊敬，而是无知、愚蠢与高傲自大的上级长官怪诞荒谬的垂青宠幸；阿谀奉承与虚假欺瞒，经常胜过功劳与真才实学。在这种社交圈里，取悦的能力，比效劳的能力更受重视。在和平安静的时候，在战乱的风暴还很遥远的时候，君主或大人物只希望被逗开心，甚至往往自我陶醉以为他很少需要什么人为他效劳，或者以为逗他开心的那些人有足够的能力为他效劳。外表的优雅端庄，所谓上流人士那种既愚蠢又无礼的家伙惯于耍弄的那些没啥实用的雕虫小技，通常比战士、政治家、哲学家或立法者充实阳刚的美德得到更多的赞扬。一切伟大可敬的美德，一切适合议事堂、参议院或野战场的美德，全遭到那些自以为了不起、其实无足轻重的马屁精们极端的轻蔑与嘲笑，而这些马屁精在这种腐败的社交圈里通常又占据最显要的地位。当苏利公爵①被路易十三召见进宫就某一重大的紧急事故表示他的意见时，他看到一群佞臣与弄臣相互交头接耳，细声嘲笑他一身不合时宜的装束。于是，那位老战士与政治家说，"每当我有幸受陛下的父亲召见征询意见时，他总是会命令宫廷里的丑角们退到候客室里等着。"

正是由于我们倾向钦佩从而模仿有钱有势者，所以，他们才能够树立或领导所谓流行时尚。他们的衣服是时髦的衣服；他们交谈的语言是时髦的语调；他们的神态举止是时髦的动作；甚至他们的恶行与愚蠢也是时髦的，大部分人还很得意模仿他们，以恰好在使他们自己丢脸失格的品性上和他们相像而沾沾自喜。爱慕虚荣的人时常装出一副时髦的放荡气派，虽然他们的心底并不赞许那种放荡，甚至他们也许并非真的那么放荡。他们希望被人称赞，虽然他们自己并不认为他们被称赞的理由真的值得称赞；他们以不时髦的美德为耻，虽然有时候他们暗地里实践不时髦的美德，甚至对那种美德还怀有某种程度的真实敬意。就像在宗教信仰与美德方面有伪君子那样，在财富与社会地位方面也会有伪君子；就像一个狡猾的人会假装自己是信徒或品德高尚的人那样，一个爱慕虚荣的人也往往会假装某

---

① 译注：Maximilien de Béthune, duc de Sully（1559—1641）。法国国王亨利四世的大臣，路易十三继任后未受重用。

种不属于他自己的身份。他采取地位比他优越的那些人所使用的整套马车配备，过着和他们一样堂皇的生活。他完全没想到，那种代步的豪华配备与堂皇的生活，如果真有什么值得称赞的，其价值与合宜性也必定是完全在于和优越的地位与财富相称，或者说，在于那种地位与财富，一方面需要那样的配备与生活陪衬，而另一方面，也能够轻松负担那样的配备与生活的费用。许多穷人把他们的面子寄托在被人当成有钱人看待；他们完全没考虑到，那种虚假的名誉强加在他们身上的"责任"（如果我们可以用这么庄严的名词称呼那些愚行的话），必定很快会使他们沦为赤贫，从而使他们的处境，和从前相比，更加不像他们所爱慕与模仿的那些人的处境。

为了达到这个令人羡慕的处境，那些追逐富贵的人往往过于频繁地舍弃美德之路，因为很不幸的是，通往富贵之路和通往美德之路有时候是大相径庭的。但是，雄心勃勃的人往往自以为，在他奋力挺进的那个光辉耀眼的地位上，他将有如此多的资源博得人们的尊敬与钦佩，他将得以有这么合宜出众与这么恩泽广被的行为，所以他未来的品行光辉将会完全掩盖，乃至完全抹去他达到那个崇高地位的步伐所留下的污秽痕迹。在许多政府里，那些争取最高职位的候选人，地位往往高于法律；而且如果能够得到他们的雄心追逐的目标，他们便不用担心被追究他们是以什么手段得遂所愿的。所以，他们时常不仅努力以欺诈和撒谎，以寻常粗俗的阴谋和权术伎俩，而且有时候甚至干出滔天大罪，以谋杀和行刺，以叛乱和内战，企图排挤和摧毁那些反对或阻碍他们达到伟大地位的人。他们失败的次数多于成功；他们通常落得一无所获，除了他们罪有应得的坏名誉的惩罚。但是,即使他们凑巧是这么的幸运,终于达到他们梦寐以求的伟大目标,也总是会大失所望地发现,他们期待在那目标中享有的快乐幸福其实并不存在。雄心勃勃的人真正追求的东西,并不是安逸或快乐,而总是某种荣誉,虽然对这种荣誉他们往往只是一知半解。但是,在他自己以及他人的眼中,他虽然占有崇高的地位,这地位的荣誉,显然已经因他在攀爬的过程中采用了卑鄙下流的手段,而遭到亵渎玷污。尽管他想尽办法,不论是透过大肆挥霍各项慷慨的花费,或是透过极端纵情于各种放荡的肉欲享乐(这是品格破产的人常做的不知羞耻的消遣),或是透过寻常的公务匆忙,或是透过比较光彩傲人的征战骚动,企图从他自己以及他人的记忆中抹去从前的回忆,然而,那回忆绝不会停止纠缠他。他白费心机地祈求忽略与遗忘的阴暗力量帮忙。他总是油然地想起他从前的所作所为,而那种回忆告诉他,别人必定也会想起他从前的所作所为。在所有极尽炫耀与庸俗华丽的盛大排场中;在显贵人士与御用学者唯利是图与卑鄙下贱的恭维奉承中;在一般民众比较天真无邪,不过也比较愚昧痴呆的欢呼声中;在所有征服的骄傲得意与战胜凯旋的喜悦中,主掌羞愧与懊悔的复仇女神仍然会秘密地纠缠着他,虽然他的四周似乎布满了耀眼的光芒,然而,他自己在他自己的心中,却只看到乌黑、肮脏、发臭的恶名紧追着他,并且随时准备从后面追上他。甚至伟大如恺撒者,虽然他有足够恢弘的气度支开他的卫士,却没办法支开他自己心中的猜疑。法沙利亚(Pharsalia)的回忆仍然时时萦绕纠缠着他。当他在罗马元老院的请求下,宽宏大量地赦免马赛鲁斯(Marcellus)时,他告诉那个议会说,他不是不知道有人正阴谋杀害他，不过，由于不论就自然的岁数来说，或就人间的荣耀来说，他都已活得够久了，也享受得够多了，因此即便死了，也感到心满意足，所以，他不会把任何那种阴谋看在眼里。就自然的岁数来说，他也许已活得够久了。但是，当某个人觉得自己是这种不共戴天的怨恨所针对的目标，而且这种怨恨还是来自他不仅希望得到他们的好感，而且希望视他们为朋友的那些人时，那么，就真正的荣耀来说，他今生确实已经活得太久了；或者说，他今生再也不会有任何希望，从同辈对他的敬爱中享受到丝毫的幸福了。

第二篇

论功劳与过失,即论奖赏与惩罚的对象

第一章 论功过感

引 言

有另外一类性质被我们归在人类的动作与行为上,这类性质不同于它们的合宜与否,或端正与否,而是另外一种不同的赞许或谴责的对象。这些性质是行为的功与过,亦即值得奖赏或值得惩罚的性质。

前文已经指出过①,情感或内心的感受,是各种行为产生的根源,也是评论整个行为善恶,最终必须倚赖的基础。因此,我们可以从两个不同的面向来看待情感,或者说,在两个不同的关系中考虑情感:第一是从引起它的原因,或者说,从引起它的动机来考虑它;第二则是从它所意图的目的,或者说,从它倾向产生的后果来考虑它。行为的合宜与否,或者说,行为究竟是端正得体或粗鲁下流,全在于引发行为的情感,相对于引发情感的原因或对象是否合适,或是否比例相称;而行为的

---

① 译注:参见第一篇第一章第三节。

功与过,或行为究竟应该得到奖赏,抑或应该受到惩罚,全在于引发行为的情感所欲产生或倾向产生的后果,性质上是有益的,抑或是有害的。我们对行为合宜与否的感觉,究竟以什么为本,已经在这讲义的前一部分解释过了。我们现在就来讨论,我们究竟根据什么觉得行为应受奖赏或该受惩罚。

第一节 凡是看起来当受感激的对象,似乎都该受奖赏;同样的,凡是看起来当受怨恨的对象,似乎都该受惩罚

所以,对我们来说,某一行为必定显得该受奖赏,如果它不仅看起来是某种情感的适当且被认可的对象,而且这种情感是最立即直接促使我们去奖赏或报答某个人的那一种。同样的,某一行为必定显得该受惩罚,如果它不仅看起来是某种情感的适当且被认可的对象,而且这种情感是最立即直接促使我们去惩罚或报复某个人的那一种。

最立即直接促使我们去奖赏某个人的那一种情感,就是感激或感恩。最立即直接促使我们去惩罚某个人的那一种情感,就是怨恨或愤怒。

所以,对我们来说,某一行为必定显得该受奖赏,如果它看起来是适当且被认可的感激对象;同样的,某一行为必定显得该受惩罚,如果它看起来是适当且被认可的怨恨对象。

所谓奖赏,就是回报,就是报答,就是以德报恩,以好处回报得到的好处。所谓惩罚,也是回报,也是报答,不过是以

一种不同的方式；它是以牙还牙，以伤害回报受到的伤害。

除了感激和怨恨，还有一些其他的情感会促使我们关心他人的幸福或不幸。但是，除了感激和怨恨，不会有其他的情感这么直接促使我们成为协助他人获得幸福或遭到不幸的工具。基于熟识与平常臭味相投而滋长起来的那种爱与尊敬，必然会促使我们乐于看到我们这么爱与尊敬的人幸福，从而乐于提供协助促进他的幸福。然而，即使他的幸福是在未经我们协助的情况下获得的，我们的爱也会感到充分的满足。这种情感所希望的，无非只是要看到他幸福，不会去计较是谁促成他的幸福。但是，这样是不会让感激之情觉得满足的。如果我们欠他许多恩情的人，在未经我们协助的情况下得到幸福，那么，我们的爱虽然会感到高兴，我们的感激却不会觉得满足。直到我们已经报答了他的恩情，直到我们亲自使力协助促进了他的幸福，我们才不会感觉到他的恩情加在我们身上的沉重负担。

同样的，平常志趣不合所衍生出来的憎恶与反感，时常会导致我们以怀有恶意的快感，看着在举止与品行上让我们觉得痛苦的人遭逢不幸。但是，虽然憎恶与反感使我们麻木不仁，使我们失去同情感，有时候甚至使我们以别人的苦恼为乐，不过，如果没有怨恨牵涉在其中，如果我们或我们的朋友并未受到什么了不起的切身挑衅，则光是对某人感到憎恶与反感，应当不至于使我们希望亲自使力造成他的不幸。即使我们不担心在使力造成他的不幸后我们自己会遭到什么惩罚，我们也宁愿他的不幸是其他的力量所导致的。对一个心中充满强烈的憎恶感的人来说，听到他所厌恶的人死于意外事故，也许会让他心情舒畅。但是，如果他还有一丁点儿正义感（虽然强烈的憎恶感对美德非常不利，不过，这一丁点儿正义感，他或许还是有的），当他发现他本人是这个不幸的原因，即使不是蓄意的，那么，他的心情非但舒畅不起来，反而会极端难过。如果他是蓄意的话，则一想到这回事，就会更加使自己震惊到无法衡量。他甚至会恶心排斥想到这么该受诅咒的心意。如果他还能想象自己做得出这样穷凶极恶的罪行，那他也一定会开始觉得自己的面目如同让他反感作呕的那个人一样的可憎。但是，如果牵涉怨恨，那情况就大不相同了：如果曾经严重伤害过我们的人，例如，曾经谋杀过我们的父亲或兄弟，事后不久死于某种热病，或甚至因其他某项罪行而被送上绞刑台处死，虽然这也许会很快减轻我们的憎恶感，但一定不会完全满足我们的怨恨。怨恨一定会促使我们不仅希望他应该受到惩罚，而且希望他应该由我们亲手惩处，以抵偿他对我们的伤害。我们的怨恨绝不会完全感到满足，除非冒犯我们的人不仅自己反过来感到悲痛，而且这悲痛是他冒犯了我们的那个罪过该得的报应。他必须为他的这项行为感到后悔与难过，以便其他人由于害怕遭到同样的惩罚而不敢犯下同样的罪行。从这种情感自然地追求满足，自会产生惩罚的所有政治目的，包括矫正罪犯，以及震慑民众以儆效尤。

　　因此，感激与怨恨分别是最立即直接促使我们去奖赏与惩罚的两种情感。所以，对我们来说，某个人必定显得该受奖赏，如果他看起来是适当且被认可的感激对象；而某个人必定显得该受惩罚，如果他看起来是适当且被认可的怨恨对象。

第二节　论当受感激与怨恨的对象

说某某是适当且被认可的感激或怨恨的对象，不会有其他的意思，除了说对待它的那种感激或怨恨似乎是"自然"① 地适当，而且是被认可的。

但是，这两种，以及其他所有人类的情感，似乎是适当且被认可的，如果每一位公正的旁观者都完全同情那些情感，或者说，如果每一位不偏不倚的旁观者都完全体谅且附和那些情感。

所以，他看起来是该受奖赏的，如果，对某个人或某些人来说，他是每一颗人类的心灵都倾向附和（并且予以鼓掌喝彩）的那种感激之情的自然投射对象；另一方面，他看起来则是该受惩罚的，如果，同样对某个人或某些人来说，他是每一颗合理的人类心灵都准备接纳与同情的那种怨恨之情的自然投射对象。对我们来说，毫无疑问，某一行为必定显得该受奖赏，如果每一个知道它的人都希望奖赏它，并且因此都乐于看到它被奖赏；而某一行为必定显得该受惩罚，如果每一个听到它的人都恨它，并且因此都乐于看到它被惩罚。

---

① 译注：对本书所阐述的道德理论有重大影响的英国哲学家 David Hume 曾抱怨，没有什么比"自然"这个词的意思更为暧昧与模棱两可的了。(参见 *A Treatise of Human Nature*, 2nd Edition, P. H. Nidditch ed., Oxford University Press, 1978, pp. 474ff。)根据他的考究，"自然"可以是相对于"奇迹"而言，或相对于"罕见与不常见"而言，或相对于"人为"的"自由"（而非"自然"的"必然"）。但是，他也指出，"自然的"通常是指"常见的"。我认为，此处的"自然"应当解释为"常见"。

（1）正如当我们的同伴们沉浸在成功顺遂的喜悦时，我们会感到同情的喜悦，所以，当他们以自得与满足的心情自然地看待他们所以幸运的原因时，不管这原因是什么，我们也会和他们一样觉得自得与满足。我们体会到他们心里对它的爱与感激，并且同样对它兴起爱意。它如果被摧毁了，或甚至只是被摆在距离他们很远，以致他们照顾或保护不到的地方，即使他们不会因它不在身边而有什么损失，除了损失了看到它的那种乐趣之外，我们也会替他们觉得难过。如果这原因是某个人，是一个这么有幸帮助其同胞得到幸福的人，则情形将更是如此。当我们看到某个人得到另一个人的协助、保护与解救时，我们因受惠者的喜悦而感到的那股同情的喜悦，只会鼓舞我们对施惠于他的那个人兴起同情的感激。当我们以我们想象中他一定会那样看着他的眼光，看着让他得以快乐的那个恩人的时候，那个恩人似乎活生生地以最迷人可亲的姿态站在我们面前。因此，我们很容易赞许他感激恩人的心情，从而也会赞许他打算用来报答恩人的那些动作。由于我们完全赞许报答所根据的那种感激的心情，所以，在每一方面看起来，那些报答也必然都是恰当的，而且适合它们的对象的。

（2）同样的，正如当我们看到我们的某位同胞受苦时，我们会感到同情的悲伤，我们也会和他一样，对导致他受苦的原因，不管那原因是什么，产生厌恶与反感。我们的内心，由于接纳了他的悲伤，并且与他的悲伤合拍，所以，也会感觉到一股和他尽力想要赶走或消灭使他受苦的原因时一样的激情。我们陪着他觉得痛苦时所怀有的那种乏力被动的同情，很容易蜕变成我们在赞许他奋力逐退导致他受苦的原因，或赞许他对那个原因发泄他的反感时所怀有的那种强烈主动的情感。如果使他痛苦的原因是某个人,则情形将更是如此。当我们看到某个人被另一个人压迫或伤害时,我们为受害者感到的那股同情的痛苦,似乎只会鼓舞我们对施暴于他的那个人产生同情的怨恨。我们会很高兴看到他反过来攻击他的对手,并且热心准备在他努力自卫时立即帮助他,甚至帮助他在某个程度内进行报复。如果受害者不幸在吵架中身亡,我们不仅会对他的朋友和亲戚们心里头的真实怨恨产生同情,而且会对我们在想象中借给死者的那种虚幻的怨恨产生同情,虽然死者再也不可能感觉到怨恨或其他任何人类的情感。但是,由于我们设想自己置身在他的处境,我们可以说进入了他的身体,因此,在我们的想象中,在某一意义上,被害者被乱砍到畸形的尸体又重新有了生气;当我们这样设身处地怀想他的遭遇时,就像在其他许多场合那样,我们会感觉到某种情绪,这种情绪主要当事人虽然不可能感觉到,不过,借由某种虚幻的同情作用,我们却可替他感觉到。我们为那个无法测量且无法挽回的损失(在我们的想象中,他显然蒙受了这个损失)所淌下的那些同情的眼泪,似乎只不过是我们对他应尽的责任当中的一小部分而已。我们想,他所蒙受的伤害,应该得到我们主要的注意。我们感觉到一股,我们想,他应当感觉到的怨恨,而且他会感觉到这股怨恨,如果他那具冰冷僵硬的身体还留有意识,还可以稍微感知这世上所发生的一切。我们想,他在高声要求血债应该血还。想到他的伤害将未经报复地走入历史、被人遗忘,恐怕连死者的骨灰也会骚动起来。传闻中经常停留在凶手的床铺边的那些令人毛骨悚然的东西,民间的迷信以为会从他们的坟墓里跑出来,针对让他们死于非命的那些人进行报复的鬼魂,这些传闻与迷信都源自我们的这种与被害者的虚幻怨恨起同感共鸣的自然性向。而至少就这种最可怕的罪行来说,自然女神,在人们的理性开始思考惩罚的效用以前,便早已经用这种方式,以最鲜明且最不能抹灭的文字,永远铭刻在人类的心灵,嘱咐它们一定要立即且直觉地赞许这一条神圣与必要的报复法则。

第三节 如果施惠者的行为未获赞许,则受惠者的感激便很少会有人同情;相反,如果加害者的动机未受谴责,则受害者的怨恨便不会有人同情

然而,必须指出的是,"行为人"的行为或意图,对"被行为人"来说(如果允许我这么称呼行为影响的对象),不管是多么的有益,或是多么的有害,但是,如果在有益的场合,"行为人"的动机看不出有什么合宜之处,如果相反,左右其行为的那些感情,是我们无法附和的,那么,对受益者心里的感激,我们便不会有什么同情;或者,如果在有害的场合,"行为人"的动机看不出有什么不合宜之处,如果相反,左右其行为的那些感情是我们必然会附和的,那么,对受害者心里的怨恨,我们便不会有什么同情。在前一种场合,似乎不该有什么感激,而在后一种场合,所有怨恨似乎都是不正当的。前一种场合的行为似乎没有什么值得奖赏的功劳,而后一种场合的行为也似乎没有什么应予惩罚的罪过。

（1）首先，我要说，只要我们无法同情行为人的情感，只要左右其行为的动机似乎没有什么合宜之处，我们便比较不会附和行为的受益者心中的感激，基于最琐碎的动机而以最重大的恩惠授与他人。譬如，赠予某个人一大笔地产，只因为他的姓名恰巧和施恩者的姓名相同，这种愚蠢挥霍的慷慨，似乎只应得到很小的回报。这种恩情似乎不需要给予什么对等的报酬。我们瞧不起行为人的愚蠢，这种轻蔑的感觉使我们无法彻底附和受惠者心中的感激。他的恩人似乎不值得他感激。当我们设想自己置身在受惠者的处境时，我们觉得，对这样的恩人我们无法怀有崇高的敬意。因此，我们很容易大量免除他承担——我们认为——他对一个比较值得尊敬的人物应尽的那种柔顺的恭敬与尊重的责任；而且只要他总是以亲切仁慈的态度对待比他软弱的朋友，我们也会欣然容许他省下许多——我们认为——他对一个比较可敬的赞助者应该付出的那种殷勤与注意。历史上，那些对他们所宠爱的人极尽奢侈浮滥，接二连三赐予财富、权势以及荣誉的君主，很少能够吸引到什么人对他们个人满怀爱戴，反倒是那些对他们所宠爱的人比较俭省的君主，往往拥有比较多爱戴他们个人的敢死之士。大不列颠国王詹姆士一世①心地善良、但不够明智的慷慨挥霍，似乎并未为他自己赢得什么爱戴他的追随者；这位君主，尽管他秉性亲切和善，但终其一生似乎没有任何朋友。相反，英格兰的全体绅士和贵族，却为了他那个比较俭省与精明挑剔的儿子的志业而牺牲他们的生命与财产的安全，尽

---

① 译注：James I（1566—1625），其子 Charles I（1600—1649）继位后与下议院发生冲突，导致内战。

管这个儿子平常的举止态度可以说相当冷漠、疏离与严酷。

(2) 其次,我要说,只要行为人的行为看起来完全是受到我们彻底体谅与赞许的那些动机与情感的指使,那么,我们便不可能同情受害者心中的怨恨,不管这受害者受到多么重大的伤害。当两个人在吵架时,如果我们站在其中一人的那一边,并且完全接纳他心中的怨恨,那么,我们便不可能同情另一个人心中的怨恨。对我们赞许其动机,因此认为他有道理的那个人,我们所感到的同情,只会使我们对另一个我们必然认为没道理的人的感觉完全无动于衷。所以,无论后面这个人遭受到什么样的痛苦,只要它不超过我们自己希望他承受的程度,只要它不超过我们自己同情的愤慨一定会促使我们想要惩处他的程度,它就不可能让我们觉得不高兴或触怒我们。当一个残忍的凶手被送上绞刑台时,虽然我们对他的不幸下场会有些怜悯,但我们绝不会同情他心里的怨恨,即使他荒谬到显露出对追诉他的检察官或审判他的法官怀有怨恨。没错,对这么恶劣的罪犯来说,他们①正当的愤慨自然倾向的行为,无疑给他带来了最致命的伤害。但是,我们绝不会对某种情感的行为倾向感到不悦,如果当我们设身处地体会了整个事情的来龙去脉后,我们觉得自己也无法避免接纳那种情感。

第四节　前几节的要点重述

(1) 所以,我们不会只因为某个人是另一个人幸福的原

---

① 译注:指前一句中的检察官和法官。

因，便十分衷心同情后者对前者的感激，除非前者促成后者的幸福，是出于我们完全赞许的动机。我们的内心，必须接纳行为人所遵循的原则，并且赞许所有左右其行为的情感，然后才会完全同情其行为的受惠者心中的感激，也才会和这感激合拍共鸣。如果施惠者的行为看不出有什么合宜之处，则无论那行为的效果是多么的有益，似乎也不需要或必然要求任何比例相称的报答。

但是，当行为的效果倾向有益，而行为根源的情感又合宜，两者结合在一起时，当我们完全同情与赞许行为人的动机时，我们因他本身的缘故而对他怀有的喜爱，会使我们与那些因他的善行而得以成功顺遂的人心里的感激，产生更为昂扬生动的同感共鸣。于是，他的行为似乎需要，甚至（如果允许我这么说的话）高声要求比例相称的回报。我们完全体会到促使人们想要报恩的那种感激的心情。当我们这样完全同情并且赞许促使人们想要奖赏他的那种心情时，施惠者似乎是适当的受赏对象。当我们赞许并且附和某一行为根源的情感时，我们必定自然会赞许该行为，并且会把该行为所针对的人，视为该行为的恰当对象。

（2）同样的，我们绝不会只因为某个人是另一个人不幸的原因，便同情后者对前者的怨恨，除非前者促成后者的不幸，是出于我们无法赞许的动机。在我们能够接纳受害者心中的怨恨以前，我们必须不赞成行为人的动机，必须觉得我们的内心完全拒绝同情其行为根源的情感。如果这情感看不出有什么不合宜之处，则无论衍生出来的行为，对这行为所针对的人是多么的有害乃至要命，该行为似乎也不该受到惩罚，或者说，不该是任何怨恨的恰当对象。

但是,当行为的后果有害,而行为根源的情感又不合宜,两者结合在一起时,当我们的内心极端厌恶并且拒绝同情行为人的动机时,我们便会完全衷心地同情受害者心里的怨恨。于是,这样的行为似乎应当受到甚至——如果允许我这么说的话——高声要求比例相称的报复;而我们也会完全体谅,并且因此赞许促使人们想要报复的那种怨恨的心情。当我们这样完全同情并且因此赞许促使人们想要惩罚他的那种心情时,加害者必然看起来像是适当的受罚对象。在这种情况下,当我们赞许并且附和某一行为根源的情感时,我们也必定自然会赞许该行为,并且也会把该行为所针对的人,视为该行为的恰当对象。

第五节　功过感的分析

(1)正如我们觉得某一行为合宜,是由于我们同情"行为人"的情感和动机,所以,我们觉得某一行为有功劳或有奖赏的价值,也是由于我们同情"被行为人"心里的感激;以下,由于我将把前一种同情称为"直接的"同情,所以,为了方便区分,我会把另一种同情称为"间接的"同情。

由于我们的确无法完全体会受惠者心里的感激,除非我们事先赞许施惠者施惠的动机,所以,基于这个缘故,觉得某一行为值得奖赏的这种感觉,似乎是一种复合的感觉,似乎是由两种不同的情感组成的;其一是对行为人的动机直接同情的感觉,另一是对其行为的受惠者的感激间接同情的感觉。

在许多不同的场合，我们可以明显地分辨那两种不同的感觉，结合在我们觉得某一特定的性格或行为值得奖赏的感觉里。当我们翻开历史，读到端正仁慈的伟大心胸所意图的行为时，我们是多么热烈地欣赏与赞许这样的意图啊？它们所根源的那种慷慨激昂的宽大胸襟，是多么让我们感到热血澎湃？我们是多么热心渴望它们的成功？多么悲伤它们的挫败？我们在想象中仿佛就是我们所读到的那些历史人物的本尊那样：我们仿佛把自己送到了那些遥远且久被遗忘的冒险场景，幻想我们自己正在扮演某个西庇阿（Scipio）或某个卡密鲁斯（Camillus），某个铁木良（Timoleon）或某个亚里斯泰德（Aristides）的角色①。到此为止，我们的感觉还只是建立在对这些行为人直接同情的基

---

① 译注：这四个人都是古罗马或古希腊时代雄才大略、成就不凡的大将，不过，也都曾经遭到民众误解与羞辱。Publius Cornelius Scipio Africanus（236—183 BC）在第二次布匿战争（Punic War）击败迦太基的汉尼拔（Hannibal），并且为罗马征服了西班牙，却由于在某些公务的处理上遭到大加图（Cato the Censor）的批评，愤而退隐。Marcus Furius Camillus，公元前4世纪初期的罗马大将和政治家，曾因处理战利品不当被放逐国外，后来被召回，领军击退占领罗马的高卢人（时约公元前390年）。Timoleon of Corinth 设计推翻了他的兄弟，使科林斯免于独裁统治，却因为独裁者身亡而遭到民众诋毁抛弃（时约公元前365年），直到20年后才被科林斯人遣派至西西里解救殖民城市 Syracuse 免于暴君 Dionysius II 统治。Aristides 是雅典的政治家，也是公元前490年的马拉松（Marathon）战争中领军对抗波斯人的希腊将领之一，却曾被无知盲从的雅典民众以贝壳投票法（ostracized）表决放逐国外（482—480 BC）。Aristides 有一则逸闻，颇为有趣，值得一提。据说有一天，一个不识字的农夫手拿贝壳，急着找人帮忙在贝壳上写下他的名字，以便去投票把他驱逐到国外，凑巧遇上他；他为那位素不相识的农夫在贝壳上写下自己的名字，问了驱逐他的理由后便走了，始终未表明身份。亚当·斯密认为，这四位爱国的军事天才未获得其国人应给予的尊敬。

础上。但是,我们对这种行为的受益者间接同情的感觉,不见得就比较不热烈。每当我们设想自己置身在受益者的处境时,我们是以何等热烈真挚的同情,和他们一起对如此出生入死为他们的生存奋战的恩人心怀感激啊?我们好比是和他们一起紧紧拥抱着他们的恩人。我们的内心很容易和他们近乎发狂的感激同感共鸣。我们会想,颁赠给他的荣誉或奖赏不论再怎么大,都不嫌过分。当他们对他的贡献作出这样适当的报答时,我们会衷心地鼓掌赞许。但是,如果根据他们的行为,他们看起来对自己所受到的天大恩惠没有什么感觉,那我们一定会震惊得无法形容。总而言之,我们所以觉得这些行为有很大的功劳,因此很值得奖赏,以及觉得它们理当获得报答,以便让完成它们的人也有机会高兴一下,完全是出于一种同情的感激与敬爱,亦即,出于当我们衷心体会到那些主要当事者的处境时,那个行为能够这样正当、高尚与仁慈的人,让我们感觉到的那种自然令我们心醉神迷的感激与敬爱。

(2)同样的,正如我们觉得某一行为不合宜,是由于我们对"行为人"的情感与动机缺乏同情或有某种直接的反感,所以,我们觉得某一行为有过失或该受惩罚,也是由于我们同情受害者心里的怨恨。在这里,我将比照前面的做法,称后面这种同情为间接的同情。

由于我们的确无法赞许受害者心里的怨恨,除非我们的内心反对行为人的动机,并且拒绝同情其动机,所以,基于这个缘故,觉得某一行为有过失的这种感觉,就像觉得某一行为有功劳的感觉那样,似乎也是一种复合的感觉,似乎也是由两种不同的情感组成的:其一是对行为人的情感直接觉得反感,另一是对受害者心里的怨恨产生的间接同情。

在许多不同的场合，我们也可以明显地分辨那两种不同的感觉，结合在我们觉得某一特定的性格或行为该受惩罚的感觉里。当我们翻开历史，读到柏吉亚（Borgia）或尼禄（Nero）①那种背信与残忍的人物时，对左右其行为的那些可憎的情感，我们不免心生反感，并且极端厌恶地拒绝同情他们那些该受诅咒的动机。到此为止，我们的感觉还只是建立在我们对行为人的情感直接觉得反感的基础上；而我们对受害者心中的怨恨所产生的间接同情，则比这种直接反感更为强烈。当我们设身处地体会那些主要当事者被那些好比是瘟神的恶人践踏、杀害或背叛的处境时，我们怎能不对这样傲慢与残酷不仁的世间暴君感到义愤填膺呢？我们为无辜受害者无可避免的痛苦感到的同情，不会比他们心里头自然恰当的怨恨让我们感到的同情，更为真实或更为生动。前一种同情感只会加强后一种同情感，因为想到他们的痛苦，只会激怒我们变本加厉地憎恨使他们受苦的那些人。当我们想到受害者身受的极度痛苦，我们就会更真挚地站在他们那一边反对压迫他们的人；我们会更热切地赞许所有他们的报复计划，并且觉得我们自己每一刻都在想象中对这样严重践踏社会法律的恶人，科以我们的义愤认为他们罪有应得的那种惩罚。我们憎恶这种行为，觉得它恐怖残酷，乐于

---

① 译注：Cesare Borgia（1476—1507），教皇亚历山大六世的儿子，军人与意大利主教；统一教皇辖地；据信是马基雅维利（Machiavelli）的《君王论》（The Prince）的灵感来源。Nero（37—68），罗马皇帝（54—68），以残忍腐败、迫害基督教徒闻名。

听到它受到恰当的惩罚，当它逃脱罪有应得的报复时，我们觉得气愤，总之，我们之所以觉得它应当受罚，以及觉得犯了像它那种过失的人理当受到惩处，以便让他也有悲伤的时候，完全是出于一种同情的愤怒，亦即，出于每当旁观者设身处地体会受害者的处境时，那种自然会在他的胸中沸腾起来的愤怒。①

---

① 原作注：把我们觉得某些行为应当受罚的这种自然的感觉，依此方式，归因于我们同情受害者心里的怨恨，对大部分人来说，似乎是在诋毁那种自然的感觉。怨恨通常被认为是一种很丑恶的激情，以致大部分人往往会以为，像觉得恶行应当受罚这样值得赞美的本能的感觉，无论就哪一方面来说，都不可能是建立在怨恨的基础上。他们也许会比较愿意承认，我们觉得善行应当受赏的那种感觉，是建立在我们对善行的受益者心中的感激感到同情的基础上。因为，感激以及其他所有慈善的激情，被视为一种可亲的本能，不至于贬及任何以它为基础而建立起来的感觉，或败坏那种感觉的价值或光彩。然而，感激与怨恨，在每一方面，显然是彼此相互对应的两种感觉。如果我们的功劳感（或觉得某某行为有功劳）是出自同情的感激，则我们的过失感（或觉得某某行为有过失）便不太可能不是源自同情的怨恨。

另外，请注意，怨恨，在我们太常看到它的那种程度，虽然是所有激情中最丑恶的，但它也并非完全不该被赞许，如果它经过适当的收敛，并且完全被压低至一般旁观者的同情感能够产生的那种义愤的程度。当作为旁观者的我们觉得自己心中的憎恨和受害者心中的憎恨完全一致时，当受害者心中的怨恨无论在哪方面都没逾越我们自己心中的怨恨时，当他自然流露出来的每一句话或每一个姿势所显示的情绪，都不比我们能够附和的程度更为强烈时，并且当他从未打算对他所怨恨的人实施任何逾越我们应当乐于看到实施的那种惩罚，或甚至逾越我们自己因为乐于看到而希望协助促成实施的那种惩罚时，那我们就绝不会不完全赞许他心里头的怨恨了。在这种情况下，我们自己心中的感觉，在我们的眼里，必定毫无疑问地证明了他的感觉是正当的。而且，由于经验告诉我们，有多么绝大多数的人无法把他们心中的怨恨克制到这样的地步，以及需要花费多么巨大的努力，才能把粗野无纪律的怨恨冲动锻炼到这样适宜的火候，所以，我们一旦遇上了某个人，看起来能够运用这么多的自我克制力量，控制住他的本性中最难驾驭的这种激情时，那我们一定免不了要对他肃然起敬、十分钦佩了。没错，当受害者心中的憎恨，像几乎总是会发生的那样，超过我们所能附和的程度时，由于我们无法体谅它，所以，我们必然不会赞许它。我们不赞许它的程度,甚至大于我们对同等过分的其他几乎每一种源自想象的激情不赞许的程度。于是,这个过分强烈的怨恨,非但不会把我们拉向它那一边,反而会使它本身变成我们所怨恨与愤怒的对象。我们会因为担心那个受到如此不恰当怨恨的对象恐怕会遭殃受苦,而开始同情起被怨恨者心中的怨恨。所以,过度怨恨的报复心理,似乎是所有激情中最可憎的,是每一个人厌恶与气愤的对象。由于就这种激情通常现身在人世间的方式来说,它每一次适度,就有一百次过当,所以,我们很容易认为它全然可恨可憎,因为以它最常出现的那种情况来说,它确实可恨可憎。然而,即使在目前这样堕落腐败的人类状态中,自然女神对待我们似乎也没有这么的不厚道,以致竟然给了我们某种从每一方面来看全然是邪恶的本能,或给了我们某种,无论就什么程度或就什么对象来说,都不可能是该受赞扬与赞许的本能。通常被我们觉得过于强烈的这种激情,在某些场合,也许会被我们觉得过于微弱。我们有时候会抱怨某个人精神太过萎靡不振,抱怨他对自己遭到的伤害太过没有感觉,如同我们会因为他心中的怨恨太深而厌恶他那样,我们也会因为他心中的怨恨不足而立即瞧不起他。

那些自认为得到上天启示的作者肯定不会这么频繁或这么强烈地谈论上帝的愤怒与生气,如果他们认为任何程度的那些激情,即便是发生在像人类这样有缺陷与不完美的创造物身上,也都是邪恶有害的话。

另外,也请注意,我们此刻探究的不是应不应当的问题(如果我可以这么说的话),而是事实如何的问题。我们此刻不是在探究一个完美的生灵将根据什么样的原则赞许惩罚不好的行为,而是在探究像人类这样有缺陷与不完美的创造物,事实上与实际上,根据什么样的原则赞许惩罚不好的行为。我刚刚提到的那些原则显然对人类的情感有很大的影响,而且这情形似乎是上天巧妙安排的结果。社会如果要继续存在,不当的与无缘无故的恶意或怨恨就应该借由适当的惩罚予以限制,因此,实施那些惩罚,应该被视为正当与值得嘉许的行为。所以,虽然人类自然被赋予一种想要保全社会与希望社会繁荣的愿望,不过,造物主并未信托人类的理智,要它发现实施一定的惩罚是达成此一愿望的适当手段;而是赋予他一种本能,让他在看到最适于达成该愿望的手段获得实施时直接给予本能的赞许。天理在这方面的安排,和它在其他许多场合的安排,完全是一脉相承的。对于所有基于它们特殊的重要性而或许可以被视为自然女神所格外垂青的那些目的,她总是始终如一地采取这样的安排,亦即,她不仅赋予人类以一种嗜好,要他们对她所图谋的目的怀有与生俱来的欲求,而且也赋予他们以另一种嗜好,要他们对唯有运用它们才能够达成该目的的那些手段也同样怀有与生俱来的欲求,完全只为了那些手段本身的缘故,而不涉及它们倾向产生她所图谋的目的。譬如,自卫以及种族繁衍,似乎是自然女神在形塑所有动物时所图谋的伟大目的。人类被赋予一种愿望，希望那些目的实现，以及一种本能，厌恶那些目的受挫；被赋予爱惜生命，以及害怕死亡；被赋予希望种族永久延续，以及厌恶种族完全灭绝的念头。但是，我们虽然这样被赋予对那些目的有这么强烈的欲望，然而，自然女神并未把找出适当手段以达成那些目的的工作，信托给我们的理智，要这理智以它特有的慢吞吞又不确定的方式去摸索与判断手段是否适当。事实上，自然女神已经引导我们凭着根本与直接的本能达到大部分的那些目的了。饥饿，口渴，使两性结合的那种激情，喜欢快乐，害怕痛苦，促使我们施用那些手段，就只为了它们本身的缘故，而完全没考虑到它们倾向产生自然界的伟大主宰意图借由它们产生的那些仁慈的目的。

在我结束此一附注之前，我必须指出，赞许合宜与赞许功劳或善行之间，有一个不同点。在我们赞许任何人的情感，认为那些情感恰与它们的对象相称合宜以前，我们的情感不仅必须像他那样受到那些对象同样的影响，而且我们还必须察觉到他和我们之间有此一情感上的协调一致。譬如，当听到某一不幸落在我的朋友头上时，即使我恰好感到他所感到的那个程度的忧虑，不过，直到我得知他的作为如何，直到我察觉到他的情绪和我的相一致以前，我们不能说我赞许影响他的作为的那些情感。所以，赞许某人行为合宜，不仅需要我们完全同情行为人的情感，而且也需要我们察觉到他和我们之间有此一情感上的完全一致。相反，当我听到某个人被授予了某一恩惠时，则不管那位受益者究竟受到什么样的感动，如果我在设身处地体会他的处境时，觉得有一股感激在我的胸中升起，那我必然会赞许施恩于他的那个人的行为，并且会认为该行为有功劳、该受奖赏。很显然的，不管受益者是否心怀感激，丝毫都不会改变我们对于施恩者是否有功的感觉。所以，情感上的实际相一致，在这里是不必要的。如果受益者心怀感激，那当然有够充分，这时将会有情感上的相一致；然而，我们的功劳感却往往建立在某种虚拟的同情基础上，因为，在我们设身处地使自己体会他人的处境时，我们受到的感动往往不是主要当事人所能感受到的那个样子。在我们的反对过失与反对不合宜之间，也有一类似的差异。(在此译者禁不住要指出，这个分成五段，也许是因为和本文的课堂讲义性质不太一样，而被Adam Smith低调地当作附注处理的文字，特别是第四段，其实旗帜鲜明地突显了18世纪苏格兰学派反对唯理主义的立场。这个唯理主义，发轫于17世纪，领导学术界的风骚长达300余年，至今犹余绪未消驻留在各个学术领域，譬如，经济学界言必称理性的人，它主张理性或理智是决定人类的意见与行为的唯一权威；主张理性或理智而非感觉，是真知的本源；认为被自由主义的巨擘F. A. Hayek视为计划经济、共产主义以及各种科学的社会主义的思想源头，是人类一种不要命的自负想法。)

第二章 论正义与仁慈

第一节 这两种美德的比较

出自适当的动机,并且倾向产生善果的行为,似乎是唯一当受奖赏的行为,因为只有这种行为才是人们认可的感激对象,或者说,只有这种行为才会在旁观者心中引起同情的感激。

出自不适当的动机,并且倾向造成伤害的行为,似乎是唯一当受惩罚的行为,因为只有这种行为才是人们认可的怨恨对象,或者说,只有这种行为才会在旁观者心中引起同情的怨恨。

仁慈总是自由随意的,无法强求,仅仅有欠仁慈,不致受罚,因为仅仅有欠仁慈,不至于实际做出绝对的坏事。它也许会使人们可以合理预期的好事落空,而因这缘故,它也许活该引来反感与不快;然而,它不可能挑起什么人们可以赞许的怨恨。一个在他有能力报答他的恩人,而恩人也需要他的协助时,却没有报答恩人的人,无疑犯了可恶至极的忘恩负义之过。每一个公正的旁观者心里都会拒绝同情他那自私的动机,而他也确实应受高度非议。但是,他毕竟没有绝对伤害到什么人。他只是没有做就合宜的观点而言他该做的好事。他是憎恶的对象,是情感与行为不合宜时自然会引起的那种激情发泄的对象;而不是怨恨的对象,这种激情,除非是实际倾向对特定某些人造成绝对伤害的那种行为所引起的,否则就绝不可能算是正当的。所以,他的忘恩负义不会受到惩罚。强迫他做就感激的观点而言他该做的,或强迫他做每一个公正的旁观者都会赞许他去做的,如果可能这么强迫的话,那就比他忽略了做他该做的事,更加不适当。他的恩人将会使自己名誉扫地,如果他企图以暴力强制他表示感激,而任何第三者,如果不是其中任何一方的上级长官,也不适宜干涉他们之间的恩怨。但是,在所有仁慈的责任中,也许以感激向我们推荐的那些,最接近所谓完全纯粹的义务。友谊、慷慨或慈善,驱使我们做的那些普受赞许的好事,和感激所推荐的责任相比,更是自由随意,也更无法强求。我们谈论感激的义务,但不谈慈善的义务或慷慨的义务,甚至当友谊只是纯粹的互敬,并未因感激某些恩惠而变得更强固与更复杂时,我们也不会谈论友谊的义务。

怨恨,似乎是自然女神赋予我们当防御用,而且也只要我们当防御用的工具。它维护正义,保障无辜。它驱使我们击退伤害我们的企图,并且报复我们所蒙受的伤害,好让冒犯者后悔他的不义,同时也让其他人由于害怕遭到同样的惩罚,不敢违犯同样的罪行。所以,它必须保留给这些用途使用,而旁观者也绝不可能同意它被用在其他用途。仅仅欠缺仁慈的美德,虽然也许会使我们可以合理预期的好事落空,却不会做出,也不会企图做出任何我们可能需要采取自卫的伤害。

然而,有另外一种美德,不是我们自己可以随意自由决定是否遵守的,而是可以使用武力强求的,违反这种美德将遭致怨恨,因此受到惩罚。这种美德就是正义,违反正义就是伤害:它实际对特定某些人造成绝对的伤害,而且出于一些自然不会被赞许的动机。所以,它是怨恨的适当对象,也是惩罚的适当对象,因为惩罚是怨恨自然导致的结果。由于人们附和与赞许使用武力报复不义的行为所造成的伤害,所以他们会更加附和与赞许使用武力阻止或击退伤害,约束违犯者不得伤害他的同胞。图谋不义的人,自己对这一点了然于胸,并且觉得,他即将要伤害的那个人以及其他任何人,为了阻止他犯行,或为了惩罚他已犯下的罪行,都可极端合宜地使用武力。而正是基于这一点,所以,某位很有才华且富于创见的作者①近来才特别坚持,正义与所有其他社会的美德之间有一颇值得注意的区别,亦即,我们觉得自己有严格的义务根据正义的要求行事,而相对的,友谊、慈善或慷慨对我们的要求则不是那么严格;是否实践最后提到的这些美德,在某一程度内,似乎可任由我们自己决定,但是,不知怎么地,我们总觉得自己好像遭到正义以某一特殊方式的束缚与捆绑那样,而不得不遵守正义的要求。换言之,我们觉得,任何人都可以极其合宜正当地,并且全人类也会赞许,使用武力强制我们遵守正义的规则,但决不会使用武力强制我们服从其他美德的告诫。

我们总是必须小心谨慎,将只是该受责备或该受非议的,

---

① 译注:指 Henry Home, Lord Kames (1696—1782), *Essays of the Principles of Morality and Natural Religion* (1751)。Henry Home 是 Adam Smith 学术生涯最早的一位赞助者。

以及可以强制惩罚或阻止的区分开来。经验告诉我们可以期待于每一个人的那种平常程度的适当仁慈，如果有人没做到，那他似乎便该受责备；相反，如果有人超过那种适当的仁慈，那他似乎便该受赞扬。一个父亲或儿子或兄弟，在为人父亲或为人儿子或为人兄弟的行为上，如果既没有比大多数人的平常表现差，也没有比他们好，固然似乎不应当受责备，但似乎也不应当受赞扬。如果他以超乎寻常且出乎意料、不过仍属适当得体的仁慈亲切，让我感到讶异，或者相反，如果他以超乎寻常且出乎意料、同时又不适当得体的刻薄无情，让我感到讶异，那么，他在前一场合，似乎值得赞扬，而在后一场合，则似乎该受责备。

然而，即便是最平常程度的亲切或仁慈，在同辈间也不可能强求。在同辈间，并且在公民政府确立以前，每个人都自然被认为，不仅有权防御自己免受伤害，而且也有权为自己遭到的伤害，强索一定程度的惩罚报复。每一个慷慨的旁观者不仅会赞许他这么做，甚至会衷心附和他的情感，以至于时常愿意挺身协助他。当某个人攻击，或强夺，或企图杀害另一个人时，所有邻人都会紧张戒备起来，并且会认为他们理当赶紧为受害者报仇，或赶紧保护即将受伤害的人。但是，当一个父亲对儿子有亏平常程度的父爱时；当一个儿子对他的父亲似乎欠缺社会所预期的那种孝道时；当兄弟间没有那种常见的手足亲情时；当某个人丝毫没有怜悯之心，并且拒绝减轻同胞们的苦难，即使他能够轻轻松松地办到时，在所有这些情况中，虽然每个人都责骂行为不适当，却没有人会认为，那些或许有理由预期得到更多亲切的人，有什么权利以武力逼迫对方，要求更多亲切的对待。受害者只能陈情抱怨，而除了规劝与说服，旁观者也不可能有其他的干涉办法。在所有这种场合,同辈中人,要是以武力相向,一定会被认为是傲慢与放肆至极。

没错,上级长官,在人民普遍赞许下,有时候也许可以迫使在他统治下的人民遵守一定程度的合宜性,互相亲切仁慈对待。所有文明国家的法律都强迫父母抚育他们的子女,强迫子女奉养他们的父母,并且强制人民履行许多其他仁慈的责任。民政长官被托付的权力,不仅包括抑制不义,以维持公共安宁,而且也包括确立优良纪律,打击各种邪恶与不当行为,以增进国家整体繁荣。所以,他不仅可以颁布命令禁止人民互相伤害,而且也可以颁布命令强制人民在一定程度内要相互帮忙。当君主命令人民遵守一些全然无关紧要的行为规矩,或者遵守某些在他下令前即使疏忽也不会受责备的规矩时,不服从他的命令,就会变成不仅该受责备,而且也该受惩罚。所以,当他命令人民遵守某些在他下令前如果不遵守就会大受非议的规矩时,则不服从他的命令,无疑变得更该受罚。然而,在立法者的所有责任当中,也许就数这项工作,若想执行得当,最需要大量的谨慎与节制了。完全忽略这项工作,国家恐怕会发生许多极其严重的失序与骇人听闻的罪孽,但是,这项工作推行过了头,恐怕又会摧毁一切自由、安全与正义。

虽然仅仅有欠仁慈似乎不该受到同辈的惩罚,不过,比一般人更致力于为善行仁似乎应受极高奖赏。由于带来很大的幸福,所以,仁慈的行为是强烈的感激自然且被认可的投射对象。相反,违背正义虽然会遭致惩罚,不过,遵守正义似乎一点儿也不值得奖赏。毫无疑问,正义的行为自有一种合宜性,因此应当得到行为合宜该得的一切赞许。但是,由于它没带来任何绝对实际的好处，所以，它也就没有什么资格得到感激。在大多数场合，纯粹的正义只不过是一种消极的美德，只是阻止我们伤害邻居。一个仅仅是克制他自己不去侵害邻居的人身、财产或名誉的人，的确说不上有什么绝对正面的功劳。然而，他却已完全履行了所有被特别称为正义的规则，已经做到了他的同辈可以正当使用武力逼迫他去做的每一件事，或者说，做到了每一件他们可以惩罚他没有做的事。我们时常只要坐着不动、什么事也不做，便得以尽到正义所要求的一切责任。

以其人之道，还治其人之身：这样的报复，似乎是自然女神命令我们恪守的伟大法则。我们认为，仁慈与慷慨只该回敬给仁慈与慷慨的人。我们认为，内心从来不对人类的感受开放的那些人，也同样应该被关闭在所有他们同类的感受范围之外，应该让他们生活在社会中，就好像生活在大沙漠里，没人理睬他们，或询问他们的死活。至于违反正义的人，则应该让他也感受到他施加在别人身上的那种祸害。因为，既然无论他怎样看到他的同胞受苦，都无法阻止他为恶，所以，就应该以他自己受苦的恐惧来吓阻他。而只不过是无害的人，只不过是以遵守正义的法律对待他人的人，以及只不过是克制自己不去伤害邻人的人，就只该得到他的邻人也反过来尊重他的无害，以及应该虔诚地遵守同一套正义的法律来对待他。

第二节 论正义感、自责感，并论功劳感

除了被他人作恶所害而引起的那种正当的义愤，我们不可

能会有其他什么适当的或其他可以获得人们赞许的动机。虽然每个人自然都偏好他自己的幸福甚于他人的幸福，但是，任何公正的旁观者绝不可能赞许，我们以牺牲他人为代价，放纵我们自己的这种自然的偏好，譬如，只因为他人妨碍到我们自己的幸福，就去搅乱他的幸福，或只因为对他有用的东西对我们也同样有用或更有用，就强行从他手中拿走那东西。毫无疑问，每个人都被自然女神推荐给他自己当作首先与主要的照顾对象；而由于他比其他任何人都更适合照顾他自己，所以，他也实在很适合、很对、很应当以自己为首要的照顾对象。所以，每个人对凡是直接关系到他自己的事，兴趣都会比较强烈，而对关系到其他任何人的事，就比较没兴趣。譬如，听到某个与我们没有特殊关系的人死了，我们感到心忧、没胃口或睡不着的程度，远小于我们自己遇上的一个很无足轻重的小小不幸。但是，虽然我们的邻人被毁，对我们的心情影响远小于我们自己的一个小小的不幸，我们却万万不可为了避免那个小小的不幸而去毁灭他，即使为了避免我们自己被毁也不可以。在这里，就像在所有其他场合那样，我们必须少用我们自己自然会看待我们的那种眼光来看待我们自己，而多用别人自然会看待我们的那种眼光来看待我们自己。虽然每个人，根据这一则谚语，对他自己来说，就像是全世界那样的重要，然而，对他以外的人来说，他只不过是其中最微不足道的一小部分。虽然他自己的幸福，对他来说，比全世界其余人类的幸福更为重要，然而，对其他每个人来说，他的幸福却不会比其他任何人的幸福更为重要。所以，虽然每个人，也许真的在他自己的心里，自然而然地喜欢自己甚于喜欢全世界，不过，他却不敢在众人的面前，直视他们的眼睛,声明这是他的行事原则。他觉得,在这种偏好上,他们绝不可能赞许他。这偏好,对他来说不管是多么的自然,但是,对他们来说,必定总是显得极端过分。当他以他心知肚明别人会怎样看待他的眼光来看待他自己时,他看到的是,对他们来说,他只不过是众人当中的一分子,各方面都不比其他任何分子更重要。如果他想让自己的所作所为博得公正的旁观者对其原则的赞许,而旁观者公正的赞许也正是他人生的最大心愿,那他在这里就必须像在所有其他场合那样,贬抑他那妄自尊大的自爱,把它压低至他人能够赞许的程度。他们对他的自爱会纵容到某个程度,他们会容许他比较关心并且比较认真勤勉地追求自己的幸福,而不是其他任何人的幸福。到此为止,每当他们设身处地为他着想时,他们将会轻易地赞许他。在追逐财富、荣誉和加官晋爵的竞赛中,他大可尽其所能地奋力奔走,他大可绷紧每一根神经与每一时肌肉,以求凌驾在所有他的竞争者之上。但是,他如果竟然推挤或摔倒其中任何一位,那么,旁观者们就会完全停止对他的纵容,因为他违反了公平竞赛的原则,而他们绝不可能容许这种事情发生。对他们来说,那个被推挤或被摔倒的人,在每一方面,都和他一样有价值。他们无法赞许他这么自爱,无法赞许他以这种方式表现他这么喜爱自己甚于那个人,无法赞许他伤害他人的动机。所以,他们很容易对被伤害者心里自然升起的怨恨产生同情,于是,伤害他的人变成是他们厌恶与气愤的对象。而害人者也会感觉到他自己遭到旁观者的厌恶与气愤,觉得那些情感即将从四面八方冒出来反对他。

所做的坏事危害越大或越难以弥补,则正如受害者心里的怨恨就越强烈那样，旁观者同情的气愤，以及行为人心里的罪恶感，也就会越强烈。致人死亡，是一人对另一人所能施加的最大伤害，自然会在那些与被杀者有直接关系的人们身上，引起最为激烈的怨恨。所以，谋杀，不仅在一般人的眼中，乃至在谋杀者自己的眼中，都是所有只侵犯到个人的罪行当中最为残酷凶暴的罪行。和只是使我们期待拥有的东西落空相比，剥夺我们原本拥有的东西，是一种更大的恶行。所以，侵占他人财产的行为，例如，窃盗与抢劫，由于是从我们手中取走我们原本拥有的东西，罪行比违背契约严重，后一行为只是使我们期待获得的东西落空。所以，在正义的法律当中，最神圣的，或者说，被违背时要求报复与惩罚的呼声似乎最高亢的，就是保护我们邻人的生命与身体的那些法律；接着是保护他的财产与持有物的那些法律；排在最后的是保护他的所谓个人权利的那些法律，这一类法律保护他基于他人的承诺而该获得的某些利益。

　　违反正义的法律中那些比较神圣的法条的人，在想起人们必定对他怀有的那些感觉时，内心绝无可能不会极度羞愧、憎恶与惊惶失措地痛苦挣扎。当他的激情获得满足，当他开始冷静回想他过去的所作所为时，他无法体谅任何曾对他的所作所为有过影响的动机。那些动机，现在对他来说，就像其他人一直觉得的那样显得可憎。借由对他人必定对他怀有的那种厌恶感产生同情，他在某一程度内变成自己厌恶的对象。被他的不法行为伤害到的那个人，其处境现在要求他的怜悯。他一想到那个人的处境就觉得苦恼悲伤；他为自己的行为所造成的不幸后果感到后悔，同时觉得那些不幸的后果已经使他变成全人类怨恨与气愤的适当对象，并且使他变成怨恨与气愤的自然后果，即报复与惩罚的适当对象。这样的想法始终不断纠缠着他，使他提心吊胆，使他惶惶不可终日。他不再敢抬头面对社会，他自以为好像是遭到社会排斥，好像全人类对他都没好感。他无法指望获得同情的慰藉，以减轻他的这种最大与最可怕的痛苦。对他罪行的记忆，已经在同胞们的心坎里完全封闭了同情他的门道。他们对他怀有的那些感觉，正是他最感害怕的对象。每一样事物似乎都带有敌意，使他心想最好逃到某处荒凉的沙漠，以便或许再也看不到一张人脸，再也不用担心在人类的脸色中看到他们对他的罪行的谴责。但是，遗世独立比面对社会更为可怕。他的想法呈现在他脑海里的，全是一些阴郁、不幸与悲惨的念头，全都是某种阴郁与无法理解的不幸与毁灭的征兆。于是，遗世独立的恐怖把他赶回到社会，他再次来到人类的世界，惊愕地，满怀羞愧地，忧心忡忡地，心神涣散地出现在他们的眼前，以便向那些他知道已经全体一致决定谴责他的法官们恳求，但愿他们的脸色稍微和缓些，稍微给他一点儿饶恕。这就是那种被恰当称为自责的感觉的性质，是所有能够进入人类胸膛的感觉中最为可怕的那一种。这种感觉的成分包括：由于感觉到过去行为不当或不端正合宜而引起的羞愧；为过去行为的后果感到的苦恼悲伤；为过去行为的受害者感到的怜悯；以及由于意识到凡是有理性的人都已被他正当地挑起了义愤，而终日提心吊胆地害怕他们的惩罚。

相反的行为自然会引起相反的感觉。某个人，如果不是基于轻率任性的想法，而是基于适当的动机，完成了一桩慷慨的行为，那么，当他面对他曾经帮助过的那些人时，他会觉得自己是他们的爱与感激的自然对象，而透过同情作用，他也会觉得自己是全人类尊敬与赞许的自然对象。当他反身面对他过去的行为动机，并且以公正的旁观者将会采取的那种眼光观察它时，他仍旧会赞许它，并且透过同情想象中的这位公正的判官对他的赞许，他还会为自己鼓掌喝彩。从这两种观点来看，他自己的行为，在他眼里，无论在哪一方面都显得令人愉快。他一想到这一点，内心便会充满愉快、宁静与泰然。他与全人类友好相待、和睦相处，他怀着自信与仁慈的喜悦面对他的所有同胞，确信他已经使自己变成值得他们给予最友善问候的人。所有这些感觉结合起来就是功劳感，或者说，就是觉得应受奖赏的那种感觉。

第三节　论自然女神赋予心灵这种构造的效用

只有在社会中才能生存的人，就这样被自然女神塑造成适合他要生存的那个环境里的人。人类社会的所有成员需要互相帮助，但是，所有成员又可能互相伤害。如果社会成员互相提供必要的帮助，是基于爱，是基于感激，是基于友谊与尊重的动机，那社会一定繁荣兴盛，而且一定快乐幸福。所有个别的社会成员全都被令人愉快的爱与情义的绳子绑在一起，并且仿佛被拉向某一共同的友好互助生活圈的中心。

但是，即使所提供的必要帮助不是出于这样慷慨与无私的动机，即使在个别的社会成员间完全没有爱与情义，虽然社会将比较不幸福宜人，却不一定就会因此而分崩离析。社会仍可存在于不同的众人间，只缘于众人对社会的效用有共识，就像存在于不同的商人间那样，完全没有什么爱或情义关系。虽然其中每个人都没亏欠其他任何人什么义务，或应该感激什么人，社会仍可透过、按照各种帮助的议定价值，进行图利性质的交换而得到维持。

然而，社会不可能存在于随时准备互相伤害的那些人之间。那种伤害开始之时，就是互相怨恨与憎恶发生之时，所有维系社会的绳子就会被拉扯得四分五裂，而组成社会的各个不同成员也将因为他们的情感不调和所产生的激烈倾轧与对抗，而被逼得四处散落飘零。如果在一群强盗与杀人者之间要有任何社会存在，那么，根据老生常谈的见解，他们至少必须克制互相抢夺与砍杀。所以，对社会的存在来说，仁慈不像正义那么的根本重要。没有仁慈，社会仍可存在，虽然不是存在于最舒服的状态；但是，普遍失去正义，肯定会彻底摧毁社会。

所以，自然女神虽然以令人愉快的功劳感劝勉人类多多为善行仁，她却未曾想到，必须以如果人们疏忽为善行仁就该受罚的恐惧，去监视并逼迫人类实践仁慈。仁慈是增添社会建筑光彩的装饰品，不是支撑社会建筑的基础，所以，只要建议人类实践仁慈就够了，但绝无必要强迫人类实践仁慈。相反，正义则是撑起整座社会建筑的主要栋梁。如果它被移走了，那么人类社会这个伟大的结构，这个无法测量的庞大结构，这个似乎是（如果允许我这么说）自然女神心里头一直特别宠爱挂念，想要在这世界里建造与维持的结构，一定会在顷刻间土崩瓦解、化成灰烬。所以，为了强制人们遵守正义，自然女神在人类的心中深植自责过失的意识，要让伴随着违反正义而来的那种该受惩罚的恐惧，成为人类社会的伟大守护者，以保护弱小，遏阻强梁，以及惩罚有罪者。人类，虽说自然是有同情心的，但如果与他们为自己着想的程度相比，他们为他人着想的程度实在是小得可怜，尤其是当这个人和他们没有特殊关系时。某个人，如果仅仅是他们的同胞而已，那么，对他们来说，他的不幸，甚至比他们自身的某个小小的不便更不重要。他们是这么的有力量伤害他，而且也有这么多的诱因促使他们这么做。所以，如果这个自责的原理没有经常挺立在他们的心里保卫他，并且威吓他们尊重他的无害存在，则他们很可能会像野兽那样，随时准备纵身扑向他。这时，任何人走进聚集的人群中，将好比是走进狮子窝。

在这宇宙的每一角落，我们观察到，各种手段都被极其巧妙地调整琢磨，以适合它们被预定要达成的目的。例如，为了增进个体生存与种族繁衍这两大自然的目的，各种植物或动物身体构造的每一部分设计之巧妙，是多么的令人赞叹啊！但是，在这些以及所有这种事物上，我们仍然会分辨它们个别的运转与组织的动因（efficient cause）和终极因（final cause）。① 食物

---

① 译注：古希腊哲学家亚里士多德有四因之说，除了动因（efficient cause，有人译为主成因）和终极因（final cause，有人译为目的因）外，还有材质因（material cause）和形式因（formal cause）。材质因，指构成一事或一物的那些具有实质性的东西；形式因，指一事或一物的构成形式。譬如，就一间房子而言，木头或砖块或钢筋水泥属于其材质因，而三合院或洋楼形式则属于其形式因。动因或主成因，指构成一事或一物的行为力量，如建造房子的师傅；现代科学所谓因果关系当中的因，主要指此因而言。终极因或目的因，指一事或一物的功效或作用，如房子是供人住在其中避风躲雨的。

的消化、血液的循环，以及其中产生的好几种体液的分泌，这些全都是动物生命的各大目的所必要的动作。然而，我们绝不会努力根据那些目的去说明那些动作，仿佛把那些目的当作是那些动作的动因似的；同时，我们也不至于设想，血液循环，或食物自动地在那里消化，本身怀有什么考量或意图想要达成什么循环的或消化的目的。一只手表的众多齿轮全都被令人赞叹地调整到精确适合它被制作出来的目的，即指示时间。那些齿轮所有个别的动作，以极其巧妙的方式，共同协力产生这个效果。即使它们真的被赋予了愿望与意图想要产生这个效果，它们也不可能做得更好。然而，我们绝不会把任何这样的愿望或意图归在它们头上，但是会归在钟表师傅的头上，并且我们也知道，它们全都在一条弹簧的推动下运转，而这条弹簧也和它们一样没有任何企图想要产生其所产生的效果的意思。但是，虽然在说明物体的各种动作时，我们绝不会忘记要这样严格地分辨动因与终极因，然而，在说明心灵的各种动作时，我们却经常会把这两种不同的概念搞混在一起而错把冯京当马凉。当我们被自然女神的原则引导去增进某些凑巧是某一精巧开明的理智也会建议我们去追求的目的时，我们很容易把让我们得以增进那些目的的情感与行为归因于那理智，把那理智当成是那些情感与行为的动因，乃至把事实上属于上帝的智慧造成的结果，想成是人类的智慧的结果。就肤浅的表面而言，这原因①似乎足以产生归在它头上的那些效果；而当人性所有不同的动作都可依此方式从某一单独的原理被推演出来时，整个人性的

---

① 译注：指人类的理智。

理论似乎也就比较简单惬意。①

　　社会不可能存在，除非正义的法律在相当程度内尚被遵守；如果人们通常不想克制彼此伤害，他们之间便不可能形成社会的交往，因此，有人曾经认为，我们之所以赞许以惩罚不法为手段厉行正义的法律，乃是基于这个必要性的考量。有人曾经说，人对社会有一份自然的爱，因此，即使他从中得不到任何好处，他也一样希望社会为社会本身的缘故而得到保全。井然有序与繁荣兴盛的社会状态，使他的心情舒畅，而他也以一心一意冥思默想这样的状态为乐。相反，社会的失序与混乱，则是他所厌恶的对象，任何倾向产生社会失序与混乱的事物，都令他懊恼。另外，他也察觉到他自身的利益与社会的繁荣息息相关，察觉到他的幸福，甚至他自身的继续存在，有赖于社会的持续存在。所以，无论如何，凡是倾向摧毁社会的事物，都令他感到极端厌恶，因此，他乐于使用每一种手段，但愿能够阻止这么让他觉得厌恶与害怕的事情发生。违背正义的事情必然倾向摧毁社会。所以，一有违背正义的事情发生，他都会感到震惊，并且会赶紧（如果允许我这么说）跑过去阻止那种如果被纵容继续发展下去，每一件他所心爱的事物都将很快被葬送掉的趋势。如果他用温和公平的手段制止不了它，那他就一定会使用武力猛烈痛打它，无论如何一定要阻止它继续蔓延。他们说，就因为这样，所以，他时常赞许实施正义的法律，甚至以判处违法者死刑为手段，他也不吝惜。扰乱公共安宁的人

---

　　① 译注：这一段文字与前一章末了的附注一脉相承地表明 Adam Smith 对唯理主义抱持反对与怀疑的立场。

将因此被移除出这个世界,而其他人也将因他的送命而吓得不敢仿效他的榜样。

上面就是我们平常看到的那种关于我们为什么会赞许惩罚违背正义者的说明。而就下面这一点而言,这说明无疑是正确的,即:我们确实时常有必要,透过思考社会秩序的保全是多么需要以惩罚为手段,使我们那种自然觉得惩罚是合宜与适当的感觉更加坚定巩固。当犯罪者即将蒙受人类自然的义愤告诉我们他罪有应得的公正的报复时;当他违背正义时傲慢自大的神气,被惩罚逼近时的恐惧粉碎化为低声下气时;当他不再被人害怕时,他开始成为宽宏大量与慈悲者怜悯的对象。想到他即将蒙受的痛苦,浇熄了他们因他曾经给别人造成痛苦而对他感到的愤怒。他们想要原谅与宽恕他,想要拯救他免于受罚,虽然他们曾经在所有冷静的时刻认为那惩罚是他罪有应得的报应。所以,他们在这场合有必要呼唤社会整体利益的考量来帮助他们。他们须以一个比较慷慨与全面的仁慈的命令,来抵销这个懦弱与偏颇的仁慈的冲动。他们须想到,对有罪者仁慈就是对无辜者残酷,他们须以他们为人类着想的那种比较广大的怜悯,来对抗他们为特定某个人着想的那种狭隘的怜悯。

有时候,我们也会引用这是维持社会所必须的论点,来为遵守一般的正义规则进行辩护。我们时常听到年轻人和品性随便的人嘲笑最神圣的道德律,听到他们有时候由于腐败,但更多时候是由于虚荣心作祟,公然主张一些最令人恶心的处世箴言。我们忍不住心中的义愤,急切地想要揭穿与驳倒这么可憎的原则。但是,虽然最初惹火我们挺身反对它们的原因,正是它们本身内在的可恨与可憎,我们却不愿意指出这原因是我们为什么谴责它们的唯一理由,或者不愿意自负地说,我们之所以谴责它们,完全是因为我们自己憎恨它们。我们想,这理由看起来似乎并非毫无争论的余地。然而,为什么这理由算不得定论,如果我们确实是因为它们是自然且适当的憎恨对象而憎恨它们?但是,当我们被问到我们的行为为什么不是这样或那样时,这问题本身似乎假定,这样或那样的行为,就其本身来说,在发问的那些人看来,似乎不是自然且适当的憎恨对象。所以,我们必须对他们证明,因为其他某种缘故,这样或那样的行为应当是自然且适当的憎恨对象。因此,我们通常会寻找其他论据,而我们首先想到的理由通常就是,如果这样或那样的行为普遍流行,社会将陷入失序与混乱。所以,我们很少忘记要坚持这个论点。

虽然通常不需要有什么高明的识别力,便可看出一切随便的习惯都倾向损害社会福祉,但是,最先激发我们去反对那些习惯的,却不是社会福祉的考量。任何人,即使是最愚笨、最不会想的那些人,都憎恶诈欺、背信与不义,并且乐于看到它们受罚。但是,很少有什么人仔细想到正义对社会存在的必要性,不管那必要性看起来是多么的明显。

有许多明显的理由可以证明,我们之所以觉得应该对伤害个人的罪行施予惩罚,最初并非基于维护社会的考量。我们之所以关心个人的命运与幸福,通常不是因为我们关心社会的命运与幸福。我们不会因为某一个人是社会的一个成员或社会的一部分,以及因为我们应该关心社会的存亡,而更关心那单一个人的存亡,这就好像我们不会因为某一枚基尼金币是一千枚基尼金币当中的一部分,以及因为我们应该关心那全部钱币的丧失，而更关心那单一枚钱币的丧失。在这两种场合，我们对个体的关怀，都不是源自我们对群体的关怀；相反，在这两种场合，我们对群体的关怀，都是由我们为所有构成这群体的不同个体个别感到的关怀混合在一起形成的。正如当一小笔金额被不正当地从我们手中取走时，我们之所以对此一伤害进行追诉，与其说是为了维护我们的全部财产，不如说是为了要追回我们所损失的那一笔金额。所以，当某一个人被伤害或被杀害时，我们之所以要求对使他受害的那些罪行施予惩罚，与其说是基于对社会整体利益的关心，不如说是基于对那个受害者的关心。然而，必须指出的是，这种关心其中不一定含有任何程度的某些特别细腻敏锐的感觉，亦即，未必含有通常所谓的爱、尊敬与亲情等等我们为我们个别的朋友与熟人特别感到的那些感觉。这里所需要的关心，只不过是我们对每一个仅仅是我们的同类的人都会有的那种一般的同情。我们甚至会同情一个讨厌鬼心里的怨恨，如果他无缘无故地受人伤害。我们虽然不赞许他平常的品行，但这种不赞许在这里丝毫不会阻止我们因同情他自然感到的气愤。不过，就那些不是非常正直的，或那些尚未习惯于根据一般规则校正与节制其本身自然感觉的人来说，平常的不赞许很容易浇熄他们心中的同情。

没错，在某些场合，我们之所以施加惩罚并且赞许惩罚，全然是基于社会整体利益的考量，亦即，基于我们推想如果不这么做，就无法确保社会整体利益。凡是对违反所谓公共政策或军队纪律的行为所施加的惩罚，皆属于这一种。这种罪行未立即或直接伤害到特定哪个人，不过，它们的长远影响，被认为将会，或可能会给社会带来相当显著的不利或严重的失序。

例如，一个在值班时睡着了的卫兵，根据战时的军法律当处死，因为这种漫不经心的行为很可能危及全军。在许多场合，这样严厉的惩罚看起来是必要的，因此也似乎是公正且适当的。当个体的保全与群体的安全不能两全时，最公正的抉择莫过于保全多数的群体而舍弃单一的个体了。然而，这样的惩罚，无论是多么的有必要，总是显得过分严厉。这种罪行本质上似乎没有什么残暴性，而惩罚却是这么的重，以致我们内心往往需要经过一番很激烈的挣扎，才可能将就接受这种事实。虽然这种漫不经心的行为看起来很应该受责备，不过，当我们想到这种罪行时，它在我们心中自然引起的怨恨，却不至于强烈到会促使我们采取这么可怕的报复手段。一个有慈悲心肠的人，必须镇定他自己，必须打起精神努力，并且发挥所有他的坚定与决心，才可能勉强他自己亲手执行这种惩罚，或袖手旁观别人执行这种惩罚。然而，当他旁观一个忘恩负义的杀人犯或弑亲者接受公正的惩罚时，他的心情却不是这样。在这场合，他的内心为这种令人憎恶的罪行似乎该得的那种公正的报复，热烈甚至疯狂地鼓掌喝彩，而倘使发生了某些意外，让那些罪行竟然得以逃脱公正的报复，他将会感到非常的愤怒与失望。旁观者怀着非常不同的感觉观看这两种不同的惩罚，证明他对前一种惩罚的赞许与对后一种惩罚的赞许绝非建立在同一原则上。他把那个卫兵当作不幸的牺牲品看待，没错，为了众人的安全，这个卫兵确实必须，而且也应当被牺牲奉献掉，然而，在他内心深处，他仍然很想救他；他只是遗憾，多数的利益反对这样的念头。但是，万一杀人者逃脱惩罚，那将引起他的最大义愤，而他也将祈求上帝，在另一个世界，报复那个因为人类的不公不义而在人间未得到适当惩罚的罪行。

很值得注意的是，我们是这么的绝对没有想到，违背正义的行为之所以应该在今生就受到惩罚，纯粹是因为若非如此，社会秩序将无法维持；以致自然女神教我们希望，而宗教信仰——我们认为——也授权我们期待，违背正义的行为将受到惩罚，即使是在来世。我们那种觉得它该受罚的感觉（如果允许我这么说）甚至在它被埋葬了以后，还继续追究它，虽然它在来世受罚不可能成为现世的警戒，吓阻其余没看到也不知道它受罚的人类，使他们不敢在这个世界犯下同样的罪行。然而，我们仍认为，上帝的正义，仍然要求他应该在来世，为这世上时常遭到欺凌伤害而求告无门的孤儿寡妇们报仇。因此，这世界曾经得见的每一种宗教，以及每一种迷信，都有天堂与地狱之说；都假设有一处惩罚邪恶者的地方，以及一处奖赏公正者的地方。

第三章 论运气如何影响人类对于行为功过的感觉

引 言

任何行为不论可能受到什么样的赞扬或责难，这赞扬或责难，必定或者属于心里面行为所根源的意图或情感，或者属于这情感所导致的外在行为或动作，或者属于这行为实际上与事实上所引起的各种好坏的后果。行为根源的情感、行为本身以及行为的后果，这三个不同的项目构成行为的全部本质与情况，因此，必定是所有可能归属于行为之性质的基础。

这三项中的最后两项，十分明显地，不可能是什么赞扬或责难的基础；而事实上，也未曾有什么人的主张与此相反。同一种外在的行为或动作，时常出现在最为无辜的与最该受责难的行为中。射杀一只鸟的人，与射杀某个人的人，这两人都做了同一种外在的动作：他们各自扣下了一支枪的扳机。行为实际上与事实上凑巧引起的各种后果，如果真能与该行为究竟该受赞扬或责难有什么关系，那也甚至比外在的动作更为无关紧要。由于那些后果的好坏，不是取决于行为人，而是取决于运气，所以，它们不可能是任何以他的品格或行为为对象的感觉的适当基础。

唯一能够要他负责的后果，或唯一能够使他值得某种赞许或非议的后果，是他曾经设法意图使它们发生的那些后果，或者，那些后果至少须展现出他的行为所根源的心理意图有某种令人觉得愉快或不愉快的性质。所以，不管是哪一种赞扬或责难，也不管是哪一种赞许或非议，凡是能够被公正地套在任何行为上头的，最后全都必须归属于心里边的意图或情感，归属于这意图的合宜与否，以及归属于意图慈善或意图伤害。

当这一则箴言，以这样抽象笼统的说法被提出时，不会有什么人不同意。它这不证自明的正当性，全世界都承认，而在全人类当中，也听不到什么反对它的声音。每个人都承认，不管个别行为的偶然的、意外的与未料到的后果是多么的不同，但是，如果个别行为所根源的意图或情感，是同样的适当与同样的仁慈，或者是同样的不适当与同样的邪恶，则个别行为的功劳或过失仍然是相同的，而个别行为人也同样是感激或怨恨的适当对象。

但是，不管当我们根据前述方式抽象笼统地考虑问题时，我们看起来是多么的相信这一则正当的箴言的真实性，可是，当我们进入个别具体的情况时，每一行为凑巧引起的实际后果，对我们觉得行为的功过如何，却有很大的影响，并且几乎总是会或者加强或者减弱我们的功过感。也许几乎不会有任何一个实例，经过仔细检查，可以证实我们的感觉完全接受这一则箴言的控制，虽然我们全都承认它应当完全控制我们的感觉。

我现在就要来解释，这种感觉出轨，这种每个人都会犯的，却几乎没有什么人充分注意到的，而且也没有什么人愿意承认的感觉出轨。首先，我将考虑导致这种感觉出轨的原因，或者说，讨论自然女神用来产生这种感觉出轨的机制；接着，我将考虑这种感觉出轨的影响程度；最后，我将考虑这种感觉出轨所符合的目的，或者说，考虑造物主透过这种感觉出轨似乎想达到的目的。

第一节　论运气有这种影响的原因

痛苦与快乐的诸多原因，不管它们是什么，也不管它们怎样发生作用，似乎都会在所有动物身上直接引起感激与怨恨，似乎是这两种激情的对象。这两种激情可以被有生命的对象引起，也同样可以被无生命的对象引起。我们甚至会对一块弄痛了我们的石头生一阵子的气。一个小孩会打它，一只狗会朝着它吠，一个易怒的男人很可能咒骂它。没错，只要稍微想一下，便可导正这感觉，我们很快意识到，没感觉的东西是一种很不适当的报复对象。然而，当伤害非常严重时，那造成伤害的东西将从此永远令我们觉得不愉快，我们会很想烧了它或毁掉它。我们想必会以这方式对待一件工具，如果它意外地导致我们的某位朋友身亡；我们想必会时常自认为犯了某种不人道的罪，如果我们没有对它发泄这种荒唐可笑的报复。

同样的，我们会对某些没有生命的东西心怀感激，如果它们曾经带给我们极大的快乐，或曾经时常带给我们快乐。一位水手，当他一上岸时，如果就立即把那一块让他刚刚得以逃离船难的木板劈了升起火来，似乎是犯了一种很不人道的行为。我们想必会希望他不如小心翼翼与满怀挚爱地把它保存下来，当作是一件颇值得他珍视的纪念物。一个因为长期使用某个鼻烟盒、某只精致的削（鹅毛）笔的小刀或某根拐杖而变得喜欢上那些小东西的人，对它们会怀有某种类似真爱与依恋的感情。如果他把它们弄坏了或遗失了，他将会感到与实际的损失价值完全不成比例的懊恼。对一幢我们长期住在里面的房子，以及一棵长期让我们享受绿荫的大树，我们都会怀着某种尊敬的心情看待，好像它们是两位恩人似的。如果那幢房子塌了，或那棵树倒了，我们会感到郁郁不乐，即使我们没有蒙受任何实质的损失。古人所谓的树精（Dryads）和家神（Lares），即树木和房子的某种精灵，最初可能是从这种情感联想出来的，那些迷信的创始者对树木和房子怀有这种情感，而如果它们没有什么生命，这种情感似乎就不合理了。

但是，任何东西，不仅必须是快乐或痛苦的原因，而且也必须能够感觉到快乐或痛苦，否则它便不可能成为感激或怨恨的适当对象。如果它感觉不到快乐或痛苦，那么，对它表示感激或对发泄怨恨，感激者或怨恨者本人便得不到任何满足。由于感激与怨恨分别是被快乐与痛苦的原因引起的，所以，要满足感激或怨恨，就必须把快乐或痛苦回敬给造成快乐或痛苦的那些原因身上。如果那些原因本身完全不会有感觉，那么，企图把快乐或痛苦回敬给它们，就等于是白费力气。因此，和没有生命的东西相比，各种动物比较不是那么不适于作为感激或怨恨的对象。咬人的狗和抵触人的牛①，都会受到惩罚。如果它们曾经致人死亡，除非它们也反过来被处死，否则一般民众，以及死者的亲属，都不可能感到满足；这样的惩罚，也不是全然为生者的安全着想，因为其中多少还含有要为死者所受到的伤害报仇的意思。相反，那些对它们的主人曾经有过卓著贡献的动物，往往变成是某种非常热烈的感激的对象。我们对《土耳其间谍》②里提到的那位军官的残忍行径感到震惊；那位军官把曾经驮负他横渡某一处海湾的马刺死，只因为他唯恐那匹马稍后说不定也会特别让其他某个人享有类似的奇遇。

虽然各种动物不仅可能是快乐与痛苦的原因，而且也能够感觉到那些激情，但是，它们仍然远远地不算是十分适当的感激或怨恨对象，因为那些激情仍然觉得，要它们完全感到满足，还缺少了某样东西。感激的心情主要渴求的目的，不仅是要让施恩者也反过来感到快乐，而且更要让他意识到他是因他过去的作为才获得这个快乐的报酬，要让他喜欢那个作为，要让他安心相信他过去大力帮助的人并非不值得他帮助。我们的恩人身上，最令我们着迷的地方是，对于像我们自身的品格价值，以及我们应得的尊重等等我们如此密切关心的课题，他的感觉和我们自己的感觉一致。我们高兴地发现，这世上有某个人，他看重我们，就像我们看重我们自己那样，而他从其余人类中

---

① 译注：抵触人的牛，显然指《圣经·旧约》中的《出埃及记》21：28，"牛若触死男人或女人，总要用石头打死那牛，却不可吃它的肉；牛的主人可算无罪。"

② 译注：指 Giovanni Paolo Marana（1642—1693），*Letters Written by a Turkish Spy*。

特地把我们挑出来给予注意，也好像我们在全人类中格外地注意我们自己那样。要在他身上维持这些令我们觉得愉快与得意洋洋的感觉，是我们想要献给他的那些报答打算达到的一个主要目的。对透过或许可称为纠缠不休的感激以便向其恩人敲诈新恩惠的那种自私的想法，慷慨的心灵往往觉得不屑。但是，想要保持并且增加他心中（对我们）的敬意，却是连最恢弘的心胸也不会认为不值得关心。而这正是我在前面指出的一项重要事实的基础，即，当我们无法体谅我们恩人的动机时，当他的作为与品格似乎不值得我们赞许时，那么，不管他对我们的帮助是多么重大，我们的感激总是会显著地减少。我们对他特别赐给我们的帮助不会感到怎样高兴；面对品格这样懦弱、这样没有价值的赞助者，保持他心中对我们的敬意这回事，似乎不值得我们特意去做。

同样的，怨恨心情主要的目标，与其说是要让我们的敌人也反过来感到痛苦，不如说是要让他意识到他是因他过去的作为才感到痛苦，要让他后悔那个作为，要让他觉得他所伤害的人不该受他那样对待。伤害或侮辱我们的人，最让我们感到愤怒的地方，主要在于他似乎不把我们当一回事，在于他过分偏爱自己而不顾我们的死活，在于他那荒谬的自爱似乎让他以为，为了他的方便或随他高兴，随时可以牺牲别人的利益。他的这种作为极其刺眼的不适当性，以及其中似乎隐含的粗暴的傲慢自大与不公平，往往比我们实际蒙受的伤害更让我们震怒。要让他重新对别人应受的尊重有一较为公平合理的体认，要让他察觉到他对我们应尽的义务，要让他察觉到他对我们所犯的过错，往往是我们的报复想要达到的主要目的，如果达不到这个目的，我们的报复就绝不能算完美。相反，当我们的敌人看起来似乎并未伤害我们，当我们觉得他的作为相当合宜，当我们觉得，设使我们处在他那样的处境，我们想必也会有同样的作为，以及当我们觉得他给我们带来的伤害全都是我们应得的，在这时候，如果我们还有一丁点儿正直或正义感，那我们就不可能怀有什么怨恨。

总而言之，任何事物必须具备下面三项不同的条件，才可能成为十分适当的感激或怨恨对象。第一，它必须是感激或怨恨的原因；第二，它必须能够感觉到那些激情；第三，它不仅必须已经引成了那些激情，而且它也必须是基于某种或者被人赞许或者遭人非议的意图才引成那些激情的。就任何事物而言，有了第一项条件，才能够引起那些激情；有了第二项条件，才能够在各方面满足那些激情；至于第三项条件，它不仅是满足那些激情所必需的，而且由于它会让人感觉到一种既细腻又特别的快乐或痛苦，所以，它也同样是另外一个能够引起那些激情的原因。

由于唯有以某一种或另一种方式实际带来快乐或痛苦的原因，才可能引起感激或怨恨，因此，无论某个人的意图是怎样的适当与仁慈，或者是怎样的不适当与邪恶，如果他实际上并未造成他所意图的幸福或伤害，那么，由于这两种场合都缺了一项引起感激或怨恨的条件，所以，在前一种场合，他似乎应当受到比较少的感激，而在后一种场合，他则似乎应当受到比较少的怨恨。相反，某个人的意图中，即使没有任何值得赞扬的仁慈，或者没有任何值得责难的邪恶，然而，如果他的行为实际上造成了很大的幸福，或造成了严重的伤害，那么，由于这两种场合都有一项引起感激或怨恨的条件，所以，在前一种场合，人们往往会对他产生一些感激，而在后一种场合，人们则往往会对他产生一些怨恨。在前一种场合，似乎有某种功劳的影子落在他身上，而在后一种场合，他身上似乎有某种过错的影子。由于行为会有怎样的后果，完全受制于运气女神的摆布，于是产生了她对人类在功过的感觉方面的影响。

第二节 论运气的这种影响的程度

运气的这种影响的效果，第一，是减弱我们对某些行为的功过感，这些行为虽然根源于最值得赞扬或最值得责难的意图，不过，却未能产生它们所意图的效果；第二，是增强我们对某些行为的功过感，超过那些行为所根源的动机或情感应该受到的感激或怨恨，只因为它们产生意外的快乐或痛苦。

（1）首先，我要说，无论某个人的意图是怎样的适当与仁慈，或者是怎样的不适当与邪恶，然而，如果那些意图并未产生效果，那么，在前一种场合，他的功劳似乎不圆满，而在后一种场合，他的过错也似乎不完全。这种感觉出轨的现象，并不仅限于行为的后果所直接影响到的那些人。甚至公正的旁观者也多少会有这种出轨的感觉。为某个人谋求帮助的人，如果没有成功，会被当成是他的朋友，并且似乎值得他的爱慕与关怀。但是，不仅为他奔走求助而且实际上也为他带来帮助的人，却会比较特殊地被当成是他的赞助者与恩人，并且有资格获得他的尊敬与感激。我们往往会认为，那个被帮助的人或许还有点儿道理觉得他自己可以和前述第一个人平起平坐,但是,我们绝不可能体谅他的感觉,如果他不觉得自己比前述第二个人矮了一截。没错,人们通常会说,我们对努力想帮助我们的人,以及对实际帮助过我们的人,都同样地感激。每一次有人想帮助我们,却没帮上忙时,我们总是会说这样的话。但是,这话就像所有其他体面漂亮的话那样,必须打些折扣,才能了解其真意。没错,一个宽宏大量的人对失败的朋友所怀有的感觉,和对成功的朋友所怀有的感觉,也许时常是几乎相同的;而他越是宽宏大量,那些感觉就会越接近完全一致。对那些真正宽宏大量的人来说,被他们自己认为值得尊敬的人爱戴与尊敬,比他们可能期待从那些爱戴与尊敬获得的所有实质好处,都更让他们觉得快乐,因此,都更让他们感激。所以,当他们失去了那些好处时,他们似乎只不过是稍微失去了一些不足挂齿的东西。然而,他们毕竟失去了某些东西。所以,他们的快乐,以及因此他们的感激,并非十分圆满。因此,即便是最高贵与最善良的心灵,在失败的朋友和成功的朋友间,如果所有其他情况皆相同,还是会有一点点偏爱后者的情感差别。不只这样,人类在这方面是这么的不公正,以至于即使意图的好处被获得了,然而,如果这好处不是经由特定某个恩人的帮助而获得的,他们往往也会认为,对任何即使有这世界上最好的意图也不过只能帮助这世界改善一丁点儿的人,无须觉得特别感激。由于他们的感激在这场合被切割开来分给各个对他们的快乐有过贡献的人,所以,任何人似乎只该分得一小份感激。我们经常听人们说:这样的人确实是想帮助我们,而我们也确实相信,他为了帮助我们,已经尽了他自己的一切能耐。然而,我们还是不必为这好处而感激他，因为倘若没有别人同时的帮忙，不管他再怎么努力也不可能成功地帮到我们。他们认为，这一点考虑，即便从公正的旁观者的立场来看，也应当减轻他们亏欠于他的恩情。至于努力帮忙却没成功的人，他本人绝不会指望他想帮助的那个人对他心怀感激，而且也不会觉得他自己对他有什么功劳，但是，如果他成功地帮了忙，那他的指望与感觉就不同了。

甚至由于某一偶发事件作梗而未能产生该有的效果的那些长才与能力，它们的功劳或价值，即便是对那些完全相信它们足以产生那些效果的人来说，也似乎多少有点儿不完美。由于朝中大臣的忌妒与阻挠而未能在对敌国的征战中取得某一重大利益的将军，此后将永远痛惜失去了那个大好机会。而他之所以感到痛惜，也不完全是因国家丧失了这机会。他悲叹他受到阻挠，以致无法完成一桩在他自己的眼里以及在其他每个人的眼里，原本将为他个人的品格增添光彩的行动。想到所有取决于他个人的，仅仅是他的计划或构想而已；想到执行这计划所需的，不过是大家必须齐心协力完成它；想到他被认为在各方面都有能力执行这计划；想到倘使他被允许继续执行，成功是指日可待的，所有这些回想，即使都很正当，既不会让他感到满足，也不会让其他人觉得满意。他毕竟仍然未完成那一项计划。即使他或许应当获得筹谋该项宏伟计划所应得的一切赞许，他仍然少了实际完成一项壮举的功劳。当某个人几乎就要将某项众所关切的公共事务处理到告一段落时，如果从他手中拿走他对那项公共事务的主导权，那将被认为是最惹人不快的不义之举。我们会认为，由于他已经做了这么多了，他应该被允许获得结束那项公共事务的功劳。因此，有人反对庞培（Pompey）①，说他不该在卢库卢斯（Lucullus）取得一连串的胜利后加入战局，并且取走了该归功于另一个人的好运与英勇的桂冠。当卢库卢斯未被允许继续完成他的布局与英勇已经使几乎任何人都有能力去完成的那个征服时，甚至他自己的朋友们似乎也认为，他的光荣并不十分圆满。当一位建筑师的设计图完全没被执行，或者被改得面目全非以致糟蹋了整个建筑的效果时，他一定会感到懊恼沮丧。然而，所有取决于建筑师的，只有他的设计图而已。对优秀的鉴赏者来说，看到他的设计图，就好像看到已经实际执行的成果那样，便可完全领略他的全部天才。但是，一张蓝图，即使对最为贤明的人来说，也不可能像一栋富丽堂皇的建筑那样赏心悦目。他们从那一张蓝图中领略到的设计品位与才华，或许和他们从那一栋建筑看出来的一样多。但是，那些品位与才华在那两种场合所产生的效果毕竟仍然大不相同，第一种场合令人喜悦的程度，绝不可能接近第二种场合有时候会引起的惊奇与赞叹。我们也许会相信许多人说，他们的才华优于恺撒和亚历山大；相信他们说，如果处在同样的处境，他们将完成比恺撒和亚历山大更伟大的壮举。然而，另一方面，我们却不会像所有时代与国家的人民看待那两位英雄人物那样，以惊奇和钦佩的眼光看着他们。我们的冷静判断或

---

① 译注：公元前74年至前66年间，罗马大将与执政官 Lucius Licinius Lucullus 率领军队攻打当时小亚细亚方面最大的强敌本都（Pontus，在今土耳其北部）国王米特里达提（Mithridates）。早期相当成功，后来于公元前68年遭遇挫折，引起兵变，公元前66年被解除指挥权，由 Pompey 顶替。

许会更赞许他们的说法,但是,他们毕竟少了伟大的事功,因此,也少了使我们目眩神迷的耀眼光芒。美德与才华卓越,甚至在那些承认有这种卓越存在的人身上,也不会产生和卓越的事功相同的效果。

如同没有成功的行善企图,其功劳在没有什么感激心肠的人类眼中,似乎像前述那样被失败减少了,所以,没有成功的作恶企图,其过错也同样被失败减轻了。犯罪的计划,不管多么清楚地被确定证实,很少受到和实际的罪行一样严厉的惩罚。叛国罪也许是唯一的例外。那种罪行直接影响到政府本身的存在,所以,与任何其他罪行相比,政府自然更不会宽恕它。在惩罚叛国罪时,君主怨恨的对象,是他自己直接遭到的伤害;在惩罚其他的罪行时,他怨恨的对象,是他人所遭到的伤害。在前一种场合,他所发泄的,是他自己的怨恨;在后一种场合,他所发泄的,是他的同情感所体会到的他的臣民的怨恨。在第一种场合,由于他是在审判自己的事由,所以,他所判决的惩罚往往比公正的旁观者能够赞许的更为残暴与血腥。而且在这种场合,他也会基于比较轻微的缘故而心生怨恨,不会总是像在其他场合那样等到实际发生了罪行,甚至也不会等到企图犯罪。在许多国家里,涉及叛国的合谋,即使在合谋之后,什么事都还没做或尝试要做,不只如此,甚至连涉及叛国的闲聊,也会受到和实际犯了叛国罪一样的惩罚。在其他所有罪行方面,如果只有计划而没有任何后续的实施尝试,很少受到任何惩罚,而即使受到惩罚,也绝不会很严厉。没错,人们或许可以说,一项犯罪计划,和一桩犯罪行为,未必隐含同一程度的恶意,所以不应当给予相同的惩罚。人们或许可以说,有许多事情,我们虽然有胆下定决心要去做，甚至有胆拟订计划准备要去做，但当我们即将要去做的那一刹那，却觉得自己完全下不了手。但是，当犯罪计划已经连最后一个步骤也被执行完毕时，这个理由便不可能有任何立足点。然而，一个对他的敌人开了一枪但没射中的人，很少有任何国家的法律会将他处死。根据苏格兰昔日的法律，即使他射伤了他，不过，除非随后在一定时间内发生死亡，否则那位刺客是不会被处以极刑的。然而，对这种罪行，人类的怨恨情绪是这么的高涨，而任何胆敢显示他自己做得出这种罪行的人，又是这么严重地令他们心生恐惧，因此在所有国家，即使仅企图犯下这种罪行，也应当是被视为罪大恶极，应当处以极刑的。企图犯下比较轻微的罪行，几乎总是受到很轻的惩罚，有时候甚至完全不被惩罚。一个小偷，如果他的手，在他从邻人的口袋里拿出任何东西以前，就在那里被抓到了，通常只受到丧失名誉的惩罚。如果在被逮之前，他有时间拿走一条手帕，那他将很可能被判处死刑。一个闯空门的窃贼，如果被发现架了一张梯子在他邻居的窗户上，但尚未进入屋内，是不会被处以重罪的刑罚的。企图凌辱妇女，是不会被当作强奸罪惩罚的。企图诱拐已婚妇女，完全不被惩罚，虽然诱拐妇女受到极严厉的惩罚。对只是企图伤害我们的人，我们的怨恨很少强烈到足以支持我们对他同样施加如果他真的伤害到我们时我们想必会认为他该受的那种惩罚。在前一种场合，我们幸免伤害的喜悦，减轻了他的行为让我们感受到的残暴；在后一种场合，我们遭到不幸的悲伤则增强我们的这种感受。然而，他真正的过错在这两种场合无疑是相同的，因为他意图犯下同样的罪行。所以，在这方面，所有人类的感觉都有一种出轨的现象。因此，我相信，在所有国家的法律中，包括最文明的以及最野蛮的，乃有前述那样放松惩戒的现象。就文明民族而言，每当他们自然的义愤没有受到罪行的后果激励时，他们的仁慈，使他们倾向免除或减轻惩罚。另一方面，就野蛮民族而言，当行为没有引起任何实际的后果时，对于行为的动机，他们往往是不会怎样伤脑筋去追究的。

至于每一个，或者由于他本人的激情，或者由于坏朋友的影响，已经下定决心，甚至也许已经拟好计划准备犯下某一罪行，却很幸运地受阻于某一意外事故以致无法犯罪的人，如果他还有一点点良心留下来的话，无疑将终其余生把那一件意外事故当成是一桩明显重大的救赎。他想到它时，绝不可能不感谢上苍曾经在他正要把自己推入罪恶的深渊时，在他正要使自己全部的余生变成憎恶、自责与忏悔的场景时，这么欣然慈悲地阻止了他，也拯救了他。但是，虽然他的双手是无辜的，他却深知他的内心是同样有罪的，如同他已经实际执行了他这么完全下定决心要去执行的犯罪计划那样的有罪。然而，想到那罪行没被执行，还是会使他的良心大感安慰，即使他知道那罪行之所以没被执行，并非是他本身有什么美德的缘故。但是，他仍然会认为他自己应该受到比较少的惩罚与怨恨。这意外的好运，减轻或完全抹除了他的所有罪恶感。回想起他曾经是多么有决心犯罪，除了使他认为自己的幸免于罪恶更为了不起与更像奇迹外，不会有其他的效果，因为他仍然自以为已经脱离了罪恶。所以，当他回想起他安稳的良心曾经濒临的危险时，他只会感到一阵子的恐惧，就像一个安全无虞的人，有时候回想起他有一次快要掉落一处悬崖的危险时，难免会恐惧得发抖那样。

（2）运气的这种影响的第二类效果，是增强我们对某些行为的功过感，超过那些行为所根源的动机或情感应该受到的感激或怨恨，只因为它们产生意外的快乐或痛苦。可喜或可憎的行为效果，时常会在行为人身上投下某种功劳或过失的影子，虽然他的意图里没有什么值得赞扬或责难的成分，或者至少没有什么值得我们通常会给予的那种程度的赞扬或责难。譬如，对于带来坏消息的信差，我们甚至会觉得讨厌，而相反的，对于给我们带来好消息的人，我们则会心怀某种感激。一时之间我们会把他们两人都当成是作者，亦即，把其中一人当成是我们的好运的作者，把另一人当成是我们的厄运的作者，在某一程度内对待他们仿佛他们是实际引起那些或好或坏的事件的人，虽然他们只不过是传达那些事件消息的人罢了。第一个为我们带来喜悦的人，自然是某一暂时感激的对象：我们热情诚挚地拥抱他，甚至在我们兴奋的那一刻，乐于奖赏他，好像他对我们有显著的功劳似的。根据所有朝廷的惯例，带来胜利消息的军官有资格获得显著的职位晋升，所以，在外征战的将军总是会挑选一个他最喜欢的军官去做这么令人愉快的差事。相反，第一个使我们感到悲伤的人，正好同样自然是某一暂时怨恨的对象。我们难免会以懊恼不快的眼神注视他，而粗鲁野蛮的人甚至往往会对他发泄他的情报所引起的愤怒。亚美尼亚（Armenia）国王提格瑞尼斯（Tigranes），砍下某个倒霉的信差的人头，只因为这信差是第一个向他通报有一大队可怕的敌军逼近的人。① 以

---

① 译注：这位国王是前一注本都国王米特里达提的盟友。逼近的敌军是卢库鲁斯率领的罗马军队。

这种方式惩罚带来坏消息的人，似乎很野蛮残暴；然而，奖赏带来好消息的信差，却不至于让我们感到不愉快，我们会认为，那很适合王者慷慨恢宏的气度。但是，我们为什么会做出这样的区别，毕竟，如果坏消息的信差没有任何过错，那么，好消息的信差也就不会有任何功劳？这是因为，要使我们认为表示和乐与善意的情感是正当的，任何理由似乎都很够充分；但是，要使我们体谅不和乐与恶意的情感发泄，那就非得有最充实可靠的理由不可。

虽然一般来说我们厌恶体谅不和乐与恶意的情感，虽然我们断言原则上我们绝不应该赞许它们的满足，除非它们所针对的那个人，由于意图邪恶与不公正，以致使他自己成为它们的适当对象。不过，在某些场合，我们会放松这个原则的严格要求。当某个人的疏忽给另一个人造成某一非故意的损害时，我们通常会如此深切地同情受害者的怨恨，乃至赞许他反过来对加害者施加某一或许可谓过分的惩罚，因为这惩罚远远超过加害者的过失当没有造成不幸时原本似乎应当受罚的程度。

某一类疏忽，即使未给任何人造成损害，似乎也应当受到一些惩戒。譬如，如果某个人扔了一大块石头越过墙头落到墙外的大街上，完全没对可能路过的行人示警，也全不理会那块石头可能落在什么地方，那他无疑应当受到一些惩戒。公共政策如果很周密，将会惩罚如此荒唐悖理的行为，即使它未曾造成任何伤害。做出这种行为的人，对他人的幸福与安全，展现出一种自大的藐视心态。他的行为有一实在不正当的成分。他荒唐任性地将他的邻人暴露在危险中，而任何一个神智正常的人都不会让他自己暴露在这危险中；他显然对他的同胞们应当受到怎样的对待毫无感觉，而这感觉正是公平正义与社会的基础。所以，在法律上，严重的疏忽被视为几乎等于恶意的预谋。① 当有任何不幸的后果由这样不小心的行为引起时，犯了这种不小心的人往往会被当作仿佛他真的故意要造成那些后果似的受到惩罚。他的行为，虽然只是轻率与自大，虽然应当受到些许惩戒，却被视为极端残暴不仁，被视为应当受到最严厉的惩罚。譬如，如果某人由于上面提到的那个不谨慎的行为，意外地杀死了某个人，那么，根据许多国家的法律，特别是苏格兰昔日的法律，他可能被处以死刑。虽然这样的惩罚无疑是过分的严厉，却未必完全不符合我们自然的感觉。我们对他的行为的愚蠢与不人道所感到的义愤，被我们对不幸受害的人所感到的同情扩大加剧。然而，似乎没有什么会比把某个人送上绞刑台，只因他轻率地投掷了一块石头到大街上，但没伤害到什么人，更令我们自然的公平感震惊。然而，他的行为的愚蠢与不人道在这场合与在前一场合完全相同，不过，我们的感觉仍然大不相同。考虑此一差异，或许可使我们了解，对于激发义愤，甚至是激发旁观者的义愤，行为的实际后果往往有多么强烈的作用。在这种场合，如果我没料错，几乎所有国家的法律都有很严酷的惩罚规定；而在另一种相反的场合，如同我已经指出的那样，则普遍有轻纵或放松惩戒现象。

另有一类疏忽，其中没有任何不公正的成分。犯了这一类疏忽的人，对待他的邻人犹如对待他自己似的，他无意伤害任何人，而且也绝不会自大地藐视他人的安全与幸福。然而，他

---

① 原作注：Lata culpa prope dolum est.（Gross negligence is nearly a trap.）

的言行举止没有尽到他该尽的小心与谨慎，因此就这一点而言，应该受到某一程度的责备与非难，但不该受到任何惩罚。不过，万一他的这种疏忽①使另一个人遭到了某些损害，我相信，根据所有国家的法律，他都负有赔偿的责任。虽然这无疑是一项真正的惩罚，而且如果不是因为他的行为引起了那个不幸的意外，原本也不会有什么人会想到要对他施加这样的惩罚；然而，法律的这项决定，所有人类无不自然觉得赞许。我们想，没有什么原则会比"一个人不应该为另一个人的不小心而受害"更为公正，因此，该受责备的疏忽所引起的损害，应该由犯了这种疏忽的人负责赔偿。

还有另外一类疏忽②，只是对行为所有可能的后果，欠缺最为焦虑不安的小心与最为瞻前顾后的谨慎。欠缺这样仔细周到的费心注意，当没有什么不好的后果发生时，不但绝不会被视为该受责备，反倒是这样的注意会被视为该受责备。什么事都怕的那种胆小的谨慎，绝不会被认为是一种美德，反而会被认为比其他任何一种性格都更能使人丧失行动与办事能力。然而，当某个人，由于欠缺这种过分的小心注意，凑巧给另一人造成损害时，他却时常被法律强迫须赔偿损害。譬如，根据阿奎瑞安法（Aquilian law）③，一个未能驾驭一匹意外受惊的马而凑巧压倒邻人的奴仆的人，必须负责赔偿邻人的损失。当发生

---

① 原作注：Culpa levis（trivial negligence）。
② 原作注：Culpa levissima（very trivial negligence）。
③ 译注：这是罗马十二板表法（the twelve tables）之后约两个世纪出现的有关侵权行为（delicts）的基本法。

这种意外时,我们往往会想,他原本不该骑这样的马,我们往往会认为他尝试骑这样的马是一项不可宽恕的轻率决定。虽然,如果没有发生这意外,我们非但不会有这样的想法,反而会在他拒绝骑那一匹马时,认为那是因为他胆怯懦弱,是因为他过分忧虑某些仅仅可能发生,但实际上没必要去注意的事情。至于那个因为发生了这种意外而不由自主地伤害了另一个人的人,他自己似乎也会觉得,他对受害者有些过失,应当受罚。他会自然地急忙趋前向受害者表示他关心所发生的事故,会尽可能向受害者赔礼认错。如果他还有一些察言观色的能力,那他必然会希望赔偿损失,并且尽他所能地安抚那种兽性的怨恨,那种他知道很容易在受害者的心里升起的非理性的怨恨。完全不道歉,完全不提出赔偿,将被认为是极残忍野蛮的行为。然而,为什么他比其他任何人都更应该道歉呢?既然他和其他任何旁观者一样的无辜,那他又为什么被这样从所有人类当中单独挑出来,必须补偿另一个人的坏运气呢?这项责任无疑绝不会强加在他身上,要不是连公正的旁观者,对于那另一个人心里边那种也许可视为不正当的怨恨,也多少有一些纵容的同情。

第三节 论这种感觉出轨的终极原因

行为的各种好坏的后果,就是这样影响行为人以及他人的感觉;而主宰这世界的运气女神,就这样在我们最不愿意允许她有任何影响的地方有了一些影响,并且在某一程度内,指导人类怎样判断他们自己以及他人的品行。这世界根据结果而非意图在品评每个人，是亘古以来的不平之鸣，也是培养美德的一大障碍。每个人都同意这一则一般性的处世格言，即：由于结果并非取决于行为人，所以，它不应该影响我们对行为的功与过或合宜与否的感觉。但是，当我们遇上个别具体的事例时，我们却发现，我们的感觉很少在任何一个事例中完全服从这一则公正的处世格言。行为所引起的后果幸运与否，不仅往往决定我们对行为审慎与否会有怎样的感觉，而且也几乎总是会激起我们的感激或怨恨，左右我们对其意图的功过判断。

然而，当自然女神将此一感觉出轨的种子植入人类的心灵时，她似乎就像在所有其他场合那样，意在谋求人类的幸福与完美。如果只要有伤害的意图或恶毒的情感，便足以引起我们的怨恨，那么，对每一个我们怀疑或相信他心里怀有这样的意图或情感的人，我们必定会感到满腔怒火难抑，即使那些意图与情感从未化为任何实际的行动。感觉、思想与意图，将变成惩罚的对象，如果人类对它们所感到的义愤，和对实际行为所感到的义愤一样的高涨；如果在世人的眼里，尚未付诸行动的恶劣思想，似乎和恶劣的行为一样地高声要求报复，则每一个司法审判庭都将变成实质的宗教审判庭。每个人，无论他的言行举止再怎么无辜与谨慎，都不会完全安全。因为人们或许还会怀疑，他怀有邪恶的愿望，邪恶的期待以及邪恶的意图；而只要这些愿望、期待或意图引起的义愤，和邪恶的作为是一样的，只要邪恶的意图受到和邪恶的行为同一程度的怨恨，那么，他仍将遭到同样的惩罚与怨恨。所以，根据造物主的旨意，唯有产生实际的邪恶，或企图产生实际的邪恶从而使我们直接感到害怕的行为，才是众所公认适合接受人类惩罚与怨恨的对象。

虽然根据冷静的理智分析，人类行为的全部功过皆源自人类心里边的感觉、意图与情感，但这些心里边的东西，却全被上帝置于人类的每一种审判权限之外，只保留给祂自己永远不会出错的法庭审理。所以，"人类在今生只应当为他们的行为而受罚，绝不应当为他们的意图而受罚"，这个必要的正义原则，就是建立在人类的功过感中有这么一种有益且有用的感觉出轨上，尽管乍看之下这种感觉出轨是这么的荒谬悖理与不可思议。但是，自然界的每一部分，只要被观察得够仔细，都同样展现造物主的庇佑眷顾，甚至在人类的软弱与愚蠢中，也有神的智慧与仁慈，值得我们钦佩。

而这种出轨的感觉本身也不是完全没有效用。根据这种出轨的感觉，企图效劳的动作，如果失败，便显得功德不圆满，更不用说徒有善意与祝祷。人，天生就是要有所作为，天生就是要运用他的各种才能，以便在他自己和他人的外在环境中，促成各种似乎最有利于全人类幸福的改变。他不可以自满于懒惰消极的善良；他不可以因为他由衷祝祷全世界幸福，就自以为是人类的好朋友。为了使他鼓起全部的精神与元气，使他绷紧每一根神经，以便促进自然女神借由他的存在想要达到的那些目的，所以，自然女神乃告诫他，除非他实际达到了那些目的，否则他自己以及全人类，对他的所作所为，是不可能完全感到满足或给予充分赞扬的。他天生就被告知，徒有善意的祝祷，而没有善行的实际功劳，要激起世人的高声欢呼或自己的热烈喝彩，是不太有希望的。一个从未有过任何重要事功的人，纵使他的言谈举止无处不是展现他有最公正、最高尚与最慷慨恢弘的情感，纵使他之所以没有事功只不过是由于他没有机会效劳,他也仍然没有资格要求很高的奖赏。我们即使拒绝奖赏他,也不至于遭到非议。我们仍然可以问他,你做过了什么?你能做出什么实际的功劳,使你有资格得到这么重大的报答呢?我们尊重你,并且敬爱你,但是,我们什么也不欠你。奖赏那种纯然因为欠缺效劳的机会而一直没有发挥作用的潜在美德,把那些虽然可以说它多少有点儿应得,但绝没有正当的理由坚持得到的荣誉与高位实际授与它,无疑是超凡入圣的仁慈才做得出的举动。相反,没有任何外在的犯罪行为,只因为内在的情感就受到惩罚,则是最傲慢野蛮的暴政。各种善良的情感最值得赞扬的时候,似乎是在它们尽早付诸行动时;要是等到如果再不付诸行动就几乎要变成是一种罪恶时才付诸行动,那它们就不大值得赞扬了。相反,恶毒的情感,在付诸行动之前,绝不可能过于迟钝,过于缓慢,或过于瞻前顾后地深思熟虑。①

甚至,无意间造成的伤害,被视为同属行为人和受害人的不幸,也有相当重要的作用。每个人将因此被告诫,要尊敬他的同胞们的幸福,要战战兢兢地唯恐他或许会不知不觉地做出了什么伤害到他们的事情来,并且要害怕那种禽兽般的怨恨,亦即,要害怕万一他不幸在无意间变成了使他们陷入灾难的工具,他将感觉到的那种随时准备要向他发泄的不合理的怨恨。正如在古时候的异教传说中,已经被奉献给某位神明的圣地,除非是在神圣且必要的时候,否则不可以被侵入,而侵入该圣地的人,即使他本人对侵入一事一无所知,从侵入的那一刻起,

---

① 译注:简单地说,就是行善须尽快,至少须及时,而作恶则须三思。

他就变成是一个罪孽深重而必须赎罪的人（piacular），并且直到他提供适当的牺牲赎罪以前，他将遭到那位强大且无形的神明的报复。所以，同样的，每一个无辜者的幸福，都被自然女神的智慧指定为属于他个人的神圣禁地，四周被围起来不准其他任何人接近；不可以被莫名奇妙地践踏，甚至不可以在任何方面被不知不觉地侵害，而无须提供某些赔偿，某些和此等非蓄意的侵害成比例的赎罪补偿。一个仁慈的人，如果意外成为另一个人身亡的原因，即使他丝毫没有该受责备的疏忽，他也会觉得自己必须赎罪，虽然他没犯罪。他会认为这意外是他生命中可能碰上的一个最大的不幸。如果受害者的家庭很穷，而他自己的处境比较过得去，他会立即负起保护他们的责任，并且认为他们即使没有其他的功劳或价值，也有资格获得他的疼惜与亲切对待。如果他们的处境比较好，那么，他就会尽力以毕恭毕敬的态度，以各种表达悲伤哀悼的言行，以提供各种他想得到的或他们容许的善意帮助，为已经发生的不幸赎罪，并且尽可能安抚他们心里那种也许是自然的，但无疑是极其不公正的怨恨，那种因他对他们的严重冒犯，虽是无心的，而在他们心里激起的怨恨。

　　在古代以及现代的戏剧中，有一些最出色与最感人的场景，就是在表演某些清白无辜的人所感到的这种痛苦挣扎，这些人由于意外的缘故做出了某些令人发指的事，而这些事，如果是他们在知情的情况下蓄意做出来的话，原本将使他们公正地遭到最严厉的谴责。在古希腊剧场里上演的伊迪帕斯（Oedipus）与乔卡斯达（Jocasta），以及在现代英国剧场里上演的莫尼米亚（Monimia）与伊莎贝拉（Isabella），他们的痛苦挣扎全来自这种错误的罪恶感,如果我可以这么称呼它的话。① 他们每一个人都自觉罪孽深重、必须赎罪,虽然他们当中没有一个丝毫有什么罪。

然而,当某人不幸引起了某些不是他有意引起的坏灾祸,或不幸未能促成他有意促成的那些善果时,尽管他的感觉会似乎出轨地感觉到所有他似乎不该感觉到的那些痛苦,但自然女神并未让他的清白无辜完全没有任何慰藉,或让他的美德完全没有奖赏。这时,他可以呼唤那一则公正的处世格言,亦即,"那些并非我们的作为所能左右的结果,不应当减少我们应得的尊敬",前来协助他。他可以鼓起他的心灵中所有恢弘的器量与坚定的意志,竭力不以旁观者现在看待他的那种眼光来看待他自己,而以旁观者应该看待他的那种眼光,以他慷慨的意图成功时旁观者将会看待他的那种眼光,甚至以他慷慨的意图失败时,如果人类的感觉完全是正直公平的,或甚至只是完全不自相矛盾的,旁观者仍然以应该看待他的那种眼光来看待他。比较正直慈悲的那一部分人类,会完全赞许他这样努力地在他自己内心里寻求解脱。他们会发挥他们全部的宽宏大量,努力矫正他们自己心中这种出轨的感觉,并且会竭力以他那慷慨的意图获得成功时,他们无须任何这样宽宏大量的努力便自然会倾向采取的那种眼光,来看待他那慷慨但不幸失败的意图。

---

① 译注:这四个人全都在不知情的情况下违反了神圣的婚姻律。在 Sophocles 的 *Oedipus Rex* 一剧中,Oedipus 在不知道两人血缘关系的情况下,娶了他母亲 Jocasta 为妻。在 Otway 的 *The Orphan* 一剧中,Monimia 误以为她的小叔是她的丈夫而发生了关系。在 Thomas Southerne 的 *The Fatal Marriage*, or *The Innocent Adultery* 一剧中,Isabella 误以为她的丈夫死了而再婚。

第三篇

论我们品评我们自己情感与行为的基础,并论义务感

第一节　论自许与自责的原理

在本讲义的前两篇，我主要讨论我们品评他人的情感与行为时所倚赖的基础。我现在要更仔细地讨论我们品评我们自己的情感与行为时所倚赖的基础。

我们自然地赞许或反对我们自己的行为时所遵循的原则，似乎和我们对他人的行为进行类似的品评时所遵循的原则完全一样。我们赞许或反对某个他人的行为，乃是按照这样的原则：我们觉得，当我们设想自己处于他的情况时，对于左右他的行为的情感与动机，我们能或不能产生完全的同情。同样的，我们赞许或反对我们自己的行为，乃是按照这样的原则：我们觉得，当我们设想自己处于他的情况，并且仿佛是以他的眼光从他的立场来看待我们的行为时，对于影响我们的行为的那些情感与动机，我们能或不能产生完全的同情。我们绝不可能观察到我们自己的情感与动机，也绝不可能对它们做出任何批评，除非我们仿佛离开了我们自己的身体，努力从某个与我们有一段距离的地方来观察它们。但是，我们不可能做到这一点，除非我们努力以他人的眼光来观察它们，或者说，除非我们努力像他人那样观察它们。因此，不管我们对它们做出什么样的批评，这批评必定总是暗中参照他人实际对它们有什么样的批评，或暗中参照他人在一定的条件下对它们将会有什么样的批评，或暗中参照我们认为他人对它们应该会有什么样的批评。我们努力以我们认为每一位公正的旁观者都会采取的那种方式来审视我们自己的行为。如果，在设想我们自己处于他的情况时，对于所有影响我们的行为的那些情感与动机，我们完全感到赞许，那么，经由与此一假定存在的公正判官的赞许同感共鸣，我们就会赞许我们自己的行为。如果情形相反，我们就会赞许那位判官的反对，从而谴责我们自己的行为。

倘使真有一个人能在某个独居的地方长大成人，和他的同类完全没有沟通接触，那他就不可能想到他自己有什么品格，不可能想到他自己的情感与行为是否合宜或是否有过失，不可能想到他自己的心灵的美丑，如同他也不可能想到他自己的面貌是美或是丑。所有这些都不是他能够轻易看到的东西，都不是他自然会去注视的对象，而他也没被供应什么镜子可以把这些东西映照出来给他看。但是，如果把他带进人类社会，那他便会立即获得他从前所欠缺的镜子。这镜子就位于与他一起生活的那些人的脸色与行为中，每当他们赞许或反对他的情感时，这镜子总是会清楚地留下相关的痕迹；而且也正是在这里，他才首次观察到自己的情感合宜与否，首次看到自己的心灵的美丑。对一个自出生便一直与社会隔绝的人来说，他的各种情感的投射对象，或者说，使他感到快乐或痛苦的那些外在的物体，会占去他的全部注意力。至于那些情感本身，那些对象所引起的各种欲望或憎恶，各种喜悦或悲伤，虽然是所有事物当中最直接贴近他的东西，却几乎绝不可能是他思考的对象。关于这些情感的念头，绝不可能使他这么感兴趣，以至于要求他费心思量。考虑他的喜悦不可能在他身上引起新喜悦，而考虑他的悲伤也不可能在他身上引起新悲伤，虽然考虑那些情感的原因也许时常会引起他的喜悦和悲伤。但是，如果把他带进人类社会,则他自己的所有情感将立即变成新情感产生的原因。他将观察到人类赞许其中某些情感,但厌恶其余的情感。在前一种场合,他将觉得欢欣振奋,而在后一种场合,他将觉得沮丧泄气;他的欲望与憎恶,他的喜悦与悲伤,现在将时常产生新的欲望与憎恶,以及产生新的喜悦与悲伤。所以,这些情感现在将使他深感兴趣,并且时常要求他给予最仔细的注意与思量。

我们第一次产生关于身体美丑的念头,是由他人的而不是我们自己的外形与容貌引发的。然而,我们很快便察觉到他人也同样对我们品头论足。当他们赞许我们的外表时,我们会觉得高兴,而当他似乎厌恶我们的外表时,我们会觉得不快。我们很焦急地想知道我们的外表究竟是多么值得他们的非议或赞许。我们仔细检视我们全身上下的每一部分,并且借由把我们自己摆在一面镜子的前面,或某种变通的办法,尽可能努力从他人所在的距离,以他人的眼光来观察我们自己。经过这样的一番检视后,如果我们对自己的外表感到满意,就比较能够轻易承受他人最不留情面的恶评。相反,如果我察觉到我们的长相是自然惹人厌恶的目标,则他们的每一丝非难的表情就会使我们感到无比的屈辱与懊丧。一个还算是英俊的人,会容许你取笑他身上任何一处小小的不匀称;但是,所有这样的小玩笑,对一个真正丑陋的人来说,通常是无法忍受的。然而,我们之所以挂念我们自己外表的美丑,显然只是因为这美丑对他人有影响。如果我们和社会没有关联,那么,我们就完全不会在乎我们自己的外表是美或是丑。

同样的,我们第一次的道德批评也是针对他人的品行而发的;我们会很主动地陈述我们对他人的品行有怎样的感觉。但是，我们很快知道，别人对我们自己的品行也同样是直言不讳的。于是，我们很焦急地想知道，我们究竟是多么值得他们的非难或赞美，亦即，我们很想知道，在他们的眼里，我们是否必然就是他们所谓的那些令人愉快或惹人厌恶的家伙。由于这个缘故，我们开始检视我们自己的各种情感与作为，开始借由思索如果我们处在他们的位置，会怎样看待那些情感与作为，来思索他们会怎样看待那些情感与作为。我们假定我们是自己行为的旁观者，并且努力想象那行为，依照此一观点，在我们身上产生了什么样的感受。唯有透过这样的镜子，我们才能够在某一程度内审视我们自己的行为是否合宜。如果从这样的观点看来，我们的行为使我们感到高兴，那我们就会觉得相当放心。我们会变得比较不在乎他人的赞美，甚至在某一程度内藐视世人的非难，因为我们心里确信，不管被怎样误解或被怎样讹传，我们是人们的赞许感的自然且适当的对象。相反，如果我们对这一点感到怀疑，那往往就会因这自我怀疑的缘故而更急切地想要获得人们的赞许，并且只要我们尚未自甘堕落到人们所谓不知羞耻的地步，则人们的非难一定会使我们感到加倍的难受，而一想到人们的非难，一定会使我们的心情沮丧、精神涣散。

当我努力审视我自己的行为时，当我努力想要宣判它的是非对错时，以及努力想要赞许或谴责它时，在所有这样的场合，我显然是把我自己仿佛分割成两个人；其中作为审判者的那个"我"所扮演的角色，不同于另外那一个行为被审判的"我"。第一个"我"是某个假想的旁观者，他对于我自己的行为的感觉，是我努力想要体会的感觉；为了得到这种体会，我努力设想我自己处在他的位置，并且努力思索，当我从他那个观点来看待我自己的行为时，我会有什么样的感觉。第二个"我"是某个行为人，是我可以正当称之为"我自己"的那个人，是那个关于其行为我正努力以旁观者的角色想要做出某种审判意见的人。第一个"我"是审判者，第二个"我"是被审判者。正如原因与结果不可能在每一方面都相同，审判者与被审判者也不可能在每一方面都相同。

和蔼可亲与值得称赞，或者说，值得敬爱与应受奖赏，是美德的主要特征；而惹人厌恶与应受惩罚，则是邪恶的主要特征。但是，所有这些特征都直接指涉他人的感觉。一个有美德的人之所以被称为和蔼可亲或应受奖赏，不是因为他是自己所敬爱或感激的对象，而是因为他在他人身上引起那些感觉。意识到自己是这种赞许感的对象，是自然伴随着美德的那种内在宁静与自足的源泉，正如怀疑自己是他人非难的对象，会引来各种伴随邪恶的苦恼。有什么样的幸福，胜过我们被人敬爱，并且知道我们值得被人敬爱呢？有什么样的不幸，比我们遭人怨恨，并且知道我们值得被人怨恨更凄惨呢？

第二节 论喜欢受到赞美及喜欢值得赞美；并论害怕受到谴责及害怕应受谴责

人，天生不仅希望被爱，而且也希望自己可爱，或者说，希望自己是一个自然适宜被爱的家伙。他天生不仅害怕被人怨恨，而且也害怕自己可恨，或者说，害怕自己是一个自然适宜被人怨恨的家伙。他不仅希望自己受到赞美,而且也希望自己值得赞美,或者说,希望自己是一个自然适宜受到赞美的家伙,即使这家伙没受到任何人赞美。他不仅害怕受到谴责,而且也害怕自己应该受到谴责,或者说,害怕自己是一个自然适宜受到谴责的家伙,即使这家伙没受到任何人谴责。

喜欢自己值得赞美,绝非完全源自喜欢自己受到赞美。这两种情感原理,虽然它们彼此类似、相关相连,并且时常混合在一起,不过,在许多方面,它们仍然是两种明显不同而各自独立的原理。

对那些品行为我们所赞许的那些人,我们心里自然怀有的那种喜爱与钦佩的感觉,必然使我们倾向希望我们自己也变成是那种愉快的感觉的对象,希望我们自己也和我们最喜爱与钦佩的那些人一样的和蔼可亲与令人钦佩。好胜仿效的心理,即热切希望我们自己胜过别人的心理,根本的来源就在于我们对他人的卓越感到钦佩。但是,我们不会仅满足于我们像别人那样受到钦佩。我们至少必须相信我们自己像别人那样值得钦佩。为了获得此一满足,我们必须变成是我们自己品行的公正旁观者。我们必须以他人的眼光看待它们,或者说,必须像他人那样看待它们。当我们以这个观点看待它们时,如果它们看起来像是我们希望看到的那样,我们便会感到快乐与满足。如果我们发现别人,当他们实际上以我们只能在想象中努力坚持的那种眼光来看待它们时,获得与我们自己先前所见的恰好相同的见解,那么我们的这种快乐与满足将被大大地加强。他们的赞许必然会加强我们的自我赞许;他们的赞美必然会使我们更加坚定觉得我们自己值得赞美。在这个场合,喜欢值得赞美不仅绝非完全源自喜欢受到赞美；反倒是喜欢受到赞美，至少在相当大的程度内，源自喜欢值得赞美。

  别人的赞美如果不能被视为某种证明我们值得赞美的证据，那么，无论这赞美是多么真诚，它也不可能带给我们什么快乐。由于无知或误会而好歹让我们得到的尊敬与钦佩，绝不可能使我们感到满足。当我们察觉到我们不配享有这样的尊敬与钦佩，察觉到一旦真相大白我们便将面对截然不同的感觉时，我们的满足绝不会是圆满无缺的。某个人，如果为了我们没有做的行为而称赞我们，或为了于我们的行为毫无影响的动机而称赞我们，那么，他所称赞的就不是我们而是别人。我们不可能从他的赞美获得任何满足。他的赞美要比任何谴责更让我们感到羞辱与伤心难过，并且会不断地使我们想起所有回想中最令人沮丧泄气的那种回想，即：想起我们应当是什么样的人，但实际上却不是那样的人。一个涂抹了厚厚一层脂粉的女子，即使别人赞美她的肤色漂亮，想必不可能从中感受到多少虚荣。我们会预期，这赞美反而应当使她想起她的真正肤色会在别人身上引起哪些感觉，并且使她为了这悬殊的对比而更加感到羞辱难过。如果有人为了这种毫无根据的赞美而感到高兴，那无异证明她的个性至为肤浅、轻佻与软弱。这种性格被正当称为爱慕虚荣，各种最荒谬卑鄙的恶习，各种矫揉造作与常见的虚言谎话，便是根源于此。要不是经验告诉我们这些恶习实际上是多么的常见，否则任何人都应当会猜想，只要有一丁点儿的常识便可以使人类免于这种愚蠢的恶习。一个愚蠢的说谎者，竭力在他的朋友之间以陈述子虚乌有的历险经验引起钦佩；一个妄自尊大的纨绔子弟，装模作样地摆出地位尊崇的架子，虽然他明明知道自己完全没有正当的资格享有那样尊崇的地位,他们两者无疑会因自以为受到赞美而感到高兴。但是,他们所感到的虚荣是以这么显著的心理错觉为基础,以至于他人实在很难想象任何有理性的人怎么可能被这种错觉给蒙骗了。当他们设想他们自己处于自以为已经被他们欺骗得逞的那些人的处境时,他们只觉得对他们自己钦佩得不得了。他们不是以知道他们的朋友应该怎样看待他们的那种眼光在看待他们自己,而是以他们相信他们的朋友实际怎样看待他们的那种眼光在看待他们自己。他们的个性浅薄、软弱与愚蠢,使他们永远无法反省自己,使他们的眼光永远无法朝向自己,永远无法采取自己的良心必定会告诉他们应该采取的那种见解,永远无法看到一旦真相大白时他们在每个人的眼里将是多么的卑劣可鄙。

无知与无稽的赞美,让我们感觉不到真正的喜悦,让我们感觉不到任何经得起严格检验的满足,所以,相反,即使我们实际上没受到赞美,当我们想起我们的行为是那种值得赞美的行为,或想起我们的行为在每一方面都和人们自然且普遍会给予赞美与认同的那些标准与规则相符时,我们心里往往会觉得真正的舒坦。我们不仅喜欢受到赞美,而且也喜欢觉得我们自己已经完成了值得赞美的行为。我们喜欢想起我们已经使自己变成是人类自然赞许的对象,即使实际上永远不会有人对我们表示赞许;我们厌恶想起我们已经变成是人类应当谴责的对象,即使实际上我们永远不会受到谴责。某个人,如果他心底明白自己严格遵守的那些行为标准,根据一般经验,通常会被欣然赞许,那么,他在反省自己的行为是否合宜时,一定会感到满意。当他像公正的旁观者那样审视自己的行为时,他将完全体谅所有影响他自己的行为动机。他怀着愉快与赞许的心情回顾那行为的每一个环节，即使世人将永远不清楚他做过了什么，他用来看待自己的那种态度，也比较不会是他们实际用来看待他的那一种，而比较会是如果他们对实情有更充分了解的话，他们将用来看待他的那一种。他提前感受到他们在这种情况下将给予他的赞美与钦佩，亦即，他透过与他们的这些感觉同感共鸣而自己抢先赞美与钦佩自己。没错，这些感觉实际尚未发生，但是，它们只因受阻于人们的不知情，所以才未发生。然而，他知道，这些感觉是他那种行为的自然且寻常的后果；他的想象力把这些感觉和他的那种行为紧紧地连接在一起；他已经习惯于认为，这些感觉作为伴随他那种行为而来的报偿，于理是自然而然，而于情则是合宜恰当。有些人志愿抛弃生命以求取某种他们今生再也无缘享受的名声。然而，他们的想象力使他们提前感受到人们在他们死后将会授予他们的那种声誉。他们永远也听不到的那些掌声，似乎在他们的耳中回响；他们永远也感受不到其实际效果的那些钦佩与赞美的情绪，似乎在他们的胸中鼓动震荡，从他们的心中赶走所有自然的与最强烈的恐惧，使他们浑然忘我地完成几乎是人性所不能企及的伟大事迹。但是，比较这种直到我们不再可能享受到它的实际好处，才会授与我们的赞许，以及那种固然将永远不会授与我们，不过，如果真有办法使世人适当地了解我们真实的行为情况的话，他们将会授与我们的赞许，在这两种赞许间，就事实而论，的确没有什么了不起的差别。如果前一种赞许时常产生这样激烈的影响，那我们也就无须讶异后一种赞许总是被人们这么看重了。

当自然女神为社会造人的时候,她赋予他一种根本的愿望,使他想要取悦他的同胞,并且赋予他一种根本的憎恶感,使他讨厌触怒他的同胞。她教他要在他们赞许他的时候觉得快乐,并且要在他们责备他的时候觉得痛苦。她使他们的赞许本身成为最讨好他与最令他觉得愉快的事情,并且使他们的谴责本身成为最令他伤心难过与最惹他嫌恶的事情。

但是,只是希望得到同胞们的赞许,以及讨厌受到同胞们的责备,将不足以使他适合他所以被造就的那个社会。因此,自然女神乃不仅赋予他一种愿望,使他想要被赞许,而且也赋予他另一种愿望,使他想要当一个应该被赞许的人,或者说,使他想要成为他自己在他人身上所赞许的那种人。第一种愿望只会使他希望自己看起来适合社会。若要使他渴望自己真正适合社会,则他非有第二种愿望不可。第一种愿望只会促使他假装自己具有美德,促使他隐瞒自己的败德恶行。若要使他从心坎里真的喜爱美德,并且真的憎恶败德恶行,则他非有第二种愿望不可。在每一颗造就优良的心灵里,第二种愿望似乎是这两种愿望中力道最强的。只有最软弱且最肤浅的那些人,才会因获得他们自知完全不应受的赞美而兴高采烈。软弱的人有时候会欣喜于这种赞美,而智者则无论在什么场合都会拒绝这种赞美。虽然智者从别人的赞美中感觉不到什么快乐,如果他知道在他受到赞美的场合没有什么值得赞美之处,不过,他却时常极其乐意做他知道值得赞美的事,虽然他同样清楚地知道那值得赞美的事永远不会得到赞美。对他来说,在不应受到赞许的场合,得到人类的赞许,绝不会是什么重要的目标。对他来说,在真正应当受到赞许的场合,得到人类的赞许,有时候也许不是一项顶重要的目标。但是，对他来说，成为值得赞许的家伙，必定总是一项最重要的目标。

在不应受到赞美的场合希望得到或甚至接受赞美，只可能是由于最可鄙的虚荣心在作祟。但是，在真正应当得到赞美的场合希望得到赞美，则不过是希望我们应该受到一种最基本的公平对待。所以，对智者来说，喜爱正当的名声或真正的荣耀，只为这名声或荣耀本身的缘故，而完全不计较从中能获得什么实质的好处，也不是他不该有的喜爱。然而，他有时候会刻意忽视，甚至藐视这种名声与荣耀。而他最倾向于这么做的时候，莫过于当他对自己行为的每一个环节的合宜正当有最充分完整的信心时。在这种时候，他的自我赞许，不需要他人的赞许给予加持增强。只要有它就够了，有了它便足以使他感到心满意足。这自我赞许，如果不是唯一，也至少是主要能够或应该会使他感到焦虑挂念的目标。喜爱它，就等于是喜爱美德。

正如我们对某些人物自然怀有的那种敬爱与钦佩的情感，会使我们倾向希望自己也变成是那种令人愉快的情感的合适对象，我们对其他某些人自然怀有的那种厌恶与轻蔑的情感，也许会更加强烈地使我们倾向害怕想到自己或许在某些方面和他们相类似。在这样的场合，与其说我们害怕想到自己被人厌恶与轻蔑，不如说我们害怕想到自己真是那种可恶与可鄙的家伙。我们害怕想到自己做了某些不得体的事，有可能使我们成为自己的同胞们的厌恶感与轻蔑感的正当且合适的对象，即使我们有最充分的把握可以高枕无忧地相信，实际上那些情感绝不可能宣泄在我们身上。一个已经把所有唯一能够使他讨人喜欢的那些行为规则破坏殆尽的人，即使他有最充分的把握确信他的所作所为将永远不为人所知，那样的信念对他一点儿用处也没有。当他回顾自己的所作所为，并且以公正的旁观者会采取的那种眼光回顾那些作为时，他将发现自己完全无法体谅影响那些作为的各种动机。一想到那些作为，他便觉得面红耳赤与窘迫不安，他必然会有一种很丢脸的感觉，仿佛他的所作所为已经全摊在阳光底下变成众所周知，为人所瞧不起似的。在这种场合，他的想象力也同样让他提前感受到轻蔑与嘲笑，那种若非由于与他一起生活的那些人的无知，否则他绝无可能避免受到的轻蔑与嘲笑。他仍然会觉得他是这种情感的自然的对象，并且每当他想到，万一这种情感实际宣泄在他身上，他将感到的痛苦，便会使他胆战心惊。如果他所犯的，不是某种只会受到单纯责备的过错，而是某种会引起憎恶与怨恨的滔天大罪，那么，只要他还保有丝毫的情感，他绝不可能在想到他的罪行时不会感觉到所有这世上的憎恶与悔恨所带来的痛苦折磨；即使他能够对自己保证他的罪行绝不会有人知道，甚至能够使自己确信不会有什么神明会报复他的罪行，他所感觉到的憎恶与悔恨，也仍将足够使他的全部人生痛苦难堪：他仍将把他自己视为他的所有同胞们的憎恶感与义愤感的自然对象；如果他的心灵尚未因习惯犯罪而变得毫无感觉，那他绝无可能不感到憎恶与惊愕，当他想到，万一可怕的真相曝光，人们将会用来看待他的那种态度，以及人们的脸上与眼里将会有的那种表情。受到惊吓的良心不时感到的刺痛，是对内疚者终生纠缠不休的各种恶鬼与复仇女神。这些恶鬼与复仇女神不会容许他们有一刻的平静与安息，时常会逼使他们陷入万念俱灰与心神涣散的境地。再怎么自信神不知鬼不觉，也无法使他们免于陷入这个可怕的处境；再怎么排斥宗教信仰，也无法把他们从这个可怕的处境完全解救出来，除非他们已陷入所有人生状态中最邪恶与最不忍卒睹的那种状态，亦即，除非他们已经对荣辱与善恶毫无感觉，否则他们绝不可能脱离这个可怕的处境。一些性格最可憎的人，在执行最可怕的罪行时，是这么的从容冷静与按部就班，甚至规避了所有犯罪的嫌疑，然而，他们有时候却因他们的处境恐怖可憎，而被逼到自动领悟到一项任何人类的聪敏睿智也绝不可能主动探查得到的真理。他们希望，通过承认他们自己的罪行，通过甘心接受受害者的怨恨，并且通过这样满足那种他们自知当受的报复，乃至通过自己的死亡，使他们自己，至少在他们的想象中，可以安心地接受人类自然的感觉；使自己能够自认为比较不值得憎恶与怨恨。他们但愿在某一程度内为自己的罪行赎罪，并且希望借由这样赎罪，使自己变成比较是同情而不是憎恶的对象，甚至如果可能的话，希望能够在得到所有他们的同胞们的饶恕下安心地死去。甚至想到，这样的解脱，与他们在这样醒悟之前所感觉到的痛苦相比，也宛如是一种幸福。

在这种场合，甚至在那些不可能被指望特别有什么感性的人物身上，自知应受责备所引起的憎恶感，似乎完全征服了恐惧责备的心理。为了减轻内疚所引起的自我憎恶感，为了多少安抚自己的良心的呵责，他们自愿站出来诚心接受他们自知罪有应得的谴责与惩罚，虽然他们原本可以轻易地规避这谴责与惩罚。

只有最轻浮与最肤浅的人，才会因获得他们自知完全不应受的赞美而大为欣喜。然而，甚至非常坚毅的人，在受到不该受的谴责时,往往也会感到痛心疾首。没错,即使是最普通坚毅的人,也很容易学会藐视某些时常在社会中流传得沸沸扬扬,但由于它们本身的荒谬与虚伪,总是会在短短的几个礼拜或几天内逐渐消失的愚蠢流言。但是,一个清白无辜的人,当他遭到严肃但不实的指控,将某一罪行归咎于他时,即使他比平常人坚毅,往往不仅会大感震惊,也会感到极端伤心难过;尤其是当那样的指控很不幸地获得某些机缘凑巧的间接情况支持,以至于使它看起来可能有几分真实性时。他极感屈辱地发现,竟然有人会以为他的品格是这么卑鄙,以至于认定他会犯下那样的罪行。虽然他十分清楚自己的无辜,不过,光是那样的指控似乎便时常可以使他的品格蒙上一层不名誉与耻辱的阴影,甚至在他自己看来也是如此。另外,对如此粗暴不公的伤害,他所感到的正当的愤怒,本身就是一种很痛苦的感觉,更何况他不仅往往不适宜,有时候甚至不可能发泄这种正当的愤怒。不会有什么比无法排解的激烈怨恨更使人感到痛苦。清白无辜者所可能蒙受的最残酷的不幸,莫过于遭到诬告,乃至被套上某一不名誉或可憎的罪责,而被送上绞刑台处死。在这种场合,他心里的痛苦,往往大于那些实际上犯了类似的罪行而同样遭受绞刑的人心里所感受到的痛苦。某些素行不良的匪徒,诸如普通的偷鸡摸狗与拦路强劫之辈,对于他们自己的行为,往往不觉得有什么卑鄙恶劣之处,因此从来不会感觉到良心的呵责。他们向来习于把绞刑视为一种可能落在他们身上的命运,不会为这种惩罚的公正与否费心伤神。所以,当他们遭到这种命运时,会自以为他们只不过不像他们的某些同伴那样幸运罢了,从而会自认倒霉地服从他们自己的命运;他们的心里,也许除了由于畏惧死亡而产生的不安外，不会有其他的不安。然而，我们时常看到，甚至这种下贱无耻的恶徒也能够极其轻易而且彻底地克服死亡的畏惧。相反，清白无辜者的心里，除了由于畏惧死亡而可能产生的不安外，还会因他自己对所受到的不公平对待感到义愤填膺而大受折磨。他极感憎恶地想到这惩罚将使他在死后留下骂名；他怀着极为剧烈痛苦的心情，预见他的至亲好友们此后在想起他的时候，所感到的将不是惋惜与爱怜，而是丢脸，他们甚至将极端憎恶他那被认定为不名誉的行为，于是，包围他的那种死亡的阴影，看起来似乎比寻常地狱的自然颜色更为黑暗，也更为阴郁朦胧。为了人类心灵的平静，但愿这种致命的意外，在任何国家都很少发生，但是，实际上，在所有国家，甚至在司法制度一般来说相当完善的某些国家，有时候也会有这种意外发生。不幸的卡拉斯①，一个比平常人更为坚毅的人，虽然完全清白无辜，却因被认定谋杀自己的儿子，而在土鲁斯被刑轮打断四肢后投入火堆中烧死，他最后的一口气，与其说似乎被他用来抗议惩罚的残酷，不如说似乎被他用来抗议他所蒙受的冤枉将污辱他死后的名声。在他的四肢被打断，即将被投入火堆烧死时，那位在行刑过程中照料他的

---

① 译注：Jean Calas（1698—1762）原是法国一位卡尔文教派的信徒与商人。他的长子为了取得律师资格原本决定放弃自家传统的信仰，改信罗马天主教，后来因深感后悔而自戕。但是，他却被控杀害他的长子，并且在没有丝毫证据的情况下被判决有罪，而于 1762 年 3 月 10 日在土鲁斯（Toulouse）被处决。后来经过伏尔泰（Voltaire）的奔走请愿，他的案件终于在 1765 年 3 月 9 日获得重审与平反。亚当·斯密曾于 1764 年和 1765 年间在土鲁斯逗留长达 18 个月，对此一造成轰动的诉讼案件必定常有耳闻。

法师，劝勉他忏悔犯了他所以被判处死刑的罪。卡拉斯说，我的神父，难道您真能使您自己相信我是有罪的吗？

对于陷入这种不幸的那些人来说，他们的视野，如果仅局限于今生这种卑微的人生观，也许便无法提供他们多大的心理慰藉。他们被剥夺了每一样能够使他们的生存或死亡值得尊敬的东西。他们被判处了死刑，并且被诅咒永远留下了骂名。唯有宗教信仰能够提供他们些许有效的安慰。唯有宗教信仰能够告诉他们说，只要全知全能的上帝赞许他们的行为，无论人们对他们有什么样的想法都无关紧要。唯有宗教信仰能够为他们揭示另一个世界的观点，那个世界比目前的世界更为正直，更为仁慈，也更为公平，在那里，他们的清白无辜只要时机一到就会获得宣告，而他们的美德最后也将获得奖赏；唯一能使侥幸得逞的邪恶感到胆颤心惊的那个伟大的原则，也同样能为遭到玷污与侮辱的清白无辜提供唯一有效的慰藉。

和罪行比较重大的情况一样，就一些比较轻微的过失而言，一个敏感的人，当他被冤枉获罪时，伤心难过的程度，往往远大于真正犯错的人因实际的内疚而感到的难过。一个水性杨花的女子，对一些有凭有据的有关她的风流韵事的臆测传闻，甚至会觉得好笑。然而，对一个纯洁无辜的处女而言，最荒唐无稽的同一类臆测传闻，则无异是一记足以致命的中伤。我相信，我们可以斩钉截铁地说，一个刻意做出可耻行为的人，通常不会有多少羞耻感；而一个习惯于做出可耻行为的人，则几乎不会有任何羞耻感。

当每个人，即使仅具有普通的悟性，都可如此轻易地藐视不应受的赞美时，为什么不应受的谴责，却时常会使一些甚至是具有最健全与最佳判断力的人，如此激烈地觉得伤心难过？这问题也许值得我们稍加思考。

我在前头曾经指出①，痛苦与其反面的快乐相比，几乎在所有场合，都是一种更为深刻的感觉。前一种感觉把我们的心情压低至我们平常或所谓自然的快乐状态以下的程度，几乎总是会远大于后者可能把我们的心情提高到那个自然的快乐状态以上的程度。一个有感受能力的人因受到正当的谴责而感到羞愧难过的程度，往往大于他因受到正当的赞美而可能感到愉快陶醉的程度。智者在所有场合都轻蔑地拒绝不应受的赞美，但是，他时常猛烈地感受到不应受的谴责对他的不公平。他觉得，如果他自己默不作声地接受人们因他没有做到的事情而赞美他，如果他霸占了不属于他的功劳，那他就无异是一个卑鄙的撒谎者，并且为此应当受到因误会而赞美他的那些人的轻蔑而不是赞美。发现许多人认为他有能力做到他实际没有做到的事情，也许让他很有理由感到些许快慰。他虽然可以感激朋友们对他的抬爱，但如果他没立即向他们说明真相的话，他将会觉得自己犯了最卑鄙下贱的过失。对他来说，以旁人实际看待他的那种眼光来看待他自己，并不会给他带来什么快乐，如果他知道，当他们知道真相时，他们将以很不一样的眼光看待他。然而，个性软弱的人却时常陶醉于以这种虚妄欺瞒的眼光来看待他自己。他霸占每一桩被归功于他的功劳，并且主张他有许多谁也不会归功于他的功劳。他装作已经做了他实际从未做过的事情，装作已经写了别人所写的文章，装作发明了别人所发明的东西，

---

① 译注：参见本书第一篇第三章第一节第三段。

因而做出剽窃与时常撒谎等等卑劣下贱的恶行。但是，虽然任何人，只要具有普通的见识，便不至于因为别人认定他做了一件他从未做过的值得赞佩的行为而感觉到怎样快乐，不过，颇有智慧的人，却往往会因为别人认真责怪他犯下了某一他从未犯过的罪行，而感觉到极大的痛苦。在这种场合，自然女神不仅使痛苦变得比其反面的快乐更为深刻，而且也使这痛苦相对于快乐的深刻程度远大于平常的程度。当他拒绝被归功于他的功劳时，谁也不会怀疑他的真诚。可是当他否认他被指控的罪行时，也许有人会怀疑他的真诚。他同时为不实的指控所激怒，也为发现有人竟然相信那不实的指控而感到屈辱与难过。他感觉到他的品格不足以保护他。他感觉到他的同胞们，非但不是以他焦急地渴望他们采取的那种眼光在看待他，反而认为他做得出他被指控的那种不名誉的行为。他十分明白自己并没有犯错。他十分明白他自己曾经做过了什么，但是，或许任何人都不可能十分明白他自己能做得出什么。对每个人来说，他自己的心灵的特殊构造容得下或容不下什么美好或丑恶的事物，也许或多或少是个令他感到疑惑的问题。他的朋友与邻居们对他的信任与好评，比什么都更能够减轻他心里的这个最不愉快的疑惑；而他们对他的不信任与恶评，则比什么都更能够加重他的这个疑惑。他或许会认为自己很有自信，自信他们的恶评是错误的，但是，他的自信很少能够坚强到足以使他完全不受那种恶评的影响，或者说，足以使他在面对那种恶评时心里保持泰然。他的感受能力越强，他的敏锐度越高，他的自信心越不足，则别人的恶评对他的影响便会越大，而他也就越不可能处之泰然。

必须指出的是，在所有场合，他人和我们自己的感觉与判断是否一致，对我们有多重要，要视我们对自己的感觉的合宜性，以及我们对自己的判断的正确性，有多么不确定而定。我们自己越是感到不确定，则我们与他人的感觉与判断是否一致，对我们来说，就越重要。

一个感性的人有时候会觉得很不安心，唯恐自己太过屈服于某些甚至可以称之为高贵的感情。譬如，在他自己或朋友受到伤害时，他也许会担心自己的义愤过于强烈。他心里忐忑不安，害怕自己在只是热心地想要伸张正义时，由于情绪太过激动而对其他某个人造成真正的伤害。这个人，虽然并非无辜，也许不像他最初所理解的那样全然该受谴责。在这样的场合，他人的意见，对他来说，就变得极其重要。对他那不安的心灵来说，他们的赞许是最有疗效的安慰剂；而他们的不赞许则是最苦涩与最会产生剧痛的毒液。当他对自己行为的每一个环节都感到十分满意时，他人的判断，对他来说，往往就比较不重要。

有一些很高尚美妙的艺术作品，其卓越的程度只能由某种细腻微妙的品位给予鉴定，而鉴定的结果看起来也总是多少有些见仁见智。另外有一些艺术领域，其中作品的成功与否，或者容许清晰的论证，或者找得到令人心满意足的判别证据。角逐卓越地位的艺术家们，在前一种艺术领域里，对公众意见感到焦虑的程度，总是远大于后一种领域里的艺术家们对公众意见所感到的焦虑。

诗的美妙与否，是这么属于细腻微妙的品位鉴定问题，以至于任何初试啼声的年轻诗人几乎都不可能确定自己的诗是否美妙。所以，最使他欣然陶醉的，莫过于他的朋友们以及一般民众赞许他的作品;而最使他深感羞辱难过的,则莫过于他们鄙薄他的作品。前一种情况确立,而后一种情况则动摇,他渴望对自己的作品怀抱的好评。经验与成功也许迟早会使他对自己的判断稍微多一些自信。然而,不管在什么时候,他总是很容易因一般民众的恶评而激烈地感到屈辱难过。对于自己所创作的,也许是现存所有语言中最佳的悲剧作品《费德尔》,未能受到文艺界的好评,拉辛①感到如此厌恶,以至于他虽然正当盛年,并且正值创作能力的巅峰,却断然决定不再撰写剧本。那位伟大的诗人经常向他的儿子诉说,最琐碎的不当批评给予他的痛苦,总是远大于最高与最公正的赞美给予他的快乐。对同一类极其细微的批评,伏尔泰②极端敏感也是尽人皆知的。蒲伯③先生的《群愚史诗》可以说是一座永垂不朽的纪念碑,标志着这位最正直,同时也是最优雅和韵的英国诗人,怎样因为受到最低级与最不足挂齿的作者批评而大伤感情。格雷④(他兼有弥尔顿⑤的庄严以及蒲伯的优雅和韵,如果他的著作再多一点,

---

① 译注:Jean Baptiste Racine,17世纪的法国诗人与悲剧作家。参见本书第一篇第二章第二节第四段。

② 译注:Voltaire(1694—1778),法国哲学家与文学家。

③ 译注:Alexander Pope(1688—1744),英国诗人,以讽刺性的史诗 *The Dunciad*(有人译为《笨伯记》或《群愚史诗》)闻名于世。*The Dunciad* 不仅嘲弄充斥于当时的学究式文人(特别是发表 *Shakespeare Restored* 影射蒲伯所编辑的莎士比亚文集不够精确的 Lewis Theobald)与打油诗人,也嘲弄所有时代各种常见的德性与知性痴态("Dulness"),例如,爱慕虚荣、善妒、野心与铜臭味。

④ 译注:Thomas Gray(1716—1771),英国诗人。

⑤ 译注:John Milton(1608—1674),英国诗人,《失乐园》(*Paradise Lost*)的作者。

那么，所有可以使他成为也许是英语首席诗人的条件，他就一样也不缺了），据说因为有人拙劣地模仿他，做了一首无聊且无礼的打油诗，讽刺他的两篇最出色的颂，而感到如此的伤心难过，以至于后来他未再尝试创作任何有份量的作品。那些以所谓华丽的散文写作自夸的文人，其敏感的程度也有几分近似诗人。

相反，数学家们对于自己所发现的定理的真实无误与重要性，可以有最充分完整的自信，因此，他们经常不在乎一般民众对他们的发现会有什么样的反应或风评。我有幸结识的两位最伟大的数学家，我相信他们也是两位当代最伟大的数学家，格拉斯哥（Glasgow）大学的罗伯特·辛普森博士（Dr. Robert Simpson）与爱丁堡（Edinburgh）大学的马修·斯图尔特博士（Dr. Matthew Stewart），似乎毫不介意他们最有价值的一些工作成果遭到一般民众无知的忽视。据说牛顿爵士（Sir Issac Newton）的巨著《自然哲学的数学原理》（*Mathematical Principles of Natural Philosophy*），被一般民众冷落了好几年。那位伟人心里的宁静很可能从未因这个缘故而有片刻的中断。自然哲学家们，就他们不受舆论的影响而言，与数学家们几乎相同，而对于他们自己的发现与观察结果有什么样的价值，他们的判断也多少享有同一类的安稳与宁静。

这些不同类别的文人，他们的品性，有时候也许会因为他们牵连到公众的情况有此一重大的差异，而多少有所不同。

数学家们与自然哲学家们，由于不受舆论的影响，很少会受到什么诱惑去拉帮结派，以便抬高自己的声势，或打压对手的名气。他们几乎总是最和蔼可亲与天真率直的人，彼此和睦相处，友善对待彼此的名誉，不会要弄阴谋诡计以博取公众的掌声，虽然当他们的工作成果获得赞许时，会感到高兴，但当他们遭到冷落时，也不会大为恼火或发怒。

就诗人或以所谓华丽的写作自夸的那些人来说，情形并非总是如此。他们很容易内讧，分割成若干所谓文艺阵营；每一阵营往往公然拼命诋毁其他阵营的名誉，要不然就几乎总是会秘密地予以打压；它们各自运用所有卑劣的阴谋诡计与劝诱伎俩，企图拉拢或迷住舆论，使其偏爱自己阵营内成员的作品，并鄙薄敌对阵营的作品。在法兰西，波洛瓦①和拉辛②不认为这么做有损他们自己的人格：他们带头组成一个文艺帮派，首先用来打压奎纳特③和裴罗特④的名誉，后来又用来打压丰特奈尔⑤和拉莫特⑥的名誉，甚至以一种极不尊重的亲狎态度对待个性善良的拉封丹⑦。在英格兰，和蔼敦厚的爱迪生⑧先生也不认

---

① 译注：Nicolas Boileau-Despreaux（1636—1740），法国诗人。17世纪下半叶与18世纪初期法国文坛古典与现代论战中，古典阵营的一名主将。

② 译注：Jean Baptiste Racine（1639—1699），法国诗人与悲剧作家。

③ 译注：Philippe Quinault（1635—1688），法国剧作家。17世纪下半叶与18世纪初期法国文坛古典与现代论战中，现代阵营的一名主将。

④ 译注：Charles Perrault（1628—1703），法国诗人。17世纪下半叶与18世纪初期法国文坛的古典与现代争论中，现代阵营的另一名主将。

⑤ 译注：Bernard le Bovier de Fontenelle（1657—1757），法国诗人与剧作家，后来致力于组织与推广科学。

⑥ 译注：Houdar de La Motte（1672—1731），法国诗人与剧作家。

⑦ 译注：Jean de La Fontaine（1621—1695），法国诗人。Louis Racine 所写的他的父亲 Jean Racine 的传记，提到莫里哀（Moliere，1622—1673，法国演员与喜剧作家）曾经抗议拉辛等人嘲弄拉封丹，并且提到拉辛等人习惯称拉封丹为"滥好人"（le bonhomme），因为拉封丹个性天真率直。

⑧ 译注：Joseph Addison（1672—1739），英国评论家、诗人与政治家。

为这么做是他那温和谦逊的品格所不应为的：他带头组成一个同一类的小帮派，以打压蒲伯①先生逐渐上升的名气。丰特奈尔②先生，在叙述法兰西科学院（这是一个由数学家与自然哲学家组成的学术团体）院士们的生平与性格时，经常有机会歌颂他们和蔼质朴的个性；他甚至在某篇颂词里指出，这种个性，在他们当中是如此的普遍，以至于它应当是那一整群文人而不是其中某个人的特性。达朗贝尔③先生，在叙述法兰西学院（这是一个由诗人与华丽的文艺作家，或那些被认为是这种人的人所组成的团体）成员们的生平与性格时，似乎不是这么经常有机会做出这样的评论，而他也未曾想要主张这种和蔼可亲的个性是他所歌颂的那一群文人的特性。

我们对自己的优点感到不确定，以及我们渴望对自己的优点有正面的评价，这两种心理因素加起来，自然足以使我们渴望知道别人对我们的优点有什么样的意见；使我们在听到正面的意见时感到非常的高兴，并且使我们在听到反面的意见时感到非常的伤心。但是，它们不应该使我们渴望为了博取正面的意见或避免反面的意见而使出阴谋诡计。当某个人贿赂了所有听审的法官时，最为全体一致的法庭判决，虽然可以为他赢得

---

① 译注：即 Alexander Pope，参见第 176 页注 3。

② 译注：Fontenelle（1657—1757）于 1699 至 1740 年担任法兰西科学院的秘书，写了 69 篇科学院院士葬礼的追悼文（Eloges des academiciens）。

③ 译注：Jean le Rond d'Alembert（1717—1783），法国数学家、物理学家与天文学家，于 1772 年起担任法兰西学院的常任秘书，着有《法兰西学院的历史与成员》（Historie des members de l'Francise）一书，其中有关于 1700 至 1772 年间逝世的法兰西学院院士的追悼文。

诉讼，但绝不可能使他相信自己有理。如果他纯然只是为了弄清楚自己有理而进行诉讼的话，那他就绝不该去贿赂法官。但是，虽然他希望发现自己有理，他同时也希望赢得诉讼，所以他贿赂了法官。如果别人的赞美对我们无关紧要，除了证明我们自己值得赞美，那我们就绝不会费力以不正当的手段博取赞美。虽然别人的赞美，对智者来说，至少在不确定的场合，主要的重要性在于它是我们值得赞美的证明。但是，它本身终究也有些重要性，所以，（在这种场合，我们的确不能称他们为智者，而只能称之为）品格远高于普通水平的人，有时候也会企图以很不正当的手段去博取赞美或避免谴责。

赞美与谴责，显示别人对我们的品行实际有什么样对应的感觉；值得赞美与应受谴责，则是指别人对我们的品行自然应当有什么样对应的感觉。喜爱赞美，就是渴望我们的同胞对我们产生好感。喜爱值得赞美，就是渴望使我们自己成为那些好感的适当对象。到此为止，这两种心理因素彼此相关与近似。在害怕谴责和害怕应受谴责间，也有同样的相关与近似。

一个渴望做出，或实际做出，某一值得赞美的行为的人，大概也会渴望得到那行为该得的赞美，有时候也许还会渴望得到比该得的更多的赞美。这两种心理因素在这种场合是混合在一起的。前一种心理因素对他的行为的影响究竟有多大，而后一种心理因素的影响又有多大，也许往往连他自己也不知道。对别人来说，则必定几乎总是如此。那些打算把他的行为的价值贬低的人，主要或完全把他的行为归因于他纯粹喜爱赞美的心理，亦即，归因于他们所谓的纯粹虚荣心。那些有意对他的行为给予较正面的评价的人，主要或完全把他的行为归因于他喜爱值得赞美的心理；亦即，归因于喜爱人类的行为中那种真正高尚与尊贵的成分；归因于，不单是喜爱得到其同胞的赞美与嘉许，而是喜爱值得其同胞的赞美与嘉许。旁观者的想象投射在他的行为上的色彩，究竟是前一种还是后一种，取决于旁观者个人的思考习惯，或取决于旁观者对他怀有好感或恶感。

有些脾气不好、愤世嫉俗的哲学家，在批判人性时，做法就像某些脾气暴躁的人在批判彼此的行为时往往会做的那样：他们把每一项应该归因于喜爱值得赞美的行为，全都归因于喜爱赞美，亦即，全都归因于他们所谓的虚荣心。我在下面将有机会说明他们的一些理论，因此，我在这里不想停下来讨论它们。①

很少有人能够在他们自己私密的心底里完全相信，他们已经达到了或做到了他们之所以对他人感到钦佩并且认为值得钦佩的那些品性或行为，除非在同一时候，他们具备那些品性或做成那些行为的事实获得普遍的承认，或者换句话说，除非他们实际得到了他们认为他们的品性以及行为应该得到的赞美。然而，在这方面，人们彼此的差异相当显著。有些人似乎不在乎别人赞美他们，只要他们在自己的内心里完全相信自己已经达到了值得赞美的境地。其他人看起来却比较不关心自己是否值得赞美，而比较关心别人是否赞美他们。

不会有人完全满意，或甚至勉强满意他自己的所作所为避开了一切应受谴责的过失，除非他也实际避开了人们的谴责或非议。有智慧的人也许往往会忽视别人的赞美，甚至在他最应

---

① 译注：参见本书第七篇第二章第四节有关曼德维尔（Mandeville）的讨论。

该受到赞美的时候,但是,在所有影响重大的事情上,他一定会极其小心谨慎地尽力节制他的作为,以便不仅要避免犯下任何应受谴责的过失,而且也要尽可能避免被任何人怪罪谴责。他绝不会为了避免他人的谴责而做出任何他觉得应受谴责的事情,譬如,疏忽任何他应尽的责任,或错过任何机会去做任何他觉得实在值得大大赞美的好事。但是,虽然有这些修正限制,他还是会极其焦虑谨慎地避免遭受谴责。对是否受到赞美,即使是在行为该受赞美的场合,露出焦虑不安的样子,通常只是某一程度的性格软弱的标志,很少是具有大智能的标志。但是,在想要避免沾惹任何谴责或非议的阴影上身的那种焦虑当中,也许没有任何软弱的性格,而往往有最值得赞美的精明审慎。

西塞罗①说,"有许多人藐视赞美,不过,却为了不公正的谴责而伤心难过至极;这实在非常矛盾。"然而,此一矛盾现象似乎是建立在一些最不可能改变的人性原理上。

无所不知的造物主就这样教导人,要他尊重同胞们的感觉与批判;要他在他们赞许他的作为时,或多或少地觉得快乐,并且要他在他们非议他的作为时,或多或少地感到痛苦。他使人成为(如果我可以这么说的话)人类直接的审判官;在这方面,就像在其他许多方面那样,他仿照自己的形象创造了他,并且指派他在这世界上担任他的代理人,要他监督他的同胞们的行为。而他的同胞们也天生被教导,要承认他被赋予的这种权威与审判,要在被他责备时,或多或少地感到羞愧难过,并且要在被他赞美时,或多或少地觉得高兴。

---

① 译注:Cicero (106—43 BC),罗马政治家、哲学家与演说家。

但是，虽然人被这样命为人类直接的审判官，他不过是被命为初审的审判官而已；他的判决可以被上诉到某个地位远为崇高的法庭，亦即，上诉到自己的良心所主持的法庭，上诉到假想中的那位公正且充分了解情况的旁观者所主持的法庭，上诉到他们胸怀里的那个人，那个在他们内心里审判与裁决他们的行为的大法官所主持的法庭。这两个法庭的审判权威所赖以建立的原理，尽管在某些方面相关且近似，然而，实际上却是分明不同的。外面的那个人所拥有的审判权威，完全基于我们喜爱实际的赞美，以及厌恶实际的谴责。里面的那个人所拥有的审判权威，则是完全基于我们喜爱自己值得赞美，以及厌恶自己应受谴责，亦即，基于我们渴望具备或做出我们所以对他人感到敬爱与钦佩的那些品性与行为，以及基于我们害怕具备或做出我们所以对他人感到厌恶与鄙视的那些品性与行为。如果外面的那个人为了我们未曾做过的行为，或为了未曾影响过我们的动机而赞美我们，那么，里面的那个人就会立即贬抑这种毫无根据的喝采可能会导致的那种骄傲与陶醉的心理。他会告诉我们说，如果我们接受了我们知道我们不应受的赞美，那就会使自己成为可鄙的人。相反，如果外面的那个人为了我们未曾做过的行为，或为了未曾影响过我们的动机而谴责我们，那么，里面的那个人也会立即纠正这种错误的评判，并且使我们安心相信，我们绝非那种如此不公正地加诸我们身上的谴责的适当对象。但是，在这场合，以及在其他某些场合，里面的那个人有时候仿佛是被外面的那个人的疾言厉色给吓呆了似的。有时候朝我们身上倾泻而来的谴责，声势宛若排山倒海，把我们分辨什么是值得赞美以及什么是应受谴责的自然感觉能力，似乎全给震慑得痴呆麻痹了。这时，里面的那个人所做的那些判断，虽然也许不至于完全扭曲变形或颠倒黑白，然而，那些判断的坚定稳固往往会受到如此剧烈的撼动，以至于它们确保我们内心宁静的自然功效往往会大部分遭到摧毁。如果我们的同胞们好像全都大声怒斥我们，我们将几乎不敢赦免我们自己。如果所有真实的旁观者全体一致并且激烈地做出不利于我们的评判，则即便是假想中的那位公正旁观我们所作所为的人，当他要做出于我们有利的评判时，似乎也将满怀畏惧与踌躇，因为那些真实的旁观者的眼睛与立场正是他在评判我们的行为时想要尽力采纳的。在这样的场合，胸怀里的这个半神半人的旁观者，看起来像是某些诗人笔下的那些半神半人那样，虽然含有部分神的血统，不过，却也含有部分人的血统。当他的评判坚定稳固地接受那种分辨什么是值得赞美与什么是应受谴责的感觉指挥时，他的举动似乎与他身上的神的血统相配。但是，当他默默地忍受自己被无知与软弱的旁观者的批判声给吓呆了时，他便泄露出他与人类的血缘关系，他的举动也就似乎比较合适他身上属于人的那一部分血统，而比较不合适神的那一部分血统。

在这样的场合，忍辱受苦的人唯一有效的慰藉，就在于上诉到某个地位更为崇高的法庭，上诉到照见一切的上帝所主持的法庭，他的眼睛绝不会被蒙骗，他的判决绝不会被扭曲。当他自己的心灵软弱与消沉时，当胸怀里的那个人惊悚动摇时，或者说，当自然女神所树立的那个不仅要在这尘世守护他的清白，而且也要守护他的内心宁静的伟大守护者惊悚动摇时，能够支持他站起来的，唯有靠他对上帝的法庭的正直无误还怀有一种坚定的信心，相信在这法庭前他自己的清白无辜时机一到就会获得宣告，而他自己的美德最后也将获得奖赏。我们在尘世的幸福就这样，在许多场合，倚赖我们对来世的卑微希望与期盼；这是一个深植于人性的希望与期盼，唯有它能够支持人性坚守自身尊严的崇高理念；唯有它能够为人性照亮那不断逼近的难免一死的阴沉前景，并且在有时候由于尘世的混乱而使人性遭遇到的一切最严重的灾难中，维持人性的开朗。有一则教条说，有一个来世，在那里，每个人将受到严正公平的审判，凡是德行与知性真正相同的人，都将被排列在一起享有同等的地位。在那里，由于时运不济而无缘在今生展现的那些卑微的才能与美德的拥有者，那些才能与美德，在今生，不仅不为一般民众所知，而且连他本人也几乎不可能确信他拥有，甚至胸怀里的那个人也几乎不敢，就那些才能与美德，为他做出任何清楚明白的证词，然而，在那个来世里，那一点点默默无闻的价值所享有的地位，将等同于，有时候甚至高于，那些曾在今生享有最高名望的人，以及那些曾在今生借助于他们的处境优越而得以完成最光辉灿烂与最炫目耀眼的丰功伟业的人。这教条，在各方面是这么的值得尊敬，是这么具有使软弱的心灵获得抚慰的效果，是这么具有讨人喜欢的吹捧人性庄严伟大的效果，以至于每一个有品德但不幸对这教条起疑的人，都免不了会极其认真焦急地想要相信它。若不是它的一些最狂热的信徒，要我们相信的那种将在来世里实施的赏罚分配，常和我们整体的道德感直接背道而驰，它就绝不可能遭到反对宗教者的嘲讽与讪笑。

我们全都听过许多值得尊敬但心怀不平的年长军官埋怨说，

殷勤献媚的弄臣,时常比忠实卖力的公务员更获青睐;随侍在旁阿谀奉承,往往是比功劳或贡献更直接且更稳当的晋升捷径;在凡尔赛宫或圣詹姆斯宫①献媚一次,时常抵得过两次率军赴德国或法兰德斯浴血征战。但是,这种被认为甚至会使软弱的尘世君主蒙羞的作法,却被当作一项义举归功于神的完美;祈祷皈依的勤务,公开与私下礼拜神明,甚至被某些才德兼备的人士描述成唯一有资格在来世获得奖赏或免受惩罚的美德。它们也许是与他们的处境最相配的美德,而他们本身也的确主要以它们见长,并且我们全都倾向高估我们自己的品行优点的价值。雄辩且富于哲理的马西永(Massillon)②,在为卡第纳(Catinat)③兵团的军旗举行祈福仪式时,宣读了一篇讲义,其中有下面这一段讲给军官们听的话:"绅士们,你们的处境中最可叹的情况是,在艰难痛苦的一生中,你们的各种劳役与勤务有时候比最严苛的修道院里的修行生活更为严格与苛刻,可是,你们所受的苦总是无补于你们的来世,甚至往往无济于你们的今生。可叹啊!独居在小小的庵室里的修道僧,在他不得不折磨肉体与迫使肉体服从精神的过程中,有一个肯定会有报酬的希望在支持他,而减轻主基督的制裁的那种恩典也在暗中抚慰他。但是,你们呀,在临终的卧榻上,你们胆敢向主基督

---

① 译注:指法国与英国的朝廷。

② 译注:Jean-Baptiste Massillon(1663—1742),著名的法国宫廷牧师,于1717年被任命为Clermont-Ferrand主教。

③ 译注:Nicolas de Catinat(1637—1712),法国将军与元帅,以人道与温和对待败北的敌军闻名。1701年统率法军在意大利与萨伏伊(Savoy)大公国的军队交战。

诉说你们的劳累，以及你们每天在工作上所遇到的艰辛？你们胆敢恳求主基督赐予任何报偿？在你们曾经做过的一切努力中，在你们曾经对自己做过的一切折磨伤害中，有什么是主基督应该纳入考虑范围的？然而，你们一生中最好的光阴已经奉献给你们的职业，十年的军旅生涯磨损你们身体的程度，也许远胜于一生忏悔与禁欲的苦修。可叹啊！我的主内兄弟们，那些受苦的日子，只要有一天是奉献给主基督的，也许便已经为你取得了永久的幸福。只要有一项行动，本质上是痛苦的，而且是奉献给主基督的，也许便已经为你取得了被选入天堂的恩典。而你们所做的这一切，全都徒劳无益地为了这一生。"

像这样拿修道院里无益的禁欲苦修，来和战场上可以使人变得高贵的艰辛与危险相比；像这样推定，在神的眼里，修道院里一天或一小时的苦修，比战场上光荣奋战一生更有价值，这无疑违背了我们全部的道德感，违背了自然女神要我们用来规范我们的轻蔑或赞美的那一切原则。然而，就是这种心态，一方面把天国留给了僧侣与修道士，或那些在言行举止上和僧侣与修道士相似的人，而另一方面却把地狱留给所有历代的英雄，所有政治家与立法者，所有诗人与哲学家，所有那些曾经在有助于人类的基本生存、人类的生活便利或品位提升的各种技艺方面有过发明、改良或表现卓越的人，所有守护人类、开导人类与嘉惠人类的伟人。对所有这些人，我们那种分辨什么是值得赞美的感觉，自然会迫使我们钦佩与赞美他们拥有最高的功劳与最高贵的美德。这么奇怪地应用那一则最值得尊敬的教条，如果有时候会使它遭到轻蔑与嘲讽，至少遭到本身对虔诚与沉思的美德也许没有多大的兴趣或癖好的那些人的轻蔑与嘲讽，我们能感到讶异吗？

第三节 论良心的影响与权威

虽然在一些特殊的场合，自己的良心赞许很少能够使软弱的人感到满足；虽然假想中的那个公正的旁观者，那个容身在胸怀里的伟人的证言，未必总是能够单独撑起软弱者的信心，不过，在所有场合，良心的影响与权威仍然是很大的，而且也唯有向住在心里面的这位判官请教，我们才可能适当地看清与我们有关的一切事物的形状与大小；或者说，我们才可能在我们自己的利益与别人的利益之间做出适当的比较判断。

如同对我们身上的眼睛来说，不同的物体看起来是大或是小，与其说按照它们的实际尺寸而定，不如说按照它们与我们的距离远近而定，对我们心中那所谓自然的心眼来说，不同的物体看起来是大或是小，也是按照同一原则而定，而我们大抵也是按相同的方式，矫正这两种感觉器官的缺陷。在我现在的位置，一大片广袤的草坪、树林与远处起伏的山峦，似乎只不过刚好布满了我的书桌旁边的那扇小窗户，显然极其不成比例地小于我所在的房间。我绝不可能在那些庞大的物体和我身边的小东西之间做出一个公正的比较，除非我把自己，至少在想象中，移到一处不同的地方，好让我站在几乎相同的距离去观测它们，从而对它们实际的大小比例做出某个判断。习惯与经验已经教会我如此轻而易举地随时这么做，以至于我几乎感觉不到我在这么做。任何人都必须在某一程度内熟悉视觉的理论，才会彻底相信，要不是他在想象中，根据事先掌握到的一点点有关那些远处物体的实际大小的知识，把它们膨胀放大了的话，在他看来，它们将会是何等的渺小。

同样的，对人性中原始自私的热情来说，我们自己的一个极其微小的利益得失，其重要性会显得大大超过某个与我们没有特殊关系的他人至感关切的利益，并且会在我们身上引起远比后者所引起的更为强烈的喜悦或悲伤，以及更为热烈的渴望或憎恶。只要我们一直从我们原始自私的立场来度量他人的各项利益，它们便绝不可能和我们自己的利益取得平衡，便绝不可能制止我们做出任何有助于增进我们自己的利益的事，不论对他造成多么严重的伤害。在我们能够对那些彼此相反的利益做出任何适当的比较判断之前，我们必须改变自己的立场。我们在观测那些彼此相反的利益时，绝不可站在我们自己的立场或站在他的立场，也绝不可用我们自己的眼睛或用他的眼睛，而必须站在某个第三者的立场，并且使用这第三者的眼睛。这个第三者，不管是和我们或是和他，都没有特殊的关系，因此可以不偏不倚地在我们和他之间做出公正无私的评判。在这里，习惯与经验也已经教会我们如此轻而易举地随时这么做，以至于我们几乎感觉不到我们在这么做。而在这种场合，我们也需要稍微回想一下，甚至需要具备一定程度的哲理修养，才会相信，要不是有那种能够分辨什么是合宜与正义的感觉，矫正了我们的情感中原本自然的不对等关系，对于我们的邻居至感关切的事物，我们将会是何等的不感兴趣，以及对于关系到他们的一切事物，我们将会是何等的无动于衷。

且让我们假定，中国这个大帝国，连同它那些多到不可胜数的居民,全都突然被一次地震给摧毁与埋没了;且让我们思考某个富于人道精神的欧洲人,一个和那一部分世界毫无关联的欧洲人,在得知这个可怕的大灾难后,会有什么样的感受。我想,起初,他会非常强烈地表示他为那一群不幸的人所遭遇的厄运感到悲伤,他会做出许多关于人生无常与幸福危如累卵的忧郁评论,他会哀叹一切人类的辛劳成果宛如虚幻的泡影,竟然可以在霎时间被这样消灭得无影无踪。如果他是一个喜欢冥思遐想的人,他或许还会进行多方面的仔细推敲,评论这个大灾难对欧洲的商业活动,乃至对全世界的贸易与产业,将产生什么样的影响。当所有这种巧妙的理论推测结束了以后,当所有这些人道的情感已经被表达得差不多了以后,他就会像往常那样自在与平静地继续从事他的工作或追求他的快乐,继续他的酣睡或他的消遣,仿佛没有这种意外发生似的。最不足挂齿的霉运,如果有可能落在他自己身上的话,将会导致更多真正的焦虑与不安。如果他将在明天失去他的一根小指头,他今晚就会睡不着觉。但是,即使有亿万个他的同胞灭亡,只要他从未见过他们,他仍将极其沉稳安心地呼呼大睡;那难以数计的一大群人的毁灭,显然好像是一件比他自己的这个微不足道的不幸更不会引起他关注的事情。然而一个有人道精神的人,为了阻止这个微不足道的不幸降临到他自己身上,是否愿意牺牲亿万个他的同胞们的性命,即使他从未见过他们?人性对这种想法感到深恶痛绝的震惊,而这世界,即使在最堕落腐败的情况下,也从未产生过任何能有这种想法的恶棍。但是,究竟是什么造成了这个差异?当我们的被动的感觉几乎总是这样龌龊与这样自私时,我们的主动的情感原理怎么会经常是这样慷慨宽宏与这样高贵呢？当我们对于任何牵涉到我们自身的得失总是这么感受深刻，而对于任何牵涉到他人的得失总是这么无动于衷时，究竟是什么因素促使慷慨宽宏的人在所有场合，以及猥琐卑鄙的人在许多场合，为了他人的较大利益而牺牲了他们自己本身的利益呢？能够如此对最强烈的自爱冲动给予反制的那股力量，不是轻柔的人道力量，不是自然女神在人心中燃起的那一点朦胧微弱的慈悲火花。在这种场合发挥作用的，是一股比较强烈的力量，是一种比较有力量的动机。它是理智，是原则，是良心，是安住在胸怀里的那个人，是我们心里面的那个人，是我们的行为举止的伟大判官与仲裁者。正是他，每当我们即将做出影响他人幸福的举动时，以一种能够使我们最放肆冒失的激情吃惊的声音，向我们呼叫，要我们注意我们自己只不过是芸芸众生中的一员，在任何方面都不比芸芸众生的其他任何一员重要；并且要我们知道，当我们这么不知羞耻与这么盲目地重视我们自己而不顾他人时，我们将变成怨恨、憎恶与诅咒的适当对象。只有从他那里，我们才得以知道，我们自己，以及任何有关于我们自己的事物，事实上是多么的渺小，而且也唯有这个公正的旁观者的眼睛，才能够纠正自爱的心理自然会产生的各种与事实不符的扭曲。正是他告知我们，慷慨宽宏的合宜，以及不公不义的丑恶；正是他告知我们，为了还来得更大的他人利益而放弃我们自己最大的利益是合宜的，而对他人造成最小的伤害以便为我们自己谋取最大利益则是丑恶的。在许多场合促使我们奉行那些神圣的美德的，不是对我们邻人的爱，也不是对人类的爱，而是一种比较强烈的爱，是一种更有力量的情感，普遍在这种场合发生作用，亦即，是因为我们爱光荣与高贵的品行,是因为我们爱我们自己的品行庄严、高贵与卓越。

当他人的幸福与否,在某方面,有赖于我们怎样作为时,我们不敢像自爱也许会暗示我们去做的那样,把自己个人的利益置于众人的利益之上。我们心里面的那个人会立即发出呼叫,说我们太过重视我们自己而太过轻视别人,说我们这么做会使我们自己变成我们的同胞们藐视与愤慨的适当对象。而这样的情感并不仅局限于那些特别慷慨宽宏与特别有美德的人。它深深地打动每一个还算合格的士兵,这样的士兵会觉得,他将变成战友们轻蔑鄙夷的对象,如果他被认定会畏怯危险,或被认定,当军队整体的利益需要他去冒险犯难或舍弃他的性命时,他会犹豫不前。

任何人绝不可以这样看重他自己而不顾其他任何人,以至于为了使他自己获益而去伤害或损害他人,即使他自己所获得的利益远大于他人所遭到的伤害或损害。穷人绝不可以诈骗或窃盗富人的任何财物,即使取得这财物对穷人有益的程度远大于损失这财物对富人所造成的伤害。在这场合,心里面的那个人也会立即呼叫他,说他并不比他的邻人更为重要,说这样不公正地偏爱他自己,将会使他成为人类藐视与愤慨的适当对象,以及成为这种藐视与愤慨势必使人们想要施加的那种惩罚的适当对象,因为他这样做已经违反了若要维系人类社会的安全与和平社会成员就必须相当遵守的那些神圣规则中的某一条规则。不会有普通诚实的人不觉得这种行为的内在耻辱,以及这种行为将永远烙印在他自己心中的那个不能消除的污点,比完全不是由于他自己的过失,但可能临到他身上的最大的外来灾难更为可怕；不会有普通诚实的人没在心坎里感受到下面这一则伟大的斯多葛学派的格言所蕴含的真理：一人不正当地剥夺另一人的任何东西，或不正当地凭借另一人的损失或不利的处境以增进他自己的利益，是比死亡，比贫穷，比痛苦，比各种可能影响他的身体或他的处境的不幸，都更违背天理的事情。

没错，当他人的幸福与否，无论在哪方面，都不受我们的行为影响时；当我们的利益和他们的利益完全分离，以至于在这两种利益之间既没有关联也没有竞争时，我们未必总是认为，这么有必要克制我们对自己的事务所感到的那种自然而且也许不适当的焦虑，或这么有必要克制我们对他们的事务所感到的那种自然而且也许同样不适当的冷漠。只要有最粗俗低级的教育，便可教会我们，在所有重要场合，秉持某种公正对待我们自己与他人的态度行动，甚至寻常的尘世商业买卖关系，也能够把我们的主动的情感原理，修正调整到具有某一程度的合宜性。但是，曾经有人说，唯有最不自然的与最为精细讲究的教育，才能够矫正我们的被动的情感中种种的不公平，而且也有人曾经自负地说，我们若想达成这个目的，就必须倚赖最严格的，以及最深奥的哲学训练。

有两派不同的哲学家试图教我们学习所有道德课程中最困难的这一课。其中一派努力想要增强我们对他人的利益得失的感觉能力；另一派则努力想要减弱我们对自己的利益得失的感觉能力。第一派哲学家要我们同情他人的程度就像我们自然同情我们自己那样；第二派哲学家要我们同情自己的程度就像我们自然同情他人那样。这两派哲学家也许都已经把他们的学说推展到大大超越合理的自然与合宜的标准。

属于第一派的是那些满腹牢骚与郁郁不乐的道学家，他们始终不断责备我们的幸福，说我们还有这么多同胞仍过着悲惨的生活；他们认为我们成功时自然觉得的喜悦是邪恶的，因为这喜悦没想到每一刻都还有许多可怜人在各种悲惨的境遇中受苦，譬如，在贫困中烦恼消沉，在疾病中痛苦挣扎，在死亡的阴影下恐惧战栗，以及在敌人的侮辱与压迫下过着水深火热的生活。他们认为，对种种悲惨的境遇感到怜悯，应该会使所有幸运者的快乐熄灭，并且使所有人类习惯于维持某种忧郁沮丧的心情，尽管那些悲惨的境遇，我们从未见过，也从未听过，我们却无疑可以相信它们随时都在蹂躏许许多多的我们的同胞。但是，首先，这种对我们一无所知的不幸感觉到的同情，似乎极端到完全荒谬与不合理的地步。拿全世界平均数来说，我们每遇到一位蒙受痛苦或不幸的人，便找得到二十位成功快乐的人，或至少是处境还过得去的人。毫无疑问，没有任何理由说我们应该同那个受苦的人一起哭泣，而不应该和另外那二十个人一同欢乐。其次，这种不自然的怜悯，不仅荒谬，而且也似乎全然不可能修行得到。那些假装这种性格的人，通常只不过是在表面上装出某种多愁善感的悲伤模样，而心坎里则完全不是那么一回事，所以，他们的那种虚假的怜悯只不过使他们的脸色和对话显得不适当地阴森与令人不愉快罢了。最后，这种德性，即使修行得到，也完全无济于事，只会使具有这种德性的人心情悲伤而已。那些与我们素不相识或毫无关系，而且全然处在我们活动范围之外的人，无论我们怎样关心他们的命运，都只会使我们自己心里干着急，而不会对他们有任何实际的帮助。我们为月球上的世界感到烦恼有啥用呢？所有人类，即便是那些与我们距离极遥远的人类，无疑都有资格获得我们的祝福，而我们也自然会给予他们祝福。但是，尽管如此，在他们遭逢不幸时，为他们的不幸感到焦急不安，似乎不是我们应尽的义务。所以，那些我们帮助不到也伤害不到的人，那些在各方面都距离我们如此遥远的人，我们对他们的命运几乎不怎样关心，似乎是自然女神的一个贤明的安排。即使要在这方面改变我们原来的心灵构造性质是办得到的，我们也不可能因这种改变而获得什么好处。

从来没有人批评我们，说我们对他人成功时的喜悦太过缺乏同情。只要妒忌没有从中作梗，我们对成功的人反而往往怀有失之过分的好感；同一派道学家，除了责备我们对不幸的人缺乏足够同情外，也责备我们往往太过轻率地钦佩，乃至几乎五体投地地崇拜那些幸运的人、有权势的人，以及有钱的人。

另一派道学家，致力于减弱我们固有的那种对与我们自身利害有特殊关系的事物特别有感受的能力，以矫正我们的被动的情感中种种自然的不公平。我们可以把古时候所有门派的哲学家都算进这一派，特别是古时候的斯多葛派哲学家。根据斯多葛派哲学家的观点，人应该把他自己视为，不是某种独立分离的东西，而是这世界的一个公民，是这浩瀚的大自然共和国当中的一个成员。为了这个伟大的共同生活体的利益，他应该随时甘愿承受他那渺小的自我的利益被牺牲掉。他自身的利害得失，对他的情感所造成的影响，应该不会大于这个浩瀚的体系中其他任何同等重要的成员的利害得失对他的情感所造成的影响。我们不应该以我们自己自私的激情动辄会对我们采取的那种眼光来观看我们自己，而应该以这世界上其他任何一个公民会采取的那种眼光来观看我们自己。发生在我们自己身上的那些利弊得失，我们应该视同宛如发生在我们的邻人身上，或者换句话说，我们应该像我们的邻人那样看待发生在我们身上的利弊得失。爱比克泰德①说，"当我们的邻人失去他的妻子或他的儿子时，不会有谁不觉得这是一件人生固有的灾难，一件完全按照常理发生的自然事件。但是，当同样的意外发生在我们自己身上时，我们却大声哀嚎，仿佛我们蒙受了最可怕的不幸。然而，我们应该回想，当这意外发生在他人身上时，我们的情感是怎样受影响的，而如果那时候我们的情感是那样，则在这意外发生在自己身上时，我们的情感也同样应该是那个模样。"

有两种不同的私人不幸，很容易使我们的情感逾越合宜的界限。属于第一种的，是那些只间接影响到我们的不幸，这种不幸先影响到某些和我们特别亲爱的人，譬如，我们的父母、我们的孩子、我们的兄弟姐妹，或我们的密友。属于第二种的，是那些直接影响到我们自己的身体、财富或名誉的不幸，譬如，痛苦、生病、濒临死亡、贫穷、耻辱等等。

当遭遇到前述第一种不幸时，我们的情感无疑可能大大逾越严格的合宜性所容许的界限，但是，我们的情感也同样可能没达到这个合宜的标准，而事实上也常常出现这样的情况。一个人为他自己的父亲或儿子的死亡或苦难所感觉到的悲伤，如果没有多于他为其他任何人的父亲或儿子的死亡或苦难所感觉

---

① 译注：Epictetus，约生于公元50年，约卒于120年，希腊斯多葛学派的哲学家。

到的悲伤，那他就会显得既不是一个好儿子也不是一个好父亲。这样不自然的不关心自家人，非但不会赢得我们的赞赏，反而会招来我们最强烈的非议。然而，在各种亲属的感情当中，有一些很容易因为流于过分而惹人不快，而其余则比较容易因为失之不足而惹人不快。自然女神，为了最为贤明的目的，使父母对子女的温柔慈祥，在多数人类身上，甚至也许是在所有人类身上，成为一种比子女对父母的孝心更为强烈的情感。人类的延续与繁衍完全倚赖前一种情感，而不倚赖后一种情感。在平常的场合，孩子的生存完全倚赖父母的呵护，而父母的生存则很少倚赖孩子的呵护。所以，自然女神使前一种情感变得如此强烈，以至于它通常是不需要被鼓舞的，而是需要被节制的。道学家们很少致力于教诲我们，要如何对我们自己的子女，放纵我们的溺爱，放纵我们的过分眷恋，或放纵我们倾向在自己的子女与他人的子女之间给予前者不正当的偏袒，反而经常教诲我们要如何压抑那样的溺爱、眷恋与偏袒。相反，他们劝勉我们要敬爱孝顺我们的父母，而且要在他们年老时，适当地报答他们在我们的青幼年时期给予我们的亲切呵护。十诫中，有命令我们尊敬父母的戒条，却没有提到我们必须爱我们的孩子。自然女神早已把我们充分准备好去完成后面这一项任务。很少有人被指责，说他们假装比实际上更溺爱他们的子女。他们有时候倒是被怀疑太过虚有其表地卖弄他们对父母的孝顺。基于同样的理由，寡妇们夸张的悲伤也被怀疑缺乏真诚。这种亲切的情感即使过分，我们也会给予尊敬，如果我们能相信它的真诚；而即使我们可能不完全赞许它过分，我们也不至于会严厉谴责它。这种过分亲切的情感看起来是值得赞扬的，至少在那些假装这种情感的人看来是值得赞扬的,而假装本身就是这种看法的一项证明。

甚至过分显现那些很容易以它们的过分而惹人不快的亲切的情感,虽然看起来该受责备,但绝不会令人讨厌。我们责备为人父母者对孩子的溺爱与焦虑,怪罪这种溺爱与焦虑,除了一方面使为人父母者极端烦恼外,最后也很可能变成对孩子有害,但是,我们很容易原谅这种溺爱与焦虑,绝不会对它感到怨恨或憎恶。但是,欠缺这种通常流于过分的情感,却总是显得特别讨厌。一个看起来对他自己的子女们不仅漠不关心,反而在所有场合都以不该有的严厉与粗暴对待他们的人,似乎是所有讨厌的人当中最可憎的那种人了。合宜感,绝对没有要求我们完全根绝那种自然会使我们对我们最亲近的那些人的不幸感触良深的特殊感觉能力。这种感觉能力的欠缺,反而远比它的过分发达,更可能违逆合宜感。在这种场合,斯多葛学派的那种冷淡绝不适宜,而所有用来支持它的那些形而上的玄学诡辩,除了使纨绔子弟的那种铁石心肠变本加厉到十倍于其天生的麻痹与不适宜之外,很少会有什么其他的作用。某些善于描写爱情与友谊以及所有其他私人与家庭情感的细腻美妙之处的诗人与传奇小说作家,例如,拉辛①、伏尔泰②、李察逊③、毛利渥克斯④、李科尼⑤等

---

① 译注:Jean Baptiste Racine (1639—1699),法国诗人与悲剧作家。
② 译注:Voltaire (1694—1778),法国哲学家与文学家。
③ 译注:Samuel Richardson (1689—1761),英国著名的书信体小说作家。
④ 译注:Pierre Maurivaux (1688—1763),法国喜剧和小说作家。
⑤ 译注:Marie-Jeanne Riccoboni (1713—1792),法国著名的书信体小说作家。

等,在这方面,是比芝诺①、克里希布斯②或爱比克泰德③等斯多葛派哲学家更好的老师。

那种有所节制地同情他人的不幸,而又不至于使我们无法履行任何责任的感受,譬如,我们对亡友们感到的那种忧郁与深情的思念,如同格雷所写的那种"暗里悲伤所珍爱的刺痛感"④,绝非一些不愉快的感觉。虽然它们外表呈现痛苦与哀伤的容貌,它们内里全都铭刻着使人高贵的美德与自许的特征。

那些直接影响到我们自己的身体、财富或名誉的不幸,情形就不同了。在这方面,我们的过分敏感,远比我们的欠缺感觉更容易触犯合宜感,而只不过在很少的几个场合,我们才有可能犯了太过于接近斯多葛学派的那种冷淡与无动于衷的过失。

我曾在前面指出,对任何源自身体的情感,我们很少会有什么同情感。⑤ 由某个明显的原因所导致的那种痛苦,例如,肌肉被割伤或被撕裂,也许是那种会使旁观者兴起最生动之同情的身体的感受了。其次,他的邻人濒临死亡,也很可能会大大触动他的情感。然而,在这两种场合,和主要当事人所感觉到的相比,他的感触是这么的微弱,以至于前者绝不可能因为

---

① 译注:Zeno of Citium(333—262 BC),希腊哲学家,斯多葛学派的创始者。

② 译注:Chrysippus(280—207 BC),希腊哲学家,斯多葛学派的第三代领袖。

③ 译注:见第196页注1。

④ 译注:出自英国诗人 Thomas Gray(1716—1771)所写的 *Epitaph on Mrs. Clerke*,原文为"A pang, to secret sorrow dear"。该句应为"A pang, dear to secret sorrow"的诗韵倒装。

⑤ 译注:参见本书第一篇第二章第一节。

在蒙受痛苦时看起来太过于轻松自在而违逆了后者的情感。

单单缺乏财富，或只不过是贫穷，不会引来多少同情。穷人的牢骚，经常是轻蔑而不是同情的对象。① 我们瞧不起乞丐，虽然他死皮赖脸的哀求也许可以从我们身上敲诈到一些施舍，但他绝对很少是我们真正怜悯的对象。至于从富裕坠入贫穷，由于这变化通常会给当事人带来最为真实的苦恼，所以，它很难得不会在旁观者身上引起最为真诚的怜悯。以目前的社会状态来说，虽然若不是当事人本身犯了某些过失，而且还是某些相当严重的过失，否则这样的不幸是不太可能发生在他身上的。然而，他几乎总是受到这么多的怜悯，以至于他很少被容许坠入最贫穷的状态；反而通过他的朋友们的协助，而且往往还获得那些原本有很好的理由埋怨他的行径鲁莽的债权人的宽容，使他几乎总是得以维持某种虽然卑微但还算过得去的平凡生活。对遭逢这种不幸的人，我们也许会轻易原谅某种程度的软弱，可是，那些带着最坚定不移的脸色，以最轻松自在的神情调整他们自己以适应他们的新处境，那些似乎不会因为财富的改变而觉得丢脸，那些似乎不以他们的财富，而是以他们的品行支撑他们的社会地位的人，总是最受我们赞许的人，而且一定会博得我们最高与最诚挚的钦佩。

由于在所有可能对一个清白无辜者的情感直接造成影响的那些外在的不幸当中，莫须有的名誉损失无疑是最大的不幸。所以，对凡是能够引起这么大的不幸的事情，展现出相当程度的敏感，未必总是显得难看或令人觉得不愉快。当一位年轻人

---

① 译注：参见本书第一篇第三章第三节第一段。

怨恨任何人对他的品行或他的名誉胡乱施加不公正的评论时，即使这怨恨稍微过于激烈，我们也往往会因此而更加尊重他。一个清白的年轻淑女，为了某些关于她行为的无稽流言，而感到痛心蹙眉的神情，往往显得十分惹人爱怜与可亲。那些年纪比较大的人，由于对尘世的愚蠢与不公不义已有长期的经验，已经学会了对世人的非议或赞扬采取不理睬的态度，他们忽略或藐视他人的造谣毁谤，甚至不愿意纡尊降贵，显现任何真正的愤怒，去抬高那些无聊的造谣者的身价。这种冷漠的态度，完全建立在年纪比较大的那些人对他们自己经过多次磨练与屹立不摇的品格有坚定的自信心，然而并不适合出现在年轻人身上，因为后者既不可能也不应该有任何这样的自信心。这种冷漠的态度，如果出现在他们身上，或许会被认为是在预示，在年纪变得比较大的时候，他们对真正的荣辱，将会有一种非常不适当的冷感。

就所有其他直接影响到我们自己的私人不幸来说，我们很少会因为显得太过于无动于衷而触怒了什么人。我们时常感到愉快与满足地回想起我们对他人的不幸颇有感觉能力。但是，我们很少不会带着几分羞愧，回想起我们对我们自己的不幸的感觉能力。①

如果我们仔细检视我们在日常生活中遇到的各种不同程度

---

① 译注：要了解这两句似乎过于简略的陈述的意思，读者也许必须特别注意，那个回想起我们的感觉能力的"我们"有双重的身份。它除了是回想动作的主词之外，更是作为回想者的我们的旁观者。正在进行回想动作的"我们"是否觉得满足或羞愧，取决于作为旁观者的"我们"对我们的感觉是否同情，或者说，取决于作为旁观者的"我们"的感觉是否和作为回想者的"我们"的感觉一致。

与等级的软弱与自我克制，我们将很容易弄清楚，这种克制我们的被动情感不公平的能力，必定不是从某种模棱两可的辩证法所演绎出来的那些深奥难懂的理论中学到的，反而必定是来自自然女神为了使我们学得这种以及其他每一种美德所确立的那个伟大的训练法，训练我们要对那个实在或假定的（我们的行为的）旁观者的感觉要有所顾虑。

一个很年幼的小孩全无自我克制能力。无论他有什么样的情感，不管是害怕，是苦恼，或是生气，他总是尽力借由激烈的哭闹，尽他所能地唤起他的保姆或他的父母对他的注意。当他还在接受这种偏爱他的保护者们的看管时，他的怒气是第一种，而且也许是唯一的一种被教导要加以节制的激情。他们时常为了让自己得以过得轻松自在些，不得不借助噪声与威胁把他吓到恢复平静。这时，刺激他进行攻击或捣乱的激情，受到那种提醒他必须注意自身安全的激情的节制。当他大到可以上学的年龄，或大到可以和同辈们一起玩耍的时候，他很快就发现他们对他可没有这种纵容的偏爱。他自然希望获得他们的好感，并且希望避免他们的怨恨或藐视。甚至对他自身安全的顾虑也会教他这么做。而他很快便发现，他没有其他的办法可以做到这一点，除了不仅要把他的怒气，而且也要把他的所有其他情感，节制到他的玩伴与同伴好像会觉得愉快的程度。他于是踏入了伟大的学习自我克制的学校，他学习变得越来越能克制他自己，并且开始要求他自己的感觉遵守某种纪律，一种最为长久的毕生修炼也很少足以学到十全十美的纪律。

在所有私人不幸的场合，譬如，在痛苦，在生病，或在悲伤的时候，最为软弱的人，当他的朋友，而更加肯定的是，当某个陌生人来拜访他的时候，会立即想到他们对他的处境很可能会有的那种见解。他们的见解会转移他对自己的见解的注意；他的胸怀，在他们和他晤面的那一刻，便多少会平静下来。这效果是瞬间产生的，而且仿佛是机械反应那样，但是，在一个软弱的人身上，这效果并不持久。他自己对他的处境所持的见解，很快又返回到他身上。他像以前那样纵容自己，恣意地叹息、流泪与恸哭；并且像一个尚未上学的孩子那样，尽力想要在他自己的悲伤和旁观者的同情之间制造出某种协调感，但不是通过节制自己的悲伤，而是通过缠扰不休地要求旁观者多给他一点同情。

在一个比较坚定的人身上，这效果稍微比较持久些。他会尽他所能地努力专心采取访客们对他的处境很可能会采取的那种见解。同时，他会感觉到他们在他这样保持心情平静时对他怀有的那种敬意与赞许。虽然他遭受某一新近发生的严重不幸的压力，但是他为他自己感到的怜悯，看起来并没有多于他们实际为他感到的怜悯。他通过与他们的赞许同感共鸣而赞许起自己来，并且为自己鼓掌喝彩；他从这感觉中获得的那种快乐支持了他，使他得以更从容地继续这种宽宏大度的努力。在大多数时候，他会避免提及他自己的不幸；而他的访客们，如果他们的教养还算良好的话，也会留意避免说出任何话语使他想起自己的不幸。他会以他平常采取的方式，并且在一些不相干的主题上，尽力娱乐他们；或者，如果他觉得自己足够坚强，可以尝试提及他的不幸的话，他会尽力以他认为他们能够谈论它的那种方式来谈论他的不幸，他甚至会尽力使他自己对这不幸的感触不会比他们能够感触到的更为强烈。然而，如果他尚未十分习惯于自我克制的严苛纪律，他将很快厌倦这样拘束他自己。访客逗留太久会使他感到精疲力尽；而在访客逗留期间的末了，他经常差一点就会做出他在访客离去的那一刻肯定会做出的那种动作，即放纵他自己的软弱，表现出过分悲伤时的所有模样。现代所谓的好礼貌，对人性的软弱极端纵容，因此，在某段期间内，禁止陌生人拜访那些遭逢重大家庭变故的人，而只允许至亲好友去拜访他们。人们以为，与后者晤面使当事人感到的拘束，要比与前者晤面时来得少些；因为当事人有理由期待后者给予较为宽容的同情，所以，比较能够从容地适应后者的感觉。一些秘密的仇家，自以为他们的这种身份尚不为人所知，时常喜欢像最亲密的挚友那样尽早假慈悲之名登门吊慰。在这种场合，即使是世上最为软弱的人也会尽力保持他那刚毅的面容，并且出于对他们的恶意感到愤怒与轻蔑，会尽他所能地表现出一副极其愉快自在的模样。

一个真正刚毅坚定的人，一个贤明正直的人，一个被这所自我克制的伟大学校彻底培育出来的人，一个在这个熙来攘往追逐名利的尘世中，也许经历过党派斗争的歪曲与不义、经历过战争的苦难与危险的人，在所有场合，对他自己的被动的情感，都保有这种克制力量。无论是独自一人离群索居，或是在红尘中送往迎来，他表露出几乎相同的脸色，并且怀着几乎同样的心情。成功也好，失望也罢，在顺境中也好，在逆境中也罢，在朋友面前也好，在敌人当前也罢，他时常不得不保持这种刚毅不拔的男子汉气概。他从来不敢有一刻忘记公正的旁观者对他的情感与举止将会做出的那种审判。他从来不敢让自己有片刻时间放松对内心的那个人的注意。他总是习惯于以这位安驻在他心中的伟人的眼光来看待一切关系到他自己的事物。这习惯对他来说已经变得十分熟悉亲密。他经常不断地练习，而事实上，他也不得不练习，不仅按照这位可畏与可敬的判官的榜样，塑造或尽力塑造他自己外在的行为举止，而且也尽他所能地，甚至按照那位判官的榜样，塑造或尽力塑造他自己内在的情感。他并非仅仅假装怀有那个公正的旁观者的情感。他真的采纳了这种情感。他几乎完全向那个公正的旁观者认同，他自己几乎变成是那个公正的旁观者，他的所有感觉甚至很少不是遵照那个伟大的行为裁判者交给他的指示那样去感觉的。

每一个在这种场合审视自身行为的人，所感到的自我赞许程度是高或是低，完全与获得那自我赞许所需的自我克制程度成正比。如果不太需要自我克制，那也就不该获得很高的自我赞许。只是稍微擦伤自己手指头的人，没有什么资格赞扬他自己，即使他立刻显得已经把这个不足挂齿的不幸给忘记了。一个被炮弹炸断腿的人，如果其言行在片刻之后便恢复到他从前惯有的那种沉着冷静，由于他发挥了更高程度的自我克制，所以他自然感觉到更高程度的自我赞许。就大多数人来说，当遭遇到这种意外时，他们私自对他们自己的不幸自然会有的那种见解，将会自动闯进他们的心房，为它涂上这样一层浓烈生动的色彩，以至于把所有其他见解的念头全都覆盖掉。他们将感觉不到，也不可能注意到其他什么东西，除了他们自己的痛苦与恐惧；不仅他们胸怀中的那个理想的旁观者的评判，而且凑巧存在他们眼前的那些真实的旁观者的评判，也将完全被他们忽略与漠视。

自然女神对我们遭逢不幸时的卓越行为所给予的奖赏，于是完全与那行为的卓越程度成正比。她对痛苦与危难时的辛酸可能给予的唯一补偿，于是在行为卓越的程度相等时，也完全和那痛苦与危难的程度成正比。征服我们的自然感觉所需的那种自我克制程度越高，这种征服所带来的快乐与骄傲也就相对的越大。这种快乐与骄傲的感觉是这么的棒，以至于完全享受它们的人绝不可能全然不快乐。悲惨与不幸绝不可能进入安住着完全自足的胸怀。斯多葛派的哲学家们说，在遭逢像前述那样的意外时，一个智者所感到的幸福，和他在其他任何情况下所可能感觉到的幸福，在每一方面，是不会有两样的。虽然这说法也许有点言过其实，但不可否认的是，至少，完全享受他自己的自我赞扬，即使无法彻底消除他感觉到的自己的不幸，也肯定会大大减轻他感觉到的痛苦。

在这种一阵一阵突然袭来的苦恼感觉中，如果允许我这么形容那些苦恼的话，我想，最为贤明坚定的人，为了保持他自己的平静，也不得不做出重大，乃至痛苦的努力。他对自己的苦恼自然会有的那种私自的感觉，他对自己的处境自然会有的那种私自的见解，重重地压迫着他，倘使不做出很大的努力，他便不可能专心采取那位公正的旁观者的感觉与见解。有两种见解同时呈现在他的心田里。他的荣誉感，他的自尊，指示他全心全意采取其中一种见解。他的自然的感觉，他的未经教诲与未经训练的感觉，则不断地把他的注意力拉向另一种见解。在这种场合，他不完全向胸怀中那位理想的人物认同，他自己没有完全变成公正旁观他自己的行为的人。这两种角色的不同见解泾渭分明地并存在他的心里，每一种见解都指示他做出与另一种见解的指示不同的行为。当他遵循荣誉感与自尊心对他指出的那个见解时，自然女神的确不会让他没有报酬。他会享有他自己所给予的完整的自我赞许，以及每一个坦率与公正的旁观者所给予的赞扬。然而，根据她所定下的那些不变的法则，他仍将蒙受痛苦；她所赐予的报酬，虽然相当可观，却不足以完全弥补那些法则所施加的痛苦。而如果足以弥补，那也不适当。如果她所赐予的报酬足以完全弥补那些痛苦，那么，基于自利的考虑，他便不会有什么动机避免发生意外，即使这意外势必减少他对自己以及对社会的有用性。所以，自然女神的意思，基于她那像父母般对他个人以及对社会的关怀，是要教他戒慎恐惧地提防发生所有这种意外。所以，他蒙受痛苦，并且在突发的痛苦挣扎中，他不仅在他的神色上维持住刚毅，而且在判断上维持住沉着冷静，但要做到这些，却需要付出最大限度与最为累人的努力。

　　然而，根据人性的构造原理，痛苦绝不可能持久。如果他熬过了一阵子的痛苦，他很快便可不费吹灰之力地恢复享受他平常的宁静。一个装有一支木制义肢的男人，无疑蒙受了一种非常重大的不便，并且预见他肯定会继续在他的余生中蒙受这种不便。然而，他很快便完全会像每一个公正的旁观者那样看待他自己的义肢，亦即，把它看成是一种并不会妨碍他享受所有平常的独处或社交乐趣的不便。他很快便认同了他胸怀中的那位理想的人物，他很快就变成是公正的、旁观他自己处境的人。他不再哭泣，他不再叹息，他不再像一个软弱的人起初也许偶尔会感到的那样，为他自己的处境感到苦恼或悲伤。他对那位公正的旁观者的见解已变得如此彻底的习以为常，以至于即使无须任何努力，更不用说尽力，他也绝不会想到要以其他任何见解去审视他自己装有义肢的不幸。

对所有人类来说，不管他们的永久处境变成什么模样，他们必然迟早会适应他们的永久处境。此一屡试不爽的必然性，也许会促使我们认为，斯多葛派的哲学家至少在这一点上几乎是完全正确的。亦即，在某一永久的处境和另一永久的处境间，就真正的幸福来说，并没有任何根本的差异，或者说，即使有什么差异，那也不过是刚好足以使某些永久的处境成为单纯的选择或偏好对象，但不至于使那些处境成为任何认真或急切的渴望的对象；同时使其他一些永久的处境成为单纯的舍弃的对象，当作合适被搁在一旁或被规避的东西，但不至于使它们成为任何认真或急切的反感的对象。幸福在于心情的平静与愉快。心情没有平静，便不可能有愉快；只要心情完全平静，几乎没有什么东西不会令人觉得有趣。但是，在每一种永久的处境中，由于没有预期改变，每一个人的心情，经过或长或短的一段时间后，便会回归到它那自然与平常的平静状态。在顺境中，经过一段时间后，它便会回跌到那个状态；在逆境中，经过一段时间后，它也会上升到同一状态。时髦且轻佻的罗如恩伯爵，被关在巴士底监狱里一人独处，经过一段时间后，便恢复足够平静的心情，能够以喂养蜘蛛自娱。① 一颗更为充实的心灵，

---

① 译注：Antonin Nompar de Caumont, comte de Lauzun (1633—1723)。这位仁兄据说曾因追求年纪比他大好几岁，而且地位也高他好几阶的法王路易十四的堂姐，而触怒路易十四，以致1665年被关在巴士底监狱里长达6个月。1689年，他又因选择结交不适当的女朋友而再一次被路易十四关进巴士底监狱。1671年至1681年，他因为追求某位不该由他追求的富有的女继承人，而被关在法国人占领的意大利Piedmont的Pinerolo要塞长达10年。

也许不仅会更快恢复它的平静，而且也会更快在它自己的思想中找到某种更好的点子自娱。

　　人生中的不幸与失调的主要来源，似乎是源自过度高估各种永久的处境彼此之间的差别。贪心过度高估贫穷与富裕之间的差别；野心过度高估私人职位与公共职位之间的差别；虚荣心过度高估默默无闻与声名远播之间的差别。一个醉心于任何这些过度热望的人，不仅在他实际的处境中是不幸的，而且也往往想要扰乱社会的平静，以便达到他如此痴心羡慕的处境。然而，最微不足道的观察或许便可使他确信，一颗善良的心，在人生所有不同的平常处境中，可以是同等平静的，同等快活的，同等满足的。没错，有一些处境也许比其他处境更值得我们偏爱，但是，绝对没有什么处境值得我们以这么一种激烈的热情去追求，以至于使我们违背了审慎的或正义的法则；或者说，使我们葬送了我们未来的心灵平静，使我们在回想起我们自己的愚蠢时感到羞愧，使我们由于厌恶自己的不公不义而感到极为后悔。每当审慎的法则没有指示，而正义的法则也不容许，企图改变我们的处境时，一个执意企图改变处境的人，等于是在玩所有危险的游戏中最没有胜算的那种游戏，并且等于是把所有家当都押在几乎不可能赢得任何彩金的赌局上。古希腊时代的伊比鲁斯（Epirus）国王的那一位宠臣对他的主人所说的话，可适用于所有处在各种平常的人生处境中的人。当这位国王，按适当顺序，将所有他打算进行的征服计划向他一一叙述，并且说完了最后一项计划时，这位宠臣说，那么，陛下接着打算做什么呢？国王说，我接着想快乐地和我的朋友们在一起，并且在酒酣耳热之际，尽力做个好酒伴。于是，宠臣回答说，那么，有什么东西阻止陛下现在就这么做呢？① 在我们无稽的幻想能够想到的那种最崇高灿烂的处境中，我们打算用来获得我们真正幸福的那些享乐，几乎总是无异于，在我们实际的、即使卑微的处境中，我们随时唾手可得的那些享乐。除了虚荣心与优越感的那些轻浮的乐趣外，在最卑微，乃至只有个人自由的处境中，我们也可找到其他每一种最崇高的处境能够提供的享乐；而虚荣心与优越感的那些乐趣，很少能够与心灵的完全平静并存，但心灵平静却是所有真正与令人满足的享乐的根本要素与基础。再说，在我们想要达到的那种光辉灿烂的处境中，我们也并非总是确实能够，像我们在我们急欲抛弃的那种卑微的处境中那样，安全地享受那些真正与令人满足的乐趣。检视历史的记录，回想你自己的经验范围内发生的事实，用心想一想几乎所有你曾经读过、听过或记得的那些，在私人生活或公共生涯方面，大大不幸的人的所作所为，于是，你将发现，他们绝大部分之所以不幸，乃源自他们不知道他们原本很幸福，不知道他们适合坐着不要动并且感到满足。努力以吃药来改善他那还算过得去的体质的那位仁兄，他的墓碑上的铭文"我原本很好，但我希望变得更好；结果我躺在这里"可以普遍地、非常恰当地套用在贪心与野心落空时所带来的痛苦上。

这也许会被认为很奇特，不过，我相信它是一项很恰当的观察，亦即，当处于容许某些补救的那种不幸时，大部分人的心情，不会像当他们处于全然无可挽回的那种不幸时，那么容

---

① 译注：这一段 King Pyrrhus 和他的大臣 Cineas 之间的对话出自 Plutarch (46—120，古希腊传记作家) 之 *Parallel Lives*。

易或那么普遍地恢复自然与平常的平静。在后一种不幸中，主要是在所谓突发的阵痛中，或首次的痛苦袭击中，我们才可能发现智者和软弱者在情感与行为上会有什么样明显的差别。时间，这位伟大且无所不在的安慰者，终究会逐渐使软弱者的心情安定下来，终究会使软弱者拥有和智者，基于顾虑到他自己的尊严与男子汉气概，而在一开始就会保持的那种同样平静的心情。前面举出的那个装有木制义肢的人，便是这样的一个明显的例子。在儿女或亲友死亡所造成的那种无可弥补的不幸中，甚至智者也会在某一段时间内纵容他自己沉溺在某一程度的有节制的悲伤中。一个情感丰富但软弱的女人，在这种场合，往往几乎会彻底崩溃发狂。然而，时间，在或长或短的一段时期后，一定会使最软弱的女人镇静下来，使她拥有和最坚强的男人同样平静的心情。在所有直接影响到他自己的那些无法挽回的不幸中，一个智者，在一开始，便会尽力提前恢复并且抢先享受某种平静的心情，那种，他预见，在经过屈指可数的几个月或几年后，时间终究一定会恢复给他的心情。

在那些按照事理容许或似乎容许某种补救，但当事者的能力并不足以运用那种补救的不幸中，他为了使他自己恢复到从前的处境而进行的种种徒劳无益的尝试，他因为企盼那些尝试成功而经常不断的焦虑，他因为那些尝试的失败而屡屡感到的失望沮丧，是阻止他的心情恢复自然平静的主要原因，并且往往会使他终其一生凄惨难耐；相反，一个更大的不幸，如果纯然无可挽回，当不至于给他的心情带来两个礼拜的纷乱不定。从朝廷红人变成失宠下野，从掌握权势变成无足轻重，从富甲天下变成一贫如洗，从自由自在变成身陷囹圄，从身强体壮变成身染某种长期挥之不去、慢性甚且也许是无法治愈的疾病，在如此这般不幸的情况下，一个最不去抗争的人，一个最容易且最欣然默默接受临到他身上的命运的人，很快便会恢复他自然平静的心情，并且会以最为冷漠的旁观者采取的那种眼光，甚至也许以某种远比这冷漠的眼光较不反感的眼光，去观察他的实际处境中种种最令人不快的情况。党同伐异与密谋算计，扰乱不幸失势的政治家心中的平静。过度冒险的商业计划，发现金矿的梦想愿景，妨碍破产倒闭者心中的平静。经常策划越狱的囚犯，不可能享受连监狱也可以提供给他的那种无忧无虑的安全。医生所给的药方，对无可救药的病人来说，时常是最大的痛苦折磨。有一位僧人，为了安慰卡斯提尔（Castile）① 的乔安纳（Joanna）女王，而在她的丈夫菲利浦（Philip）逝世时，告诉她说，从前有一位国王，在他死后14年，因他那伤心的皇后的祷告，又复活了。这一位僧人，以他的那一则传奇故事，是不太可能使那位不幸的女王异常错乱的心灵恢复平静的。她尽力重复同样的实验，希望获得同样的成功；她长期抗拒埋葬他的丈夫，并且在他下葬后不久便把他的尸体从坟墓里挖出来，从此几乎经常亲自陪伴着他，并且因疯狂的期待而满心焦急难耐地等待幸福的那一刻到来，等待她那心爱的菲利浦复活来满足她的愿望。

我们对他人的感觉敏感，不仅绝非和自我克制的男子汉气概互不相容，反而正是那种刚毅的气概赖以建立的根本原理。完全是同一种情感原理，在我们的邻人遭逢不幸时，促使我们

---

① 译注：从前在西班牙中北部的一个王国。

同情他的悲伤；在我们自己遭逢不幸时，促使我们抑制自己因过度悲伤而发出凄惨落魄的叹息。同一种情感原理，在他成功顺遂时，促使我们祝贺他的喜悦；在我们自己成功顺遂时，促使我们抑制自己因过度喜悦而显得轻佻放纵。在这两种场合，我们自己的情感或感觉合宜的程度，似乎完全和我们体会和拥抱他的情感或感觉是多么的生动和有力成正比。

德行最完美无瑕的人，我们自然而然最敬爱的人，是这样的人：他对自己原始自私的感觉，拥有最完美的克制力；他对他人原始的与同情的感觉，拥有最细腻敏锐的感受力。一个兼具所有和蔼可亲与优雅的美德，以及所有高贵可畏与可敬的美德的人，毫无疑问地，必定是我们最高的爱与赞美的自然且适当的对象。

天生最适合学得这两组美德中的前一组的人，也同样最适合学得后一组。最能够同情他人的喜悦与悲伤的人，也最适合学得对他自己的喜悦与悲伤具有最完整的克制力。具有最细腻敏锐的慈悲性格的人，自然也是最能够学得最高程度的自我克制的人。然而，他未必已经学得这样的自我克制力；而事实上，他也往往尚未学得。他向来也许过着太过于安逸平静的生活。他也许从未经历过激烈的党派斗争，或从未蒙受过战争的苦难与危险。他也许从未尝过他的上司的傲慢无礼，从未尝过他的同侪的妒忌与恶意排挤，或从未尝过他的属下对他偷偷摸摸的伤害。当年老时，某一意外的命运变化或许会使他暴露在所有这些苦难伤害之下，它们全会对他造成莫大的冲击。他的禀性倾向合适学得最完美的克己能力，但是，他从未有机会学得这种能力。他向来缺乏练习与实践这种能力的机会；而没有练习与实践,任何习性都绝不可能被相当稳固地确立起来。唯有苦难、危险、伤害、不幸,是我们能够在其门下学习运用这种美德的老师。但是,这些全都是任谁也不会自愿投入其门下受教的老师。

最能够顺利培养温和的慈悲美德的处境,和最适合形成严峻的克己美德的处境绝不相同。本身安逸自在的人,最能够注意到别人的痛苦。本身暴露在苦难中的人,则最立即也最直接被要求注意并且控制他自己的感觉。在阳光和煦、万籁俱寂的宁静中,在简朴达观、平静闲适的安逸中,温和的慈悲美德最为活跃兴盛,并且很容易增进至最完善的程度。但是,在这种处境中,最伟大与最高贵的自我克制努力却没有什么练习的机会。在战争与党争的漫天烽火中,在群众骚动与社会混乱的狂风暴雨中,自我克制的那种刚毅严酷的特质最为活跃兴盛,并且能够被培养得最为成功。但是,在这种处境中,即使最为强烈的慈悲念头,也必定时常被压制或被忽略掉,而每一次这样的忽略,必然倾向弱化慈悲的心肠。正如不求人饶命,时常是一个士兵的本分,所以不饶人性命,有时候也是他的本分。一个曾经好几次不得不屈服于这样令人不快的本分要求的人,他的慈悲心肠殊少可能不会显著萎缩。为了使自己觉得心安,他极容易学会看轻他常常不得不促成的那些不幸。这种会唤起最高贵的克己努力的情境,由于迫使人们有时候不得不侵犯他人的财产,乃至有时候不得不夺取他人的性命,总是倾向减少,甚至常常完全泯灭他们对他人的财产与生命的神圣尊重,而这种尊重正是正义与仁慈的基础。正因为这个缘故,我们才会如此经常在这世界上看到,一些很仁慈的人,非但没有什么克己的美德，反而很懒散并且优柔寡断，很容易在遇到困难或危险时，感到气馁而放弃追求最光荣的功绩；相反，也有一些具有最完美的克己美德的人，任何困难都不可能使他们沮丧，任何危险都不可能使他们胆寒，他们随时准备不顾死活地从事最大胆且最没有胜算的冒险事业，但另一方面，他们的铁石心肠似乎毫无正义感或慈悲心。

在独处的时候，我们很容易对一切与我们自己有关的事物感觉过于强烈：我们很容易过分高估我们曾经做过的贡献，以及我们曾经蒙受过的伤害；我们很容易因为交到好运而兴奋过度，以及因为交到厄运而自暴自弃。和某个朋友交谈，会使我们的心情平静下来，而和某个陌生人交谈，则会使我们的心情更加平静。我们胸怀里的那个人，我们的情感与行为的那个抽象且理想的旁观者，常常需要有真实的旁观者实际在我们的身旁，才会从睡梦中醒过来，也才会想起他的责任；而且我们也始终是从那个旁观者身上，从我们最不可能期待从他身上获得什么同情或宽容的那个旁观者身上，才可能学到最完整的自我克制的功课。

你正处于逆境吗？那就千万不要独自一人待在暗处悲伤，也不要按照你的密友们宽大的同情感来节制你的感伤，要尽快回到尘世与社会的阳光下。和陌生人生活在一起，和那些对你一无所知或完全不在乎你的不幸的人生活在一起，甚至不要回避和你的敌人们混在一起，反而要给你自己一个快活的机会，要使他们从幸灾乐祸变为怄气，要他们觉得你是多么不受你的不幸的影响，要他们觉得你是多么不在乎你的不幸。

你正处于顺境吗？那就千万不要把你的好运所带来的快乐，

局限在你自己的家里,局限在你自己的朋友圈里,他们也许是你的谄媚者,或局限在冀望借由攀附你的好运来改善他们自己的运气的那些人的圈子里;要时常亲近那些和你彼此独立的人,那些能够仅以你的品行而不以你的运气来评价你的人。不要寻求也不要逃避,不要强行闯入也不要刻意逃离社会地位曾经高过你的那些人的社交圈,即使他们在发现你现在的地位和他们一样高,甚至也许更高时,或许会觉得伤感情。他们的傲慢无礼也许会使你在和他们交际时觉得太过于难受,但是,如果实际情形并不是这样,那么,请安心相信,他们是你可能找到的最佳交际对象。如果透过你那平易的态度与谦虚的举止,你能获得他们的好感与亲切对待,那么,你便可放心相信,你足够谨慎谦逊,而你的好运也还未把你搞得昏头转向。

我们合宜的道德情感最容易腐化变质的时候,莫过于当宽容偏袒的旁观者就在我们身旁,而冷静公正的旁观者却离我们远远的时候。

就一个独立国针对另一个独立国的行为来说,唯有中立的国家才是冷静公正的旁观者。但是,它们位于如此遥远的地方,以至于几乎看不见它们。当两国敌对时,每个国民几乎完全不顾另一国的人民对他的行为可能会抱持的看法与感觉。他只是全心全意渴望博得他自己的同胞们的赞许,而由于他们全都和他自己一样受到同一含有敌意的激情的鼓舞,所以,他最能够取悦他们的办法,莫过于挑衅与触怒他们的敌人。偏袒的旁观者就在身旁,而公正的旁观者则远在天边。所以,在战争与外交折冲中,正义的法律很少被遵守。诚实与公平交易几乎完全被置之度外。条约被违背,而违约的行为,如果透过这种行为可以取得某些利益的话,很少会给违约者带来什么耻辱。一个大使,如果欺骗了某一外国的大臣,会受到赞美与鼓掌喝彩。一个正直的人,一个不屑占别人便宜或给别人占便宜的人,一个甚至认为给别人占便宜比占别人便宜较不可耻的人,在所有私人交易中,是一个最受敬爱与最受尊重的人。然而,在那些公共交易的场合,他则会被认为是一个傻瓜,一个不了解他的本行勾当的白痴;他总是会招致他的同胞们的藐视,有时候甚至会招致他们的憎恶。在战争中,不仅所谓国际法常常被违背,而违背者(在面对他自己的同胞时)也丝毫不觉得违背国际法于他自己的名誉有什么了不起的损害(而他也只在乎同胞们对他的评判);而且那些法律本身,绝大部分在制定时,几乎未顾虑到一些最普通也最浅显明白的正义法则。无辜者,即使他们和有罪者有着某种关联或附属于有罪者(而对于有这种关联或附属关系,他们本身也许是无可奈何的),不该因那种缘故而代替有罪者受苦或受罚,是最普通也最浅显明白的一条正义法则。但是,在最不正当的战争中,通常只有君主或统治者才是有罪者。臣民几乎总是完全无辜的。然而,无论是什么时候,只要某个公共的敌人认为这么做符合他自己的利益,他便会在陆地上或海上夺取爱好和平的百姓们的财产;他们的土地被糟蹋成荒地,他们的房子被焚毁,而他们本人,如果胆敢做出任何抵抗的动作,就会被杀害或被监禁;而所有这些戕害无辜的行为都完全符合所谓的国际法。

敌对党派之间的憎恨,无论这些党派的属性是凡俗的或是神职的,往往比敌国之间的憎恨更加猛烈,而他们彼此对待的行为往往也更加残暴。被某些慎重其事的发起人制定出来的所谓党派法,时常比所谓国际法更加不尊重正义的法则。最凶恶残忍的爱国者,绝不会把这当作是一个严肃的问题提出:是否该对敌国守信?但是,是否该对反叛者守信?是否该对异教徒守信?却是时常被凡俗的与神职的著名学者与长老们激烈争辩的问题。我想,用不着多说,所谓反叛者或异教徒只不过是一些可怜人,一些在事态演变到一定程度的暴戾时,不幸属于力量比较弱的那一派的可怜人。在一个被党派斗争搞得混乱发狂的国家里,无疑总是会有一些人,虽然通常只不过是很少数的几个人,保持他们的判断不受一般流俗的感染。他们充其量往往不过是零零星星的几个孤独的毫无影响力的个人。这样的人,由于他自己的正直,完全得不到任何党派的信任,即使他是一个最有智慧的人,也必然因为他的智慧而成为社会中一个最无足轻重的人。所有这种人都被敌对双方的那些狂热的党徒藐视与嘲笑,甚至往往被他们憎恨。一个真正的党徒,憎恨并且蔑视正直;而事实上,也没有什么恶癖能够像该项美德那样有效地使他丧失资格,使他无法从事党徒所做的那种勾当。所以,真实的、受尊敬的和公正的旁观者,在任何时候,都不会比敌对党派进行激烈斗争时,位在更遥远的地方。也许对那些互斗的党派来说,这样的旁观者几乎不存在这宇宙中的任何一个地方。他们甚至把他们自己的一切偏见都归咎给伟大的宇宙审判者,并且经常以为,所有鼓舞他们自己的那些仇恨与执拗的激情,也同样鼓舞着那个神圣的审判者。所以,在所有腐蚀道德情感的因素当中,党性坚强和宗教狂信显然向来总是最有影响力的因素。

关于自我克制这一课题,我只想再指出一点,即:一个遭逢最严重且最意外的种种不幸，而行为举止仍继续保持不屈不挠与刚毅坚定的人，我们对他的钦佩，总是预先假定，他对那些不幸有很强烈的感觉，而且要征服或克制这感觉需要非常巨大的努力。一个对身体疼痛毫无感觉的人，即使以最完美无瑕的耐性与镇定忍受了酷刑折磨，也不值得任何人为其鼓掌喝彩。一个天生异常不害怕死亡的人，即使在最可怕的危险环绕中保持住他的冷静与沉着，也没有资格为此而声称他自己有什么了不起的优点。塞涅卡①有一段或许是过度放肆的话说，一个克己心极强的智者，在这方面，甚至比神来得优越。神的泰然自若，完全是自然所赐的恩典，是自然使祂免于痛苦；而智者的泰然自若，则是他自己所修来的恩典，完全来自他自己以及他自己的努力。

然而，对某些直接影响到他们自己的事物，某些人的感觉有时候是这么的强烈，以至于完全不可能自我克制。任何荣誉感都不可能克制住这个人的恐惧，如果他是这么的软弱，以至于在危险逼近时他便昏厥过去或陷入痉挛。这种所谓神经软弱的毛病，是否容许透过渐进的训练与适当的教养而获致一定的疗效，也许颇值得怀疑。似乎可以确定的是，这种神经软弱的人绝不应该被信任或被委以重任。

第四节　论自欺的性质，并论概括性规则的起源与应用

要扭曲我们自己，对我们的行为做出不正直的评价，未必

---

① 译注：Seneca（4 BC—AD 65），罗马政治家、斯多葛派哲学家及悲剧作家。

需要真实公正的旁观者站在远方。即使他在附近,即使他就在眼前,我们自爱的激情,其强烈不公平的程度,有时候也足以怂恿我们胸怀里的那个人,做出一份和真实的情况所能批准的非常不同的评价报告。

在两种不同的场合,我们会检视我们自己的行为,并且努力以公正的旁观者会采取的见解来审视它:第一,是在我们即将行动时;第二,是在我们行动之后。在这两种场合,我们的见解都很容易偏袒我们自己,而且往往是在最不应当偏袒的关键时刻,最偏袒我们自己。

当我们即将行动时,热烈的激情很少容许我们像一个中立者那样坦率公正地考虑我们自己的行为。那时候在我们心底激烈搅动的那些情绪,使我们所看到的事物全变了样;甚至当我们努力设想自己处在另一个人的位置,并且努力以他自然会采取的那种眼光来看待我们感兴趣的那些事物时,我们极度兴奋的激情也会不断地把我们召回到自己的位置上,而在这位置上每一件事物看起来都被自爱扭曲并且放大。关于那些事物会以何种模样呈现在那个人的眼里,或者他对它们会采取何种见解,我们能够领会的,如果我可以这么说,不过是瞬间消失的惊鸿一瞥,即使这一瞥的印象能够持久,也未必是完全公正的。我们甚至不能够在瞥见的那一刻完全摆脱我们特殊的处境所引发的满腔热情,更不用说能够像一个公正的法官那样完全不偏不倚地考虑我们即将采取的行动。因此,正如马尔布朗许①神父所言,所有激情,都会证明自己是正当的,而且只要我们继续

---

① 译注:Nicolas Malebranche (1638—1715),法国哲学家。

感觉到它们，它们便似乎都是合理的，似乎都是和它们的对象比例相称的。

没错，当行动过后，由于刺激行动的激情已经沉淀，我们能够比较冷静地体会中立的旁观者的感觉。以前使我们很感兴趣的东西，现在对我们来说，变得几乎就像它始终对中立的旁观者来说那样的无关紧要，于是我们能够以他那种坦率正直的眼光来检视我们自己的行为。今日之我的心情不再被昨日之我的激情所煽动。当一阵突发的激情，像一阵突发的痛苦那样，完全平息了以后，我们会仿佛是和胸怀里的那个理想的人物同心同德似的，并且，正如在前一种场合，我们会以最公正的旁观者那种严格的眼光来看待我们自己的处境，所以在后一种场合，我们也会以同一种严格的见解来看待我们自己的行为。但是，在这个时候，我们的判断，和行动前的判断相比，往往没有什么重要性可言；经常产生不了什么效果，除了徒然无益的悲叹与后悔，而且也未必可以确保我们未来免于犯同样的错误。然而，即使在这场合，我们的判断也并非十分坦率正直。我们对自己的品格所抱持的意见，完全取决于我们自己对过去所作所为的是非判断。认为自己不好，是如此令我们不愉快，以至于我们时常会故意背过脸去，装作没看到也许会使我们的判断变成不利于我们自己的那些情况。人们说，他是一位很有胆量的外科医生，当他在为他自己施行手术时，他的手不会颤抖；同样的，一个毫不犹豫地揭开自欺的神秘面纱，让他自己的行为丑态完全暴露在他自己眼前的人，也很有胆量。我们太过时常不从这样令我们不愉快的角度来审视我们自己的行为，反而愚蠢且软弱地努力重新加剧曾经误导过我们的那些不公不义的激情；我们努力用计设法唤起我们过去的憎恶与怨恨，并且重新激起几乎已被我们遗忘的愤怒，甚至我们之所以为达到这种不幸的目的而努力，从而固执于不公不义，纯粹只因为我们曾经不公正，只因为我们羞于见到，也害怕见到我们曾经不公正。

对于自己的行为合宜与否，人类的见解，不管是在行动时，或是在行动后，都是这么的偏颇；要他们以某个中立的旁观者会采取的那种眼光来看待自己的行为，是这样的难以办到。然而，倘使他们在评判自己的行为时所凭借的是某种特殊的能力，例如，像所谓道德感①那样的能力，倘使他们被赋予某种特殊的知觉能力，可以辨别各种热情与感觉的美丑，那么，由于他们自己的那些热情最直接暴露在这种能力的视察范围内，所以，它对于那些热情所做出的评判，会比它对他人的热情所做出的评判更为精确，因为它仅可能在一个比较远的位置眺望他人的热情。

人类的这种自欺，人类的这个致命的弱点，是人生一半以上的混乱失调的根源。如果我们以他人看我们的那种眼光，或者以他人知道全部的事实时将会用来看我们的那种眼光来看我们自己，我们大概免不了会有一番改过自新。否则我们绝对无法忍受我们所看到的那一幅丑恶的景象。

然而，自然女神并未听任此一影响如此重大的弱点完全无法补救，她并未完全放弃我们任凭自爱所衍生的种种错觉宰制。我们对他人行为的持续观察，会慢慢地导致我们在自己内心里，就什么是合宜适当的，或什么是该避免的行为，形成某些概括

---

① 译注：关于道德感的概念，参见本书第七篇第三章第三节。

性的规则。他人的某些行为使我们全身自然感到毛骨悚然。我们听到周遭每个人表示对它们也同感厌恶。这个事实进一步巩固,甚至刺激我们更加觉得它们丑恶。当我们看到别人对它们持有和我们一样的见解时,我们会很满意我们对它们的见解适当。我们下定决心绝不犯同样的过错,绝不为了任何理由而使自己因这样的行为而成为普受众人指摘的对象。我们于是自然而然地为自己定下一条概括性的规则:必须避免所有这样的行为,因为它们会使我们成为可恨的、可鄙的或应该受罚的对象,成为所有我们最害怕与最厌恶的那些情感的投射对象。另一方面,其他某些行为引起我们的赞许,并且我们也听到周遭每一个人对它们都同表赞许。每一个人都热心表扬与奖赏它们。它们唤起所有我们天生最强烈渴望得到的那些情感;它们唤起人们的敬爱,感激与赞美。我们变得很想做出同样的行为,于是自然而然地为我们自己定下另一条行为规则:应该细心寻求每一个可以做出这种行为的机会。

  概括性的道德规则就是这样形成的。它们最终是建立在个别的实例经验上,亦即,建立在我们的道德感或我们自然的功过感与合宜感,在许多个别的行为实例中赞许什么或不赞许什么的经验基础上。我们最初之所以赞许或谴责某些个别行为,并非因为经过检视,它们显得符合或违背某一条概括性的规则。相反,任何一条概括性的规则,都是透过实际经验,发现所有属于某一类的行为,或所有发生在某种情况的行为,都受到赞许或非难,而逐渐在我们的心底形成的。对第一次目睹一桩残忍的谋杀行为的人来说,如果这桩谋杀行为是基于贪婪、忌妒或不正当的愤怒而犯下的,而且受害者还是一个喜爱与信任谋杀者的人，当他眼睁睁地看着那位垂死的被害者死前的痛苦挣扎，当他听到被害者以即将断气的声息所悲叹抱怨的，是他那位虚假的朋友多么的背信与忘恩负义，而不是他所蒙受的伤害，要想象这样一桩谋杀行为是多么可恶，他根本不需要煞费周章地思考：有这么一条最神圣的行为规则，是禁止夺走任何一个无辜者的性命的，而这一桩谋杀行为显然触犯了那一条规则，因此是一桩应受谴责的行为。他对此一罪行的憎恶感，显然会立即兴起，并且显然会发生在他为自己形成任何这种概括性的行为规则之前。相反，他后来可能形成的那个概括性规则，则是建立在他一想到这桩谋杀案，以及其他每一桩属于同一类的个别行为时，必然会在他自己的胸怀里兴起的那种憎恶感的基础上。

当我们在历史记载或传奇小说中读到有关慷慨的或卑劣的行为叙述时，我们对前一种行为会感到钦佩，而对后一种行为则会觉得轻蔑。但是，钦佩也好，轻蔑也罢，都不是源自我们想到，有一些概括性的规则宣告所有属于前一种的行为都是令人钦佩的，而所有属于后一种的行为都是该受轻蔑的。相反，那些概括性的规则，全都是根据我们经验过的各种不同的行为，在我们身上自然引起的那些不同的情感效应而形成的。

可亲的行为，可敬的行为，可恶的行为，全都是会引起旁观者对行为者分别感到喜爱、尊敬与憎恶的行为。除了实际观察什么样的行为确实引起什么样的情感，不会有其他方式能够形成什么概括性的规则，决定什么行为是，或什么行为不是，喜爱、尊敬或憎恶的对象。

没错，当这些概括性规则形成了以后，当它们普遍获得人类一致的认可并被确立时，我们时常会把它们作为判断的标准，辩论某些性质复杂且暧昧的行为应当受到何种程度的赞美或谴责。在这些场合，它们通常被引用当作判断人类行为正当与否的最终基础。此一情况似乎误导了好几位杰出的作者，使他们以这样的一种方式架构他们的理论体系，以至于他们仿佛认为，人类对于行为正当与否的根本判断，其形成的方式就像法庭的判决那样，首先考虑到概括性规则，然后再考虑到个别受审的行为是否落在该概括性规则的适用范围内。①

概括性的行为规则，当已经被习惯性的反省固定在我们的心里时，有很大的用处，可以在我们的个别处境中，就什么是合宜适当的行为，纠正自爱的心理可能做出的种种错误的指示。一个盛怒的人，如果他只倾听愤怒的指示，也许会认为他的敌人即使死亡，也只不过是对他自以为受到的那个伤害的一个小小的补偿；而其实，那个所谓伤害也许只不过是一次极轻微的冒犯。但是，他对他人行为的观察，已经教会他知道所有这种血腥的报复会被认为多么可恶。除非他所受的教育非常奇特，否则他就会为自己订下这么一条不可违背的规则：在所有场合戒绝这种血腥报复的行为。这规则对他有权威性的影响，使他不可能犯下这一种暴行。不过，他自己的脾气也许是这样的暴躁，以至于倘使这是他第一次考虑要采取血腥报复的行为，他无疑会断定它是颇为合宜适当的，并且是每一个公正的旁观者都会赞许的那一种行为。但是，过去的经验铭刻在他心里的那

---

① 译注：作者在此阐释"理智"在人类道德现象中真正扮演的角色。请参考本书第二篇第一章末了之附注。

种对行为规则的敬意,会阻止他的激情爆发,并且在他考虑什么是他的处境中的适当行为时,帮助他矫正自己原本也许会提出的种种过于偏颇的见解。假设他竟然允许自己被激情搞得这么的心神恍惚,以至于违背了这一条规则,然而,即便是在这种场合,他也不可能完全甩掉他对这一条规则经常怀有的那种敬畏的心理。在行动的那一刻,在激情上升到最高点的时候,一想到即将做出的行动,他就会犹豫不决与战栗发抖;他暗中忸怩不安地觉得,他正在突破某些行为规范,这些规范他曾在每一个冷静的时刻立下决心绝不去侵犯,这些规范他从未见过被其他什么人侵犯了而不会引起最强烈的谴责,而他自己的内心也有不祥的预感,觉得侵犯了这些规范,必定会很快使他成为同一种不愉快的情感所投射的对象。在他能够下定最后致命的决心之前,他蒙受极端疑惑与不确定的痛苦折磨。一想到要违背如此神圣的规则,他就心惊胆颤,而同时他那极端想要违背此一规则的强烈欲望却又不断敦促与刺激着他。他不时改变他的主意,有时候他决心坚守他的原则,绝不迁就那股可能使他的余生因充满悲惨的羞耻与悔恨而堕落腐败的激情。于是,短暂的平静占有他的心房,因为当他如此决心不使他自己因违反原则而暴露在危险中时,他预见到他将享有的那种安全与宁静。但是,紧接在平静的那一刻之后,那股激情又重新燃起,并且以新鲜的狂热,驱使他犯下他曾在前一刻决心戒绝的行为。那些频繁的游移不定使他身心俱疲、精神涣散,最后出于某种绝望的心理,他跨出了最后致命且无可挽回的那一步。但是,他心中充满着恐惧与惊讶,仿佛是一个飞也似的向前逃避敌人追赶的人,自己纵身跃下了悬崖,在那里他有把握遇到,比任何在后面追赶他的东西可能带给他的更为确定的毁灭。甚至在他行动时,他的情感已经是这样的波涛汹涌了,虽然那时他对自己的品行不端无疑要比事后较没感觉。在他行动后,当他的激情已经得到满足乃至餍足时,当他开始以别人往往会采取的那种眼光来判断他已做出的行为时,他将会实际感受到像针刺那样的自责与悔恨开始在搅乱与折磨他,而在此之前,他仅仅很不完整地预知会有这些难堪的烦恼。

第五节 论概括性道德规则的影响与权威,以及这些规则应当被视为神的法律

对那些概括性行为规则的尊重,是可以恰当称为义务感的那种感觉,是人类生活中最重要的一项原则,是大部分人类唯一能够赖以指引其自身行为的原则。有许多人行为很是端正合宜,他们在整个人生过程中避开了所有显著的过失,然而,他们也许从未感觉到我们赞许他们的行为所根据的那种(行为背后该有的)合宜情感;他们的行为纯粹是出于尊重他们所看到的一些已经确立的行为规则。一个从他人那里获得重大恩惠的人,也许,由于他的性情天生冷淡,只不过感觉到一丁点儿感激之情。然而,如果他曾受过良好的道德教育,他一定时常曾被提醒注意,那些意味着缺乏这种情感的行为,看起来是多么的丑恶讨厌,而相反的行为看起来又是多么的和蔼可亲。所以,虽然他的内心没有任何感激的热忱,他也会努力做出仿佛有那种热忱的行为;他会努力对他的恩人表达所有最强烈的感激可

能指示他表达的那些敬意与殷勤。他会经常拜访他；他会对他毕恭毕敬；他每次谈到他的时候，绝不会不在口头上表示对他极为尊敬，表示受了他的许多恩惠。而且，他会谨慎地掌握每一个机会，为他过去受到的照顾做出适当的回报。再说，他所有这样的动作，也许没有任何虚伪或该受责备的欺瞒成分，没有任何自私的意图想要得到新的恩惠，没有任何意思想要哄骗他的恩人或社会大众。他的行为动机，也许不过是基于尊重已经确立的义务规则，基于认真严格地想在各方面都按照感恩的法则行动。同样的，一个妻子有时候对她的丈夫也许没有一丁点儿和他们之间的关系相配的那种温柔关怀的感觉。然而，如果她曾受过良好的道德教育，她将会努力做出仿佛她有那种感觉的行为，她会尽量地小心谨慎，殷勤体贴，忠实真挚，所有称作夫妇爱的那种情感可能促使她做出的那些细心照料的动作，她一样也不缺。这样的一位朋友，以及这样的一位妻子，的确不是最好的朋友，也不是最好的妻子。虽然他们两者也许都有最认真与最严格的愿望想要履行他们的每一份义务，不过，他们一定会在许多细腻微妙的环节上犯错，他们一定会错过许多施恩示好的机会，而这些机会他们绝不可能忽略，如果他们心中怀有他们的处境应该有的那种情感。虽然不是最佳的朋友与妻子，然而，他们也许是次佳的朋友与妻子。如果某种对概括性行为规则的敬意已经深深烙印在他们的心底里，那么，他们俩在履行他们的基本义务方面一定不会有什么缺失。除非是机遇最幸运、性格被塑造得最完美的那些人，否则任谁也不可能使自己的情感与行为分毫不差地适合所有最细微的处境差异，任谁也不可能在所有场合都做出最细腻且最精确的合宜动作。

构成大部分人类的那种粗劣的泥土，不可能被加工塑造到这样完美的地步。然而，透过训诫、教养与榜样，几乎可以在任何人的心里铭刻上某种对概括性行为规则的敬意，使他的举动在每一个场合都尚可称为端正合宜，并且使他在整个人生过程中避免犯下任何显著的过错。

如果对概括性规则没有这种神圣的尊重，这世上便不会有行为很可靠的人。一个有原则与荣誉感的人和一个卑鄙小人，他们之间最根本的差别就在于心里有没有这种尊重。前者在所有场合都毅然坚定地固执他的处世规则，在他整个人生过程中保持同一行为方针。后者的行为，则是多变与不可预测的，完全看他的心头首先凑巧浮现什么样的兴致、倾向或兴趣而定。不只如此，所有人类的心情事实上是这样的变幻无常，因此倘使没有这种尊重，一个在他所有冷静的时刻，对行为合宜与否，有最细腻敏锐的感觉的人，也许时时会在一些最微不足道的场合，被当时的心情所牵引而做出异常荒谬的行为，以致我们几乎不可能编派什么正经的动机来解释他为何这么做。譬如，你的朋友来拜访你的时候，你的心情凑巧是这样的不对劲，以至于倘使接见了他，会使你觉得不愉快；对你目前的心情来说，他的谦恭有礼很可能看起来是一种无礼的干扰；如果你对这时出现在你心头的那些对事对物的见解让步，即使你忍住你的脾气没有发作，你对他也将会有冷淡与轻蔑的举动。使你不至于这样粗鲁失礼的原因，没有别的，正是那种对一般礼貌与亲切待客规则的尊重，这种规则禁止对客人粗鲁失礼。你以往的经验，在一般行为规则方面，教你学会的那种习惯性的尊敬，使你能够在所有这样的场合做出几乎同等合宜的举动，并且防止所有人类都难免会有的那些起伏不定的心情变化，对你的行为产生任何明显的影响。但是，如果人们完全不顾这些概括性规则，甚至连这么容易遵守，而且一般人也几乎不会有什么正经的动机去违反的那些保持和气有礼的义务，都将这么经常地被违反，那么，遵守起来时常是这么的困难，而且一般人往往有许多这么强烈的动机去违反的那些保持正义、真实、贞洁或忠实等等的义务，岂非更是如此呢？然而，人类社会最基本的存在，靠的正是人类还相当遵守这些义务。如果对那些重要的行为规则，人类没有普遍心怀某种程度的尊敬，则人类社会将土崩瓦解、消失得无影无踪。

这种尊敬被某种意见进一步加强。这种意见，起初是被自然女神铭刻在人们的心中，后来又被论证与哲学雕琢得更为深刻；这意见认为，那些重要的道德规则是神的命令与法律，是人类应尽的义务，而且神最后会奖赏顺从义务者，并且惩罚违反者。

我认为，这意见或见解，起初似乎是被自然女神铭刻在人们心里的。人类会被自然女神引导至把所有他们自己的感觉与激情归附到一些神秘的存在者身上。而这些神秘的存在者，无论它们是什么，在任何一个国家，碰巧都是人们在宗教信仰上畏惧的对象。他们没有其他什么性质，也想不出其他什么性质，可以归附到它们身上。那些神秘不明但有情有知的存在者，那些他们想象得到但看不到的存在者，在他们心里的形象，必然和他们实际经历过的那些有情有知的存在者有几分类似。在异教迷信盛行的那种蒙昧无知的年代，人类在构思他们的神明概念时似乎不是特别的费心讲究，以至于他们不分青红皂白地把所有人性的激情全都归附到那些神明身上，连最不可能给我们人类带来荣誉的那些激情，诸如色欲、食欲、贪婪、嫉妒与报复等等也不例外。所以，他们不可能不把那些大大为人性增添光辉，那些似乎把人性提升到有几分类似神明的完美，那些对美德与仁慈的爱好，以及对邪恶与不义的憎恨等等的情感与性质，归附到他们对其卓越的性格仍然至感钦佩的那些神明身上。一个受伤害的人，会祈求朱比特①见证他所受的伤害，并且绝不会怀疑，那位神明在看到他所受的伤害时，一定会感觉到连人类中最为卑贱的那种人在旁观该伤害实施时也会受激动的那一种义愤。而一个伤害他人的人，则会觉得他自己是人类厌恶与憎恨的适当对象；他自然会有的畏惧感，会引领他把同一种厌恶与憎恨的情感归附到那些令人敬畏的神明身上；这些神明的显灵，他不可能规避，而它们的力量，他也不可能抵抗。这些自然的希望与畏惧，以及疑虑，被人类的同情心四处散播，通过被教育增强；各种神明普遍被描述成，并且被相信是，人道与慈悲的奖赏者，以及背信与不义的复仇者。于是，宗教，即便是形式上最为粗糙简陋的那种宗教，早在人为的论证与哲学兴起以前很久，便已赋予道德规则以某种约束力量了。宗教的恐惧应当这样强迫人们服从自然的义务感，对人类的幸福来说，实在太重要了，以至于自然女神并没有放任这档事不管，任它等待与仰赖缓慢与不确定的哲学研究带来有力的支持。

---

① 译注：Jupiter，罗马神话中的主神，天界的主宰，相当于希腊神话中的宙斯（Zeus）。

然而，那些论证与哲学研究，当它们后来兴起时，却巩固了自然女神早一步设下的那些根本的安排。无论我们认为我们的那些道德能力是建立在什么基础上，无论是建立在某种局部修正过的理性基础上，或建立在某种被称为道德感的原理上，或建立在我们天生的其他某种根本性能上，有一点是不可能被怀疑的，那就是，那些道德能力是给我们今生在世引领我们的行为之用的。它们随身佩带着最明显的权威徽章，表征它们被安置在我的心中，是要作为最高裁决者，裁决我们的一切行动，监督我们的一切感觉、激情与欲望，判断一切行动、感觉、激情与欲望当中的每一种，应该被纵容或被克制到什么程度。在这方面，我们的那些道德能力，绝不像某些作者曾经宣称的那样，是处在和我们其他天生的能力与欲望同等地位的，说它们并没有被赋予更多的权力去约束后头这些能力与欲望，正如后头这些能力与欲望也并没有被赋予更多的权力去约束它们。没有其他任何一种能力或原始的性能可以评判另一种能力或性能的好坏。爱不可以评判恨，而恨也不可以评判爱。那两种激情也许彼此对立，但绝不可能正当地说，它们彼此赞许或不赞许对方。但是，对我们天生所有其他原始的性能给予责备或赞扬，是我们此刻正在讨论的那些能力特有的职责。它们也许可被视为某种以其他那些原始的性能为对象的感觉能力。每一种感觉能力的地位，对它自己的对象来说，是至高无上的。就颜色的美丑来说，没有上诉改变眼睛判决的可能；就声音的协调与否来说，没有上诉改变耳朵判决的可能；而就味道的可口与否来说，也没有上诉改变味觉裁判的可能。这些感觉能力中的每一种，是它自己的对象的最终裁判者。凡是满足味觉的，都是甜美的；凡是取悦眼睛的，都是漂亮的；而凡是抚慰耳朵的，都是和谐的。那些性质中的每一种最核心的价值，就在于它被调整到适合取悦它所对应的那种感觉能力。同样的，决定什么时候耳朵应该被抚慰，什么时候眼睛应该被满足，什么时候味觉应该被取悦，什么时候我们天生的其他每一种性能应该被满足或被抑制到什么程度，则是我们的道德能力的权利。与我们的道德能力相宜的，便是适当的、正确的与端庄的行为；反之则是错误的、不适当的与不端庄的行为。我们的道德能力赞许的那些情感，便是优雅合宜的情感；反之则是不雅的与不宜的情感。这些所谓正确的、错误的、适当的、不端庄的、优雅的、不宜的等等的字眼，仅仅是用来形容什么取悦了或什么惹恼了我们的道德能力。

由于这些道德能力显然是被打算在人性中作为统治性能力的，所以，它们所规定的那些规则，应当被视为神的命令与法律，并且是由神安置在我们心中的那些代理人发布的。所有概括性规则通常被称为法律，譬如，各种物体，在传递运动时所遵守的那些概括性规则，被称为运动的法律。但是，我们的那些道德能力，在赞许或谴责任何受它们审查的情感或行为时，所遵守的那些概括性规则，也许有更好的理由被冠以法律的名称。它们与那些被正当称为法律的东西，即君主所制定的那些用来指导他的臣民如何立身处世的概括性规则，有更大的相似性。和后者一样，它们也是指导人们如何自主行动的规则：它们，毫无疑问地，是由某位合法的上司规定的，而且附带有奖赏与惩罚的约束力。在我们心里的那些神的代理人，从来不会忘记，以我们内心的羞愧折磨，以及自我谴责，来惩罚违反它们的行为；而另一方面，那些代理人也总是会以我们内心的宁静、满足，以及自满，奖赏顺从它们的行为。

有数不清的其他考量可以用来证实这一结论是正确的。人类以及其他一切有理性的创造物的幸福，似乎是造物主最初在创造他们时所想到的目的。任何其他目的似乎都配不上我们必然会归附于他的那种至高无上的智慧与超凡入圣的仁慈；我们经由抽象思考他的无限完美而被引领获得的这个见解，在检视大自然的各种工作后，益发获得更多的证实，因为大自然的那些工作似乎全都打算用来增进幸福，并且防止发生不幸。如果我们按照我们的道德能力所下达的命令行动，我们必然是在用最有效的方法增进人类的幸福，因此，在某一意义上可以说，我们是与神合作，并且尽我们所能地促进神的计划。相反，如果我们不按照我们的道德能力所下达的命令行动，那么，我们似乎多少是在妨碍造物主为了这世界的幸福与完美所订下的计划，并且，如果我可以这么说，是在表明我们自己或多或少是神的敌人。因此，我们自然受到鼓励，会在前一种场合期待他赐与我们特别的恩惠与奖赏，并且会在另一种场合害怕他的报复与惩罚。

还有其他许多理由，以及其他许多自然的原理，全都倾向加强证实，并且反复灌输同一有益的教诲。如果我们考虑一下这世间在分配外在的成败时通常所遵循的那些规则，那我们就会发现，尽管这世界一切看起来是乱糟糟的，然而，甚至在这里，每一种美德还是自然会获得它的适当报酬的，还是会获得最适合鼓励与促进它的那种报酬的；而且这是如此的确然，以至于想要完全使它的希望落空，还非得有异乎寻常的各种情况凑巧一齐发生不可。什么是最适合鼓励勤劳、节俭与审慎的那种报酬？无非是各种事业上的成功。然而这些美德是否可能在整个人生过程中竟然没获致相应的成功呢？财富与外在的荣誉是它们的适当报酬，而要它们得不到这种报酬是几乎不可能的。什么是最适合促进言行诚实、公正与仁慈的那种报酬呢？无非是与我相处的那些人的信任、尊敬与喜爱。仁慈的人并不想要成为伟人，而是想要为人所爱。诚实与公正的人所喜悦的，并非自己富有，而是被人信任与相信，而这些报酬，那些美德必定几乎总是会获得的。某一非常特殊不幸的情况，也许会导致某个好人被怀疑犯了某一件他完全做不出来的罪行，并且因那个缘故，使他的余生极其不公平地遭到世人的厌恶与憎恨。他可以说因为遭遇到这样的一种意外而失去他的一切，尽管他秉性诚实公正；同样的，一个小心谨慎的人，尽管他的顾虑极其周详，也可能因为遭遇到地震或洪水而倒闭破产。然而，第一种意外也许比第二种意外更加罕见，也更加背离一般的事理；而仍然千真万确的是，想要获得与我们相处的那些人的信任与喜爱，即想要获得诚实、公正与仁慈等等的美德主要盼望的报酬，为人诚实、公正与仁慈确实是一种可靠并且几乎不可能失败的方法。某一个人也许很容易在某一特定的行为上遭人误解，但是，他殊少可能在他的一般行事作风上遭人误解。一个清白无辜的人也许会被人怀疑作错了某件事，然而，这种情形很少发生。相反，他惯常的行事作风已经确立的清白评价，在他真的犯错时，往往会引诱我们为他开脱罪责，尽管有很坚强的理由推测他犯了错。同样的，一个恶棍，也许在某一特定的恶行上，由于他在其中的作为不为人所知，而逃过了谴责，或甚至得到了掌声，但是，绝不会有习惯经常作恶的人，不会被几乎所有人知道他是一个恶棍，并且不会经常被怀疑有罪，甚至在他事实上完全清白无辜的时候。就恶行与美德能够借由人类的感觉与意见来给予惩罚或奖赏这一点来说，它们两者，根据一般的事理，甚至在这世间都得到了比正确无私的公平所要求的更多的奖惩。

但是，成功与失败在这世间的分配通常所遵循的那些规则，从这种冷静和豁达的观点来看，虽然显得完全和人类在这世间的处境相配，不过，它们和我们的某些天生自然的情感却绝不相配。我们天生对某些美德的爱慕与钦佩是这样的强烈，以至于我们想要授予它们各式各样的荣誉与奖赏，甚至包括那些我们必须承认是其他某些性质的适当报酬，而为我们所爱与所钦佩的那些美德又未必总是附带有那些性质。相反，我们对某些恶行的厌恶是这样的强烈，以至于我们想要在它们身上堆积各式各样的羞辱与不幸，连那些专属于非常不同的某些性质的自然后果也不予排除。宽宏大量，慷慨大方与光明正大，得到我们如此高度的钦佩，以至于我们希望看到它们被冠以财富、权力与各式各样的荣誉，而这些都是审慎、耐劳与勤勉的自然结果，但是，前面那些美德未必和后头那些性质不可分割地连在一起。另一方面，欺诈、撒谎、残忍与凶暴，在每一个人的胸怀里激起这样强烈的轻蔑与厌恶，以至于我们会觉得义愤难抑，如果我们看到它们有时候因为所附带的勤勉与耐劳的性质而拥有它们在某一意义上可以说应当拥有的那些好处。一个勤劳的恶棍耕作土地；一个懒惰的好人听任土地荒芜。谁该收割作物？谁该挨饿？谁该生活富裕？自然的事理，会做出有利于那个恶棍的决定，而人类天生自然的情感，则会做出有利于那个好人的决定。人们认为，前者即使有那些优良的性质，但它们帮他取得的那些好处，大大超过了它们应得的报酬，而后者即使有一些怠慢疏忽之处，但它们自然为他带来的那种穷困，对它们的惩罚未免太过于严厉了。人类的法律，是人类情感的结论，它使勤劳谨慎的叛国者的生命与财产遭到没收，而对不顾将来且粗心大意的好公民，却以特殊的报酬，奖赏他们的忠诚与爱国心。人，就是这样被自然女神引导，在某一程度内，修改了她自己原本已经做出的那种奖惩分配。她为了这个目的而引导他遵循的那些规则，和她自己所遵循的规则并不相同。她授予每一种美德以及每一种恶行，最适合鼓励前者以及抑制后者的那种准确的奖赏与惩罚。她只注意这个考量，几乎不考虑美德与恶行在人的感觉中似乎具有的那些不同程度的功过。相反，人只考虑后头这一点，并且努力要使每一种美德或每一种恶行的报酬或报应，变得和他自己对它怀有的那个程度的喜爱与尊敬或轻蔑与厌恶，准确地比例相称。她所遵循的规则适合她，而他所遵循的那些规则也适合他，但是，这两种规则都是被设计来促进同一伟大的目的的，都被设计来促进这世界的秩序，以及人性的完美与幸福。

但是，虽然人被这样使唤来改变自然的事态趋势，如果任其自然，将会做出的那种奖惩分配；虽然像诗人笔下的诸神那样，他不断尝试以特别的手段介入，袒护美德，反对恶行，并且像诸神那样，尽力拨开射向正直者的箭，并尽力加速毁灭之剑挥向邪恶者，然而，他绝不可能使这两者的命运变得完全符合他自己的感觉与愿望。自然的事态趋势不可能完全受制于人的虚弱努力：这宛若湍流的自然趋势太急也太猛，人根本无力阻挡；引领这趋势的那些自然的规则，虽然似乎是为了一些最贤明与最良善的目的而设立的，然而，有时候它们所产生的结果却震惊了人的一切自然的感觉。大团体当然胜过小团体；那些以远虑，以及做好所有必要的准备去从事某一事业的人，当然会胜过那些对抗他们，但毫无远虑与准备的人；每一个目的当然只能借由自然女神所确立的那些取得它的手段来取得，这个规则不仅本质上似乎是必要与不可避免的，而且为了鼓舞人类的勤勉与专注，甚至也是有用与恰当的。然而，当由于这个规则，暴力与计谋胜过诚实与公正时，有什么潜在每一位旁观者心中的义愤不会被它激起呢？有什么为无辜者的受苦而感到的悲伤与怜悯不会被它激起呢？有什么针对压迫者的得逞而感到的强烈愤怒不会被它激起呢？我们对邪恶所造成的伤害同感悲伤与愤怒，但时常发现我们完全无力纠正它。当我们对在这尘世找到任何能够遏阻不义之徒得逞的力量感到灰心绝望时，我们自然会祈求上苍，希望伟大的造物主在来世落实所有他为了引导我们的行为而赋予我们的那些原始的性能，激励我们尝试甚至要在这尘世落实的那种奖惩分配；希望他将完成他自己曾经这样鼓舞我们着手执行的计划；希望在来世他将按照每一个人在今生的所作所为给予应得的报酬。我们就这样被引领，不仅被人性中各种弱点、各种希望与各种恐惧所引领，而且被人性中最高贵与最美好的那些原始性能所引领，被爱好美德与厌恶邪恶不义的高贵情操所引领而相信有一未来的世界。

"这与神的伟大性质相称吗？"雄辩且富于哲理的喀勒蒙

主教①，以他那种热情洋溢的、反讽夸大的，乃至有时不甚端庄的想象力说："这与神的伟大性质相称吗？如果听任他所创造的世界普遍处于这么乱糟糟的状态？如果听任邪恶者几乎老是胜过公正者；听任无辜者被篡夺者推翻了王位；听任父亲成为某个违反人性的儿子的野心的牺牲品；听任丈夫在某个残忍与不忠的妻子的击杀下断气身亡？难道神应该从他那伟大崇高的地位看着那些悲惨的事件，把它们当作奇异怪诞的消遣娱乐，而无须分担其中任何部分的责任？因为神是伟大的，所以人就应当是软弱的，或不公正的，或残忍的吗？因为人们是渺小的，所以就应当容许他们胡作非为而不予惩罚，或德行贞洁而不予奖赏吗？噢，神啊！如果这是你这至高存在的特质，如果我们如此诚惶诚恐崇拜的就是这样的你，那我便不再能够认你为父，为我的保护者，为我悲伤时的安慰者，为我软弱时的支柱，为我忠诚时的奖励者。于是，你将不过是一个懒惰与荒诞的暴君，一个牺牲人类以满足傲慢自大的虚荣心的暴君，一个从虚无中创造了他们，只为了要使他们，在自己闲暇时以及心血来潮时，为他自己的消遣娱乐效劳的暴君。"

当那些决定行为的是非功过的概括性规则，终于这样被认为是某个全能的存在者所确立的法律，而这个全能的存在者又在监视着我们的行为，并且将在某个未来的世界里奖赏遵守它们，同时惩罚违逆它们的行为时，这样的考量，它们必然会获

---

① 译注：指 Jean-Baptiste Massillon（1663—1742），著名的法国官廷牧师，于1717年被任命为 Clermont-Ferrand 主教。作者在本篇第二节末了时也曾引用马西勇的传道讲词。

得一种新的神圣意义。我们对神的意志的尊重,应当是我们的行为的最高准则。这一点,凡是相信神存在的人,都不可能怀疑。甚至在不想服从他的念头当中,似乎便已含有最令人毛骨悚然的不妥成分了。对人来说,反抗或忽视神以其无限的智慧与无限的力量下达给他的那些命令,是多么的徒然无益,多么的荒谬悖理啊!不尊敬他的创造者以其无限的仁慈命令他遵守的那些训诫,即使违背它们不至于受到任何惩罚,那也是多么的怪异,多么的不虔诚与不知感恩啊!我们的合宜感在此获得最强烈的自利动机的充分支持。如果想到,尽管我们也许可以规避人们的观察,或者尽管我们的身份地位超出人类的惩罚能力之外,然而,我们的所作所为总是逃不过神的监视,而且任何不公不义的行为总是会受到这位伟大的复仇者的报复惩罚,这样的想法是一个能够使最顽固执拗的激情受到抑制的动机,至少对那些由于经常深思熟虑而已经变得很熟悉这个想法的人来说,确实是如此。

宗教信仰就是这样驱使人们遵守自然的义务感。也因为这缘故,对于那些似乎深刻信仰宗教的人,人类通常会比较信任他们的诚实正直。他们认为,这种人的行为,除了受到节制其他人的那些行为规则的约束外,还多了一层束缚。对行为合宜与否以及名誉的顾虑,对他自己以及别人的胸怀里是否有掌声喝彩的顾虑,他们认为,是对有宗教信仰的人,以及一般世人,有同样影响的动机。但是,前一种人还处于另一种约束之下,他绝不会着意采取任何行动,除非他觉得他仿佛完全暴露在最后将按照他的所作所为奖惩他的那位伟大的上司眼前。因此,人们对他的行为的规则性与正确性有比较多的信赖。每当自然的宗教信仰情操没有受到某种卑鄙下流的党派斗争的热情腐蚀败坏时；每当宗教信仰要求的首要义务是履行一切道德责任时；每当人们没被教导要把无聊的宗教仪式视作比公正与仁慈的行为更为要紧的宗教义务时；每当人们没被教导以为，透过奉献，仪式，以及无益的祈求，他们能够与神磋商达成允许他们诈欺、背信与行凶的交易时，这世界在这方面的判断无疑是正确的，并且有正当的理由对具有宗教信仰的人，加倍信任他的诚实正直。

第六节　在哪些情况下，义务感应当是我们唯一的行为原则，以及在哪些情况下，它应当获得其他动机的赞许

宗教信仰为实践美德提供这样强烈的动机，并且以这样有力的约束，保护我们免于邪恶的诱惑，致使许多人认为，宗教信仰的原则是唯一值得赞赏的行为动机。他们说，我们既不应该因为感激而奖赏，也不应该因为愤怒而惩罚；我们既不应该基于自然的亲情而在我们的子女无法自立时给予保护，也不应该基于同一种亲情而在我们的父母年老虚弱时提供支持。在我们的胸怀中，所有对特定对象的爱都应该被扑灭，而由一个大爱取代所有其他的爱，这个大爱就是对神的爱，就是渴望使我们为他所喜，并且渴望在各方面都按照他的意志指引我们的行为。我们不应该因为感恩而图报，不应该因为乐善而好施，不应该因为爱我们的国家而爱国，也不应该因为爱人类而行慷慨

公正。在履行所有那些不同的义务时，指引我们行为的唯一原则与动机，应该是我们觉得神命令我们履行那些义务。我不想在这里花时间特别检讨这个见解，我只想指出，我们不应指望可以发现有哪一派的教友们一方面会怀抱这个见解，而另一方面却宣布他们自己所信奉的宗教认为，正如以我们全部的心，以我们全部的灵魂，以我们全部的力量，去爱我们的主、我们的神，是我们的第一条训诫。所以，爱我们的邻人如同爱我们自己，是我们的第二条训诫。我们之所以爱我们自己，无疑是为了我们自己的缘故，而不只是因为我们被命令要爱我们自己。说义务感应该是指引我们行为的唯一原则，绝不是基督教的教训；基督教只是像哲学，以及，没错，像一般常识所指示的那样，认为它应该是主要的与决定性的原则。然而，这也许是个值得讨论的问题，即，在哪些情况下，我们的行为应该主要或完全出自某种义务感，或出自对概括性行为规则的顾虑；以及在哪些情况下，某种其他的感觉或情感应该存在，同时赞成我们的行为，并且应该发挥主要的影响力。

这问题的答案，也许不可能非常精确，不过，它似乎取决于两种不同的情况：第一，取决于在所有对概括性规则的顾虑之外，促使我们采取行动的那种感觉或情感，究竟是自然宜人讨喜的，抑或是丑恶讨厌的；第二，取决于概括性规则本身，究竟是严格与精确的，抑或是松散与不精确的。

（1）我们的行为，在何种程度内应该出自我们心中的情感，或完全应该出自我们对概括性规则的顾虑，我认为，将取决于那情感本身，究竟是自然宜人讨喜的，抑或是丑恶讨厌的。

所有慈爱的情感鼓舞我们做出的那些优雅可敬的行为，出自那些情感本身的程度，应该不亚于出自任何对概括性行为规则的顾虑。一个施恩者会认为他自己简直没获得报答，如果受他帮助的那个人，在报答那些帮助时，仅仅是基于某种冷冰冰的义务感，对他本人没有丝毫敬爱的感情。一个丈夫对最为温驯的妻子也会有所不满，如果他认为她的温驯没有别的原因，除了因为她顾虑到她身为人妻的身份义务。一个儿子即使在所有孝道责任上毫无缺失，然而，如果他缺乏身为人子应当怀有的那种挚爱的敬意，他的父母便很有理由抱怨他的冷漠。而一个儿子也不可能对一个父亲十分满意，如果这个父亲，虽然履行了身为人父的所有义务，不过，却丝毫没有一般父亲通常会有的那种慈爱的感情。对于所有这些慈爱和乐的感情，令人觉得愉快的是，看到义务感比较是被用来约束，而不是被用来激励它们，比较是被用来阻止我们做得太过分，而不是被用来鼓舞我们做我们应该做的事。看到一个父亲不得不抑制他自己对子女的溺爱，看到一个朋友不得不为他自己天生的慷慨大方合理设限，看到一个受人恩惠的人不得不约束他自己心中过于热血澎湃的感激，会让我们觉得愉快。

　　对于狠毒与不和乐的激情，应该遵守的处世格言则是相反的。我们在奖赏他人时，应该出于我们自己心里的感激与慷慨，没有任何迟疑，也没有必要思考奖赏的动作是多么的合宜。但是，我们在惩罚他人时，却总是应该心存犹豫，并且比较是出于觉得惩罚的动作是合宜的，而不是出于任何想要报复的坏脾气。没有什么比一个这么做的人行为更为优雅了：他对种种最重大的伤害之所以感到怨恨，看起来比较是因为他觉得它们应受怨恨，觉得它们是怨恨的适当对象，而不是因为他自己猛烈地感觉到那种不愉快的激情；他像一位法官那样，只考虑一般的规则，只根据那规则来决定每一特定的罪行应该受到什么样的报复；他在执行那规则时，比较不可怜他自己曾经蒙受的痛苦，而比较同情犯人即将蒙受的痛苦；他即使在愤怒中也还记得慈悲，并且想要以最温和善意的方式解释那规则，想要在不违背常识的情况下给予犯人最坦率正直的仁慈所能容许的一切减刑轻判。

正如自爱的情感，根据我们在前头已经讨论过的①，在其他方面，占有某一介于和乐与不和乐的感情之间的中间位置，所以，它们在这里也一样占有某一中间的位置。追求我们私人感兴趣的那些对象，在所有普通、琐细与寻常的场合，比较应该是出于对那些要求有这种行为的概括性规则的顾虑，而不是出于我们个人对那些对象本身怀有什么样喜爱的激情。但是，在比较重要与特殊的场合，如果我们所追求的对象本身看起来没在我们心里激起什么显著的热情，那我们一定会显得笨拙、乏味与不雅。只是为了赚取或节省一先令，就焦虑不安，或者就大费周章地定下计谋，这对最庸俗的零售商来说，也会降低他在所有邻居眼中的地位。即使他的处境是这么的卑贱，对任何这样琐细的事物，为了它们本身的缘故而这样的在意，也不应该在他的行为中出现。他的处境也许要求最严格的节约与最一丝不苟的勤勉，但是，那种节约与勤勉精神的每一次发挥，必须不是出于他对那一次的节省或利润看得特别的重，而是出于他看重那个极端严格规定他必须有这样的行事作风的概括性

---

① 译注：参见本书第一篇第二章第三至第五节。

规则。他今天的节俭，不应出自他希望保有他借由这动作将可省下的那特定的三分钱，而他今天开店做生意，也不应出自他喜爱他借由这动作将可赚到的那特定的十分钱。不管是今天的节俭，或开店做生意，都应该出于他对某一概括性规则的尊重，这规则，以最为不宽容的严格精神，为他规定了这个待人处世的方针。一个吝啬鬼和一个一丝不苟地节俭与勤勉的人，他们之间的性格差异就在于此。前者焦虑不安地关心琐细的事物，而且仅为了那些事物本身的缘故；后者也很注意那些事物，不过，只是因为他已经为他自己定下了那样的处世方针的缘故。

至于比较特殊与比较重要的那些私欲对象，情形则完全不同。任何人在追求这些对象时，如果没对它们本身怀着几分认真的热情，那他就会显得志气卑劣。我们瞧不起一个对征服或保卫外省一点儿也不焦急的君主。对一个民间的绅士，我们是不会怀有多少敬意的，如果当他无须使用任何卑鄙或不正当的手段也可以取得一份产业或甚至重要的公职时，他却不努力去争取。一个国会议员，如果对他自己的选举一点也不热心，会被他的朋友们视为完全不值得依恋而予以抛弃。甚至一个工匠也会被他的邻人看成是一个猥琐懦弱的家伙，如果他不自己振作起来争取某一份他们所谓分外的活儿，或争取某一桩不常见的好买卖。活泼进取的人与迟钝守旧的人，两者之间的差别，就在于有没有这种志气与热情。那些重大的私欲对象，其得失完全改变个人的身份地位，是正当称为雄心的那种热情的对象。这种热情，如果维持在审慎与正义的范围内，总是为世人所钦佩，甚至当它踰越这两种美德的界限，当它不仅不正当而且也过分放肆时，有时候还具有某种诡异的伟大性质，令人为之迷惘倾倒。因此，世人普遍景仰英雄与征服者，甚至钦佩政治家，因为他们的计划大胆、目标远大，尽管全无正义可言，例如像红衣主教李奇留（Richlieu）和德利兹（de Retz）① 的那些计划。贪婪的目标与雄心的目标，它们之间的差别，仅在于是否伟大。一个守财奴热中于半毛钱的程度，并不亚于一个满怀雄心壮志的人热衷于征服一个王国的程度。

（2）我们的行为，在何种程度内，应该完全出自我们对概括性规则的顾虑，我认为，将部分取决于那些规则本身究竟是严格与精确的，抑或是松散与不精确的。

几乎所有美德方面的概括性规则，譬如，提示审慎、慈悲、慷慨、感激、友善等等美德分别该有何等作为的那些概括性规则，在许多方面是这么的松散与不精确，容许这么多的例外，并且需要这么多的修正，以至于即使我们相当尊重它们，我们的行为也几乎不可能完全遵照它们。常见的那些提示我们怎样审慎的俗谚格言，由于有普遍的经验做基础，也许是能够为行为审慎定下的最佳概括性规则。然而，装作全然一字不差地遵照它们，肯定会显得迂腐可笑、荒谬至极。在我刚才提到的那些美德当中，提示感激该有什么作为的那些概括性规则也许是最精确的，所容许的例外情形也许是最少的。在我们受人照顾后，我们应该尽早做出等值的回报，或者如果我们有能力的话，做出更多的回报。表面上，这似乎是一条相当简单明了的规则，而且也几乎没有例外的余地。然而，只消最为粗浅的斟酌考量，

---

① 译注：Jean François Paul de Gondi, Cardinal de Retz（1614—1679），法国神学家。在本书第一篇第三章第二节，曾经被引述过。

便可发现这条规则其实极为松散与不精确,并且容许数以万计的例外。如果你的恩人在你生病时照顾你,你是否应该在他生病时照顾他?或者你能用另一种回报方式来实践感激的义务?如果你应该照顾他,那你应该照顾他多久?和他照顾你的时间一样长,或更长,那究竟长多久?如果你的朋友在你落难时借钱给你,你是否应该在他落难时借钱给他?你应该借给他多少?你应该在什么时候借给他?现在,或明天,或下个月?一次借给他多久?显然不可能定出什么概括性规则,为任何这样的问题,分别在所有不同的情况下,提示一个确切的答案。他的性格和你的性格,他的处境和你的处境,也许是这么的天差地别,以至于即使你心中充满感激,你仍可很恰当地拒绝借给他半毛钱;而相反的,你也许愿意借给他,或甚至借给他十倍于他借给你的金额,但你仍可被恰当地指控是心肠最黑、最忘恩负义的人,没有尽到你该负的义务的百分之一。然而,由于在各种慈善的美德指示我们应该尽到的一切义务中,感激的义务也许是最为神圣的,所以提示这种义务的概括性规则,正如我在前头所言,也是最为精确的。至于分别为友善、仁慈、好客、慷慨等等提示该有什么作为的那些概括性规则,那就更加模糊与不确定了。

但是,有一种美德,它的概括性规则,以极高的精确度,标明它所要求的每一项外在的行为。这美德就是正义。正义的规则极为精确,其中没有例外或修正的余地,除了那些可以被限定得像规则本身那样精确的例外与修正,而那些例外与修正通常也的确是和规则一起源自同一组原则。如果我欠某人十英镑,那么,正义会要求我应该在约定的时候,或当他要求还钱的时候，分毫不差地还给他十英镑。我应该做什么事，应该做到何种程度，应该在什么时候和什么地点做，亦即，正义的规则所要求的行为，其全部的性质和相关情况，全都被精确地标明与固定住。所以，过于严格遵守审慎的或慷慨的一般规则，固然会显得不雅与作态卖弄，严格遵守正义的规则却不会显得迂腐。相反，正义的规则应该受到最神圣的尊敬；这种美德所要求的那些行为，被实践得最为合宜恰当的时候，莫过于当实践它们的动机，主要是对要求实践它们的那些规则怀有某种宗教信仰般虔诚尊敬的时候。在实践其他美德时，引领我们如何行为的，比较应该是某种合宜的念头，比较应该是我们对某种行为格调的特殊趣味有所领略，而不是顾虑到什么精确的格言或规则；我们更应该顾虑的，是规则的目的与旨趣，而不是规则本身。但是，关于正义，却不是这样。最不会在正义的规则中推敲琢磨、寻隙闪躲的人，最固执坚定地遵照正义的规则本身行事的人，是最值得钦佩、最可以信赖的人。虽然正义的规则目的是防止我们伤害我们的邻人，但违反正义的规则本身往往便是一种罪行，尽管我们能够拿某一理由当借口，宣称某一特定违背规则的行为不会造成伤害。任何人，即使只在他自己心里，开始这样狡辩的那一刻起，往往就已变成是一个恶棍了。一旦他想要稍微偏离那些不可亵渎的戒律，一旦他不想彻底忠实积极地固守正义的规则，他就不再值得信任，不再有人能肯定什么样的罪恶是他做不到的。一个小偷会以为他自己没有为恶，当他从富人那里偷了他认为他们即使没了也不会难过，甚至他们或许永远也不会知道他们被偷的某样东西。一个奸夫会以为他自己没有为恶，即使他糟蹋了朋友的妻子，只要他隐瞒他的奸情，未让她的丈夫起疑，因此未扰乱她家里的和平。一旦我们开始对这样的琢磨巧辩与文过饰非让步，那就不会有什么无法无天的罪行是我们做不出来的了。

　　正义的规则可以比作文法规则；其他的美德规则可以比作评论家对什么叫作文章的庄严优美所定下的规则。前者是准确的、精密的，以及不可免的。后者则是松散的、模糊的，以及暧昧的。这种规则比较像是在为我们应该追求的完美提示某一概念，而不是什么确实可靠、不会出错的指示，供我们用来达成完美。正如任何人都可以学会根据规则写出合乎文法的文章，完全不会出错一样，他也许可以被教会怎样做出公正的行为。虽然有一些规则，在某一程度内，可以协助我们修正与确定我们原来对什么是文章的完美所怀有的一些模糊的念头。但是，不会有什么规则，只要我们遵守它们，便可以绝无谬误地引领我们写出优美或庄严的文章；同样的，虽然有一些规则，在许多方面，可以协助我们修正与确定我们原来对那些美德所怀有的一些不甚完备的念头，但是，也不会有什么规则，只要我们学会运用它们，便可以绝无谬误地在一切场合做出审慎的，恰当慷慨的，或适当仁慈的行为。

　　有时候，当我们极其严肃认真地想要做出值得赞许的行为时，却因为弄错了适当的行为规则，以致本该引领我们获得赞许的那个原则反而误导了我们。在这种情况下，如果指望人们完全赞许我们的行为，那是枉费心机。他们不可能体会那个对我们造成影响的荒谬的义务感，也不可能赞许任何出自那个义务感的行为。然而，这样一个被错误的义务感背叛，或者说，被所谓错误的良知出卖以致犯错的人，在他的性格与行为中，还是有一些值得尊敬的成分。无论他被误导犯下了怎样致命的错误，对慷慨和仁慈的人来说，他仍然比较是怜悯，而不是愤怒或怨恨的对象。他们悲叹人性是如此的愚钝，为我们招来如此不幸的错觉，尽管我们极其真诚地努力追求完美，努力想要按照可能引领我们达到完美的最佳原则行动。错误的宗教信念，几乎是能够使我们自然的情怀产生这样颠倒错乱的唯一原因；那个使义务规则具有至高权威的原则，独自便能够使我们对义务规则的概念遭到显著的扭曲。在所有其他场合，普通常识便足以引领我们的行为，即使达不到最优雅合宜的层次，至少和那个层次不会距离太远；只要我们认真想要行好，我们的行为，大体上肯定总是值得称赞的。首要的义务规则是服从神的旨意，这是人们全体一致的想法。但是，关于神的旨意要我们遵守哪一条特定的戒律，人们的想法往往彼此差异很大。所以，在这一点，人们彼此应当有最大的宽容与忍耐。虽然为了保护社会，罪行必须被惩罚，无论罪行的动机是什么，然而，当罪行显然是出自错误的宗教义务观念时，则在惩罚它们时，一个善良的人总是会心怀不忍，对那些犯下这种罪行的人，他绝不会怀有他对其他罪犯所怀有的那种义愤，反而会在他惩罚他们罪行的那一刻，对他们那种不幸的坚定与恢宏，感到痛惜，有时候甚至感到钦佩。对出自这种动机的罪行，我们应该有什么感觉，在伏尔泰先生所创作的一部最美妙的悲剧《穆罕默德》中，有很好的描述。在那部悲剧中，有两位最为天真善良的青年男女，他们的性格，除了使他们益发受我们钟爱的那种缺点外，亦即，除了他们彼此喜爱对方外，没有其他任何缺点，然而，他们却误信了某种虚伪的宗教，以致在最强烈的信仰动机唆使下，犯下最可怕的谋杀罪，使人性彻底为之震惊动摇。有一位年高德劭的长者，曾经极其温柔慈祥地呵护过他们两人，而尽管他公然反对他们的宗教，他们两人对他仍极为崇敬与尊重，并且他事实上是他们的父亲，虽然他们不知道这一点。然而，有人向他们指出，他是神特意要从他们手中收到的牺牲品，他们受命必须杀死他。当他们即将执行此一罪行时，他们受尽两股情感力量之间的争斗所可能产生的一切烦恼与痛苦的折磨，一方面是宗教的义务绝不可规避的念头，另一方面则是，对他们即将杀害的那个人，因他的年纪，他们满怀怜悯、感激与尊敬，而因他的仁德，他们又满怀爱意。这一段剧情是曾经被搬上任何舞台的戏剧表演中，最有趣而且或许也是最具教育意义的一个场景。然而，义务感最后战胜了所有人性中比较和蔼可亲的柔弱倾向。他们执行了他们受命执行的那项罪行，但是，立即发现他们自己的错误，以及使他们受骗的那种诈术，并且因为感到极端的憎恶、懊悔与恼怒而发狂。这些伤感是我们为不幸的塞依德（Seid）与波蜜拉（Palmira）所怀有的感觉，而对每一个被宗教如此这般误导的人，我们也应该怀有同样的伤感，不过，我们必须确定，确实是宗教误导了他，而不是宗教被他拿来当借口，以掩盖人性中某些最卑劣不堪的激情。

　　正如任何人都可能因为遵循错误的义务感而犯错，所以自然的感觉有时候也可能占优势，并且引领他正当地做出与错误的义务感相反的行为。在这种场合，我们不可能不乐见我们认为应该得胜的动机得胜，虽然当事人本身是如此软弱昏庸，以致竟然认为它不该得胜。然而，由于他那正当的行为是个性软弱而非坚持原则的结果，我们绝不会给予该行为任何接近百分之百的赞许。一个顽固偏执的天主教信徒,当他在圣巴尔多禄茂(St Bartholomew)大屠杀①中,因为慈悲心突发而变得如此软弱无力,以致放过了某些不幸的新教徒的性命,虽然他认为自己负有摧毁他们的义务。这样的人似乎没有资格得到热烈的掌声,亦即,得不到当他是以百分之百自我赞许的心情,做出同一慈悲慷慨的行为时,我们应该会给予他的那种热烈的掌声。我们或许会对他性情中的慈悲成分表示欣慰,但我们仍然会怀着某种遗憾的心情看待他,这种遗憾的心情和完整无瑕的美德应得的赞美,完全是相互矛盾的。同样的观察也适用于所有其他的情感。我们不会厌恶看到它们获得适当的发挥,即使当事人受到某种错误的义务感的影响而企图抑制它们。一个很虔诚的教友派信徒(Quaker)②,是不致令我们感到不愉快的:如果在他的一边脸颊受到掌掴时,他非但没把另一边脸颊凑上去任人掌掴,反而完全把他平素照字面理解的那一则救世主基督的训诫忘得一干二净,以致给了那个侮辱他的莽汉一顿好打当作教训。我们会开心地笑说他倒是很有气魄,并且会因此而更喜欢他。但是,我们绝不会尊敬他。我们的尊敬似乎该留给一个在类似的场合中,对什么是适当的行为有一正当的感觉而为所当为的人。任何行为,如果没带有自我赞许的情感,那就不配称为有品德的行为。

---

① 译注:指发生于1572年8月24日法国巴黎天主教徒屠杀雨格诺教徒(Huguenots)的惨案。当天为耶稣十二门徒之一圣巴尔多禄茂的纪念日。

② 译注:教友派信徒信奉绝对和平主义。

第四篇

论效用对赞许感的影响

第一节　论合用的外表赋予所有工艺品的美，并论这种美的广泛影响

效用是美的一个主要根源，这一点，每一个对美的本质有所研究的人都曾经指出过。一间房屋，它的方便合用，和它的整齐对称一样，会使观者觉得愉快。而当他注意到它并不方便合用，他心里难过的程度，将不会亚于当他看到对应的窗户形状不同，或看到大门没被正确地开在房屋的中间时那种难过的程度。任何体系或机器，如果合适产生预定的目的，它的这种合适性，会赋予整个体系或机器某种合宜或美的性质，并且使我们一想到它便觉得愉快，这一点是如此显而易见，任何人都不会没注意到。

效用令人觉得愉快的原因，最近也被一位聪明灵巧又和蔼可亲的哲学家①指出来。这位哲学家把最深邃的思想和最优雅的表述结合在一起，他具有特别幸运的才干，能以最完整明晰的见解，加上最生动活泼的辩才，处理最为深奥的课题。根据他的见解，任何物体的效用，借由不断向它的主人暗示它合适被用来增进的那种欢乐或方便，而使他觉得愉快。他每一次注视它，就会想起此一欢乐或方便；而这物体就这样变成一个永久满足与快乐的泉源。旁观者透过同情作用，体会主人的情感，

---

① 译注：指 David Hume, *A Treatise on Human Nature*, II. ii. 5, 以及 *Enquiries concerning Human Understanding and concerning the Principles of Morals*, V. ii。

也必然会以同样愉快的观点看待该物体。当我们拜访大人物宏伟华丽的府邸时，我们心里禁不住会兴起，如果我们自己是主人，拥有如此巧妙独创的容身处所，我们将享受的那种满足。同样的道理也可以说明，为什么看起来不方便使用会使任何物体变得令人不愉快的原因，不管是对它的主人或是对旁观者来说。

但是，就我所知，还没有什么人注意到，这种合适性，或者说，任何工艺品的这种巧妙设计，竟然往往比它预定要产生的那个目的更受珍视。亦即，为了获得某种方便或欢乐而在手段上做出的精确装备与安排，竟然时常比这方便或欢乐本身更受重视，尽管所有手段上的装备安排，其全部价值似乎就在于获得这方便或欢乐。然而，这样的情形其实极为常见，这一点可以在成千上万的实例中看出。这样的实例，有些固然最无足轻重，但有些则涉及最要紧的人生事务。

当某个人走进他的房间，发现椅子全都横七竖八立在房子中央，便对他的仆人生气，他也许会受不了看到它们继续乱糟糟地杵在那里，而宁可不厌其烦地亲自动手把它们各就各位全摆回椅背靠墙的位置。这个新局面的全部合宜性，来自它使室内的地面空旷起来，比较方便他走动。为了获得此一方便，他宁愿给自己添麻烦，而这麻烦又比没有这个方便时他可能蒙受的一切麻烦还要大；没有什么会比他一进门就往其中一把椅子坐下更轻松容易，而当他大费周章地忙完椅子的事情后，他很可能也不过是同样一屁股往其中一把椅子坐下。所以，他想要的，看起来，与其说在于这个走动上的方便，不如说在于增进此一方便的那个安排布置。然而，终究是此一方便，使那个安排布置得他欢心，并赋予它全部的合宜性与美。

　　同样的，一只手表，如果每天慢上两分多钟，是会被一个对手表十分好奇在意的人鄙弃的。他卖了它，也许只得两枚基尼币，然后花五十枚基尼币，买了另一只每两礼拜不会走错一分钟的手表。然而，手表的唯一用途，是让我们知道时刻，让我们免于错过约会时间，或免于因不知道某一特定时刻是几点几分而蒙受其他任何不便。但是，对这种机器这么爱挑剔的人，却不见得总是比其他人在赴约时更为分毫不差地守时，或基于其他缘故而更为焦虑不安地想要精确知道什么时候是几点几分。他所感兴趣的，与其说在于获知时刻，不如说在于那一部用来获知时刻的机器本身的合适完美。

　　有多少人把金钱挥霍在没啥作用的玩物上以致倾家荡产？这些玩物的爱好者所感兴趣的，与其说在于效用，不如说在于产生效用的器具本身设计合适巧妙。他们的每一个口袋全都塞满了各式各样的小玩意儿。他们挖空心思设计出别人衣服上没见过的口袋，以便携带更多的小玩意儿。他四处走动时，全身满载着那许多小玩意，在重量上，并且有时候在价值上，不会输给卖货郎平常扛在身上的那只行李箱，其中有些东西有时候或许还小有用处，但所有那些东西无论什么时候即使没得用也无所谓，而且它们全部加起来的效用，无疑也不值得为它们忍受载重的疲累。

　　并非只是在有关这些无足轻重的事物时，我们的行为才会受这个原则影响；在最严肃与最重要的一些私人生涯乃至公共领域的志业追逐上，这个原则时常是其背后的主要动机。

　　一个穷人家的儿子，由于被老天爷在动怒时赋予了野心，当他开始环顾四周,便对富人们的处境赞叹起来。他发现父亲的茅舍太小了,不适合他容身,并且幻想如果安顿在一座邸第里,他应当会觉得更轻松自在。他对自己不得不徒步走路,或不得不忍受马背上的颠簸疲累,感到不悦。他看到那些身份地位高于他的人坐在马车上被搬来运去,便想象如果能坐在其中一辆马车中,他旅行时的不便肯定会比较少。他觉得自己天性懒惰,最好尽可能自己少动手服侍自己,并且断定,为数众多的仆役侍从将可为他省去许多麻烦。他以为,一旦他得到了所有这些东西,他将可心满意足地坐着不动,恬静地享受在内心里细细品味他的处境的幸福与宁静所带给他的快乐。他被这种幸福的遐想给迷住了。在他的幻想中,这种幸福仿佛是某种高人一等的存在物的生活,而为了得到这种幸福,他从此永远献身于追逐富贵。为了获得富贵所提供的各种生活上的方便,在他致力勤勉的第一年,甚至第一个月,他甘心忍受的身体疲累与心灵折腾,比他毕生因为缺乏富贵而可能蒙受的身心疲累与折腾还要多。他用功学习,以便在某一需要耗费心力的专门职业中出人头地。他以最不屈不挠的勤勉,日以继夜地努力取得胜过所有竞争者的各种才干。他接着努力使那些才干为众人所知,并且以同等的勤勉,四处为那些才干乞求每一个运用发挥的机会。为了此一目的,他巴结奉承所有人,他服务他所憎恨的人,逢迎谄媚他所鄙视的人。他毕生追求某种造作高雅的安顿身心的理想,这理想他也许绝不会达到,尽管为了这理想,他牺牲了某种他随时唾手可得的真正宁静,而且这理想,即使在他极端年迈时终于被他达成了,他也将发现,无论在哪一方面,它都不比他为了它而放弃的那种卑微的安全与满足更为可取。于是，在生命只剩下最后的渣滓，在他的身体已被辛劳与疾病折损消耗殆尽，在他回想起他自己所杜撰的敌人的不义，或朋友的背信与忘恩负义，使他遭遇到的数以千次的伤害与失望，而感到痛心与气恼时，他终于开始觉悟到，富贵只不过是没啥效用的小玩意儿，并不比玩具爱好者的收纳箱更合适用来取得身体的安逸或心灵的平静；而且富贵也像那些收纳箱那样，对随身携带它们四处走动的那个人来说，所造成的麻烦，胜过它们可能带来的一切方便。它们之间其实也没有其他真正的差异，除了前者所提供的各种方便，略微比后者所提供的那些方便，更为显著可见。大人物的邸第、花园、马车配备与仆役侍从，全是每个人一眼便可瞧出有什么便利的东西。它们不需要麻烦它们的主人对我们解说它们有什么效用。我们很容易自动领会其效用，并且透过同情作用，享受它们合适为他提供的那种满足，从而给予赞美。但是，一根牙签、一支耳挖、一把剪指甲的器械，或任何其他类似的小玩意儿，它们的妙用何在，就不是这么显而易见。它们的便利性或许同样伟大，不过，却不是这么醒目，我们不是这么容易领会它们的主人将有什么样的满足享受。所以，和富贵的华丽气派相比，它们是比较不合理的虚荣话题，而富贵的唯一优势也仅在于此。要满足人类如此天生喜爱的优越感，富贵比较有效。对一个独自在荒岛上过活的人来说，比较有益于他的幸福与享受的，究竟是一座宫殿，抑或是通常可在收纳箱里发现的一组方便使用的小器具，也许是一个很难确定的问题。没错，如果他住在人群中，那就没得比了，因为在这种场合，就像在其他一切场合那样，我们比较在意的，经常是旁观者的感觉，而不是主要当事人的感觉。亦即，我们比较重视的，经常是主要当事人的处境在旁人眼里显得如何，而不是他的处境在他自己眼里显得如何。然而，如果我们追问旁观者，为什么他这么赞美推崇有钱人与大人物的处境，我们将发现，个中原因与其说在于他认为他们享有高人一等的安逸或欢乐，不如说在于他认为他们拥有无数造作高雅的精巧物品，可以增进那种安逸或欢乐。他甚至不认为他们真的比别人幸福快乐，但是，他认为他们拥有比较多可以取得幸福快乐的手段。而那些手段的整备精巧与美妙，适合它们的预定目的，正是引起他赞美的主要原因。但是，在病弱无力、年老疲惫时，富贵的空洞虚荣，如果曾有什么乐趣可言，那也已完全消失不见。对一个处在这种状态的人来说，从前曾吸引他去辛苦追逐的那些名利，不再有什么可取之处。他暗自诅咒野心，徒然惋惜年轻时的安逸与懒散，感叹这些已永远消逝的逸乐，后悔他愚蠢地牺牲了这些逸乐，只为了追逐那种，当他终于得到时，也不可能真正满足他的东西。富贵，对每一个人来说，看起来就是这样一幅凄惨的景象，如果沮丧或疾病迫使他静下心来仔细观察自己的处境，并且思考自己的幸福究竟欠缺什么。在这时候，权势与财富会露出它们的本质，显示它们不过是硕大无比、异常费力的机器，被设计来给身体提供少许碎屑的便利，但构成这些机器的许多发条与零件极其精致纤细，必须受到最小心翼翼的呵护照料才可维持在堪用的状态，而尽管我们给予无微不至的照料，它们也随时就会轰然崩塌粉碎，并且在它们崩塌瓦解时，压碎不幸拥有它们的主人。它们是庞大无比的构造物，需要花费一生的辛劳方能建造起来，却随时有崩塌之虞，随时会把住在里面的人压垮，而当它们还没崩塌时，虽然可以使他免于一些小小的不方便，却不能保护他免于任何比较恶劣的风雪侵袭。它们挡得住夏天的阵雨，却挡不住冬天的暴风雪，并且让他始终像从前那样，有时候甚至比从前更严重地，暴露在焦虑、恐惧、悲伤，以及疾病、危险和死亡等等的不幸中。

虽然在生病或情绪低落时，这种对每个人都不陌生的沮丧哲学，会让人彻底瞧不起那些伟大的欲望目标，但当我们身体比较健康、心情比较开朗时，我们肯定会以比较愉快的观点看待它们。在痛苦与悲伤时，我们的想象力，似乎被限缩、囚禁在我们自身里，然而在安逸与成功时，它却会自动膨胀、扩大到我们周遭的每一件事物上。这时候，大人物的邸第，以及其中那尽善尽美的合适布置，就会叫我们喜欢得着迷；我们赞叹每一样东西都是那么合适增进他们的舒服，预防他们感到缺憾，满足他们的希望，排遣与纾解他们种种最琐碎的欲望。如果我们单独考虑所有这些东西所能提供的那个真正的满足，亦即，如果我们把这满足，和合适增进这满足的那种安排的美妙，切割开来分别看待，那么，这满足肯定总是会显得极其微不足道、不值得挂怀。但是，我们很少会以这么抽象超然的眼光看待那满足。在我们想象中，我们自然会把它，和它所赖以产生的那个体系、机器或配置的组织秩序，以及其规则协调的运转状态，搞混在一起。当我们是以这么复杂的观点在考虑富贵的那些乐趣时，我们便会觉得那些乐趣是某种宏伟、美丽与高贵的东西，十分值得我们为了得到它而经常如此轻易付出的那一切辛劳与焦虑。

幸好自然女神是如此这般的哄骗了我们。正是此一哄骗，激起了人类的勤勉，并使之永久不懈；正是此一哄骗，最初鼓舞了人类耕种土地、构筑房屋、建立城市与国家,并且发明与改进了各门学问与技艺,以荣耀和润饰人类的生命;正是此一哄骗,使整个地球的表面完全改观,使原始的自然森林变成肥沃宜人的田野,使杳无人迹与一无是处的海洋,不仅成为人类赖以维生的新资源,而且也成为通往世界各国的便捷大道。由于人类的这些劳动,地球已经不得不加倍提高她的自然生产力,并且维持为数更多的居民。即使有这么一个既骄傲又无情的地主,当他望着他自己的那一大片广阔的田地,完全没想到他的同胞们的需要,只想到他本人最好吃光那一大片田地里的全部收成,那也只是白费功夫的幻想罢了。"眼睛大过肚子"这句庸俗的谚语,在他身上得到最为充分的证实。他肚子的容量,和他巨大无比的欲望完全不成比例;他的肚子所接受的食物数量,不会多于最卑贱的农民的肚子所接受的。他不得不把剩余的食物,分配给那些以最精致的方式,烹调他本人所享用的那一丁点食物的人,分配给那些建造和整理他的邸第,以供他在其中消费那一丁点食物的人,分配给那些提供和修理各式各样没啥效用的小玩意,以装点他的豪华生活气派的人。所有这些人,就这样从他的豪奢与任性中,得到他们绝不可能指望从他的仁慈或他的公正中得到的那一份生活必需品。① 土地的产出

---

① 译注:同样的主题也出现在作者的《国富论》第一卷第二章《论促成分工的原理》:"我们每天有得吃喝,并非由于肉商、酒商或面包商的仁心善行,而是由于他们关心自己的利益。我们诉诸他们的自利心态而非人道精神,我们不会向他们诉说我们多么匮乏可怜,而只说他们(和我们交易)会获得什么好处"(见谢宗林、李华夏合译,台北先觉出版社之《国富论》第30页)。这一点可以佐证《国富论》与《道德情操论》是一脉相承的,不存在所谓"两个亚当·斯密"的问题。

物,无论在什么时候,都几乎维持了它所能维持的居民人数。有钱人只不过从那一堆产出物中挑出最珍贵且最宜人的部分。他们所消费的数量,不会比穷人家多多少。尽管他们生性自私贪婪,尽管他们只在意他们自身的便利,尽管从他们所雇用的数千人的劳动中,他们所图谋的唯一目的,只在于满足他们本身那些无聊与贪得无厌的欲望,但他们终究还是和穷人一起分享他们的经营改良所获得的一切成果。他们被一只看不见的手[①]引导而做出的那种生活必需品分配,和这世间的土地平均分配给所有居民时会有的那种生活必需品分配,几乎没什么两样。他们就这样,在没打算要有这效果,也不知道有这效果的情况下,增进了社会的利益,提供了人类繁衍所需的资源。当上帝把这世间的土地分给少数几个权贵地主时,他既没有忘记也没有遗弃那些似乎在分配土地时被忽略的人。最后这些人,在所有土地的产出中,也享受到他们所需的那一份。就真正的人生幸福所赖以构成的那些要素而言,他们无论在哪一方面,都不会比身份地位似乎远高于他们的那些人差。在身体自在和

---

① 译注:作者在其他两处地方使用"一只看不见的手"(an invisible hand)这个后来变得非常著名的词句:其一在《国富论》第四卷第二章《论限制从外国进口国内能够生产的产品》,其二在一篇名叫《天文学的历史》的论文中。在这两处地方,"一只看不见的手"意义不同。在这里,以及在《国富论》里,"一只看不见的手"主要指个人自利的行为,在某种社会制度的节制与引导下,间接促成了某些非其本意的社会后果;但在《天文学的历史》中,则指所谓万有引力。严格地说,"一只看不见的手"只是一个指涉某种社会制度的比喻性修辞,那只手实际上并不存在。现代的经济学者倾向把"一只看不见的手"视为所谓"市场价格机能",似乎对概念实体化的那种逻辑谬误有推波助澜的效果。

心情平静方面,所有不同阶层的人民几乎是同一水平、难分轩轾的,而一个在马路边享受日光浴的乞丐,则拥有国王们为之奋战不懈的那种安全。

同一原理,亦即,对体系的同一热衷,对秩序之美,以及对技巧与机关设计之妙的同一珍视,往往也足以使那些有助于增进公共福祉的制度或设施得人欢心。当一个爱国者努力改善任何一部分公共政策时,他的所作所为,未必是出自纯粹同情那些将因此而获益者的幸福。一个热心公益的人之所以推动修缮道路的工作,通常不是因为他同情运货商和车夫。当立法机构设立奖励金和其他鼓励措施,以促进亚麻布或毛织布制造业的发展时,它的举措很少是出于纯粹同情那些便宜或精细布料的穿用者,更不用说出于纯粹同情布料的制造者或布商。公共政策的完善,以及贸易与制造业的扩张,本身就是高贵庄严的目标。沉思默想这些目标,使我们开心,凡是有助于促进它们的措施,我们都感兴趣。它们是伟大的统治体系的主要环节,借助于它们,政治机器的各个齿轮似乎运转得比较圆融顺畅。我们以看到或想到如此美丽雄伟的一个体系的完美为乐;我们会焦虑不安,直到我们排除了任何可能干扰或妨害此一体系规律运转的障碍,即使是最不可能造成干扰或妨害的那些障碍,我们也不会放过。然而,所有政府组织体制的价值,全在于它们是否有助于增进它们所统治的那些人民的福祉。增进人民的福祉,是它们唯一的用处与目的。不过,由于某种"体系热"作祟,由于某种对技巧与机关设计的热衷,我们重视手段的程度,有时候似乎更甚于目的,而我们所以热心想要增进同胞们的幸福,与其说因为我们对他们的幸福与否有什么直接的感觉或同情,不如说因为我们想要完善或改进某个美丽与井然有序的组织体系。① 有一些人,他们有很强烈的爱国心,但在其他方面,却显得对人类的情感非常不敏感。相反,也有一些极为仁慈的人,似乎完全没有爱国心。每个人,在他熟识的朋友当中,都可以找到这两种人的例子。有谁会比那位全球驰名的俄国立法者②更没有人性,或更有爱国心?相反,大不列颠的詹姆斯一世,虽然生性和乐善良,然而,对他的国家的光荣或利益,他似乎完全没有什么感觉。你想唤起一个看起来几乎毫无雄心壮志的人奋发向上吗?如果你向他叙述有钱有势的人是多么幸福;如果你告诉他,他们通常有遮荫避雨的屏障,得免日晒雨淋,他们很少挨饿,他们难得受冻,他们很少感到厌倦无聊或缺乏什么东西,那么,你往往将白费功夫。无论你怎样口若悬河、舌灿莲花,这种劝勉他的话语,对他几乎不会有什么影响。如果你真想成功打动他的心,那就必须向他叙述,在他们的邸第里,各个房间的布置与安排是多么便利;就必须向他

---

① 译注:关于"体系热"(spirit of system)的进一步论述,请见本书第六篇第二章第二节最后三段。指出"体系热"的存在与影响,可以说,是亚当·斯密在道德哲学方面跳脱前辈(尤其是 David Hume)影响的一个最重要的创新见解。"体系热"在当今经济学界的影响尤为极端。诺贝尔经济学奖得主 Ronald Coase,曾在其得奖的演讲文中,慨叹他所提出的交易成本理论,虽然让他得奖,却没吸引到多少追随者予以发扬光大。他说,有人认为那是因为他的理论不具"可操作性"(operational),他不解其义,不过,Oliver Williamson 曾说,这可能是指他的理论未形成体系(system)。另外,也有人抱怨当今所谓数理经济学模型,说它们美则美矣,但不切实际。真知灼见式微,而外表漂亮、内涵空洞的模型却吸引众多学子的注意,正是某种"体系热"作祟所致。

② 译注:指俄国的彼得大帝(1672—1725)。

说明，他们的整套马车配备是多么优雅合宜；并且必须向他指出，他们的仆役侍从总共有多少人、分成多少阶级，以及分别担负些什么职务。如果真有什么话可以说动他，那就是这种叙述说明了。然而，所有这些东西，也不过是有助于遮荫挡雨，有助于他们免去挨饿受冻，免去匮乏与厌倦无聊。同样的，如果你想把公德心灌输到某个似乎对国家利益毫不在乎者的心中，那么，你往往将白费功夫。如果你告诉他，在一个治理优良的国家里，人民会享有哪些优越的好处；如果你告诉他，他们将住得比较好，穿得比较好，吃得比较好，这些理由通常不会给他很深的印象。你将比较可能说动他的是，如果你向他叙述这些好处得以实现的那个伟大的公共政策体系，如果你向他解释，这体系分成好几个部分，其间有什么联系与依存关系，它们彼此怎样互相服从，以及它们整体怎样有益于社会幸福；如果你向他说明，这体系怎样可以被引进到他自己的国家，目前究竟是哪些因素阻碍这体系在那里生根，那些障碍怎样可以被移除，以及统治机器中所有个别的齿轮怎样可以运转得更为圆融顺畅，彼此不会相互摩擦，或互相妨碍各自的运转。在听了这样的一番说教后，很少有人不会觉得自己心里头有某一程度的爱国热正在扰动。他至少会在听到的那一刻，觉得想要移除那些障碍，想要使如此美丽、如此井然有序的一部机器可以动起来。没有什么比研究政治学，亦即，比研究各种不同的公民政府体系，以及其利弊得失，研究我们本国的政治体制、它的处境、它和各个外国的利害关系、它的贸易、它的国防、它为哪些不利的情况所苦、它可能遭遇到哪些危险、怎样移除那些不利的情况，以及怎样预防那些危险等等，更有助于增进爱国心了。因此，各种政策研究，如果公正、合理又可行的话，可以说，是所有理论工作中最有用的研究了。甚至那些最拙劣、最糟糕的政策研究，也并非完全没有它们的效用。它们至少有助于激发人们的公德心与爱国情，鼓舞他们找出种种增进社会幸福的办法。

第二节　论合用的外表赋予人的性格与行为的美，并论这种美在何等程度内可以被视为赞许该性格或行为的一个根本要素

人们的性格，和各种机巧的设计装置，以及公民政府的各种制度设施一样，或许适合增进，也或许适合阻挡个人以及社会整体的幸福。审慎、公正、积极、果敢坚决和酒色不沾的性格，不仅会使具有这种性格的人，而且也会使每一个和他有关系的人，有希望获得成功与满足。相反，鲁莽、自大、懒惰、优柔寡断和贪恋酒色的性格，不仅很可能使个人遭致毁灭，也很可能殃及所有和他有所关联的人。前述第一种性向，至少拥有一切可能属于为了增进最愉快的目的而被发明出来的，最完善的机器设备的那种美丽；而第二种性向，则拥有一切属于最笨拙不当的设计装置的那种丑陋。有什么统治设施，比得上人民普遍具有智慧与美德那样有助于增进人民的幸福？一切统治设施，不过是智慧与美德不足时的一个不完美的补救办法。所以，凡是能够基于政府的效用而归属于政府的美丽，必定在远为高级的层次上属于智能与美德。相反，有什么公共政策，比

得上人民种种的败德恶行那样有效导致破坏与毁灭？拙劣的政府统治，之所以会产生毁灭性的影响，完全是因为它没有充分提防人民的道德败坏可能造成的危害。

各种不同的性格，从它们各自的有用性或不利性，似乎得到的这种美丑差别，很容易以某种独特的方式，迷住那些以抽象超然的观点研究人类行为的学者。当一个哲学家费心研究仁慈为什么受到赞许，或残忍为什么受到谴责时，他未必总会在自己心里，以非常清澈分明的方式，观想任何特定的一桩残忍或仁慈的行为；他通常满足于那些性质的一般名称使他想起的那种模糊含混的念头。但是，只有在特定的个别事例中，各种行为的合宜与否，以及它们的功与过，才会清晰可辨。只有在考虑特定的实例时，我们才会清楚地察觉到我们自己的情感和行为人的情感是否相一致，或是不调和；或者说，才会在双方的情感相一致时，清楚地感觉到对他兴起一股心意互通的感激，而在双方的情感不调和时，清楚地感觉到对他兴起一股不能同情的愤慨。当我们以抽象概括的方式思考美德与邪恶时，它们赖以引起这几种情感的那些性质似乎大多消失不见了，因此，这几种情感本身也变得比较不清晰可辨。相反，美德的幸运倾向，和邪恶的致命后果，似乎因此而更为突出可见，仿佛那些倾向与后果全都自动站起来彰显自己，把美德或邪恶的所有其他性质全都比下去了。

首先解释效用为什么令人愉快的那一位聪明灵巧又和蔼可亲的作者①，对前述那种抽象超然的观点是如此的着迷，以致

---

① 译注：指前述之 David Hume。

把我们对美德的赞许，全部归因于我们看到有用的外表所赋予的这种美丽。他指出，任何心性，除非对本人或他人是有用的或是可喜的，否则就不会被视作美德，或受到赞许；而任何心性，除非具有相反的倾向，否则就不会被视作邪恶，或遭到非难。没错，自然女神为了使我们的赞许与非难不仅有利于我们个人，而且也有利于社会，似乎已经如此巧妙地调适了我们的这些情感，以致在最严格的检察后，我相信，可以发现，实际的情形的确到处正如那位作者所言。但是，我仍要断然地说，我们赞许或非难某种心性，根本的或主要的原因，绝不是在于看到它是有用的或有害的。赞许或非难的感觉，无疑会因为看到有用的或有害的倾向所赋予的那种美丽或丑陋，而更为增强、更为生动。但是，我仍然要说，赞许或非难的感觉，无论就其源头或就其本质来说，皆不同于这种美丽或丑陋的感觉。

首先，对美德感到赞许，和我们赞许一栋方便且设计完善的建筑时会有的那种感觉，似乎不可能是同一种感觉；或者说，我们似乎不可能，除了据以赞赏某个五斗柜的那种理由外，没有其他赞赏某个人的理由。

其次，仔细检查后，将会发现，任何心性的效用，很少是我们的赞许感的初始源头；赞许的感觉，总是含有某种和效用感明显不同的合宜感。在所有被当作美德而受到赞许的心性上，包括那些根据该理论体系[①]，最初因为被认为对我们本身有用而受到赞赏的心性，以及那些因为对他人有用而受到尊重的心性，我们都可以观察到这一点。

---

① 译注：指 David Hume 的理论。

对我们本身最有用的那些心性，首先当推优越的理智和理解力，我们根据这种能力，可以辨别我们一切行为的未来影响，并且预见这些影响可能导致的各种利弊得失；其次是自我克制力，这种能力使我们得以戒绝目前的欢乐或忍受目前的痛苦，以便在未来某个时候享受更大的欢乐或避免更大的痛苦。这两种心性结合起来，就是所谓审慎的美德，在一切美德当中，就以这种美德，对我们个人最为有用。

关于那些心性中的第一种，前文①曾经指出，优越的理智和理解力最初是因为正当、准确、符合真理与事实而得到赞许，不光只是因为有用或有利。最伟大与最受钦佩的人类理智发挥，主要展现在一些比较深奥的学问上，特别是高等数学方面。但是，那些学问的效用，无论是对个人或是对公众来说，却不是很明显，而且要证明它们有用，所需进行的研讨也未必很容易被人领悟。所以，使它们受到众人赞美与钦佩的因素，起初并非它们的效用。而且也很少会有什么人特别强调它们有此一性质，除非是到了不得不对某些人的叱责污辱有所回应的时候；后一种人不仅本身完全不爱好这种崇高的发现，而且还努力毁谤它们，说它们毫无用处。

同样地，我们赖以约束我们目前的欲望，以便在另一个场合获得更充分满足的那种自我克制力，因为它的合宜而受到赞许的程度，和它因为有用而受到赞许的程度，可以说不分轩轾。当我们克制自己的欲望时，对我们的作为产生影响的那些情感，似乎完全和旁观者的情感相一致。旁观者没感觉到我们目前的

---

① 译注：参见本书的第一篇第一章第四节第四段。

欲望对我们的诱惑。对他来说，我们将在一个礼拜或一年后享受的那个快乐，和我们在这一刻享受的快乐，完全一样的诱人。所以，当我们为了目前的快乐而牺牲未来的快乐时，我们的作为，在他看来，就会显得极端荒谬与毫无节制，从而他也就不可能体会那些对我们的作为产生影响的情感。相反，当我们戒绝目前的快乐，以便获得未来更大的快乐时，当我们的所作所为，仿佛对遥远的目标相对于紧贴着我们的感官的目标，同样感兴趣时，由于我们的情感完全和他本身的情感相一致，他绝不可能不赞许我们的行为；而且由于他根据经验知道，难得有人能够自我克制到这样的程度，所以，他肯定会怀着明显的讶异与钦佩，看待我们这样的行为。对于坚定不移地厉行节俭、勤劳与专心致志的人，每个人都自然会感觉到的那种崇高的敬意，便是源自于此，即使这样的行为，只是为了发财，没有别的目的。一个这样的人，他的刚毅不拔，以及他为了获得重大但遥远的好处，不仅放弃眼前的一切快乐，而且忍受最大的身心劳苦，必然会博得我们的赞许。显然支配着他的作为的那种关于他的利益与幸福的看法，完全符合我们对同一利益与幸福自然会有的看法。在他的情感和我们本身的情感间，存在着最完全的对应一致，同时，根据我们对普通人性弱点的经验，这样的对应一致，是我们所不能合理预期的。所以，我们不仅赞许，而且在某一程度内也钦佩他的作为，认为他的作为值得高度赞扬。而唯一能够支持行为人坚守这种行为方针的，也正是这种值得赞扬与尊敬的意识。对我们将在十年后享受的那种快乐，相较于可以在今天为我们所享受的那种快乐，我们是这么的不感兴趣。前一种快乐所激起的情感，相较于后一种快乐很容易引起的那种强烈的情感,自然是这么的微弱,以致前一种情感的力量,绝不可能和后一种情感的力量相抗,除非它得到合宜感的支援。亦即,除非我们意识到,如果我们采取前一种作为,我们将值得众人的赞许与尊敬,而如果我们采取后一种作为,我们将变成众人轻蔑与嘲笑的正当对象。

仁慈、公正、慷慨、以及公德心,是对他人最有用的一些心性。仁慈与公正的合宜性何在,已在前文某个场合①被解释过,那里也说明了,我们对这两种心性的尊敬与赞许,怎样取决于行为人和旁观者在情感上的调和一致。

慷慨与公德心的合宜性所赖以建立的原理,和公正的合宜性相同。慷慨和仁慈不同。这两种心性,乍看之下似乎焦孟不离仿佛同类,却未必属于同一人。仁慈是女性的美德,而慷慨则是男性的美德。女性一般比男性更温柔,但很少像男性那样慷慨。"女性罕有显著捐献的行为"②,这是民法文献中的一则评语。仁慈只不过在于,旁观者对主要当事人的感觉怀有锐敏的同情,以致为当事人的痛苦感到悲伤,为当事人的受伤感到愤怒,以及为当事人的幸运感到高兴。最仁慈的一些行为,不需要自我牺牲,不需要自我克制,也不需要奋力发挥合宜感。这种行为只不过是做出此一敏锐的同情自然会鼓舞我们去做的那些事。但是,慷慨就不同了。我们绝说不上慷慨,除非在某方面我们喜爱其他某个人甚于我们自己,或牺牲我们自己的某一重大利益,以成全朋友或上司的某一同样重大的利益。某个

---

① 译注:参见本书的第一篇第一章第三节第一段。

② 原作注:Raro mulieres donare solent(Women rarely make donations)。

人放弃他有权得到的职位,尽管这职位是他的雄心壮志所追求的伟大目标,只因他认为另一个人的服务贡献更有资格得到该职位;某个人不顾他自己的性命去保卫他的朋友,只因为他认为他朋友的性命比他的性命更重要,这两个人的行为都不是出于仁慈,或因为他们对于关系到他人的事情感觉比较敏锐,而对于关系到他们自己的事情比较没感觉。他们俩在考量那些不相容的利益时,都不是秉持在他们自己的眼里它们看起来如何的那种自然的观点,而是秉持在他人的眼里它们看起来如何的那种克己的观点。对每一个旁观者来说,这个他者的成功或存活,也许会比他们自己的成功或存活,更为正当诱人,但是,对他们自己来说,绝不可能是如此。所以,当他们为了这个他者的利益而牺牲他们自己的利益时,他们是在使他们自己适应旁观者的情感,并且恢弘大气地努力按照,他们觉得,任何第三者都必定自然会想到的那些见解行动。一个舍身保护长官的士兵,即使那位长官不幸身亡,他本身或许也不会有什么特殊的感触,如果那位长官的死完全不是他自己的过错所导致的;而他自己不幸碰上的一个很小的不如意,也许会使他感觉到一股更为强烈的悲伤。但是,当他努力采取这样的行动,以便博得赞赏,并且使公正的旁观者对支配他的那些行动的原则感到赞许时,他觉得,对每一个人(除了他自己)来说,他自己的性命,和他长官的性命相比,仿佛是沧海一粟那样微不足道,同时他也觉得,当他为了长官的性命而牺牲自己的性命时,他的行动十分恰当,完全符合每一个公正的旁观者都自然会怀抱的那些见解。

至于更为伟大的爱国行动,情形也是一样。当一个年轻的军官，为了替他的君主取得某一琐屑的新领土，而不顾他自己的性命时，这并不是因为新增的那一丁点儿版图，对他自己来说，是一个比保全他自己的性命更有价值的目标。对他来说，他自己性命的价值，无限大于他为他所效力的国家所征服的某个王国的全部领土。但是，当他比较那两个目标的相对价值时，他并不是站在他自己私人自然会采取的那个立场，而是站在他所效命的那个国家全体人民的立场。对全民来说，战争胜利至为重要，而个人的性命则无足轻重。当他采取全民的立场看待问题时，他会立即觉得，他绝不可能过于浪费他自己的鲜血，如果他所流的血有助于达成这么有价值的一个目的。他的英勇气概就在于，他这样以合宜的义务感，挡住了所有自然的情感中最强烈的那种倾向。有许多诚实的英国人，在他们私人的岗位上，损失了一枚基尼币所感到的心情烦乱，远比他们为英国损失了米诺卡岛（Minorca）所感到的更为严重；然而，如果他有能力保卫那座要塞，他将宁可牺牲他的性命千百次，也不愿意眼睁睁地看着它，由于他的过错，落入敌人的手中。① 当（罗马史上）首位布鲁特斯②，因为他自己的两个儿子阴谋背叛正在成长中的罗马自由，而把他们领出去接受死刑时，设使他

---

① 译注：这段话显然是依据英国海军上将 John Byng（1704—1757）的故事而写的。1756 年 5 月，在所谓七年战争开始时，John Byng 在英属 Minorca（西班牙西部一岛屿）外海未能有效打击法国舰队，并且未解救岛上被法军围攻的守备部队。John Byng 后来受到军法审判，被处以死刑。

② 译注：根据传说，Lucius Junius Brutus 于公元前 509 年逐出罗马的独裁者 Tarquinius Superbus，缔造了罗马共和国，并获选为共和国的首任执政官。据说他的两个儿子阴谋使独裁者复辟，因而被他判处死刑。

只顾虑到他自己私人的感受，那么，他便可以说为了满足一种比较微弱的爱，而牺牲了一种显然比较强烈的爱。在他自己的儿子死亡和罗马因为缺乏这么伟大的一个警戒榜样而可能蒙受的所有不幸间，布鲁特斯自然应当对前者怀有更多的同情。但是，他不是以一个父亲的观点，而是以一个罗马公民的观点，在看待他们。他如此彻底地同情后面那个角色的感觉，以致完全不顾存在于他自己和他们之间的亲子关系。对一个罗马公民来说，即使贵为布鲁特斯的儿子，如果拿来和罗马最小的利益相比，也显得不足挂齿。在这些，以及所有其他同类的例子当中，我们所以对这种行为感到钦佩，与其说因为我们看出这种行为的效用，不如说因为我们觉得这种行为不仅合宜，而且是出乎意料之外的合宜，因此，是伟大、尊贵与崇高的合宜。这种行为的效用，当我们认真考虑到它时，无疑会以一种新的美丽属性归附给这种行为，因此会更加使这种行为得到我们的赞赏。然而，主要是一些喜好沉思臆测的人，才会察觉到这种美丽的属性，最初使大多数人自然觉得这种行为是值得赞赏的，绝不是这种性质。

值得一提的是，当赞赏的情感完全源自察觉到这种效用之美时，这种赞赏的情感便和他人的情感完全没有任何关系。所以，假使某个人在和社会完全隔绝的情况下长大成人，如果真有这种可能的话，则他自己的各种行为，或许仍然会因为它们有助于他的幸福或不便，而受到他本人的赞赏或非难。他或许会在审慎、节欲和良好的作为上察觉到这种效用之美，并且在与此相反的作为上察觉到丑陋；在前一种场合，当他在观察自己的气质与性格时，或许会怀着我们在打量一部设计优良的机器时所感到的那种满足；而在后一种场合，或许会怀着我们看到一部笨拙粗陋的机器时所感到的那种厌恶与不满。然而，由于这些美丑的感受全然是一种品味鉴赏的问题，因此具有这种感受能力所隐含的一切脆弱性与微妙性（真正称为品味的那种鉴赏能力，便是建立在这种感受能力精确正当的基础上），所以，它们很可能不会受到一个凄凉独处的人怎样的注意。即使它们偶尔被他察觉到，但在他和社会发生联系之前，它们对他的影响，和那种联系发生后，它们将会对他产生的影响，也绝不会相同。在他和社会发生联系之前，当他察觉到这种丑陋时，他不会因为内心感到羞愧而垂头丧气；而当他意识到与这种丑陋相反的美感时，他也不会因为暗地里觉得精神胜利而得意洋洋。他不会因为觉得自己在后一种场合值得奖赏而兴高采烈，也不会因为怀疑自己在前一种场合应受惩罚而担心战栗。所有这样的情感都预设他事先有其他某个人存在的念头，这个人是感觉到这些情感的那个人的自然审判官。因为唯有借由对这个审判者就他的作为所做出的各种裁决产生同情，他才可能感受到自我赞扬时的胜利喜悦，或自我谴责时的挫折羞愧。

第五篇

论社会习惯与时尚对道德赞许与谴责等情感的影响

第一节　论社会习惯与时尚
　　　　对美丑概念的影响

除了已经列举的那些因素外，还有其他一些因素，不仅对人类的道德情感有不可忽视的影响，而且也是许多不规则与不一致的道德褒贬意见在许多不同的时代与国家流行的主要原因。这些因素包括社会习惯（custom）与时尚（fashion），它们的影响范围也兼及我们对各种美丑的判断。

当两个物体经常被我们看见出现在一起时，我们的想象力会形成一种习惯，即我们很容易从其中一个物体想到另一个物体。当第一个物体出现时，我们期待另一个物体也将跟着出现。它们自然而然地使我们想起它们彼此，我们的注意力很容易从其一攀缘至另一。尽管在它们的结合当中，除了习惯之外，完全没有真正的美，然而，当习惯已经这样把它们联系在一起时，我们会觉得它们的分离具有某种不合宜性。当其中一个出现时，如果没有它常见的同伴相随，我们会认为它很不雅观。我们没看到某个我们期望看到的东西，我们的习惯性想法被此一失望给搅乱了。例如，三件一套的服装看起来像缺少什么似的，如果它们没有配上通常会伴随它们出现的那种装饰品，无论这装饰品怎样琐碎；我们甚至会在它们少了一颗臀部位置的纽扣时，觉得它们难看或不雅。当它们的结合具有任何自然的合宜性质时，习惯会增强我们对这种合宜的感觉，从而使它们的分离看起来更加令人厌恶。那些习于见到物品高雅精致的人，对凡是难看或笨拙的物品，会感到更为强烈的厌恶。当它们结合在一起其实并不合宜时，习惯会减少或完全消除我们对这种不合宜的感觉。那些习于见到各种东西散乱无序的人，会丧失所有整齐或优雅的感觉。有些家具或衣服的式样，在陌生人看来显得荒谬可笑，然而，习于使用它们的那些人却不会觉得有什么不妥。

时尚不同于社会习惯，或者不如说，时尚是一种特殊的社会习惯。每个人身上穿的衣裳，不是时尚，但是，有地位或名声的那些人身上穿的，却是时尚。权贵人士那种优雅、从容与威风凛凛的仪态举止，和他们的衣裳一向惯有的贵重与华丽结合在一起，使他们偶尔穿上的那个式样，被赋予了某种优美的性质。只要他们继续穿上这个式样，在我们的想象中，该式样就会和某种优雅华丽的念头联系起来，而因为有此一联系，即使该式样本身其实很平凡普通，看起来也会具有某种优雅华丽的气氛。然而，一旦他们抛弃了它，它就会立即失去从前似乎拥有的一切优美，而且由于如今只被下层人民穿用，它看起来便多少具有属于下层的那种卑鄙难看的性质。

全世界的人都承认，衣裳和家具的式样，完全受社会习惯和时尚的支配。然而，那两项因素的影响，绝不仅限于如此狭窄的范围，而是自然会扩展到所有在任何方面可以品味鉴赏的事物，包括音乐、诗词与建筑。衣裳和家具的式样经常改变，五年前受到众人喜爱的那种式样，今天看起来却滑稽可笑。实际的经验使我们确信，某些式样之所以流行，主要是或完全是拜社会习惯与时尚所致。衣服和家具所使用的材料不是很耐久。一件精心设计的上衣，穿了一年之后便褪色走样，不再能够持续传播当初缝制时所依据的那个式样作为当今的时尚。家具式样改变的速度没有衣裳那么快，因为通常家具比衣裳耐久一些。然而，经过五六年后，家具式样通常也会有一番全面性的变革，每个人在他的一生中，都可以看到这方面的时尚式样改变了许多次。其他一些工艺作品，比衣裳和家具都更为耐久，因此，如果创作巧妙的话，也许可以在更长的一段时间内，持续传播它们当初所掀起流行的时尚式样。一栋精心构造的建筑也许可以屹立好几个世纪；一种美丽的风格，也许会被某种艺术流派传递下来，连绵不断经过好几个世代；一首绝妙好诗，也许和天地共长久，所有这些东西都可存在好几代，持续使当初建构它们时所依据的那个特别风格，或所依据那个特别品位与特色，成为流行的风格与品位。很少有人有机会在他们的一生中，看见任何这些艺术中的流行式样发生什么重大的变化。很少有人，对远代异国所流行的各种不同的风格式样，有如此深入的经验与认识，以致完全安于接受它们，或能够在它们和本国当代所流行的风格式样间，做出公正的优劣评断。所以，很少有人愿意承认，社会习惯或时尚，对他们自己怎样评断那些艺术品的美丑有很大的影响；反而以为，所有他们认为在那些艺术创作中应该遵守的各种规则，全都是本于理性与自然，而不是本于社会习惯或偏见。然而，只需稍微点拨一下，便可使他们承认实际的道理正好相反，使他们确信，社会习惯与时尚对衣裳和家具的影响，并不比对建筑、诗词和音乐的影响更为绝对。

例如，可有什么理由说，陶立克式的（Doric）柱头只适用在长宽①比为八比一的柱子上？爱奥尼亚式的（Ionic）涡形柱

---

① 译注：宽，指直径。

头只适用在长宽比为九比一的柱子上？柯林斯式的（Corinthian）叶形柱头只适用在长宽比为十比一的柱子上？所有这些专属的柱头形式看起来所以合宜，除了社会习惯使然之外，不会有其他的原因。已经习于见到某一特殊比例的柱子和某一特殊形式的柱头连在一起的眼睛，如果没看到它们连在一起，会觉得不舒服。五种柱型①中的每一种，都有其特殊的柱头装饰，不得以其他任何装饰顶替，否则一定会触怒每一个对建筑规则稍有涉猎的人。诚然，某些建筑师认为，古人在为每一种柱型分派其合宜的柱头装饰时，所展现的判断力是这么的细腻绝妙，以至于再也不可能找到其他同等合适的柱头装饰。然而，尽管这些柱头形式确实极其好看宜人，但若要说唯有那些柱头适合长宽比例是那样的柱子，或在那些社会习惯确立之前，找不到其他五百种柱头同等适合长宽比例是那样的柱子，那就未免有点儿难以想象。然而，当社会习惯已经确立了某些特殊的建筑规则以后，只要这些规则并非全然不合情理，则想要以其他一些只是同样好看的，或甚至就优雅美观而言，稍微自然优于它们的规则，去取代它们，却会显得荒唐可笑。某个人会显得荒唐可笑，如果他穿了一套十分与众不同的衣服出现在众人眼前，即使他的那一套标新立异的服装本身非常优雅或方便。同样的，一栋房子的装饰，如果十分不同于社会习惯与时尚所规定的那种式样，似乎也含有同一种荒唐可笑的成分，即使这标新立异的装饰本身稍微优于一般常见的式样。

---

① 译注：18世纪于英国流行的柱型，除了前述的三种古希腊式柱型外，还有塔斯卡尼式（Tuscan）和混合式（Composite）两种古罗马式柱型。

某些古代的修辞学家认为,一定的韵律,本质上,只适用在一定种类的著述里,因为该韵律自然会散发出那种应该在该类著述里占支配地位的性质、情感或感觉。他们说,某一种韵律适合庄重的著述,而另一种韵律则适合轻松的著述,两种韵律如果互换,他们认为,那就很不恰当。然而,现代的经验似乎与此一原则背道而驰,虽然此一原则本身看起来很可能是正确的。在英文中所谓讽刺诗的韵律,在法文中却是英雄诗的韵律。拉辛(Racine)的悲剧和伏尔泰(Voltaire)的《亨利王颂》(La Henriade)所使用的韵律,几乎和"让我听听您对这重大抉择的意见"① 相同。相反,法文中的讽刺诗韵律,却很像英文中的十音节英雄诗韵律。由于社会习惯使然,让某国人民兴起庄重、崇高与严肃想法的那种诗韵,在另一个国家却会让人民联想起轻松、随便与滑稽的念头。在英文里,不会有什么著作,比运用法文中的亚历山大(Alexanderine)诗韵写成的悲剧,更为荒唐可笑;相反,在法文里,也不会有什么著作,比运用十音节的英雄诗韵写成的悲剧,更为荒唐可笑。

在写作、音乐或建筑等各种艺术领域中,杰出的艺术家会使以往确立的艺术模式发生重大的变化,并且引进新的时尚式样。正如一个地位崇高又和蔼可亲的人,他所穿着的衣裳自然得人欢心,而且无论怎样奇异怪诞,很快便会受到众人赞美与

---

① 译注:"Let me have your advice in a weighty affair."这是以《格利佛游记》(Gulliver's Travels)闻名于世的英国讽刺作家 Jonathan Swift(1667—1745)所写的讽刺诗"The Grand Question Debated. Whether Hamilton's Bawn should be turned into a Barrack or a Malt-House"起头的第二行。注意原诗每行各有 12 音节。

模仿；所以，一个杰出的艺术大师，他的显赫地位也会使他的奇异怪诞受人欢迎，并且使他的特色，在他所从事的那门艺术中，成为时尚的风格。由于模仿某些音乐与建筑大师的奇特作风，意大利人在音乐与建筑方面的品位，在过去这五十年内，经历了重大的变化。昆悌良（Quintilian）① 责备塞涅卡（Seneca），说他败坏了罗马人的品位，说他引进了一种轻浮的秀丽，取代了庄严的理性与阳刚的雄辩。萨勒斯特（Sallust）和塔西特斯（Tacitus）也受到其他一些人的指责，说他们和塞涅卡一样败坏了罗马人的品位，虽然败坏的方式有所不同。据说，他们使某种写作风格大行其道，这种风格虽然极其简洁、优雅、意味深长，甚至极富诗意，不过，却是不自在、不单纯、不自然，并且显然是最费劲的与最用心的矫揉造作。一位作家必须具备多少伟大的品质，才能使他的一些真正的缺点这样讨人喜欢？在提高一国人民的品位那样的称颂之后，评论家所能给予任何一位作家的最高礼赞，也许是指责他败坏了一国人民的品位。就我们自己的语言来说，蒲伯先生（Mr. Pope）② 和斯威夫特博士（Dr. Swift）③ 已经各自把一种不同于以往的写作风格引进到所有以韵文写成的作品里，前者的风格目前风靡于长韵文，而后者则风靡于短韵文。巴特勒（Butler）④ 的离奇有趣，已经让位

---

① 译注：Marcus Fabius Quintilian，公元 1 世纪的罗马修辞学家与评论家。
② 译注：参见本书第三篇第二章。
③ 译注：即第 283 页注 1 提到的 Jonathan Swift。
④ 译注：Samuel Butler（1612—1680），以戏仿英雄诗体讽刺清教徒的诗作 Hudibras 闻名于世。

给斯威夫特的平易近人。德莱敦（Dryden）① 的作品散漫自由，阿迪生（Addison）② 的作品正确得体，但往往冗长且平淡无力，不再是人们模仿的风格。目前所有长韵文的创作，都模仿蒲伯先生那种神经过敏的严谨风格。

　　社会习惯与风尚的影响范围，并不仅限于各种工艺作品。我们对于各种自然物体的美丑判断，也同样受到它们的影响。有多少不一样甚至相反的形状，在各种不同的动物身上，被认为是美丽的？在某种动物身上受到爱慕的那些体形比例，完全不同于在另一种动物身上受到珍视的那些比例。每一类动物，都有其独特的一个受到赞许的形态，都有一种属于它自己那一类，明显不同于其他每一类动物的美丽。正是基于此一缘故，所以，巴菲尔（Buffier）③ 神父，一位博学多闻的法国耶稣会教士，才断言，每一物体的外形之美，全在于该物体具有它所属的那一类物体中最常见的那个形状与颜色。因此，就人类的体形来说，每一部分相貌之美，就在于某一中庸的形状，和其他各式各样难看的形状间隔一样远。例如，美丽的鼻子，既不会太长，也不会太短，既不会太挺直，也不会太弯曲，而像是居于所有这些极端的形状中间似的，和这些极端的形状中的任何一个差异的程度，小于这些极端的形状彼此之间的差异。自然女神每次在塑造人类的鼻子时，原本瞄准的目标，似乎正是这个中庸的形状，然而实际上，她几乎每次都射偏了，偏离的方

---

① 译注：John Dryden（1631—1700），英国诗人、剧作家及评论家。
② 译注：Joseph Addison（1672—1719），英国散文家及诗人。
③ 译注：Claude Buffier（1661—1737）。

式有千百种，就是很少准确地命中目标；不过，所有那些偏离的形状，仍然酷似那个目标。当我们按照某个模型描绘许多张图画时，虽然所有这些图画也许会在某些方面和该模型不相像，不过，它们各自和该模型相似的程度，肯定大于它们彼此相似的程度；该模型的一般特色，肯定会出现在这些图画的每一张中；最奇特怪异的图画，肯定是那些和该模型最不像的；而且虽然很少有哪一张图画丝毫不差地复制该模型，不过，描绘得最为准确的那些图画，和描绘得最为草率的那些图画，它们之间的相似度，仍将大于后者彼此之间的相似度。同样的，每一种生物中最美的个体，具有该种生物的一般外型构造中一些最明显的特征，因此和其他大部分属于同一种生物的个体最为相似。相反，怪物或十分畸形的个体，总是最奇特怪异的，总是和它们所属的那一种生物的大部分个体相似的程度最小。因此，每一种生物中，美丽的个体，虽然就某一意义来说，极其稀罕，因为很少有哪一个个体丝毫不差地长成这个中庸的模样，然而，就另一个意义来说，美丽的个体却是最常见的，因为所有偏离美丽的东西，和美丽的相似度，大于它们彼此之间的相似度。所以，巴菲尔神父认为，就每一种生物来说，最为习见的那种形状，就是最美的形状。也因为如此，在我们能够判断任何一种物体的美丑，或知道其中最为常见的中庸形状是个什么样子之前，我们必须对该种物体有一定程度的实际审视经验。判断人类美丑的能力，无论怎样细腻敏锐，也无助于我们判断花、马或其他任何一种生物的美丑。同样的，就任何一种生物来说，在不同的气候地带，以及不同的风俗与生活方式下，由于它会从那些风土环境获得某种不同的一般形态，所以，关于它的美丑标准也会有所不同。摩尔人判断骏马的标准，和英国人判断骏马的标准，并不尽然相同。关于人类体形与面貌的美丑，不同的民族有什么不同的看法？在几内亚海岸，肤色洁白是一种令人震惊的畸形，厚唇与扁鼻才是美。在某些民族，一双下垂到肩膀的长耳朵，是普受爱慕的对象。在中国，一位淑女的脚如果大到适宜用来行走的话，那她就会被视为奇丑无比。某些北美洲的民族，绑四块木板在他们的幼儿头颅的四周，如此在那些头颅还很柔软时，把它们挤压成几乎是正四方形。欧洲人对此一社会习惯的荒谬野蛮大感惊奇，某些传教士认为，那些民族特别愚蠢，所以才盛行这种社会习惯。但是，当他们在谴责那些野蛮民族时，却没有反省，欧洲的淑女们，在过去将近一世纪的期间内，不断地努力把她们那自然圆滚滚的美丽身躯挤压成同一种四方形，直到最近这几年才停止。尽管大家都知道此一做法会导致许多扭曲变形与疾病，然而，由于社会习惯使然，此一做法，在某些也许是这世界曾经见过的最文明的民族中，却受到人们欣然赞许。

　　这就是那位博学多闻又极富创意的神父，关于美的本质，所提出的理论。据他所言，凡是美的东西，它的全部魅力，似乎源自它的形象，和它所属的那一类东西使我们习以为常的印象相符。然而，我还是无法被说服相信，我们的美感，甚至我们对外在美的感觉，完全建立在习以为常或司空见惯的基础上。就任何形状而言，它的效用，亦即，它适合产生它被打算用来产生的一些好处，显然会使它具有可取之处，使它无须仰赖社会习惯的赞许，便可得到我们的喜爱。某些颜色比其他颜色更为讨喜，当我们第一次见到它们时，便觉得眼睛比较舒服。光滑的表面比粗糙的表面更为讨喜。富于变化的形状比冗长单调的一成不变更惹人喜欢。连成一气的变化，其中每一个新出现的变化似乎都由前一个变化带出来的，而且其中所有邻接的部分彼此似乎具有某种自然的关系，比一堆没有关联的物体支离破碎、乱无秩序地凑在一起更为讨喜。但是，虽然我无法接受社会习惯是美的唯一原理这样的主张，不过，我却可以承认此一巧妙的理论含有一定程度的真理，亦即，我承认，第一，任何东西的外在形状，如果十分反常，十分不像我们在同一类的东西中所习惯见到的那个形状，那它便几乎不可能美得使我们觉得愉快；第二，任何东西的外在形状，如果社会习惯始终不变地赞许它，如果我们已经习惯在每一个属于同一类的个体身上看到它，那它便几乎不可能丑到使我们觉得厌恶。

第二节　论社会习惯与时尚对道德情感的影响

既然我们对各种美丑的感觉，是如此显著地受到社会习惯与时尚的影响，那也就不可能指望，我们对行为美丑的感觉，会完全不受这两种因素的左右。然而，它们在这方面的影响，似乎远小于它们在其他方面的影响。也许没有什么外在物体的形状，无论怎样荒谬奇怪，是社会习惯无法使我们甘心忍受的，或是时尚无法使它变成甚至受人欢迎的。但是，像尼禄（Nero）[①]

[①] 译注：Nero（37—68），罗马皇帝（54—68），以迫害基督教徒而在历史上恶名昭彰。

或克劳迪（Claudius）①那样的性格与行为，任何社会习惯都无法使我们甘心忍受它们，任何时尚也都无法使它们变得受人欢迎。前者将始终是畏惧与憎恶的对象；而后者将始终是轻蔑与嘲笑的对象。我们的美丑感觉所倚赖的那些想象力因素，本质是这么的细腻与纤弱，以至于很容易被社会习惯与教育改变。但是，道德赞许与非难的情感，却是建立在最强烈与最旺盛的人性热情基础上；它们也许会稍微受到弯曲，但绝不可能完全被扭曲颠倒。

虽然社会习惯与时尚对道德情感的影响，确实不是这么的大，但是，它们在这方面的影响，和它们在其他方面的影响，性质仍然十分类似。当社会习惯与时尚和自然的是非褒贬原则相一致时，它们会提高我们的道德情感的敏锐度，使我们更加厌恶任何接近邪恶的事物。那些不是在普通所谓好的，而是在真正好的师友环境中被教育培养出来的人，那些在他们所尊敬的与日常交往的师友身上习惯见到的，无非是公正、谦逊、仁慈、与端正合宜的人，对于凡是看起来不符合那些美德规范的行为，一定会比其他人更感震惊。相反，那些不幸在暴戾、放荡、撒谎与不义的环境中被教育培养出来的人，虽然不至于完全不觉得那种行为不合宜，不过，对那种行为的可怕与罪大恶极，或对那种行为应受的报复与惩罚，他们肯定完全没有感觉。

---

① 译注：Tiberius Claudius Drusus Nero Germanius（10—54），罗马皇帝（41—54），天生体质孱弱，在内政与外交上虽颇有建树，但与元老院关系不睦，加上官闱失和，他的第一位妻子因密谋推翻他而被他处死，而他最后则在有关继位人选的勾心斗角中，被他的第二位妻子以毒蘑菇汤毒死。

自幼年时期开始,他们便已熟习那种行为,习惯已经使他们对那种行为见怪不怪,他们很可能会把那种行为看成是为人处世之道,看成是我们可以或必须采取的生存方式,以免我们因为我们自己的正直而受骗。

时尚,有时候也会使一定程度的行为不检受到好评,甚至反常地,不赞成一些值得尊敬的性格。在查理二世统治期间①,某一程度的放荡,被认为是受过文科教育的特征。根据那时候流行的想法,那样放荡的行为,和慷慨、诚实、宽宏、忠贞等等连在一起,并且足以证明那样放荡的人是个绅士,而非清教徒。相反,态度严谨,举止端庄,却完全不流行,并且在那时候流行的想法中,严谨与端庄是和装模作样、狡猾、伪善、低俗等等连在一起的。对那些思想肤浅的人来说,大人物的各种恶习,无论什么时候都是讨人喜欢的。从那些恶习,他们不仅联想到巨富的光彩,也联想到许多他们认为身份地位优于他们的人一定具备的优人一等的美德,包括自由独立的精神、坦率、慷慨、仁慈与优雅有礼。相反,下阶层民众的那些美德,包括近乎吝啬的节俭、不辞辛劳的勤勉以及严格遵守各种规矩,在他们看来,则是卑鄙与令人厌恶的。从那些美德,他们不仅联想到它们通常所属的那种身份地位的卑贱下流,也联想到许多他们认为通常会与它们一起出现的重大恶习,诸如,某种卑劣无耻、卑怯胆小、心地不良、说谎虚伪与小偷小窃的性向。

职业与身份地位不同的人,由于平常亲近的对象很不一样,因此习惯感受到的情绪也很不一样,所以自然会形成很不一样

---

① 译注:1660—1685年间。

的性格与态度。对于每一种职业与身份，我们都期待在一定程度内看到，根据经验判断属于该种职业与身份的那些习性与态度。但是，正如在每一种物体当中，我们特别喜欢那中庸的形状，这形状的每一部分与特征，最正确地吻合自然女神似乎为那种物体所制定的一般标准，所以，在每一种身份地位当中，或者如果允许我这么说，在每一种人当中，我们特别喜欢的那些人，在他们身上，那种通常和他们所属的身份地位相伴的性格，既不会太多，也不会太少。我们说，一个人应该看起来像他的行业与职业，不过，拘泥卖弄其行业与职业性格的人，却不讨人喜欢。同样的，各个不同的生命阶段，也各有其适当的举止态度。在老年人身上，我们期待看到，他的年老体衰、他的长期经验，以及他那用旧磨损的感觉，似乎使之显得既自然又可敬的庄重与镇静；而在年轻人身上，因为经验告诉我们，一切有趣的事物，在年轻人那些柔嫩与缺乏经验的感觉上，都自然会留下强烈的印象，所以，我们期待看到腼腆敏感、兴高采烈与朝气活泼。然而，这两种年纪中的任何一种，或许都很容易具有太多这些属于它的特征。年轻人的卖弄轻佻和老年人的冷酷无情，同样不讨人喜欢。俗谚说，最讨人喜欢的年轻人，他们的行为中，有一点老年人的样子，而最讨人喜欢的老年人，他们的行为中，还保有一点年轻人那种活泼的朝气。然而，任何一种年纪，或许都很容易具有太多属于另一种年纪的特征。极端冷静与死板拘礼出现在老年人身上，或许会受到宽恕，但出现在年轻人身上，则会受到嘲笑。在年轻人身上会受到纵容的轻佻、草率与虚荣，会使老年人显得可鄙。

被我们根据社会习惯分派给各种不同的身份与职业的那些

特殊的性格与态度，有时候也许含有一种与社会习惯无关的合宜性，亦即，我们应该会因为它们本身的缘故而赞许它们，如果我们把分别对各种不同的身份与职业自然会有影响的那些情况全部纳入考量的话。个人行为的合宜性，所依凭的不是它适合他的处境中的哪一个情况，而是它适合所有那些，当我们设身处地为他着想时，我们觉得自然会要求他注意的情况。如果他显得如此全神贯注于其中某一个情况，以致完全疏忽其余的情况，我们便不会赞许他的行为，因为它并不适合他的处境中的所有情况，我们无法完全苟同。不过，如果出现一个无须分心注意其他任何事情的人身上，他对主要吸引他注意的那个事物，所表达出来的那种情感，也许不超过我们应该会完全同情并给予赞许的程度。一个没有任何公职在身的父亲，在失去他的独子时，或许可以表现出某一程度的悲伤与柔弱而不致遭人非议，但是，同样的情感，如果出现在一位率领军队作战的将军身上，当个人的光荣，以及国家的安全，需要他投注大部分注意力时，那就不可宽恕。由于职业不同的人通常应该会专注于不同的事物，所以，他们自然也应该变得习惯于感受到不同的情绪。当我们用心体会他们在这方面的处境时，我们一定可以理解，每一件事，自然应当按照它所激起的情绪和他们固定的性情习惯相符的程度，对他们的情感造成或多或少的影响。我们不可能期待一位牧师，对不正经的世俗享乐与消遣，会有和军官一样的感受。一个以提醒世人牢记等候着他们的那个可怕的未来为其特殊职业的人，一个要宣告每一桩偏离义务规则的行为会有什么致命的后果的人，一个要以身作则为最严正的宗教信仰树立榜样的人，他所传递的信息种类，似乎不是轻佻或轻率的使者适合传递的那一种。他的心思,想必经常被极其庄严与神圣的念头所盘踞,以致没有多余的空间去感受那些吸引放荡与快活的人全神贯注的无聊事物。所以,我们会毫不犹豫地觉得,社会习惯分派给这个职业的那种举止态度中,自有一种与社会习惯无关的合宜性;并且觉得,没有什么会比我们习惯在他的行为中期待看到的那种庄重、严肃与远离一切尘嚣的简朴性格,更适合一个牧师。这些想法是如此的浅显明白,应该不会有什么人这么不知体谅别人,以致完全未曾偶尔想到这些,或未曾自忖这就是他自己所以对神职人员惯有的性格觉得赞许的原因。

其他一些职业惯有的性格,其合宜性的基础,就不是这么显而易见的。对于这些性格,我们的赞许,似乎纯粹基于习惯,没有获得任何前述那种揣度思量的佐证或加强。例如,我们根据社会习惯,把快活、轻佻、活泼随性,以及一定程度的放荡这样的性格,归属于职业军人。不过,假使我们认真考虑什么性情或气质最适合这种情况的话,我们或许很可能断定,最严肃审慎的气质最适合他们,因为他们的生命经常暴露在极端危险中,因此他们应该比别人更常想到死亡及其后果。然而,此一情况,很可能正是为什么相反的性情在军人当中这么普遍的原因。要克制死亡的恐惧,以便镇静凝神地审度死亡,所需的努力是如此的巨大,以致那些经常面对死亡的人发现,把他们的思绪完全转移到死亡以外的念头上,把他们自己包裹在漫不经心与不在乎的安全假象中,以及为了这个目的投身于各种娱乐和放荡的行径,对他们来说比较容易。对喜好沉思或郁郁寡欢的人来说,军营实在不是一个适合他的场所;没错,那种气质的人往往是非常坚决的，并且能够奋力不屈不挠地果敢面对最不可避免的死亡。但是，当他面对的，虽非迫在眉睫，却是持续不断的危险时，当他不得不长期发挥一定程度的努力视死如归时，他的心力将因此而消耗殆尽，他的性情将变得如此消沉，以致感受不到任何幸福与欢乐。相反，那些轻佻快活与漫不经心的人，那些完全用不着努力视死如归的人，那些完全下定决心绝不考虑他们的未来，那些下定决心要在不断的享乐与消遣中，把他们对处境的所有忧虑全部忘掉的人，就比较容易忍受这种情况。每当一个军官，不论由于什么特殊的缘故，没有理由期待他会遭遇什么不寻常的危险时，他往往会失去他的性格中那种轻佻快活与浪荡轻率的成分。一支城市卫戍部队的指挥官，通常是一个和他以外的市民同胞们一样不太喝酒、一样谨小慎微、一样吝啬节俭的家伙。同样的，太平的日子一久，军人与一般市民之间的性格差异，往往也会跟着变小。然而，军人的平常处境，还是会使快活轻佻，以及一定程度的放荡，如此鲜明地成为他们当中常见的性格；而我们的想象习惯，也如此紧密地把这种性格和这种身份联系在一起，以致我们往往会瞧不起任何因为气质或境遇特殊而无法养成这种性格的人。我们嘲笑某个城市卫兵的脸色庄重谨慎，因为这脸色是如此不像他的同胞。他们自己似乎也常常以他们本身的言行举止循规蹈矩为耻，并且为了避免偏离他们的职业形象，他们喜欢装出一副绝非他们本性的轻浮模样。不管是什么样的举止态度，只要我们习惯在某一有体面的职业中看到它，在我们的想象中，它就会变得和那个职业如此紧密地联系在一起，以致每当我们看到它们当中的某一个，便期待会遇到另一个，而一旦期待落空，就会遗憾没有看到我们预期发现的东西。我们觉得困窘，手足失措地僵住，不知道怎样和这样的一个怪人，一个显然在假装他不属于那种我们习惯认为他属于的怪人攀谈。

同样的，不同时代与国家的不同处境，往往使生活在其中的大多数人民养成不同的性格。对各种一定程度的人品性质，他们的感觉，是觉得应予谴责，或是觉得值得钦佩，无论如何，会随着各种人品性质，在他们自己的国家与时代，常见的那个程度而有所不同。在俄罗斯会被高度尊重的那个程度的客气有礼，甚至也许还会被认为是娘娘腔的谄媚，在法国宫廷里会被视为粗鲁野蛮。在一位波兰的贵族身上，会被认为过分吝啬的那个程度的持身节俭，在一个阿姆斯特丹的公民身上，会被视为挥霍无度。每一个时代与国家，都会把他们在他们自己所尊敬的那些人身上常常看到的那个程度的各种性质，看成是各该种才干或美德的中庸之道。而由于他们的处境不同，使他们或多或少习惯见到不同程度的各种人品性质，所以在他们看来，各种人品性质的中庸之道便有所不同，从而他们觉得最为正确合宜的那种品行也就随之而异。

在文明的民族中，以仁慈为基础的各种美德，受到的培养，多于以克己和禁欲为基础的美德。在未开化的野蛮民族中，情形刚好相反，各种克己的美德，得到比各种仁慈的美德更多的培养。在谦恭有礼的文明时代，人民普遍享有安全与幸福，没有多少机会磨练培养藐视危险，以及耐心忍受辛劳、饥饿与痛苦的美德。贫穷很容易避免，所以，不在乎贫穷，几乎不再是一种美德。禁绝享乐的欲望，变得比较不那么必要，心灵比较可以随意放松它自己，并且在所有享乐事项上，纵容它的各种自然倾向。

在野蛮民族中，情形则完全相反。每一个野蛮人都接受某种斯巴达式的训练，并且迫于处境的需要，都惯于忍受各种困苦。他经常处于危险之中；他时常面对极端的饥饿，并且常常有死于缺乏食物的危险。他的处境，不仅使他习于忍受各种危难困苦，而且也教他绝不可流露出那危难困苦可能激起的任何情感。他不可能期待，对于这种软弱的情感，他的同胞们会给予任何同情或纵容。在我们能够好好怜悯他人之前，我们自己必须多少享有一些轻松自在。如果我们自己的不幸使我们极端感到苦恼，我们便不会有闲工夫去注意我们邻人的不幸，而所有野蛮人都太过于忙着应付他们自己的各种匮乏与需要，以致不太会去注意他人的匮乏与需要。所以，一个野蛮人，不论他的苦恼属于什么性质，绝不指望在他周遭的人会同情他，并且因为这个缘故，他也不屑暴露他自己的真感情，容许最微小的软弱征候逸出他的掌握。在他心中翻腾的感情，无论怎样狂暴强烈，绝不会被允许扰乱到他脸部表情的平静，或他行为举止的镇定。据说，北美洲的那些野蛮人，在所有场合，都摆出极其冷漠的态度，并且会觉得他们自己很丢脸，如果他们在任何方面显得克制不住自己的感情，不管是因为爱，或因为悲伤，或因为怨恨。他们在这方面的宽宏大度与自我克制，几乎超过欧洲人的想象。在地位与财富人人平等的一个地方，有人或许会预期，男女双方的情投意合，应该是婚姻的唯一考虑，而且应该毫无保留地受到尊重与纵容。然而，正是在这样的地方，所有婚姻，无一例外，都由父母决定，而且一个年轻人会认为他自己将永远羞于见人，如果他显露出，哪怕只有一丁点儿，他喜欢某个女子甚于其他女子，或没有表现出，对于什么时候结婚，以及和什么人结婚，他完完全全不在乎的样子。人在爱情中的软弱，在仁慈有礼的时代，受到如此大方的纵容，然而，在野蛮民族中，却被视为最不可宽恕的懦弱。甚至在结婚后，男女双方似乎还会为某种结合感到羞耻，只因那结合是建立在如此肮脏的一个必要性基础上。他们不住在一起。他们只偷偷地互相探视。他们各自继续住在他们自己的父亲家里。在所有其他的地方都是清白无咎而被允许的那种两性公开的同居，在这里却被认为是最下流与最没有男人气概的纵欲好色。而且，他们也不只对这种愉快的情感施加这样绝对的自我克制，他们时常在所有他们同胞的注视下，以最无动于衷的表情，没有表现出丝毫的愤怒，忍受伤害、斥责与最下流的侮辱。当一个野蛮人不幸成为战俘，并且照例，从他的征服者的口中听到死刑宣判时，他不会有任何情绪表现，并且在宣判后，甘心忍受最可怕的凌虐折磨，绝对不会发出任何自叹的声息，或表露出其他任何感情，除了藐视他的敌人。当他被绑住肩膀吊在慢火上烤的时候，他嘲笑他的凌虐者，告诉他们说，他自己过去在凌虐那些落入他手中的他们的同胞时，手段怎样比他们更为巧妙、更富有创意。在他已经被烧焦烫伤，并且在他全身所有最脆弱敏感的部位，被千刀万剐了好几个小时之后，为了延长他的不幸，他通常被允许一阵短暂的喘息时间，从火刑柱上被释放下来。他利用此一喘息的空隙，谈论所有无关紧要的课题，询问家乡的消息，似乎对什么事都很在乎，就是不在乎他自己的处境。在旁观看的那些人，也显露出同样的冷感麻痹；对于眼前这么可怕的一幕景象，他们似乎一点感觉也没有；他们几乎不去看那个囚犯,除了当他们帮忙凌虐他的时候。在其他时候,他们抽烟聊天,任何常见的事物都是他们消遣逗乐的话题,就是不会聊到他们眼前凌虐囚犯的景象,仿佛那回事没在进行似的。据说,每一个野蛮人,一进入年轻时期,便开始为这个可怕的结局做心理准备。为了这个目的,他作了一首他们所谓的死亡之歌,一首当他落入敌人的手中,并且在他们的百般折磨下,即将断气时,他要唱的歌。这首歌的内容,全在侮辱他的凌虐者,以及宣示他对死亡与痛苦一点儿也不在乎。他在所有不寻常的场合都会唱这首歌,当他要出去打仗时,当他在战场上遇到他的敌人时,或每当他决心要显示,他已经为最可怕的不幸做好了心理准备,人力绝不可能使他退缩或改变他的心意。所有其他地方的野蛮民族,也同样藐视死亡与苦刑折磨。任何一个来自非洲海岸的黑奴,在这方面,所拥有的那一定程度的高贵肚量,常常不是他那卑鄙的主人龌龊的灵魂想象得到的。命运女神对人类最残忍的一次作弄,当在于她使那些英雄民族遭受到连欧洲监狱都不想收容的一群废物的宰制,这群卑劣的家伙,既没有他们所来自的那些国家的美德,也没有他们所前往的那些国家的美德,他们的轻浮、残忍和卑鄙,是这么理所当然地应该使他们遭到被征服者的鄙视。

每一个野蛮人的乡俗与教育,要求他必须学会的这种英勇不屈的刚毅,不是那些在文明的社会中长大与生活的人所需具备的性格。这些文明人,当他们痛苦时如果出声诉苦,当他们遭遇困难时如果悲伤叹气,如果他们纵容他们自己,因为爱情而软弱,或因为生气而心神不宁,他们通常不难获得原谅。这些软弱的表现,被认为和他们的性格中的根本部分无关。只要他们没有纵容他们自己激动到做出任何违反正义或仁慈的事情来，他们的名誉便不会有什么太大的损失，即使他们原本安详宁静的面目，被稍微弄皱了，或他们原本沉着冷静的谈吐举止，稍微受到搅乱。一个有人情味与文明优雅的民族，比较能够感受他人的情感，比较容易体谅热情洋溢与多愁善感的行为，也比较容易原谅少许过分的行为。主要当事人也察觉到这一点，既然对他的裁判们的公正有把握，他便纵容他自己比较强烈地表达感情，并且也比较不担心因为情绪过于激动而遭到蔑视。我们在朋友的面前，比在陌生人的面前，更敢于尝试表现我们的情感，因为我们预期前者比后者给我们更多包容。同样的，文明民族的礼仪规则所容许的行为，比野蛮民族所认可的更为热情洋溢。前一种民族，以朋友们之间的开放心胸，互相打交道；后一种民族，则是以陌生人之间的含蓄态度，互相打交道。法国人与意大利人，这两支欧洲大陆最文明优雅的民族，在所有顶多只是有趣的场合，所展现的那种热情爽朗，会使刚到那两国旅行的陌生人大感讶异。那些外来的旅客，由于是在感觉比较迟钝的民族中被教育长大的，从未在他们自己的国家看过任何类似的例子，所以无法体会那种热情洋溢的行为。一个年轻的法国贵族，如果被拒绝编入某个军团，会在宫廷众目睽睽之下失声哭泣。杜包（Du Bos）①（男修道院）院长说，一个意大利人，在被判罚款 20 先令时的情绪表现，比一个英国人被判死刑时更为激动。西塞罗②，在罗马极其优雅有礼的时代，可

---

① 译注：Jean-Baptise Du Bos（1670—1742）。
② 译注：Marcus Tullius Cicero（106—43 BC），罗马政治家、哲学家与演说家。

以在整个元老院和全体人民的面前，尽情哭出他心中的一切悲哀苦涩，而不觉得丢脸；他显然在每一次演说终了时，几乎都是这么做。较早也较粗鄙的罗马时代的那些演说家，按照当时的礼仪习惯，不太可能如此情绪激动地表达他们自己的情感。我想，如果大小西庇阿（the Scipios）①、莱利乌斯兄弟（the Leliuses）② 和大加图（the elder Cato）③ 等人，也在众人的面前流露这么多的柔情，肯定会被视为不自然与不合宜的矫情。那些古代的英勇战士，能够把他们自己的意思表达得条理分明、严谨庄重、智虑通达，但据说，对于在西塞罗诞生前数年，首先由格拉古兄弟（the Gracchi）④、克拉苏（Crassus）⑤、苏尔皮奇乌斯（Sulpitius）⑥ 等人引进罗马政坛的那种雄壮激昂的演说术，他们完全陌生。这种热情洋溢的雄辩术，不管成不成功，在法国和意大利，都已经风行好长一段时间了，只在最近才开始被引进英国。文明与野蛮民族各自要求的克己程度，差异是

---

① 译注：Publius Cornelius Scipio Africanus Major（236—183 BC），以及他领养的孙子 Publius Cornelius Scipio Aemilianus，"Africanus Minor"（185—129 BC），罗马执政官、将领，并且分别是第二次和第三次布匿（迦太基）战争的罗马英雄。

② 译注：Gaius Laelius 和他的儿子 Gaius Laelius Sapiens，罗马执政官与将领，其政治和军事生涯分别和大小西庇阿有紧密的关系。

③ 译注：Marcus Porcius Cato the elder（234—149 BC），罗马政治家与斯多葛派哲学家，于公元前184年担任罗马监察官，据说出奇的严苛。

④ 译注：Tiberius Sempronius Gracchus（164—133 BC，于公元前133年当选护民官），以及其弟 Gaius Sempronius Gracchus（死于公元前121年，于公元前123年和公元前122年当选护民官）。

⑤ 译注：Lucius Licinius Crassus（140—91 BC）。

⑥ 译注：Publius Sulpicius Rufus（124—88 BC，于公元前88年当选护民官）。

这么的大，以致他们据以判断行为合宜与否的标准也有很大的差别。

这种差异导致其他许多比较不是那么根本的差异。文明优雅的民族，因为习于在某一程度内抒发各种自然的感受，因此变得坦率、开放与诚实。相反，野蛮民族，由于必须克制或掩饰各种激情，必然养成撒谎与欺瞒的习惯。所有熟悉野蛮民族的人都注意到，在亚洲、非洲，或美洲的那些野蛮人，同样不可理解，而且当他们想要隐藏事实时，不管怎样审讯盘问，都不可能从他们口中得知。不论怎样巧妙设计诘问，都不可能从他们口中套出实情。不论怎样拷打逼供，都不可能使他们吐出任何他们不想招供的真话。而且一个野蛮人的情感，虽然绝不会以任何外显的情绪表达出来，而是隐藏在感受者的心中，然而，那些情感却全都上升到最高昂激烈的程度。虽然他几乎没露出任何愤怒的征兆，然而他的报复，当他终于忍不住时，却总是血腥可怕的。最轻微的冒犯，便会使他陷入绝望。他的脸色与谈吐，的确仍然沉着冷静，他的心情，看起来像是完全平静似的，但是，他往往会做出最狂暴猛烈的行动。在北美民族中，这样的事例并非不常见：一些年纪轻轻的女子，只是被她们的母亲稍微叱责了几句，便投河自尽，而且她们采取这种极端行动的时候，完全没显露任何激情，也没说什么话，除了说"你将不再有一个女儿"。在文明民族中，人们的感情通常不会这么猛烈或这么不顾性命。他们时常比较扰攘吵闹，但很少会造成什么严重的伤害。他们扰攘吵闹的目的，似乎经常只是使旁观者承认他们有道理这么激动，以及获得他的同情与赞许。

然而，社会习惯与时尚，对人类道德情感的所有这些影响，和它们在其他一些场合所产生的影响相比，实在微不足道；而且那些因素，并不是在一般的品行风格方面，而是在一些特殊的习俗方面，使我们的道德判断产生最严重的颠倒错乱。

社会习惯教我们赞许的那些，由职业与身份地位不同的人所具有的，不同的举止态度，和真正重要的事情没有关系。无论是老年人或年轻人，无论是牧师或军官，我们都同样期待他们诚实公正；我们只在一些不是很重要的事情上，指望他们有不同的性格特征。而且关于这些不是很重要的事情，常常也有某个未被注意的情况，如果它受到注意的话，将可以向我们证明，社会习惯教我们归附给每一种职业的性格，当中含有与社会习惯无关的合宜成分。所以，假使是这样，我们便不能抱怨人类自然的情感受到严重的扭曲颠倒。虽然不同民族的习俗，在他们各自认为值得尊敬的性格中，对同一种人品性质，要求具备的程度不同，然而，甚至这里所牵涉的，最坏也只不过是，某一美德的责任有时候会被过度引申，以致稍微侵犯到其他某一美德的管辖范围。波兰人那种殷勤好客的乡野风俗，也许对节俭持家的美德稍微有点冒犯，而荷兰人所尊敬的节俭，也许对慷慨好客的美德稍微有点冒犯。野蛮人被要求具备的那种刚毅，减少了他们性格中的仁慈，而在文明民族中必备的那种敏锐的感受能力，也许有时候会削减性格中的刚毅坚定。大体而言，不论是哪一个民族，在其中生根的那种行事作风，通常大致可以说，就是最适合其民族处境的品行风格。对于一个野蛮人来说，最适合他的处境的性格，是刚毅坚定，而对于一个要在很文明的社会里生活的人来说，最适合他的处境的性格，则是感受细腻。所以，甚至在这里，我们也不能抱怨人类的道德情感受到严重的扭曲颠倒。

所以，在所有背离自然合宜的标准，而仍获得社会习惯认可的事项中，最严重的那些，并非有关行为或举止的一般风格。在某些特殊习俗上，社会习惯的影响，时常对善良的道德造成更为严重的破坏，并且往往能够使一些特殊举措变成合法无罪，尽管那些举措冲垮了最简单明了的是非对错原则。

例如，有什么行为会比伤害一个婴儿更为残忍野蛮？他的无力自助，他的纯洁无害，他的天真可爱，甚至会引起敌人的怜悯，而连婴幼儿也不放过，则被认为是一个愤怒与残忍的征服者最狂暴凶残的行为。然则对一个甚至连狂暴的敌人都不敢去冒犯的婴儿，也下得了手伤害的父亲或母亲，我们该认为他或她是一副什么样的心肠呢？然而，把婴儿拿到野外遗弃，亦即，谋害新生的婴儿，却是一项在几乎所有古代的希腊城邦，甚至包括文明优雅的雅典，都被允许的习俗。每当父母的处境不方便抚养小孩时，遗弃小孩，任他饿死，或让野兽果腹，不被认为是一种罪过，没有人会给予谴责。这项习俗可能起源于最野蛮的野蛮时期。在那最早期的社会，人们的想法起初被塑造成对该项习俗不以为怪，而连绵不断、始终不变的社会习惯，则在后来使他们感觉不到它的罪大恶极。我们现在看到这项习俗仍然盛行于所有野蛮民族；在那种最粗野最幼稚的社会状态中，它无疑比在其他任何社会状态中都更能被原谅。一个野蛮人的处境，常常是这样的极端穷困，以至于他自己经常陷入极端饥饿的困境，他往往会死于资源匮乏，他常常无法同时维持他自己和他的孩子的生存。所以，在这种情况下，如果他抛弃他的小孩，我们应该不会感到讶异。一个在逃避无法抵抗的敌人追击的人，如果扔下他的幼儿，因为他拖累他的逃亡，的确是可以被原谅的；因为，如果企图守护他，他将只能期待得到和他死在一起的安慰。所以，在这种社会状态下，如果允许为人父母者独自判断他自己是否有能力养育他的孩子，那也不该使我们太过讶异。然而，在古希腊时代的后期，同一杀婴的习俗，却是基于一些非紧急的利益或方便的见解而被容许的，但是，那些见解绝不可能是辩解杀婴的好理由。从未间断的社会习惯，到了这个时候，已经如此彻底认可这个习俗，以致不仅含糊笼统的处世格言容忍这个野蛮的特权，甚至一些应该比较合理、比较正确的哲学理论，由于被根深柢固的社会习惯导入歧途，乃至在这个场合，如同在其他许多场合那样，非但没有谴责杀婴的习俗，反而提出许多牵强附会的所谓公共效益的理由，支持这个令人毛骨悚然的陋习。亚里士多德谈到它的时候，是把它当作地方民政长官在许多场合应予鼓励的行为。慈悲的柏拉图也持同样的看法，尽管他的所有著作似乎全都洋溢着对人类的爱，然而，我们却没看到他在什么地方明白谴责此一习俗。如果对于一个如此可怕的违背人道的恶习，社会习惯都能给予认可，那我们便大可相信，几乎不会有什么特别粗暴的陋习是它无法认可的了。我们听到人们每天说，这样的一件事几乎人人都在做，而他们似乎认为，这个事实足以辩解任何本质上最不正当也最不合理的行为。

有一个显而易见的理由，可以解释为什么社会习惯虽然会使我们对一般品行风格的道德判断受到扭曲，但情形绝不会像某些特殊习俗的合宜与否,被它扭曲颠倒得那样严重,绝不可能会有这种社会习惯。如果社会中人常见的品行风格,和我刚才提到的那种可怕的恶习属于同一种性质的话,社会绝不可能须臾存在。

第六篇

论好品格

引 言

无论是对哪一个人,当我们思量他的品格时,我们自然会从两个不同的方面着手:首先,思量他的品格对他本人的幸福有什么影响;第二,思量他的品格对他人的幸福有什么影响。

第一章　论个人的性格中影响其自身幸福的那一面,或论审慎

身体的保全与健康,似乎是自然女神首先建议每一个人须注意的对象。饥饿与口渴时的欲求,以及苦、乐、冷、热等愉快或不愉快的感觉,可以被想成是自然女神以她自己的声音传达的各种训示,指导他为了这个目的,应该选择什么,以及应该避免什么。在他年幼时,受托照顾他的那些人,首先教他学习的一些功课,大部分也倾向同一目的。他们的主要目标,在于教导他如何避免身体受伤害。

当他日渐长大时,他很快便知道,要提供手段满足那些自然的欲求,要得到快乐并避免痛苦,要得到适意的并避免恼人的冷热温度,必须花一些心思与远虑。保全和增加所谓他的身

外财富的那一门技艺，其精髓就在于适当督导与运用这种心思与远虑。

虽然身外财富的种种好处，起初受我们青睐，是为了供应我们身体各种必需品与便利品，然而，只要我们存在这世间稍微久一点，便不可能不会察觉，我们的同辈尊敬我们的程度，或者说，我们在社会中的名望与地位，大大倚赖我们拥有，或被认为拥有，多少身外的财富。渴望成为我们同辈尊敬的适当对象，或者说，渴望在我们同辈中值得并享有一定的名望与地位，也许是我们所有欲望中最为强烈的那一种，因此，我们想得到财富想到心焦，多半是被这种欲望刺激引起的，而比较不是为了供应我们身体各种必需品与便利品，因为要供应那些东西总是很容易。

我们在同辈中的地位与名望，也大大倚赖我们的品行，或者说，倚赖我们的品行，在与我们生活在一起的人们心中自然会唤起的信任、尊敬与善意。一个有美德的人，也许希望他的地位与名望完全仰赖他的品行。

注意个人的健康、财富、地位与名望，这些据说是人在今生的舒适与幸福主要仰赖的对象，被认为是那个通常被称为"审慎"的美德应尽的职责。

前文曾经指出①，当我们从一个比较好的处境掉到一个比较差的处境时，我们感受到的痛苦，大于当我们从一个比较差的处境上升到一个比较好的处境时，我们所可能感受到的快乐。因此，安全是审慎的首要目标。审慎的美德，反对暴露我们的

---

① 译注：参见本书第一篇第三章第一节第八段。

健康、我们的财富、我们的地位或名誉于任何危险中。它比较倾向小心守成，而不是冒险进取，比较处心积虑想要保全我们已经拥有的好处，而不是大胆敦促我们猎取更多财富。在增进我们的财富方面，它向我们推荐的，主要是一些不会遭到任何损失或危险的方法，包括：在我们的本行或专业上，努力学得真正的知识与技巧，勤勉刻苦地运用那些知识与技巧，在我们的一切开销方面厉行节俭，乃至一定程度的吝啬。

审慎的人总是严肃认真地研究学习，想要真正了解他声称他所了解的东西，而不单是为了说服他人他了解它。虽然他的各项才智也许未必很耀眼出色，但它们总是完全真实无欺。他既不会企图像一个狡猾的骗子那样使用奸计欺骗你，也不会企图像一个假装博学的人那样摆出一副傲慢的架子欺骗你，更不会像一个肤浅无耻而自命不凡的人那样信口开河地欺骗你，他甚至不会夸示他真正拥有的那些本领。他的言谈既单纯又谦虚，他厌恶所有夸大吹嘘的伎俩，尽管他知道，其他人经常使用这种伎俩强迫推销他们自己，以夺取公众的注意和名声。他自然想要大大仰仗他坚实可靠的知识与本领在他的本行中闯出名号，但是，他不会总是想要巴结某些小联谊会或小社团，以博取他们的好感。在一些比较高级的艺术和学科方面，这种小联谊会或小社团是这么时常自诩为艺术或科学价值的最高裁判者；而且他们还认为，互相吹捧他们自己圈内人的本领与优点，并诋毁任何可能和他们竞争的人、事、物，是他们分内的工作。如果他的确允许他自己和某个这样的团体打交道的话，那也纯粹是为了自卫，不是想要欺骗大众，而是想要阻止那个团体或其他某个同类团体，借由喧嚷起哄、耳语流言或阴谋诡计，使大众受到欺骗蒙蔽，于他不利。

审慎的人始终是诚实的，他一想到虚伪被看穿时，必然会使他自己为人所不齿，便感到极端厌恶。但是，他虽然始终是诚实的，却未必是坦率与公开的；虽然他说出口的全是真话，但他未必认为自己有义务，在没被适当询问要求时，说出全部的真话。正如他在行动上小心翼翼，所以他在言语上也含蓄保留；他绝不会贸然或没有必要地发表他对任何人、事、物的看法。

审慎的人，虽然未必以最细腻敏锐的感性见长，但是，总是很能够和他人建立友谊。但是，他的友谊不是那种对涉世未深的年轻、宽宏大度的心灵来说，看起来那么甜美的爱情，不是那种炽热的、激烈的，但常常是瞬息即逝的感情。他的友谊，是一种对少数几个经过重重的考验后，精挑细选出来的人生伙伴，平静的，但稳固的、忠实的依恋。在这些伙伴的选择上，引导他的，不是如痴如醉的对闪耀的功绩成就的轻率崇拜，而是冷静沉着地对谦逊、谨慎与善行的认真尊重。他虽然很能够和他人建立友谊，但未必很想随便和一般人交际。他很少和那些以狂欢逗趣的闲聊著称、喜爱饮宴作乐的社交团体来往，更少在那些社团中成为主角。他们的生活方式，或许太常和他戒酒的规律起冲突，或许会中断他坚定的勤勉，或会妨害他严格的俭约。

虽然他的谈吐未必很活泼或逗趣，却总是完全不得罪人的。他讨厌想到自己有任何脾气暴躁或粗鲁无礼的过失。他绝不会鲁莽僭越任何人，并且在所有普通场合，愿意摆低姿态，把他自己摆在同辈们的下方而不是上方。不管是在举止或在谈吐上，他都是一个严格遵守规矩的人，并且以一种几乎是宗教信仰般一丝不苟的虔诚细心，尊重所有已经确立的社会礼节和仪式。在这方面，他所立下的榜样，比一些才气与本领更为了不起的人物立下的榜样好很多。这些人物，从苏格拉底（Socrates）和亚里斯迪布斯（Aristippus）①到斯威夫特博士（Dr. Swift）②和伏尔泰（Voltaire），从马其顿的菲利浦（Philip）和亚历山大大帝（Alexander the Great）③到俄罗斯的彼得大帝（the great Czar Peter），各个时代都有，他们太常以非常不适当地蔑视，甚至傲慢自大地鄙弃所有平常的生活与谈吐礼仪，来彰显他们自己的伟大，因此，为那些希望和他们相似的人，立下最有害的榜样，后者太常自满于模仿他们的荒唐放荡，反而未曾企图学到他们的任何优点。

审慎的人，当他勤奋工作并且节俭不懈时，当他坚定不移牺牲眼前的安逸与欢乐，以期或许能够在某个较为遥远但也较为长久的期间享受更大的安逸与欢乐时，公正的旁观者，以及公正的旁观者的代表，即他心里面的那个人，总是会以完全赞许的眼光，支持并且奖赏他。公正的旁观者不会觉得他自己被他正在观察的那些人现在的劳累搞得精疲力竭；他也感觉不到他自己，被各种正在他身上蠢动的欲望，纠缠不休地呼唤央求着。对他来说，他们现在的处境，和他们将来可能的处境，

---

① 译注：Aristippus of Cyrene（435—355 BC），苏格拉底的门徒，后来建立昔兰尼（Cyrenaic）哲学门派，厉行并鼓吹"享乐主义"（Hedonism）。

② 译注：Jonathan Swift（1667—1745），英国讽刺作家，《格利佛游记》（*Gulliver's Travels*）的作者。

③ 译注：Philip II of Macedon（383 或 382—336 BC）及其子 Alexander the Great of Macedon（356—323 BC）。

几乎是同一回事：他几乎是从同样远的位置在观察那些处境，而且也几乎对它们有同样的感受。然而，他知道，对主要当事人他们来说，它们看起来是绝不一样的，而且他们对它们的感受自然也很不一样。所以，当他看到他们的所作所为，仿佛他们对现在和将来的处境，有着和他对它们几乎一样的感受时，亦即，当他看到那种使他们得以有这种表现的克己美德被适当地发挥时，他便禁不住要给予赞许，甚至给予喝彩。

量入为出的人，自然会满意他自己的处境，因为这处境，透过连续不断的财富累积，尽管每次的数目都不是很多，正一天天变得越来越好。于是，他得以逐渐放松他的节俭与勤勉的严格与刻苦的程度，并且，由于感受过从前缺乏安逸与欢乐的辛苦，对这样逐渐增加的安逸与欢乐，感到双倍的满意。他一点也不渴望改变这么舒服的一个处境，不会去寻求新的事业和冒险，因为这或许会危及，而不大可能增加他实际享有的安稳平静。如果他着手进行什么新的企划方案或事业，那也很可能事先已有很好的协调与准备。他绝不会因为迫于任何需要而不得不草率或被逼从事新的企划方案或事业，反而总是会有时间与空闲，沉着冷静地深思熟虑新的企划或事业所有可能的后果。

审慎的人不愿意承受任何不是他的本分要求他承受的责任。他不会汲汲于与他无关的事务；他不是一个好管他人闲事的人；他不会自命为顾问或参议，说一些没人要求的意见。在尽其本分所容许的范围内，他只过问他自己的事情，他对许多人希望得到的那种愚蠢的满足感，即希望从看起来对他人怎样处理自己的事务有些许影响力，而似乎得到的那种自以为重要的满足感,完全不感兴趣。他反对参与任何党派争议,压根儿讨厌党争,并且未必很主动地想听野心勃勃的声音,即使那野心称得上崇高伟大。当被指名要求时,他不会拒绝服务他的国家,但是,他不会勾结党羽、组成压力团体,逼迫国家接受他的服务。如果国家大事被其他某些人管理得好好的,而不需要麻烦他自己承担管理的责任,他将会觉得比较愉快。在他的心底里,享受不受干扰的安稳平静讨他喜欢的程度,不仅好过野心成功时可能得到的一切虚荣,而且也好过最伟大与最豪爽的行动完成时所得到的那种真正踏实的光荣。

总而言之,审慎,当只导向照顾自己个人的健康、财富、地位与名誉时,虽然它被认为是一种很值得尊敬的,甚至在某一程度上是一种和蔼可亲的品质,然而,它绝不会被认为是一种最令人钟爱,或最使人尊贵的美德。它会博得一定程度的冷静尊重,但似乎没有资格接受很热烈的敬爱或赞美。

贤明的行为,当被导向一些比照顾个人的健康、财富、地位与名誉更伟大高贵的目的时,经常被称为,而且也很适当地被称为审慎。我们谈论伟大的将领、伟大的政治家与伟大的立法者的审慎。在所有这些场合,审慎和许多更伟大、更了不起的美德结合在一起,包括英勇的气概、广博与强烈的慈悲心,以及对正义法则的神圣尊敬,并且所有这些性质,还获得某一适当程度的克己美德的支持。这种比较高级的审慎,当达到最高层次的完美境界时,必然含有卓越不凡的技巧、才干,以及习惯或性向,能够适应每一个可能的情况,使一举一动都完美合宜。它必然以所有知性方面的长处,以及所有德行方面的优点,都达到最高层次的完美为前提。它是最好的头脑加上最好的良心。它是最完美无瑕的智慧结合最完美无瑕的德性。它很接近阿卡狄米亚学派（Academical）或逍遥学派（Peripatetic）① 贤人的性格，就好像比较低级的审慎很接近伊壁鸠鲁学派（Epicurean）② 贤人的性格那样。

单纯的不审慎，或单纯的缺乏照顾自己的能耐，对慷慨与慈悲的旁观者来说，是怜悯的对象；对感觉比较不敏锐的那些旁观者来说，则是忽视，或最坏，是蔑视的对象，但绝不会是憎恶或愤怒的对象。然而，当它和其他一些恶行结合在一起时，却会极端加重那些恶行原本就有的丑名与耻辱。狡猾的恶棍，他的机敏灵巧，虽然没能使他免于遭人强烈怀疑，不过，究竟使他得以免于遭到惩罚或明显的揭发，因此，太常使他在这世界上获得他一点儿也不值得的纵容。笨拙愚蠢的恶棍，由于缺乏这样的机敏灵巧，以致被定罪并被惩罚，则是世人普遍憎恶、蔑视与取笑的对象。在重大的罪行经常被放纵不罚的国家，各种最残酷凶狠的行为变成几乎司空见惯，不再能够让人民感觉到那种在严格执法的国家被普遍感觉到的厌恶。在这两种国家，什么叫作不公平，也许是一样的，但是，什么叫作不审慎，往往大不相同。在后一种国家，重大的罪行显然是重大的愚蠢行为。在前一种国家，重大的罪行却未必被认为是愚蠢的行为。在意大利，在 16 世纪的大部分期间里，暗杀、谋杀，甚至是背判信赖的谋杀，在较高阶层的人们当中，似乎已经变得几乎司

---

① 译注：分别指在 Academia 讲学的柏拉图，以及在 Lyceum 闲行讲学的亚里士多德。

② 译注：指 Epicurus（342—270 BC），希腊哲学家，信奉享乐主义。

空见惯。恺撒·布吉亚（Caesar Borgia）① 邀请四位在他附近的小国君主（这四位君主全都分别拥有他们自己的小独立国和小军队），到塞涅卡格尼亚（Senigaglia）② 出席友谊大会，但是，当他们到达时，他便立即把他们全部杀死。此一无耻的行为，虽然在那充满罪恶的时代的确没得到社会的赞许，但似乎对那位行凶者的名誉也没有什么不好的影响，更不用说会导致那位行凶者的灭亡。那发生在若干年后的灭亡，却是由于一些和此一罪行完全不相干的原因。当恺撒·布吉亚干下此一罪行时，马基雅维利（Machiavelli）③（即使就他所处的那个时代的标准来说，他无疑也不是一个道德最善良的人），正担任佛罗伦萨共和国的公使，被派驻在恺撒·布吉亚的宫廷里。他为这罪行写了一个很周详的报告，用字遣词非常干净利落、优雅单纯，就像他的所有其他著作那样。他很冷静地谈论这罪行；对恺撒·布吉亚用以干出这罪行的机巧灵敏，表示喜欢；对那四位受难者的轻易中计与懦弱，表示不齿；对他们的不幸横死，一点儿也不怜悯；对行凶杀害他们的人的残忍与虚伪，一点儿也不觉得愤慨。伟大的征服者的狂暴与不义，时常受到人们愚蠢的赞叹；小偷、小盗，与不起眼的杀人犯的狂暴与不义，却总是受到蔑视、嫌弃，甚至极端厌恶。前一种行为，虽然它们是千百倍的比较邪恶与有害，然而，当它们成功时，却往往被当

---

① 译注：Caesar Borgia（1476—1507），罗马教皇亚历山大六世的私生子，阴谋家。
② 译注：今名 Senigallia，在意大利中部，滨亚得利亚海。
③ 译注：Machiavelli（1469—1527），意大利佛罗伦萨的外交家及政治家，主张为达目的可不择手段。

作是最英勇恢弘的丰功伟业。后一种行为，却总是被人们，怀着反感与憎恶，视为最低贱且最没有价值的那一种人才做得出的那种愚蠢行为和罪行。前一种行为的不义，无疑至少和后一种行为的不义一样的大，但是，前者的愚蠢与不审慎，显然没有这么大。一个邪恶卑鄙但有才干的人，时常在这世上享有比他应当得到的更多的好名声。一个邪恶卑鄙的笨蛋，却总会被认为是所有人类中那最可憎也最下贱的人。正如审慎，加上其他一些美德，是最高贵的人品，不审慎，加上其他一些恶行，是最低劣的人品。

第二章　论个人的性格中
影响他人幸福的那一面

引　言

　　每一个人的性格，就它能够影响他人幸福的那一面而言，必定是由于它具有伤害或施惠于他人的倾向才会产生这影响的。

　　在公正的旁观者眼中，对企图或实际犯下不义表示适当的愤怒，是我们唯一可以对他人的幸福做出任何伤害或扰乱的正当动机。伤害或扰乱他人幸福，如果是出于其他任何动机，那它本身就是违背正义的行为，自应运用社会强制力予以遏止与惩罚。每一个国家或联邦的智慧，都尽其所能地力图运用社会强制力，在服从其权威的人民当中遏阻他们彼此伤害或扰乱彼此的幸福。它为了这个目的所确立的那些规则，构成每一个国家或联邦的民法和刑法。那些规则实际或应该建立在哪些原则基础上，是某一门特别的学问探讨的主题，这门学问显然是所有学科中最为重要的，但在此之前，也许是最少被钻研讲习的，这门学问叫作自然法理学。关于这门学问，我在此不想进行任何深入的探讨，因为那不属于本书的主题范围①。把绝不在任何方面伤害或扰乱我们的每一位同胞的幸福，甚至在没有任何法律保护得了他的那些场合也一样，当作神圣的宗教信仰给予尊重，这样的胸怀，是完全纯洁公正者的性格构成要素。这种性格，当发展到某一细腻关怀的层次时，本身总是很值得尊敬，甚至显得庄严神圣，而且几乎不可能没有其他许多美德相伴，包括对他人富有同情心，富有慈悲亲切之心，以及富有乐善好施之心。这是什么样的性格，大家都已充分明了，不需要多加说明。在这一章里，我将只努力说明，自然女神为我们的善行分配，或者说，为我们非常有限的行善能力的运用与方向，似乎已经规划好的那种先后轻重的顺序，究竟建立在什么基础上：首先说明自然女神依何种先后顺序把哪些个人托付给我们关怀照顾；接着说明自然女神依何种先后顺序把哪些社会团体托付给我们帮助。

我们将发现，在其他每一方面指导她如何作为的那一种正确的智慧，也同样在这方面指导她的推荐顺序。她的那些推荐，或强或弱的程度，总是和我们的善行究竟有多少必要性，或者说，和我们的善行实际会有多少帮助成正比。

第一节　论自然女神按何种顺序把哪些个人托付给我们照顾

就像斯多葛派哲学家们（the Stoics）常说的那样，每一个

---

① 译注：参见本书最后一段，即第七篇第四章最后一段的说明。

人都被自然女神首先且主要托付给他自己照顾；每一个人无疑在每一方面都更适合也更有能力照顾他自己，甚于照顾其他任何人。每一个人都更显著地感觉到他自己的快乐与痛苦，甚于感觉到他人的快乐与痛苦。前一种感觉是原始的感觉；后一种感觉则是通过深思或同情那些原始的感觉而衍生出来的印象。前者可以被视为本体，而后者则是这本体的影子。

在他自己之后，他自己的家庭成员，那些通常和他生活在同一屋子里的人，包括他的父母、他的小孩、他的兄弟姊妹，自然是他最温暖的情感对象。他们自然是，而且通常也是，他的作为对他们是否幸福必定最有影响的那些人。他比较习惯和他们产生同感共鸣。他比较知道每一件事情可能让他们有什么样的感受，他对他们的同情，比他对其他绝大部分人可能会有的同情，更为正确与坚决。简单地说，他对他们的同情，比较接近他对自身处境的感觉。

而且，每个人的这种同情心，以及各种依存于这种同情心的亲情，也被自然女神更强烈地导向他的小孩，甚于导向他的父母。他对前者的温柔慈爱，似乎通常是一种比他对后者的尊敬与感激，更有活力的原始性能。我们在前面曾经指出①，就自然的事理而言，小孩子的生存，在他刚来到这世界之后的某段时日里，完全仰赖父母的照料，但是，父母的生存并不必然仰赖子女的照料。在自然女神的眼中，一个小孩子，似乎是一个比老年人更为重要的对象，唤起远为强烈，同时也远为广泛的同情。它应当唤起这样的同情。小孩子的前途是不可限量的，

---

① 译注：参见本书第三篇第三节第十三段。

或至少是希望无穷的。但是，就普通情形来说，在日薄西山的老年人身上，是没有什么可以被期待或指望的。童稚的柔弱，即使对残忍冷酷的人来说，也会触动他们的恻隐之心。然而，老年的羸弱，只有对正直与慈悲的人来说，才不会是蔑视与厌恶的对象。就普通情形来说，死了一个老年人，不会有什么人深感痛惜。但是，死了一个小孩子，很少不会有某个人为之心碎。

最早的人生友谊，在心灵最容易感受到友情时自然结交的友谊，是兄弟姊妹之间的那种友谊。当他们还留在同一家庭时，他们的心意相通、和睦共处是家庭平静与幸福的必要条件。他们能够给彼此带来的快乐或痛苦，比他们能够给其他绝大部分人带来的还要多。他们的处境，使他们互相的体谅与同情，对他们的共同幸福极端重要；而由于自然女神的智慧安排，同一处境，由于使他们不得不彼此和解适应，也使他们彼此之间的体谅同情变得比较习惯常见，因此，也使他们彼此之间的同情变得比较强烈、比较鲜明、比较确定。

兄弟姊妹在各自分开成立他（她）们自己的家庭后，他（她）们的下一辈自然会被继续存在于父母辈之间的友谊联系起来。下一辈之间的情投意合，会给父母辈之间的友谊增添更多愉快的享受；而下一辈之间的倾轧不和，则会扰乱父母辈之间的友谊。然而，由于下一辈很少生活在同一家庭里，所以他们对于彼此的重要性，虽然胜过他们对于其他绝大部分人的重要性，却远远不如兄弟姊妹对于彼此的重要性。他们彼此之间的体谅同情，由于比较没有必要，所以也比较不习惯常见，因此，也就在比例上变得比较微弱。

堂、表兄弟姊妹的儿女们，由于更少联系，对彼此的重要性于是变得更小；当亲属关系越来越疏远时，亲属之间的友情会逐渐减弱、变淡。

所谓亲爱之情（affections），实际上无非是习惯性的同情。我们关心我们称之为"我们的亲爱感"的那些对象的幸福或痛苦；我们盼望增进他们的幸福，并防止他们受苦。这种关心与盼望，实际上，或者是习惯性的同情感，或者是那种同情感必然会引起的种种感觉。由于亲属们通常被摆放在一些会自然产生习惯性同情的处境中，所以，一般人期待他们之间应该有某一适当程度的亲爱感。我们通常发现事实上的确有这种亲爱感，所以，我们自然期待应该有这种亲爱感。因此，当我们在任何场合发现没有这种亲爱感时，我们会更觉得震惊。于是确立了这样一条概括性的道德规则：彼此之间有某一程度的亲属关系的人们，总是应该按照某个模式相亲相爱，而如果他们之间的情感关系是另外一种模样，则其中必定有非常不妥当的成分，有时候甚至是某种邪恶的成分。对子女全无温柔慈爱的父母，对父母全无孝顺尊重的子女，会被认为是怪物，不仅是人们憎恶的对象，而且也是人们恐怖的对象。

即使在某个特例中，种种通常会产生那些所谓自然的亲爱之情的情况，也许由于某一意外的缘故而没有出现，然而，对前述那一条概括性道德规则的尊重，往往也会在某一程度内代替那些亲爱之情，并且产生某种虽然和那些亲爱不完全相同但非常相似的感情①。一个父亲往往会比较不那么喜爱他的一个

---

① 译注：参见本书第三篇第四节第七至十二段，以及第七篇第三章第二节第六段。

小孩,如果由于某一意外的缘故,这个小孩自小便和他分开,直到长大成人才回到他的身边的话。这个父亲对他的这个小孩,往往会比较没有温柔慈爱的感情,而这个小孩对他的父亲,往往也会比较不那么孝顺尊重。兄弟姊妹们,如果分别在相距遥远的地方被养育长大,彼此亲爱的感情也同样会有变淡的倾向。然而,对于守分与正直的人来说,对前述那一条概括性道德规则的尊重,往往会产生某种虽然和那些自然的亲爱绝不相同,不过却非常相似的感情。甚至在他们分开的时候,父子间或兄弟姊妹间也绝非彼此漠不关心。他们全都认为他们应该对彼此付出,也应该自彼此那里获得某种亲爱的人;他们天天盼望有朝一日,在某一情境中,享受那种理当早已自然在像他们这样密切相关的人中间形成的友谊。在他们相逢以前,不在身边的儿子或不在身边的兄弟,往往是最受钟爱的儿子或最受钟爱的兄弟。他们从未犯错,或者,他们即使曾经犯错,那也是好久以前的事了,因此,那过错早就被忘记,被当作某种天真无邪、不值得搁在心上的恶作剧。他们听到的每一则关于彼此的故事或评价,如果是由秉性还算敦厚善良的人传达的,总是非常讨人喜欢,非常叫人中意。一个不在身边的儿子,或一个不在身边的兄弟,不同于其他平常的儿子或兄弟,而是完美无缺的儿子,或完美无缺的兄弟。对于将来和这样的儿子或兄弟亲切交谈时会有什么样的幸福享受,他们总是怀着最浪漫的希望与想象。当他们相逢时,一开始总是怀着如此强烈的意愿,很想在心中立即孕育出家人的亲爱之情构成的那种习惯性的同情,以至于他们往往幻想他们真的已经怀有那种同情,并且宛如已经怀有那种同情似的彼此对待。然而,时间与经验恐怕常常会使他们的幻想破灭。当他们彼此变得比较熟悉时,他们往往会在对方身上看到种种出乎意料之外的习惯、气质与性向,而对于这些新发现的习惯、气质与性向,由于他们彼此缺乏长久习惯性的同情,亦即,缺乏真正所谓构成家人的亲情的那种实质要素与基础,他们现在无法从容适应。他们过去从未生活在几乎必然会促成彼此从容适应的处境中,因此,尽管他们现在也许由衷地想要装出彼此从容适应的样子,但他们实际上已经是连这一点也无法做到。他们的日常会话与交往,很快变得比较不是那么让他们彼此觉得愉快,因此,也很快变得比较不是那么频繁。他们也许会继续生活在一起,彼此交换所有绝对必要的帮忙,并且在其他每一场合,彼此表面上也很亲切地问候致意。但是,那种诚挚的心情欢畅,那种甜美的心意相通,那种推心置腹的坦然自在,那种在长期亲密相处的人们的对话交往中自然会有的亲情交融的幸福,他们却很少能够充分享受到。

然而,也只有对守分与正直的人来说,概括性的道德规则才会有甚至是这么薄弱的权威。对浪荡挥霍和虚荣自负的人来说,概括性的道德规则完全被置之度外。他们是这么不尊重它,以至于很少谈到它,除非拿来当作最下流的嘲笑对象。这种自小长期的分隔,一定会使他们彼此百分之百彻底疏远。就这种人来说,对概括性道德规则的尊重,顶多只会产生某种冷淡、假装的礼让殷勤(这和真正的关心,只有一种非常薄弱的表面相似性),甚至连这一丁点假装的尊重,也通常会因为最轻微的冒犯失礼或最琐细的利益冲突而完全消失不见。

在法国和英国,男孩子在离家很远的大型学校接受教育,年轻人在离家很远的大学院接受教育,年轻的淑女在离家很远的女修道院和寄宿学校接受教育，似乎已经在中上流社会阶层中，使家庭伦常，从而也使家庭幸福，遭到最根本的伤害。①你想教你的儿女们孝顺他们的父母、亲切友爱他们的兄弟姐妹吗？那就把他们安置在不得不成为孝顺的儿子、不得不成为亲切友爱的兄弟姊妹的环境中，亦即，就在你自己家里教育他们吧。他们也许可以每天从他们父母亲住的房子出门到公学校上课，如果这么做是恰当而且有益的话。但是，千万一定要让他们住在家里。这样，他们对你的尊敬，必定总是会对他们的行为产生某种非常有用的约束；而你对他们的尊重，对你产生的约束，经常也并非毫无用处。无疑，任何可能从所谓学校教育学到的东西，都不可能弥补那几乎一定且必然被它丧失掉的东西于万一。家庭教育是自然女神的设置，而学校教育则是人为的设计。哪一种教育可能是最有智慧的？答案是什么，无疑不待多言。

在某些悲剧和传奇故事中，我们看到许多温馨动人的场景或段落，建立在所谓血缘的力量上，或者说，建立在近亲们甚至在他们知道他们有任何这方面的关联之前，被认为对于彼此应当会怀有的那种奇妙的亲切感。然而，这种血缘的力量，恐怕只存在于那些悲剧和传奇故事之中。甚至在悲剧和传奇故事中，它也从未被认为会出现在任何亲属关系上，除非是那些自然应当在同一家庭里被养育长大的亲属间，亦即，除非是在父母与儿女间，或是在兄弟姐妹之间。要是认为在堂（表）兄弟

---

① 译注：参见本书作者另一本著作《国富论》（谢宗林等译，台北先觉出版社 2005 年）第五卷第一章第三节之二：论青少年教育机构所需的经费。

姐妹间,或甚至在伯母、叔母、姑妈、姨妈或伯父、叔父、姑丈、姨丈和侄子或侄女间也会有任何这种神秘的亲切感,那肯定就太荒唐无稽了。

在(狩猎、游牧与农耕等人民生活大体上自给自足的)乡村国家里,以及在所有法律权威单独不足以使每一位国民享有充分安全的国家里,同一家族中所有不同的支系通常选择住在彼此邻近的地方。他们的联合,经常是他们共同的安全防卫所必要的。他们每一个人,从地位最高贵的到地位最卑下的,对于彼此都或多或少有些重要性。他们的和谐相好,会使他们必要的联合更加坚强;他们的倾轧不和,总是会减弱甚至也许会摧毁这必要的联合。他们彼此之间的交往,比他们和任何其他部族成员的交往更为密切。同一部族中,即使是关系最远的成员们,也仍可主张他们彼此有某些关联,因此,在其他一切情况都相同时,他们有理由期待获得比那些不敢有这种主张的人该得的较为显著的特殊照顾。距今不远的年代里,在苏格兰高地地区,宗族的首领向来认为他那一族里最穷的人是他的堂(表)兄弟或亲戚。鞑靼人、阿拉伯人、土库曼人(Turkomans),据说也有同样广泛关照亲属的情形。我相信,其他民族对于亲属的关照,如果他们的社会状态接近苏格兰高地族在大约是本(18)世纪初的那种状态,也应该会有类似的情形。

在商业发达国家,法律权威随时完全足以保障甚至是地位最卑贱的国民,同一家族的子孙们,由于没有这种共同防卫的动机相聚在一起,自然会追随个人的利益或兴趣而各自分开,散居到各地。他们很快不再对彼此有什么重要性。经过两三代以后,他们不仅完全失去对彼此的关心,而且也完全不记得他们的共同来源，完全不记得他们的祖先之间有什么关联。在每一个商业化国家，随着这种文明状态被建立得越久、越完善，人们对远亲的关心会变得越来越淡薄。英格兰的商业文明建立得比苏格兰久，也比较完善，因此，远亲在苏格兰比在英格兰更受重视，虽然在这方面两国的差异正一天天变得越来越小。没错，在每一个国家，显赫的权贵们总是自豪地记住并且承认他们彼此之间的关联，不管这关联是多么的遥远。把显赫的亲戚记在心里，对于他们每一个人的家族自尊很有一些逢迎吹捧的功效。这种记忆之所以被这么小心周到地保存下来，既不是出于亲情，也不是出于任何类似亲情的东西，而是出于所有自负的虚荣当中最轻浮也最童騃的那一种。倘使有某个身份比较卑微，但也许血缘显然比较接近的族人，斗胆地向这些大人物们提起他和他们的家族关系，他们几乎一定会告诉他，说他们是拙劣的宗谱专家，关于他们自己的家族历史所知少得可怜。我们恐怕不可指望，所谓自然的亲情，在那种阶层的人物身上会有任何不比寻常的扩展发达。

我认为，所谓自然的亲情，比较是父子之间情义相连的结果，而非他们所谓血脉相连的产物。没错，一个忌妒的丈夫，尽管和那孩子在情义上相连，尽管那孩子一直在他自家里接受养育，如果他认为那孩子是他的妻子不忠的产物，也经常会以憎恨与厌恶的态度对待那个不幸的孩子。那孩子是一段最令人难堪的外遇经验的永久纪念物，标志着他自身的耻辱和他家族的耻辱。

彼此包容适应的必要或便利，经常会在心地善良的人们中间产生一种友谊，这种友谊和生来就在同一家庭里生活的那些人中间发展出来的友谊并无二致。办公室里的同事,生意上的合伙人,彼此称兄道弟,而事实上,他们也经常觉得彼此仿佛是真兄弟。他们的心意相通、和睦共处,对于他们每一个人都很有好处,而且,如果他们是相当有理性的人,他们自然也愿意彼此和睦妥协。我们期待他们应该这么做,而他们的龃龉不和,则是一桩小丑闻。古代罗马人以"necessitudo"这个字表达这种依恋的情感,这个字,从语源学的观点来说,似乎意指这种情感是迫于处境的必要(necessity)而发展出来的。

甚至像邻里这样微不足道的关系,也多少会有同一种效果。对于一个我们天天看到的人,我们会尊重他的面子,如果他从未得罪过我们。邻居们可以为彼此带来方便,但也可以为彼此带来麻烦。如果他们算得上是好人,他们自然会有彼此妥协的意愿。我们期待他们和睦共处,而与邻居争斗交恶,则是一种很不好的性格。因此,有一些小帮忙,普遍被认为,在我们提供给任何与我们没有这种关系的人之前,应该先提供给我们的邻居。

这种自然的情感包容与同化倾向,亦即我们这种自然地倾向于尽可能使我们自己的意见、原则与感情,和我们在我们必须经常与其共处交往的那些人身上看到的那些根深柢固的意见、原则与感情,尽量相容乃至相同,是导致"近朱者赤与近墨者黑"这两种效应的原因。一个经常和一些有智慧与有美德的人交往的人,即使他本人没变成有智慧或有美德的人,至少也会禁不住对智慧与美德怀有一定的敬意;一个经常和一些浪荡堕落的人交往的人,即使他本人没变得浪荡堕落,至少也必定会很快失去他对浪荡堕落的行为原先感觉到的一切厌恶。家族性格的相似性，我们常常看到这种相似性被连续传递了好几个世代，也许有一部分是由于此一倾向，此一使我们自己和我们必须经常与其共处交往的那些人融和同化的情感倾向。不过，家族性格，就像家族容貌那样，似乎也有一部分是由于血脉相连的缘故，而不完全是由于情义相连的缘故。至于家族容貌的相似性，无疑完全是由于血脉相连的缘故。

但是，在对某一个人的各种依恋当中，那种完全基于尊敬与赞许他的品行善良，并且通过长期结识与许多经验而更加坚固的依恋，显然是最为高尚的。这种友谊，不是起于某种勉强的同情，不是起于某种为了方便与妥协的缘故而刻意装出，久而久之变成习惯的同情；而是起于一种自然的同情，起于一种不由自主的感觉，觉得为我们所依恋的那些人是尊敬与赞许的自然适当对象。这种友谊只可能存在于品格高尚的人们当中。只有品格高尚的人，才能够对彼此的品行感觉到一种完全的信赖，这种信赖使他们能够随时放心相信他们绝不可能彼此冒犯或被冒犯。恶行总是反复无常的，唯有美德是恒常有规则、守纪律的。以珍爱美德为基础的依恋，正因为它无疑是各种依恋中最高尚的，所以，它同样也是最幸福的，以及最为持久与坚固的。这种友谊，无须局限在一个人身上，而是可以放心地拥抱所有那些与我们长期亲近相熟，并因此对于他们的智慧与美德能够完全信赖的人。有些人把友谊局限在两个人身上。他们似乎混淆了友谊的智慧信赖和爱情的愚蠢妒忌。年轻人那种仓促、沉迷与愚蠢的亲密关系，通常建立在某种脆弱的、与高尚的行为完全无关的性格相似性上，也许是建立在他们嗜好相同的研究、相同的娱乐、相同的消遣，或建立在他们一致赞许某一奇特、通常不被人采纳的原则或意见上。因奇想突发而开始，也因奇想突发而结束的那些亲密关系，不管它们在持续期间表面上是多么的和乐愉快，绝不配拥有神圣庄严的友谊之名。

然而，在所有被自然女神指出来等候我们特别给予帮忙的那些人当中，似乎不会有什么人，比我们已经领受其恩惠的那些人更应当得到我们的帮忙①。为了使人类适合互相亲切帮忙，因为这对他们的幸福是如此的有必要，自然女神在塑造人性时，使每一个人成为他自己曾经亲切帮过的那些人特别亲切帮忙的对象。即使他们的谢意未必和他的恩惠相称，不过，他应受奖赏的感觉，亦即公正的旁观者所感到的那种同情的感激，将总是和他的恩惠相称。对于受惠者忘恩负义的卑劣作风，旁观者普遍的义愤，有时候甚至会普遍提高施惠者应受奖赏的感觉。仁慈的人绝不会完全失去他的仁慈所结的果实，即使他未必可以在他应当可以采集到果实的那些人身上采集到果实，他也几乎一定可以从他人身上采集到，而且往往还要多十倍呢。亲切仁慈必然会生出亲切仁慈。如果为我们的同胞所爱，是我们的雄心壮志所追求的伟大目标，那么，达成此一目标的最确实可靠的办法，就是以我们的行动证明我们真心爱我们的同胞。

在那些因为他们和我们的亲戚关系，或者因为他们个人的品德，或者因为他们过去的帮忙，而被自然女神托付给我们帮忙照顾的人之后，紧接着被她指出来的那些人，没错，确实不是要等候我们的友谊相助，而是要等候我们的仁慈注意和善心帮忙。那些人因他们的处境非比寻常而受到特别的注意，他们

---

① 译注：参见本书第二篇第二章第一节第三段。

是非常幸运的和非常不幸运的人,是有钱有势的人和贫穷可怜的人。社会阶级的差别①,以及社会的和平与秩序,大部分是以我们对有钱有势者自然会怀有的那种尊敬为基础而建立起来的。②救助与慰藉人间苦难,则完全仰赖我们对贫穷与不幸者的怜悯与同情。社会的和平与秩序,甚至被自然女神认为比救助贫穷与不幸更为重要③。因此,我们对权贵人士的尊敬,极易失之太过;我们对贫穷不幸者的同情,极易失之不足。道德家们总是劝勉我们要多一点慈悲与怜悯。他们警告我们不要迷恋权贵。没错,这种迷恋力量是这么的强大,以至于有钱者与有势者常常比有智慧者与有美德者更受尊重。自然女神已经很聪明地判定,社会地位的差别,以及社会的和平与秩序,建立在显而易见的出身与财富差异上要比建立在看不见的、并且时常不确定的智慧与美德差异上更为稳固。绝大部分社会下层群众,即使他们没有什么分辨的眼光,也能够充分看清楚前一种差异,而有智慧与有美德的人,即使拥有明察秋毫的识别能力,有时候也需要费尽千辛万苦才能分辨出后一种差异。在前述所有那些推荐的先后顺序上,自然女神的仁慈智慧,是同样的显而易见的。

  这里也许无须特别指出,两个或更多个会激起亲切仁慈的原因结合在一起,会加强亲切仁慈的情感。当忌妒心没在作祟

---

① 译注:参见本书第一篇第三章第二节。
② 译注:非常有趣的相关论述,请参见本书作者另一本著作《国富论》(谢宗林等译,台北先觉出版社 2005 年)第五卷第一章第二节:论司法经费。
③ 译注:参见本书第二篇第二章第一节。

时，我们对权贵人士自然会怀有的那种亲切偏爱之情，将会因为他除了权贵之外还拥有智慧与美德而大大增强。倘使有这样的一位权贵，尽管他拥有这样的智慧与美德，却陷入灾难，陷入位尊权重者往往比别人更容易遭遇到的那些危险与困厄中，那么，对他的命运，我们关心的程度肯定会比对一个有相同美德但身份地位比较卑微者的命运深切许多。仁慈善良与宽宏大度的国王或王子遭逢种种灾难，是悲剧和传奇故事中最有趣的主题。如果他们尽力发挥他们的智慧与英勇气概而终于脱离那些灾难，并且完全恢复他们以往的尊贵与安全，我们肯定会禁不住给予他们以最热烈甚至过度的赞美。我们为他们的苦恼所感到的悲伤，我们为他们的成功所感到的喜悦，似乎会结合起来，加强我们对于他们的地位与品格自然会怀有的那种偏心的赞美。

当前述那些不同的行善情感凑巧把我们往不同的方向拉时，要依据任何明确的规则决定在什么情况下我们应该顺从某一种情感，在什么情况下我们又应该顺从另一种情感，似乎是完全不可能办到的事。在什么情况下，友谊应该对感激让步，或感激应该对友谊让步；在什么情况下，我们应该按下所有自然的亲情，即便是最强烈的父子亲情，而优先考虑我们上级长官的安全，因为整个社会的安全时常有赖于那些上级长官的安全；又在什么情况下，即使我们允许自然的亲情胜过对上级长官的安全顾虑，也不会有什么不合宜。这些必须完全留给我们心里面的那个人，那个存在于想象中的公正的旁观者，那个裁判我们的行为对错的伟大判官与裁决者来决定。如果我们把我们自己完全摆在他的立场上，如果我们真的用他的眼睛来看待我们自己，就像他实际看待我们那样，并且用心虔诚地倾听他对我们的建议，那么，他的声音绝不致欺骗我们。我们将不需要仰赖任何决疑学的规则①来引导我们的行为。这些规则要适应情况、性格与立场上所有不同的细微差异和变化，亦即，要适应各种虽然不是完全无法察觉，但由于它们的微妙与纤细往往完全无法明确界定的差异和分别，经常是不可能办到的。在伏尔泰所编的《中国的孤儿》②那一部感人的悲剧中，当我们钦佩札姆蒂（Zamti）的宽宏大度时（因为他愿意牺牲自己儿子的性命，以保全他昔日所效忠的君主和所服侍的主人家族唯一幸存的弱小子遗），我们不仅原谅，而且也爱上艾达美（Idame）那种心软的母性慈悲，虽然她为了从鞑靼人的魔掌中赎回她那被刻意送入虎口的婴儿时，险些泄露了她丈夫的重要秘密。

第二节　论自然女神按何种顺序把哪些社会团体托付给我们帮助

指导哪些个人依何种先后顺序被托付给我们善行照顾的那些原则，也同样指导各种社会团体被托付给我们善行照顾的先后顺序。首先且主要被托付给我们善行照顾的，是我们的善行对它们极为重要，或也许极为重要的那些团体。

---

① 译注：关于决疑学的（casuistic）规则，请参见本书第七篇第四章第七至三十五段。

② 译注：改编自中国元朝纪君祥根据春秋时代的传说所作的杂剧《赵氏孤儿》。

我们在其中出生,在其中受教养,并且一直在其保护下生活的国家或主权国,一般来说,是我们的行善或为恶,对于其幸福或悲惨能够有什么显著影响的社会团体中最伟大的那一个。因此,它是极力被自然女神推荐给我们关心的社会团体,或者说,它是我们天生最在意的社会团体。不仅我们自己,而且所有让我们感到最亲切的对象,我们的子女、我们的父母、我们的亲戚、我们的朋友、我们的恩人,所有我们最喜爱与最尊敬的那些人,通常都包含在这个团体中,并且他们的幸福与安全也多少有赖于这个团体的幸福与安全。所以,它自然为我们所钟爱,不仅基于我们所有自私的情感,也基于我们所有私人的情谊。鉴于我们自己和它的连接,它的幸福与光荣似乎为我们自己带来某种光彩。当我们拿它和其他同类团体相比时,我们会以它的优越为荣,如果它在任何方面不如它们,我们多少会感到屈辱。所有它在昔日产生过的著名人物(这里之所以仅限于昔日产生的,是因为,对于我们自己当代的那些著名人物,忌妒的心理有时候也许会使我们有一点点讨厌他们),包括它的勇士、它的政治家、它的诗人、它的哲学家,以及各种作家与文人,我们倾向以最偏心赞美的眼光看待他们,并且(有时候非常不公正地)把他们排在其他一切国家所产生的那些人物之上。一个爱国者,若为了国家的安全,或甚至只为了国家的虚荣而牺牲他的性命,他的行为会被认为极端正确合宜。他好像以公正的旁观者自然且必然会采取的那种眼光看待他自己,把自己视为不过是广大群众中的一分子,在那公正的判官的眼中不见得比其他任何分子更为重要,反而有义务随时为了比较多分子的安全、便利,或甚至虚名而牺牲与奉献他自己。但是,虽然这牺牲看起来是这么完全的正当与合宜,我们却知道,要做出这牺牲是多么的困难,以及能够做出这牺牲的人是多么的少。所以,他的行为,不仅激起我们全心全意的赞许,也激起我们至高的惊奇与钦佩,并且似乎值得最了不起的美德应得的一切赞美。相反,一个叛国者,一个在某一特殊的处境中自以为能够借由出卖他祖国的利益给祖国的敌人,以增进他自己渺小的个人利益的人,一个完全不顾他心里面的那个人的判断,而在这方面这么可耻且这么卑鄙地牺牲所有和他有所关联的众人的利益,独厚他自己个人的人,则被认为是所有恶棍中最可憎的恶棍。

对我们自己国家的爱,常常使我们倾向怀着最为恶意的嫉妒与猜忌的心理,看待任何邻国的兴隆与壮大。各自独立但相互毗邻的国家,由于没有共同的上级机关来裁决它们的争议,全都时时刻刻处在彼此恐惧与彼此怀疑的环境中。每一个君主,由于不指望从他的邻国得到多少公正的对待,也倾向以同样少的公正回报他的邻国。对于国际法的顾虑,或者说,对于某些独立国家宣称或自以为它们自己有义务,在它们彼此的交往中遵守的那些规则的尊重,往往和纯粹的装腔作势没有什么两样。我们天天看到那些规则,只因人类为了争夺一丁点儿利益,或受到一丁点儿挑衅便被规避,或者被直接违背,而人类却完全不觉得羞耻或难为情。每一个国家仿佛都可以在它的任何一个邻国逐渐增强壮大的力量中,预见它自己将被征服的命运;卑鄙的国家歧视原则,往往建立在高贵的爱国情操之上。大加图(the elder Cato)每次在罗马元老院演讲,不管主题是什么,据说终了时总会来上一句,"我还是认为迦太基①应该被毁灭";一颗强壮但粗糙的心灵,在被激怒到几乎发狂时,自然会以这样诅咒那个使他自己的国家如此深受伤害的外国,来表达他那野蛮的爱国情操。西庇阿·纳西加(Scipio Nasica)②用来结束他的每一次演讲的句子,听说是比较仁慈的"我还是认为迦太基不应该被毁灭"。这是一个心胸比较开阔文明的人,一个甚至对宿敌的繁荣兴盛在这宿敌已经被削弱至对罗马不再有什么威胁时不觉得反感的人才会有的慷慨言辞。法国与英国也许各自都有一些理由害怕对方的海军和陆军的力量增强,但是,就它们任何一国来说,嫉妒对方国内的幸福与兴旺,嫉妒对方的土地栽培优良、各种制造业进步、商业发达、港口与码头繁多且安全、人民在所有文科艺术与学问方面样样精通,无疑有损它们两个这样伟大的国家自身的尊严。这些方面的进步改良,全都真正改善了我们生活所在的这个世界。人类因之而受益,人性也因之而更显高贵。在这些进步改良上,每一个国家,不仅应该各自努力超越群伦,而且基于对全人类的爱,也应该促进而非阻挠它的邻国力争上游。这些进步改良应是各个国家彼此竞相仿效而不是各个国家彼此歧视或妒忌的适当对象。

对我们自己国家的爱,似乎不是源自对全人类的爱。前一种感情和后一种感情完全不相干,而且前者似乎有时候甚至会使我们倾向做出违背后者的举动。法国的人口也许接近英国人口的三倍,所以,在包含全人类的伟大社会中,法国的繁荣成功应该被认为是一个远比英国的繁荣成功更为重要的目标。然

---

① 译注:终于在公元前146年为罗马所灭。
② 译注:公元前138年的罗马执政官。

而，倘使有哪一位英国国民，基于那个理由，竟然在所有场合重视法国的繁荣成功甚于重视英国的繁荣成功，那他肯定不会被认为是一个好的英国公民。我们爱我们的国家，并非把它当作只不过是全人类社会的一部分来爱，我们是因为它本身的缘故而爱它，和任何有关全人类社会的考量完全不相干。设计出人类情感系统，以及其他每一部分天性系统的那个智能似乎认为，要增进全人类社会的利益，最好的办法是把每一个人的主要注意力导向全人类社会中的某一特定部分，这部分不仅最在他的能力范围内，也最在他的理解范围内。

国家歧视与憎恨很少延伸至邻近的国家之外。我们或许会非常懦弱愚蠢地称法国人为我们的天敌，而他们或许也会同样懦弱愚蠢地认为我们是他们的天敌。但是，不论是他们，或是我们，对于中国或日本的繁荣兴盛，都不会怀有任何嫉妒的心理。然而，对这样遥远的国家，我们的善意也很少可能发挥什么了不起的作用。

被发挥出来时通常会有些大用，而且对象也最为广泛的，是某些政治家的那种公益心，他们为相邻或相距不是很远的国家筹划并组成同盟，以便在他们所折冲的国际势力范围内保持所谓的权力平衡，或保持普遍的国际和平与宁静。然而，那些筹划与执行这种盟约的政治家们实际所图的，除了他们各自国家的利益之外，很少有什么别的目的。是的，有时候他们的心胸确实比较宽广些。（根据德利兹枢机主教看法[①]，这是一个不

[①] 译注：Jean François Paul de Gondi, Cardinal de Retz (1614—1679)，法国神学家。在本书第一篇第三章第二节以及第三篇第六节曾经提过。

会过分轻易相信他人有美德的人）法国参与孟斯德（Munster）条约①谈判的全权代表阿沃伯爵②，愿意牺牲他的生命，以便透过该条约恢复欧洲普遍的和平。威廉国王③似乎怀有一股真正的热情，很希望看到欧洲大部分的主权国家保持自由与独立。这股热情也许受到他特别讨厌法国很大的刺激，而当时法国恰好是那种自由与独立的主要威胁。此一仇视法国心态，有一部分似乎传给了安妮女王④的第一任内阁。

每一个主权国家，内部都分成许多不同的社会阶级与团体，各自有其特殊的权力、特权与豁免权。每一个人对自己那一个阶级或团体的喜爱，自然甚于其他任何阶级或团体。他自己的利益，他自己的虚荣，他的许多朋友和伙伴们的利益与虚荣，通常和他所属的那个阶级或团体有很密切的关系。他自然热衷于扩张他自己的那一个阶级或团体的特权与豁免权；他自然热衷于保卫那些权利免受其他任何阶级或团体的侵犯。

就任何国家来说，所谓它的政体（constitution），乃取决于它内部被分成哪些不同的社会阶级与团体，以及那些阶级与团体被分配到哪些个别的权力、特权与豁免权。

它那个政体的稳定性，取决于每一个别阶级或团体维护它自己的那些权力、特权与豁免权免受其他每一阶级或团体侵犯的能力。每当有任何它的从属部分的身份与地位，相对于其他

---

① 译注：指 1648 年结束欧洲 30 年战争的所谓 Westphalia 和约。
② 译注：Claude de Mesmes, comte d'Avaux (1595—1650)，法国外交家。
③ 译注：指英王 William III (1650—1702)。
④ 译注：Queen Anne (1665—1714)，在位期间 1702—1714。

从属部分的身份与地位被抬高或压低时，它那个政体必然多少会有些改变。

所有那些不同的阶级与团体都依存于那个让它们获得安全与保障的国家。它们全都从属于那个国家，并且全都只在对那个国家的繁荣与保全有所裨益的从属关系中获得安顿与确立。每一个阶级或团体中最偏心的成员也承认这是事实。然而，往往却很难说服他相信，国家的繁荣与保全需要他自己的那个阶级或团体在权力、特权与豁免权方面多少作出一些让步。这种偏颇的心态，虽然有时候也许是不公正的，却不见得因此便一无是处。它制止创新的精神。它倾向于保存一国内部各个阶级与团体之间那个已经确立的平衡，虽然有时候它像似妨碍政体进行一些在当时也许是很流行且很受欢迎的改革，然而，它实际上却有助于整个国家体制的稳定与永存。

在普通场合，我们的爱国心，似乎含有两种不同的情操：其一是，对那个已实际确立的政体或统治形态怀有一定程度的尊敬；其二是，真心渴望尽我们所能使我们同胞过着安全、体面与幸福的生活。不愿意尊重法律，也不愿意服从民政长官的人，不是一个公民；而不愿意尽他所能增进他的同胞们的全体福祉的人，则无疑不是一个好公民。

在和平宁静的日子里，那两种情操通常并行不悖，导向同一行为。要维持我们的同胞生活安全、体面与幸福，最方便划算的方法，似乎显然是支持已经确立的政体，而这个政体要让我们看到它实际上使他们得以继续过着安全、体面与幸福的生活。但是，在人民怨声载道、党派争斗不已与社会混乱时，那两种不同的情操也许是拉往不同的方向，而甚至智者也会被搅得倾向于认为，那个就其现状而言显然已无法维持公共安宁的政体或统治形态，必须进行某些改革。然而，在这样的场合，一个真正的爱国者，要判断什么时候他应该支持并且尽力重建旧体制的权威，以及什么时候他应该对比较大胆但往往也比较危险的创新精神让步，也许常常需要他发挥最高的政治智慧。

国外战争与国内党争是爱国心的两个最佳展现时机。在与外国的战争中，报效国家取得胜利的英雄，满足了全国人民的希望，因此是全国人民感激与赞美的对象。在国内党派倾轧不和时，彼此争斗的那些党派的领袖们，即使受到他们的一半同胞赞美，通常也会受另一半同胞诅咒。他们所扮演的角色，以及他们个别贡献的价值，通常显得比较含糊与可疑。因此，那种因国外战争而取得的光荣，几乎总是比那种能够在国内党争中取得的光荣，更为纯正地道，也更为灿烂耀眼。

然而，党争胜利的那一派的领袖，如果他有足够的权威说服他自己的那一派党徒以行动展现适度的容忍与节制（他时常不会有这样的权威），那么，他有时候可以为他的国家提供一项远比最伟大的战争胜利和最广袤的领土征服更为根本，也更为重要的服务。他可以重建并且改善政体，他可以摇身一变，从扮演某一党派的领袖那样非常可疑与暧昧的角色，变成扮演所有角色中那最伟大与最高贵的角色，（是）伟大的国家的改革者与立法者；（他）以暗藏在那些被他建立起来的制度里的智慧，在他身后连续许多世代，确保国家内部的平静和同胞们的幸福。

在内讧的喧嚣混乱中，某种热衷主义或理论体系的精神

(spirit of system)① 很容易主动和那种以博爱为基础,以真正关怀同情我们的某些同胞可能遭遇到的种种不便与困苦为基础的爱国心搅和在一起。这种热衷主义的精神通常会凌驾那种比较温和的爱国心,主导后者的动向;总是会鼓舞它,常常会把它煽动到甚至疯狂着迷的地步。心怀不满的那一派党徒的领袖们,很少不会提出某一看似可行的改革计划,他们会宣称,这计划不仅将消除与缓和目前被大家抱怨的种种不便与困苦,而且也将永远杜绝任何类似的不便与困苦复发的可能性。因此,他们常常主张重新塑造政体,主张在某些最根本的部分改变原来的政治体系,尽管在那个体系治下,一个伟大帝国的子民们,也许在前后连续好几个世纪的时间内,曾经享有和平、安全,甚至光荣。绝大部分的该派党徒,虽然对此一理想的体系全无经验,不过,由于它被他们的领袖们极尽其能言善道的本事描绘得五彩缤纷、令人眼花撩乱,因此,他们通常会沉迷陶醉于它那虚构的美丽。至于那些领袖们本身,虽然他们起初可能除了自我夸大之外没有别的意思,他们当中的许多人却终于成为他们自己的诡辩的受骗者,变得和他们的追随者当中那些最软弱与最愚蠢的人一样,醉心渴望实现这个伟大的改革。即使那些领袖们保持他们自己的头脑清醒,免于这种狂热,而他们通常也的确是这样清醒,然而,他们却未必胆敢辜负他们的追随

---

① 译注:关于这种精神的心理源头,请参见本书第四篇第一节第十一段。注意我在那里把"system"译为"体系"。热衷钟表之精良运转,与热衷某一主义或学说理论架构之完善,是同一种热衷系统或秩序的精神。在此以"主义或理论体系"翻译"system",主要着眼于作者,或许是因为想到法国大革命中有不少重要人物迷恋所谓理性主义(Rationalism),才有本节第十一段至最末一段那样论述。

者的期待；反而常常不得不违背他们自己的原则与良心，做出仿佛他们也受到同一错觉迷惑的举动。该党派拒绝所有暂时舒缓的办法、所有折中调节的方案、所有合理的和解调停，这样激越的行为，由于要求得太多，反而常常什么都得不到；而那些原本只要稍加调节修正或许便可被大部分消除与舒缓的种种不便与困苦，则依旧被留下来，完全没有什么补救的希望。

完全是由博爱与仁慈唤起爱国心的人，对于个人的既得权力与特权，甚至也会给予尊重，而对于国家所构成的那些主要阶级与团体的既得权力与特权，他所给予的尊重就更多了。即使他觉得某些既得权力与特权多少被滥用了，他也将使自己满意于舒缓那些如果没使出巨大的暴力便往往无法消灭的滥权行为。当他无法以道理和劝诱征服那些根深蒂固在人们心中的偏见时，他将不会企图以暴力使他们屈服，而是会虔诚地遵守那一则被西塞罗（Cicero）公正地称为神圣的柏拉图箴言：绝不对他的国家使用暴力，就像绝不对他的父母使用暴力那样。他将使他的各种治理国家的安排尽可能适应国人各种根深蒂固的习惯与偏见；他也将尽可能补救因为欠缺国人讨厌服从的那些管制规定而可能产生的种种不便。当他无法建立正确的体制时，他将不会以改良错误的体制为耻，反而会像梭伦（Solon）① 那样，当他无法建立最好的法律体系时，他将致力于建立他的国人所能容忍的最好的法律体系。

相反，热衷主义或理论体系的人，往往自以为很聪明。他往往十分醉心于他自己的那一套理想的政治计划所虚构的美丽，

---

① 译注：Solon（638—559 BC），古代雅典的立法者，为古希腊七贤人之一。

以致无法容忍现实和那一套理想的任何部分有一丝一毫的偏离。他埋头苦干，一心只想把那套理想的制度全部完完整整地建立起来，完全不顾各种巨大的利益或顽强的偏见可能会起来反对该套制度。他似乎以为，他能够像下棋的手在安排棋盘上的每颗棋子那样，轻而易举地安排一个大社会里的各个成员。他没想到，棋盘上的那些棋子，除了下棋的手强迫它们接受的那个移动原则之外，没有别的移动原则。但是，在人类社会这个巨大的棋盘上，每一颗棋子都有它自己的移动原则，完全不同于立法机关或许会选择强迫它接受的那个原则。如果那两个原则的运动方向刚好一致，人类社会这盘棋将会进行得既顺畅又和谐，并且很可能会是一盘快乐与成功的棋。但是，如果那两个原则的运动方向恰好相反或不同，那么，人类社会这盘棋将会进行得很凄惨，而那个社会也就必定时时刻刻处在极度混乱中。

某种概括性的，或甚至是系统性的，关于什么是尽善尽美的政策与法律体制的理念，对于引导政治家的思想与见解无疑是必要的。但是，一个政治人物，如果坚持建立，而且是坚持立刻建立，且不顾一切反对地建立那个理念似乎要求做到的每一样事物，那他必定常常是自大傲慢到无以复加的地步了。这样的坚持，等于是要把他自己的判断树立为是非对错的最高标准；等于是自以为他自己是全国唯一聪明且值得尊敬的人；等于是自以为他的同胞们全都应该委屈他们自己来配合他，而不是他应该配合他们。正因为如此，在所有政治理论家当中，主权国的君主们显然最具危险性。这样子的傲慢自大，对他们来说，是极其稀松平常的事。他们绝不会怀疑自己的判断具有无比的优越性。所以,当这些傲慢高贵的改革者纡尊降贵,沉思默察那个被托付给他们治理的国家的政体时,他们很少看到其中有什么不对劲的事物,比得上有时候也许会反对他们的意志贯彻实行的一些障碍那样的不顺眼。他们不会把柏拉图所提的那一则神圣箴言放在眼里,并且会认为国家是为他们而设,而非他们自己是为国家而设。所以,他们改革行动的最大目标,便是要消除那些障碍;便是要削弱贵族阶级的权威;便是要拿走各个城市与省份的特权,以及要使国内最伟大的那些个人和最有势力的那些阶级团体,变得和那些最软弱的与最无足轻重的个人与团体一样,无力反抗他们的命令。

第三节　论博爱

虽然我们的有效善行很少可能延伸至任何比我们自己的国家更广阔的社会,但我们的善意,没有任何范围的限制,可以包含整个无限的宇宙。我们无法想象任何清白无辜且有感觉的生命,他的幸福是我们不希望看到的,或者对于他的不幸,在我们深刻清楚地想象这不幸的时候,我们是不会觉得有些反感的。没错,想到某个虽然有感觉但为非作歹的生命,自然会激起我们的憎恶,但是在这场合,我们的那股恶意,其实是我们博爱的心肠在发挥作用。那股针对他的恶意来自某种同情,来自我们对其他某些清白无辜且有感觉的生命的不幸与怨恨所感到的同情,那些生命的幸福遭到他蓄意的破坏。

这种博爱的心肠,不论是多么的高尚与宽大恢宏,对任何人来说,很可能是一个使他无法真正快乐起来的原因,如果他没有彻底坚定地相信,全世界所有居民,不管是最卑贱的或最高贵的,全都受到指挥一切自然活动的那个伟大、仁慈与全知的神直接的照顾与保护;并且相信,这个伟大的神决意以其自身各种永远不变的完美无瑕的才艺,随时在这世界上维持最大可能的幸福量。相反,对这种博爱的心肠来说,怀疑这世界也许没有天父的垂爱关注,必定是所有沉思中最令人感伤忧郁的,因为他想到在这庞大无比与无限的宇宙中,所有未被他发觉的地方,除了充满无穷无尽的不幸与悲惨之外,没有别的好事。极端幸运成功的所有光芒,也绝不可能照亮如此可怕的想法必然会盖在他心头上的那一层忧郁的阴影。然而,在一个贤明有德的人身上,最折磨人的逆境中的一切悲伤难过,也绝不可能使那种必然会从他那习惯且彻底坚信相反的想法为真的信念中涌现的喜悦完全枯竭。

贤明有德的人随时都不会反对他自己的私人利益被牺牲掉,以成全他自己所属的那一个阶级或团体的公共利益。他也随时都不会反对,此一阶级或团体的利益被牺牲掉,以成全它在其中不过是一个次要部分的那个国家或主权国的更大利益。所以,他同样也不会反对,所有那些比较次要的利益被牺牲掉,让全世界获得更大的利益,亦即,成全那个包含一切有感觉与有理性的生命,并且由神亲自管理与指挥的伟大社会的利益。如果他习惯且彻底坚定地相信,这个仁慈与全知的神,绝不可能容许受他指挥治理的那个体系发生任何不是为了全体的善而必需的局部的恶,那么,他必定会把所有可能临到他自身,临到他的朋友们,临到他所属的社会团体,或临到他的国家的那些不幸,看作是为了全世界的繁荣幸福所必需的,因此,不仅是他应该认命顺从的,而且也是他自己,如果他事先知道所有事物的相互依存关系的话,原本应该诚心诚意希望发生的。

对伟大的宇宙主宰的意志怀着这么宽大恢宏的认命顺从,无论从哪一方面来看,似乎并未超出人性所及的范围。优秀的士兵们既爱戴又信赖他们的将军,在迈向那种他们绝不期待生还的孤立无援的岗位时所展现的神态,常常比迈向某种既没有困难也没有危险的岗位时更为快活与敏捷。在迈向后一种岗位时,除了平常出任务时那种单调乏味的感觉,他们感觉不到其他的情感;在迈向前一种岗位时,他们觉得正在做人类所可能作出的最高贵的努力。他们知道他们的将军肯定不会命令他们迈向这样的岗位,如果这不是整个军队的安全或战争的胜利所必需的话。他们兴致勃勃地牺牲自己渺小的身体,以成全一个较大的整体的幸福与兴隆。他们情深意切地和他们的同志们诀别,诚挚地祝福同志们一切幸福顺遂;然后,不仅甘心顺从地,而且常常发出最欢欣鼓舞的呼喊声,大步迈向他们被指派前往的那个致命的但也是辉煌荣耀的岗位。但是,不会有任何军队的指挥官,比指挥宇宙的那个伟大的主宰,值得更多无限的信赖,或值得更热烈与更热诚的挚爱。当遇上最大的公共或私人灾难时,一个贤明的人应该认为,他本身,或他的朋友们,或他的同胞们,只不过是被神安排在宇宙中这个悲惨绝望的位置上;他应该认为,如果不是为了整体的善而有必要如此的话,他们就不会受到这样的安排;他应该认为,他们应尽的义务,不仅是应该谦卑地甘心顺从此一命运的安排,而且也应该尽力敏捷愉快地拥抱此一命运的安排。一个贤明的人无疑应当能够做到一个优秀的士兵随时准备做到的事情。

相信神存在,并且相信他的仁慈与智慧,自亘古以来就一直这么设计与指挥着宇宙这部庞大无比的机器,以便不管在什么时候都能产生最大可能的幸福量。这样的信念,无疑是所有人类冥想的课题中显然最为庄严崇高的那个。其他每一个冥想课题和它相比,必然显得猥琐卑鄙。一个被我们认为主要是从事这种崇高的冥想工作的人,极少可能不是我们至为尊敬的对象;即使他的一生完全投注在冥想上,我们也常常会怀着某种宗教般的虔敬看待他,这种尊敬,甚至比我们看待最主动积极且对全体国民最有用的公仆时所怀抱的那种敬意还高出许多。马卡斯·安东尼纳斯(Marcus Antoninus)① 的《沉思录》,由于主要在思索这个课题,对于他的品格之所以普遍受到赞美,也许比他公正、慈悲与仁爱的统治所留下来的各种事务处理记录全部加起来,还更有贡献。

然而,管理宇宙这个伟大的体系的运作,以及照料一切有理性有感觉的生命,让他们普遍获得幸福,是神的工作,而不是人的工作。人被分派到一个比较卑微的工作部门,一个和他力量薄弱的程度以及他理解范围狭隘的程度显然比较相配的工作部门;那就是照料他自己的幸福,以及照料他的家人、他的朋友和他的国家的幸福;忙于冥想那个比较崇高的课题,绝不是一个理由可以辩解他对那个比较卑微的分内工作的疏忽;他

---

① 译注:即 Marcus Aurelius(121—180 AD),公元 161—180 年的罗马皇帝,Antoninus 是他登基时自加的名号,是著名的斯多葛派哲学家。他的《沉思录》(*Meditations*),写于他人生最后的十年,他死后才发表。

不可以使自己受到阿维迪乌斯·卡西乌斯（Avidius Cassius）[①]据说曾经对马卡斯·安东尼纳斯提出的，也许不是公平的指控：指控他说，当他忙于哲学上的思索，并冥想宇宙的繁荣时，他忽略了罗马帝国的繁荣。爱好沉思的哲学家，他的空想，无论怎样崇高，也不太可能在最轻微的现实责任方面弥补他的任何疏忽。

[①] 译注：罗马帝国东部驻军的指挥官，煽动分子，曾自立为罗马皇帝，旋即被刺身亡（175年）。

第三章 论克己

　　一个遵照严格的审慎、严正的公平与适当的慈善等规则行动的人,也许可以被称为德行完美的人。但是,仅拥有最完美的规则知识,将不足以使他能够遵照规则行动:他自己的各种激情常常会误导他;有时候逼迫他,有时候怂恿他,违背他自己在所有冷静清醒的时刻所赞许的一切规则。最完美的知识,如果没有最完美的克己或自我克制的工夫加持,将未必使他得以言行合宜正当。

　　古代某些最好的道学家似乎认为,逼迫或怂恿我们的那些激情或热情,可以被划分成两种不同的类别:属于第一类的,是那些即使要抑制个一时片刻也需要大大努力自我克制的激情;属于第二类的,是那些若要抑制个一时片刻或甚至某一短暂的时间并不怎样困难的激情。但是,由于那些激情几乎是不断地引诱我们,因此,在我们的一生中,它们往往会误导我们做出一些重大的偏差行为。

　　恐惧与愤怒,以及其他某些和它们混在一起或连在一起的激情,构成第一类激情。爱好安逸、爱好享乐、爱好赞美,以及爱好其他许多自私的满足,构成第二类激情。过度的恐惧与狂暴的愤怒，常常很难抑制，甚至要抑制个一时片刻也难。爱好安逸、爱好享乐、爱好赞美，以及爱好其他许多自私的满足，要抑制个一时片刻或甚至某一短暂的时间总是很容易。但是，由于它们不断地引诱我们，因此，常常会误导我们做出许多我们后来很有理由觉得羞耻的懦弱行为。前一类的激情，常常可以说逼迫我们，而后一类的激情则怂恿我们偏离我们的本分。对前一类激情的克制，被前头提到的那些古代的道学家们称为刚毅、男子汉或恢宏的气概、意志坚强；对后一类激情的克制，则被称为节制、端庄、谨慎、稳健。

对那两类激情中的每一类激情的克制力，除了有它从它的效用亦即从它使我们得以在所有场合遵照审慎、公平与适当慈善的指令行动得来的那种优美的光泽之外，还有一种与它的效用无关，纯粹是它自身散发出来的优美的光泽，因此，就它本身而言，似乎值得一定程度的尊敬与赞美。在克制第一类激情的场合，那种克制力的坚强与高贵，会激起一定程度的尊敬与赞美。在克制第二类激情的场合，那种克制力的一贯不变、始终如一与永不间断的规律性，会激起一定程度的尊敬与赞美。

某个人，如果在面临危险时，在受到酷刑拷打时，在死亡逼近时，保持他一贯平静的心情，并且绝不容许自己的一言一行流露出任何与最冷漠的旁观者不完全一致的感情，那他必然会博得高度的赞赏。如果他是为了伸张自由与正义而受苦，或是为了表达他对人类的爱，以及对他自己的国家的爱而受苦，那么，我们为他的痛苦所感到的最亲切的怜悯，对他的迫害者的不义所感到的最强烈的愤怒，对他为善的意图所感到的最温暖的同情感激，以及最强烈地意识到他的功劳应受奖赏的感觉，全都会自动和对他的宽大恢宏度的赞赏合并在一起,并且常常会使那种赞赏的感觉兴奋昂扬到至高程度的热衷狂爱与崇拜的地步。在古代和近代的历史上,那些让人特别有好感与深情怀念的英雄人物,有许多是为了伸张真理、自由与正义而在断头台上丧命的,而且他们在那里的表现也一如他们平常那样的自在从容与庄严尊贵。倘若苏格拉底的敌人们容许他悄悄死在他的床上;那么,那位伟大的哲学家即使有名,他的名气恐怕也绝不会有那万丈光芒,让后世万代瞻仰起来觉得炫目耀眼。在英国历史方面,当我们浏览维尔杜(Vertue)和郝布拉肯(Howbraken)的雕版所印制的那些名人人头肖像时,我相信,几乎没有什么人不会觉得,那一把被雕刻在某些最著名的人头下方,象征他们被砍了头的斧头,譬如,雕刻在那些类如托马斯·摩尔爵士(Sir Thomas More)、华特·拉雷爵士(Walter Raleigh)、威廉·罗素勋爵(Lord William Russell)、阿尔杰农·希德尼(Algernon Sidney)等人的肖像下方的那把斧头,在被盖印上它的那些人物身上洒下的那一层真正庄严感人的光辉时,远胜过有时候会伴随着他们的人头一起出现的那些琐碎的家族徽章纹饰可能为他们增添的一切光彩。①

这种宽宏大度的表现,为品格所增添的光辉,并不仅限于

---

① 译注:作者在此显然想到一本附有文字说明的版画书:Thomas Birch, *The Heads of Illustrious Persons of Great Britain*, engraven by Mr. Houbraken, and Mr. Vertue. With their Lives and Characters (1743)。那些被列举出来的人全遭到处决:托马斯·摩尔于 1535 年因叛国罪而遭处决,华特拉雷于 1618 年因谋反英王詹姆士一世而遭处决,威廉·罗素和阿尔杰农·希德尼,因涉及所谓 The Rye House 阴谋而于 1683 年同时遭处决。

清白无辜且有德行的人。它甚至会为某些罪大恶极的罪犯性格吸引到一定程度的好感。当某个强盗或拦路抢劫的匪徒被带上断头台,并且在那里表现得很端庄坚定时,尽管我们完全赞许他受到惩罚,我们常常也会禁不住悲叹,惋惜一个拥有这样恢宏高贵的精神力量的人,竟然会犯下这样卑鄙的滔天大罪。

战争,不仅是学得,而且也是发挥这种宽宏大度的伟大训练所。死亡,正如我们所说,是恐怖之王。一个已经战胜死亡恐惧的人,不太可能在面临其他任何自然的灾祸时乱了他的方寸。在战争中,人们变得熟悉死亡,因此,必然会被治好性格懦弱与没有经验的人对死亡怀有的那种迷信般的恐怖憎恶症。他们会认为死亡只不过是生命的丧失,会认为死亡不是什么特别值得憎恶的对象,就好像生命有时候也许不是什么特别值得渴求的对象那样。而且,他们也从经验得知,许多看似很重大的危险,实际上并不像它们表面上看起来的那样重大;反而只要勇敢一点、积极一点与镇静一点,他们就常常会有很大的可能性,光荣地从起初看似绝望的那些情境中脱身。因此,死亡的恐惧被大大降低,而死里逃生的信心或希望,则被大大提高。他们学会比较愿意面对危险。他们变得比较不急着想要逃离危险,变得比较不容易在身处危险时失去心中的镇静。正是这种对危险与死亡的习惯性藐视,使军人的职业变得高贵,并且赋予这职业某种在人类自然的认识中高于其他任何职业的地位与尊严。巧妙成功地履行军职,以报效他们的国家,似乎是任何时代最受爱戴的那些英雄人物的品格中最突出的特征。

伟大的征讨攻伐,即使违反一切公平正义的原则,即使完全弃绝人道,有时候也会使我们觉得有趣,甚至为那些指挥这种征讨攻伐的最卑鄙的人物博得一定程度的某种尊重。我们甚至对某些海盗的大胆行径也很感兴趣；我们抱着某种尊敬与赞赏的心情，阅读一些最卑鄙的人物故事，这些人为了追求某些罪大恶极的目的所忍受的艰辛，所克服的困难，以及所遭遇的危险，也许远大于普通的历史课本所叙述的任何艰难险阻。

克制愤怒，在许多场合，被认为不如克制恐惧那样的恢宏与高贵。适当表达公正的义愤，构成古今许多最壮丽堂皇也最令人激赏赞叹的雄辩文章。狄摩西尼斯①猛烈抨击马其顿的菲利浦二世的四篇演说文（The Philippics），以及西塞罗（Cicero）猛烈抨击卡特林纳党徒（Catalinarians）② 的四篇演说文，它们的优美，全来自它们高贵合宜地表达了这种激情。但是，这种公正的义愤，其实不过是被适当约束与调节至公正的旁观者能够同情体谅的那个程度的愤怒。超出这个程度的那种狂暴喧闹的激情，总是令人讨厌与不舒服的，并且会使我们比较同情那个遭受愤怒的人，而不是那个宣泄愤怒的人。在许多场合，宽恕的高贵性甚至高于最完全合宜的愤怒。当得罪人的那一方已经作出适当的认错表示；或者，即使没有任何这样的表示，当公共利益要求最不共戴天的仇敌应该联合起来执行某项重要任务时，被人得罪的那一方，如果能够抛下所有憎恨，并且能够推心置腹、诚挚对待曾经使他痛心疾首的那一方，那么，他似乎应当值得我们的最高赞美。

---

① 译注：Demosthenes（384—322 BC），古希腊演说家及政治家。

② 译注：指由 Lucius Sergius Catilina（106—62 BC）领导的阴谋颠覆罗马共和政体的党徒。

然而，克制愤怒，却未必总是会被认为这样的了不起。恐惧是一种和愤怒相反的感觉，并且常常是抑制愤怒的动机；而在这种场合，动机的卑鄙性质，会减去这抑制动作的所有高贵性质。愤怒鼓舞攻击行动，而且放纵愤怒，有时候也像在展示颇有胆量超越恐惧。放纵愤怒有时候是虚荣心追求的一个目标，而放纵恐惧绝不会是虚荣的目标。爱慕虚荣与意志懦弱的人，当他们与他们的下属，或与那些不敢抵抗他们的人相处时，常常喜欢装出一副很夸张易怒的模样，并且自以为他们这么做是在展示所谓的气魄。一个好逞威风的人，会编造出许多他自己如何傲慢无礼的不实故事，并且以为借此可以使他自己在他的听众眼中变得，如果不是比较可亲与可敬，至少比较不可小看。近代的风俗，由于赞许决斗的陋习，在某些场合，可以说鼓励私人雪耻复仇；在近代，这种风俗也许大大有助于使因为恐惧而抑制愤怒变得比这抑制动作原本或许会被认为的更加可鄙。在对恐惧的克制中，总是有某种尊贵的成分，不管那克制是基于什么动机。对愤怒的克制，却不是这样。除非它完全是基于保持端庄、尊严与合宜的意识，否则就绝不会是完全讨人喜欢的。

遵照审慎、公平与适当慈善的指令行动，在没有什么诱因不这么行动的场合，似乎没有什么了不起的功劳。但是，在极大的危险与困难中，冷静慎重地行动；虔诚地遵守神圣的正义规则，尽管有某些极其重大的利益在引诱我们违背那些规则，也尽管有某些极其重大的损害在怂恿我们不顾那些规则；绝不容许我们心中的慈悲，因我们曾经慈悲对待过的某些人心怀恶意与忘恩负义，而受挫或沮丧，这样的性格，无疑具有最崇高的智慧与美德。自制的修养工夫，不仅本身是一项伟大的美德，而且所有其他美德也似乎是从它那里获得它们的主要光彩。

对恐惧的克制力和对愤怒的克制力，总是伟大高贵的力量。当它们是受正义感和慈悲心指使时，它们不仅是伟大的美德，而且也增添其他那些美德的光辉。然而，它们有时候是受很不一样的动机指使的，在这种场合，它们虽然仍旧是伟大与可敬的，不过，却可能是极端危险的。最大无畏的勇气也许会被用来进行最不正当的阴谋。在重大的挑拨激怒中，表面的平静与好脾气有时候也许隐藏着最坚定与最残忍的复仇雪耻的决心。这种掩饰所需的精神力量，虽然总是而且必然会遭到虚伪的卑鄙性质所玷污，然而，却常常很受许多见识不凡的人物推崇。凯瑟琳·美第奇①的矫情掩饰，时常受到学识渊博的历史学家达维拉②的歌颂赞扬；后来被封为首任布里斯托（Bristol）伯爵的迪各比勋爵③的矫情掩饰，受到严肃正直的克拉雷敦勋爵④的歌颂赞扬；被封为首任沙夫兹·伯里（Shaftesbury）伯爵的艾

---

① 译注：Catherine of Medicis（1519—1589），法国国王亨利二世的王后，1559年后历任三代王位的摄政王与首席顾问，主导法国政局长达30年，不择手段地维护皇室权力。

② 译注：Enrico Caterino Davila，17世纪意大利著名的历史学者，*Historia delle guerre civili di Francia*（《法国内战史》，1630年）的作者。

③ 译注：John Digby（1580—1653），英国外交家。

④ 译注：Edward Hyde（1609—1674），1st Earl of Clarendon，英国保皇派政治家与历史学者，*History of the Rebellion and Civil Wars in England*（《英国内战史》，1702—1704）的作者。

胥礼①的矫情掩饰,受到贤明的约翰·洛克先生的歌颂赞扬。甚至西塞罗(Cicero)也似乎认为这种虚情假意的性格虽然的确不是最高贵的性格,不过,却未必不失为某种能屈能伸的为人处世方式;他还认为这种方式,尽管不很光明磊落,不过,整个看起来,也许是可以得到赞许的,并且是可敬的。他以荷马的尤里西斯(Ulysses)②、雅典的狄米斯托克利③、斯巴达的吕山德④,以及罗马的马库斯·克拉苏⑤等人为例说明这种性格。这种阴暗深沉的虚假性格,最常发生在社会极端混乱的时候,发生在党派激烈斗争与内战如火如荼的时候。当法律已经大部分失去效力时,当只靠完全的清白无辜无法确保自身安全时,自卫的考量迫使大部分人民不得不诉诸机巧灵便,巧言令色地假意奉承那一方不管怎样碰巧在当下占优势的党派。而且,这种虚假的性格也常常有最冷静且最坚定的勇气相伴。这种性格的适当发挥必须以那种勇气为基础,因为它一旦被发现,结果通常是必死无疑。这种性格的作用有好有坏,它或者会加剧,或者会减轻那些处于劣势而被迫必须采取它的那些反对派们心

---

① 译注:Anthony Ashley Cooper(1621—1683),英国政治家,英王查理复辟时期(1660—1688)辉格党的领袖,哲学家与作家约翰·洛克(John Locke)的庇护者。

② 译注:为荷马(Homer)的史诗"奥德塞"(Odyssey)的主角奥地修斯(Odysseus)的拉丁文名字。

③ 译注:Themistocles(524—460 BC),雅典海上霸权的缔造者,公元前493年雅典的执政官。

④ 译注:Lysander(?—395 BC),古希腊的军事与政治家,在伯罗奔尼撒战争(Peloponnesian War)中为斯巴达夺得最后的胜利。

⑤ 译注:Marcus Crassus(115—53 BC),古罗马共和国的财政专家与政治家。

中猛烈的仇恨。虽然它有时候可能是有用的，不过，它至少同样容易是极端有害的。

对比较不猛烈狂暴的激情的克制力，似乎远远比较不可能被滥用来达成任何有害的目的。节制、端庄、谨慎与稳健，总是和蔼可亲的，并且很少可能被导向任何不好的目的。可亲的贞节之德，以及可敬的勤劳节俭之德，正是从稳健不懈地发挥那些比较温和的克己工夫中，得到所有属于它们的那种沉稳的光泽。所有那些满足于走在平民卑微的人生道路上、平静朴素地过活的人，他们的品行也是从同一原则中得到大部分属于它的那种美丽与优雅。这种美丽与优雅，和战争英雄、政治家或立法者那些比较了不起的行动所散发出来的那种美丽与优雅相比，虽然远远比较不耀眼，却未必比较不惹人喜欢。

本书已在好几处不同的地方交代过自我克制的性质，因此，我认为，关于那些美德的细节，已经没有再详加讨论的必要。此刻我将仅指出，就各种不同的激情来说，合宜点所在的位置，亦即，可以获得公正的旁观者赞许的那个强弱程度，各不相同。就某些激情来说，过分比不足较不讨厌；就它们来说，合宜点的位置似乎比较高，或者说，比较接近过分而非比较接近不足。就其他某些激情来说，不足比过分较不讨厌；就它们来说，合宜点的位置似乎比较低，或者说，比较接近不足而非比较接近过分。属于前一种的，是旁观者最容易同情的那些激情，而属于后一种的，则是旁观者最不容易同情的那些激情。此外，属于前一种的那些激情，对于主要当事人来说，直接的感觉或感触是愉快的；而属于后一种的，其直接的感觉或感触则是不愉快的。我们通常可以断言，旁观者最易于同情，因此，合宜点的位置可以说比较高的那些激情，是那些让主要当事人直接觉得多少有点愉快的激情；而相反，旁观者最不易于同情，因此，合宜点的位置可以说比较低的那些激情，是那些让主要当事人直接觉得多少有点不愉快或甚至痛苦的激情。此一通则，就我观察所及的范围内，绝无任何例外。只消少数几个例子，便可充分解释此一通则，并且证明它真实无误。

有助于人们彼此和乐团结的情感倾向，譬如，仁慈、亲切、自然的亲情、友爱、尊敬等，有时候可能流于过分。然而，这一类情感倾向即使过分，也会使当事人成为人人觉得有趣的对象。即使我们责备它，我们仍然会怀着怜悯甚至怀着亲切看待它，绝不会讨厌它。我们为它感到遗憾多于为它感到生气。对当事人来说，即使他过分放纵这一类情感，在许多场合，他自身的感觉不仅是愉快的，而且是非常甜蜜的。没错，在某些场合，特别是当过多的这一类感情，就像我们经常看到的情形那样，被导向某些不值得的对象时，的确会给他带来不少真正令他伤心的苦恼。然而，即使在这样的场合，一个心地善良的人，也会以强烈怜悯的心情看待他，并且会对那些因为他的软弱与轻率而喜欢蔑视他的人感到最强烈的义愤。相反，当这类情感倾向不足时，亦即，当所谓的铁石心肠使某人感觉不到他人的感觉与苦恼时，它也会使他人感觉不到他的感觉与苦恼；他的铁石心肠，把他隔绝在全世界的友谊之外，所以，也把他隔绝在最好与最舒服的社交享受之外。

因此，驱赶人们彼此分开，可以说有助于拆散人类社会联系的情感倾向，譬如，愤怒、怨恨、嫉妒、敌意、报复等；相反，则比较容易以其过分而非以其不足触怒他人。任何人如果过分倾向于这一类情感,不仅会使他自己的心情恶劣难过,而且也会使他成为他人嫌恶的对象,有时候甚至是他人极端厌恶的对象。这一类情感倾向的不足,很少会受到责备。然而,它可能还是一种缺憾。缺乏适当的义愤,在男人的性格中是一项最根本的缺陷,并且在许多场合会使一个男人不能保护他自己或他的朋友免于侮辱与不当的伤害。甚至有一种原始的性情,虽然在流于过分与方向不适当时会变成丑恶可憎的嫉妒,然而,它本身也可能因为失之不足而变成一种缺点。嫉妒是一种这样的激情,它怀着恶意的反感看待他人实至名归、当之无愧的优越地位。然而,某个人,如果在重要的事情上温顺地容忍不配享有这种优越地位的人超越他,那么,他便活该被公正地谴责为志气卑鄙、自甘下流。这种软弱的性情通常是出于懒惰,有时候是出于心地善良,出于讨厌抗争、熙攘与恳求,但有时候也是出于某种考虑欠周的宽宏大度,误以为它永远能够继续藐视那种它当时这么藐视所以才这么轻易放弃的利益。然而,随着这种软弱而来的,通常是很深的遗憾与后悔;而起初看似有几分宽宏大度的性情,最后却常常变成一种最为恶意的嫉妒,变成一种憎恨,憎恨他人比自己优越,尽管那种优越一旦被他人得到,他人便常常可能因为已经得到它的缘故,变成实在有资格享有它。如果我们想要舒服地生活在这世界上,那么,保卫我们的尊严与地位,在所有场合,和保卫我们的生命或我们的财富是同样有必要的。

我们对我们自己所遭遇到的危险与艰难敏感的程度,就像我们对我们自己所遭遇到的挑拨敏感的程度那样,远比较容易以其过分而非以其不足触怒他人。没有什么性格比懦夫更为可鄙；也没有什么性格，比大胆面对死亡，并且在最可怕的危险中保持镇静沉着的人更受人钦佩。我们尊敬以刚毅坚定的态度忍受痛苦甚至酷刑折磨的人。如果一个人屈服于痛苦与折磨，埋首于无谓的叫喊与娘娘腔的悲叹，我们对他便不会有什么敬意。焦躁易怒的性情，对每一件小小不顺心的意外感觉过于敏锐。这种性情，不仅会使他自己的心情恶劣难过，也会使他成为他人讨厌的对象。平静沉着的性情，不仅不容许它的平静，因为遭到某些小损伤，或因为遇到寻常的人生道路上难免会有的某些小霉运而受到搅乱；相反，当各种天灾与人祸在这世间肆虐时，期待并且甘心忍受一点点来自这两方面的痛苦。这种性情，不仅对本人来说，是一种神赐的恩惠，而且也可给他的所有同伴带来自在与安全。

我们对我们个人的损伤与不幸敏感的程度，虽然通常过于强烈，但也同样有可能过于微弱。一个对他自己的不幸没有什么感觉的人，对他人的不幸，必定总是更没有什么感觉，因此更不会想要减轻他人的不幸。一个对他自己所受的伤害没有什么愤慨的感觉的人，对他人所遭受的伤害，必定总是更不会有什么愤慨的感觉，因此，更不会想要保护他们或替他们报仇。懵懵懂懂地对人生各种大事没有感觉，必然会使我们完全丧失敏锐认真注意我们自己的行为是否合宜的能力，亦即，必然会使我们完全丧失那种构成美德真髓的注意力。当我们不在乎我们自己的行为会产生什么样的后果时，我们对我们自己的行为合宜与否，便不可能会有什么焦虑不安的感觉。一个对临到他头上的大灾难所带来的痛苦，以及对加诸他身上的不当伤害本身的卑鄙下流有充分完整的感觉，但对他自己的人格尊严需要他采取什么样的作为感觉尤为强烈的人；一个不自暴自弃，绝不任凭外在的处境自然会在他心里激起的那些没有纪律的激情摆布，而是完全按照常驻在他心里面的那个伟人、那个伟大的半神半人所指示与赞许的那些经过抑制与矫正的情感，支配他自己的一言一行的人，唯有这样的人，才是真正有美德的人，才是真正值得我们喜爱、尊敬与钦佩的对象。没感情的麻木不仁，和以尊严感与合宜感为基础的那种尊贵的刚毅、那种崇高的自我克制，不仅是截然不同的两种性质，而且在夹杂有前一种性质的场合，后一种性质的价值也会按照夹杂了前一种性质的多寡而相应地黯然失色，甚至在许多时候会完全消失。

但是，虽然对个人的伤害，和对个人的危险与艰难完全缺乏感觉能力会在这种情况下减去自我克制的全部价值，不过，那种感觉能力却很可能过于敏锐，而事实也常常就是这样。当合宜感，或者说，当心里面的那个判官的权威能够控制这种极端的敏感时，那个权威无疑必定显得很高贵、很伟大。但是，奋力发挥那个权威，很可能过于疲累；它很可能有太多的事情要处理而应付不来。某个人，透过巨大的努力，也许可以做出完全恰当的行为。但是，这两种性情之间的斗争，或所谓内心的交战，很可能过于激烈，以致全然不可能和内心的平静与幸福并存。一个聪明的人，如果被自然女神赋予这种过于敏锐的感觉能力，如果他这过于强烈的感受性没被早期的教育与适当的锻炼弄得够迟钝够坚硬的话，那么，他肯定会在义务感与合宜感允许的范围内，尽量回避他不十分适合的那些职业和情况。一个体质纤弱无力，以致对伤痛、辛苦以及各种身体上的疼痛过于敏感的人，不应该鲁莽地尝试军人的职业。一个对伤害过于敏感的人，不应该轻率地参与党派斗争。即使合宜感强烈到足以克制所有那些敏感性，内心的宁静也必定总是会在强烈的挣扎克制中受到搅乱。在这种混乱中，内心的判断未必始终能够保持其平常的敏锐与精确度。因此，虽然他很可能始终想要适当地行动，却常常轻率鲁莽地做出令他自己在其余生中永远感到羞耻的行为。有些勇猛大胆，亦即神经有些刚强、体质有些坚硬，不管是天生的或是练成的，对所有需要奋力发挥自我克制的场合来说，无疑是进场之前的最佳准备。

虽然对每一个人来说，要把他的性情塑造成这样的刚强与坚硬，战争与党争无疑是最好的学校。虽然要治好他身上与这刚强坚硬相反的软弱的毛病，战争与党争是最好的药方，可是，如果很不凑巧地，在考验的日子来到之前他尚未完全学会这门课，或这药方尚未有足够的时间发挥其疗效，考验的结果也许就不会是很令人惬意了。

我们对各种享乐，对人生中各种娱乐与享受敏感的程度，同样的，也可能以其太过或以其不足触怒他人。然而，在这两者当中，太过敏感似乎比敏感不足较不那么令人讨厌。不管是对旁观者或是对主要当事人来说，强烈的倾向喜悦，无疑比一副对各种消遣娱乐的事物都觉得乏味的冷感模样更为可喜。年轻人的欢欣快活，令我们陶醉；甚至小孩子们的嬉戏好玩，也令我们神往，但是，常常在老年人身上看到的那种死板乏味的严肃庄重，却很快会令我们厌烦。没错，当这种喜悦的倾向没受到合宜感的约束时，当它于时间或地点，于当事人的年纪或处境不适宜时，当如果放纵它他将疏忽他的利益或他的责任时，它确实理当被谴责为过分，理当被谴责为不仅于个人有害，而且也于社会有害。然而，在大部分这样的场合，主要该被怪罪的，与其说是喜悦的倾向太强，不如说是合宜感和责任感太弱。一个年轻人，如果对各种于他的年纪很自然且很相宜的消遣和娱乐完全不感兴趣，如果他只谈他的学业或他的工作，其他的都一概不谈，那么，他就会被视为拘谨迂腐而遭人嫌恶。即使他戒绝一切不适当的嗜好，我们也不会称赞他，因为对一切嗜好，不管好坏，他似乎原本就不怎么感兴趣。

自我尊重的性情可能过于强烈，但也同样可能过于微弱。看重自己是如此令人惬意，而看轻自己则是如此令人不惬意，以至于对当事人自己来说，某一程度的过分自多自重，无可置疑的，必定远远比不上任何程度的缺乏自尊自重那样的令人不快。但是，对公正的旁观者来说，我们也许可以这么说，情况必定显得大不相同；对他来说，少一点自尊自重，必定总是不如过分的自尊自重那样的令人不快。而毫无疑问的，在朋友们的身上，我们更是时常抱怨他们过分自尊自重，而不是时常抱怨他们缺乏自尊自重。当他们对我们摆架子，或在我们面前夸耀他们自己时，他们的自尊自重伤了我们自己的自尊自重。我们自己的自尊自重与虚荣，促使我们责备他们的自尊自重与虚荣，而对于他们的言行举止，我们也不再是什么公正的旁观者。然而，当同一群朋友容忍任何第三者在他们面前摆出不是他该有的一副高人一等的样子时，我们不仅会责备他们，而且常常还会看不起他们，认为他们没志气。相反，当他们在另一群人当中稍微出一点风头，攀登到某一在我们看来和他们的优点并不相称的高位时，虽然我们可能不完全赞许他们的做法，我们常常还是会大致觉得开心；而且，如果嫉妒没有在其中作祟的话，我们对他们所感到的不高兴，几乎总是会比当他们容忍他们自己的评价在他人的眼中跌落到他们的适当位置以下时必定会令我们感到的不高兴少很多。

在评估我们自己的优点、判断我们自己的品行时，有两种不同的标准是我们自然会拿来和我们作比较的①。其中一种是丝毫不差的合宜与完美的理想，这当然是就我们每个人都能够领悟到的那个理想而言。另一种是在这世上通常可以被达到的，而且我们大部分的朋友和同伴，以及我们大部分的对手和竞争者，也很可能已经实际达到的那个多少有些近似该理想的层次。我们极少（我倾向认为该说，我们绝不会）在尝试判断我们自己的品行时，不分别给予这两种不同的标准或多或少的注意。但是，不同的人，甚至同一人在不同的时候，分给这两种标准的注意力，常常是很不平均的。他的注意力，有时候主要是被导向前一种标准，而有时候则是主要被导向后一种标准。

当我们的注意力被导向第一种标准时，我们全体当中最有智慧且最好的人，在他自己的品行中所能看到的，无非是缺点与不完美；他找不到任何可以骄傲自大的理由，倒是有许多令他觉得谦卑、遗憾与懊悔的地方。当我们的注意力被导向第二种标准时，我们或许会觉得骄傲，或许会觉得谦卑，亦即，我们或者会觉得我们自己真的高于，或者会觉得真的低于那个被我们拿来和我们作比较的标准。

---

① 译注：参见本书第一篇第一章第五节第九段。

有智慧与品德的人,主要把他的注意力导向第一种标准:丝毫不差的合宜与完美的理想。在每个人的心中,总有一个这样完美的理想,逐渐在他对自己和对他人的品性观察中形成。这理想是心里面那个伟大的半神半人、那个评判行为对错的伟大判官缓慢、逐渐与累进的工作成果。在每个人的心中,这理想被描绘得有多准确,它的着色有多正确,它的轮廓被画得有多精确,取决于用在那些品行观察的感觉能力有多细腻与敏锐,以及用在描绘这理想的工夫有多仔细与专注。有智慧与品德的人,以最敏锐最细腻的感觉能力完成那些品行观察,并且以极度的细心与注意执行这理想的描绘与着色工作。每天都有某个特征被改善,每天都有某个缺点被改正。他比其他人花更多时间研究这理想,他对这理想领悟得比其他人更为清楚明了,他对这理想已经有了一个比别人更正确的印象,并且比别人更深地醉心于它那神圣脱俗的美妙。他尽他所能地努力要使他自己的性格和这个完美的原型融为一体。但是,他是在模仿某位神圣的艺术家的作品,而那作品是绝不可能被完全复制的。他感觉到所有他的最佳努力都没有完全成功;他因看到那终归会毁坏的仿制品在这么多不同的特征上比不上那不朽的原作,而觉得悲伤与苦恼。他觉得不安与羞耻,他记得自己是时常由于失去注意,由于失去判断,或由于失去沉着,而曾经在言语和行动上,在举止和对话上,违反了严格要求完全合宜的规则,因此他记得,他曾经是这么背离过他心中那个他向来希望按照它来塑造自己的品行典范。没错,当他把他的注意力导向第二种标准时,亦即导向他的朋友们和熟人们通常已经达到的那种卓越的层次时,他可能感觉得到他自己确实比别人优越。但是,由于他的主要注意力总是被导向第一种标准,所以他因前一种比较而变得谦虚的程度,必然远甚于他可能因后一种比较而变得高傲的程度。他绝不会变得如此的洋洋得意,以至于傲慢无礼地看不起即使是那些真的不如他的人。他如此深刻地感觉到他自己的不完美,他如此彻底地知道,要达到他自己这种距离完美的正直还很遥远的层次是多么困难,以至于他无法看不起他人比他更大的不完美。他不仅绝不会因为他们不如他而轻侮他们,反而会以最宽容怜悯的心情看待他们,并且随时愿意以他的忠告和榜样帮助他们进一步向上提升。如果,在任何特殊的资格评比方面,他们碰巧优于他(而又有谁是这么完美以致不会有许多人在许多不同的资格上优于他呢),知道要超越别人是多么困难的他,不仅绝不会嫉妒他们的卓越,反而一定会尊敬与推崇他们的卓越,一定会给予那卓越该得的全部掌声与喝彩。总而言之,他的整颗心被深深地刻上,而他全部的言行举止也被清楚地印上真正谦逊的性质;他对自己的优点有很谦卑的评价,而同时对别人的优点则有充分的认识。

在所有文科学术与才艺方面,包括绘画、诗词、音乐、雄辩、哲学等等,伟大的艺术家总是感觉到他自己的最佳作品真的不完美,他比任何人都更加深刻地察觉到,他的那些作品距离那个他已经有些概念的理想的完美,那个他尽他所能地模仿但他知道他永远也没有希望达到的那个理想的完美是多么遥远。只有次等的艺术家,才可能对他自己的表现完全满意。他对这种理想的完美没有什么概念,也很少把他的心思花在那上面,而且,会被他怀着优越感拿来和他自己的作品作比较的,主要是其他一些成就也许比他还要差的艺术家的作品。

波洛瓦①，这位伟大的法国诗人（他的某些作品，也许不会输给古往今来最伟大的同类诗人）常常说，伟人绝不会完全满意他自己的作品。和他相识的桑德伊②（一位拉丁韵文作家，只因为有那一点儿小学生般的成就，便喜欢自诩为诗人）向他保证说，他自己总是完全满意他自己的作品。波洛瓦，以一种也许是淘气戏谑的暧昧口吻回答他说，他无疑是古往今来唯一有这种感觉的伟人。在评判他自己的那些作品时，波洛瓦拿它们和理想的完美标准作比较；对于这个理想的完美在他自己那一门特殊的诗作艺术中是个什么模样，我敢说，他已经竭尽人力所能地深思熟虑过，而且也已经得到人力所能得到的最清晰的概念。至于桑德伊，在评判他自己的作品时，我想，主要是拿它们和当代其他一些拉丁文诗人的作品作比较，而和大部分的那些人相比，他确实毫不逊色。但是，要终生在言行举止上保持并且修整到（如果允许我这么说）有几分近似这理想的完美，其困难度无疑远甚于要在任何巧妙的艺术方面把任何作品逐步修整到同等近似的完美。艺术家可以在未受干扰的情况下静下心来做他的工作；他有充裕的时间可以有准备地工作，而且可以在充分掌握而且完全记得所有他的技巧、经验与知识的时候工作。但是，贤者必须随时保持其自身行为的合宜性，不管他健康或生病，不管他成功或沮丧，也不管他正处于疲累不

---

① 译注：Nicolas Boileau-Despreaux（1636—1740），法国诗人。17世纪下半叶与18世纪初期法国文坛古典与现代论战中古典阵营的一名主将。参见本书第三篇第二节第二十三段。

② 译注：Jean de Santeuil（1630—1697）。

堪、昏昏欲睡的时刻，或正处于最清醒注意的时刻。遇上最突如其来和最出乎意料的艰难与困苦的挑战攻击，绝不容许他吃惊。遇上别人的不义，绝不容许他受刺激而回应以不义。面对激烈的党派斗争，绝不容许他惶惑。面对所有战争的辛苦与危险，绝不容许他气馁或胆寒。

那些在估量他们自己的优点、评判他们自己的品行时把大部分注意力导向第二种标准、导向通常被别人达到的那种普通程度的卓越标准的人当中，有一些人实际觉得，而且也有理由觉得，他们自己远高于普通卓越的标准，而每一位贤明公正的旁观者也都承认他们确实高于那种标准。然而，由于这些人的主要注意力始终被导向普通完美的标准，而不是被导向理想完美的标准，所以，他们对自己的各种缺点与不完美简直没有什么感觉；他们简直一点也不谦虚；他们常常是傲慢自大与放肆的；他们极端钦佩他们自己，极端鄙薄别人。虽然和真正美德忠厚的人相比，他们的品格一般来说远远不端正，而且他们的优点也远远逊色，可是，他们那种以过分自恋为基础的厚脸皮的自吹自擂，却迷惑颠倒了一般群众，甚至常常使见识远比一般群众优越的聪明人受骗。最不学无术的骗子与冒牌货，不管是僧或是俗，常常获得成功，而且往往还是不可思议的成功，这充分证明一般群众是多么容易被最过分且最无稽的自我吹嘘所蒙骗。但是，当那些自我吹嘘是被某一很高等级的真实优点所支持时，当那些自我吹嘘是带着所有虚有其表的光芒展示在众人的眼前时，当那些自我吹嘘是被崇高的地位与巨大的权力所支持时，当那些自我吹嘘常常被施展得很成功，并且因此受到群众的大声鼓掌欢呼时，甚至智虑清醒的人也常常会纵情地随声附和。单是那些愚蠢的欢呼喧闹的杂音便常常有助于混淆他的智虑，以致当他只是站在远处观察那些大人物时，他常常倾向真诚钦佩崇拜他们，甚至比他们在崇拜自己时似乎心存的钦佩还更为真诚。当嫉妒心没在作祟时，我们全都乐于钦佩，并且因这个缘故，全都自然倾向于在我们的想象中把那些在许多方面确实很值得钦佩的人物，想成在每一方面都是彻底的完美无瑕。对于那些大人物过分厚脸皮的妄自尊大，亲近熟悉他们的那些聪明人也许会有相当程度的了解，甚至略带嘲讽地看穿，从而暗地里将那些高傲的吹嘘置之一笑，尽管和那些大人物有一段距离的群众，常常会虔敬地看待，甚至几乎奉若神明地崇拜那些高傲的吹嘘。然而，在任何时代，大部分为他们自己谋得最响亮的名声与最广泛的好评的那些人，他们的名声与好评就是这么一回事，而且这种名声与好评还常常流传至最遥远的后代子孙。

在这世上获得伟大的成功、取得伟大的权威、左右人类的情感与意见的那些人，很少没有某一程度的这种过分的妄自尊大。那些最了不起的人物，那些完成最辉煌壮举的人，那些使人类的处境和想法发生最巨大的革命性变化的人，最成功的勇士，最伟大的政治家与立法者，跟随者最多与最成功的教派与政党的那些能言善辩的创始者和领袖，他们当中的许多人之所以在历史上出名，与其说是因为他们有很伟大的功绩，不如说在于他们自恋与妄自尊大的程度甚至完全和他们那很伟大的功绩不成比例。这样的妄自尊大也许是必需的，不仅是为了鼓舞他们从事头脑比较冷静的人绝不会想要从事的冒险事业，而且也是为了博得他们的追随者服从他们的领导，在这种事业上支持他们。因此，当获得成功时，这妄自尊大常常会误导他们，使他们堕入一种接近疯狂愚蠢的自负状态。亚历山大大帝①据传不仅曾经希望别人应该认为他是神，而且曾经至少非常倾向自认为神。在他临终时的卧榻上（这是所有处境中最不像神的处境），他向他的朋友们拜托说，在他自己早就被列入其中的那一份可敬的神明名单中，他的老母亲奥林匹亚（Olympia）或许也同样该享有名列其中的荣幸。在他的追随者与门徒们尊敬的赞美声中，在群众普遍的鼓掌喝彩声中，在那很可能是附和那些鼓掌喝彩声而发布的神谕宣告他是最有智慧的人之后，苏格拉底的伟大智慧，虽然这智慧未容许他自以为神，却没伟大到足以阻止他自以为常常有一位看不见的神明在暗中指示他。恺撒那颗健全的脑袋，并不是如此完美无缺的健全，以致未能阻止他以系出维纳斯女神的神圣血统而沾沾自喜；也未能阻止他在他那位所谓曾祖母的神殿前，未起身离席地接见罗马元老院的全体成员前来递交给他某些政令，授予他一些最过分的荣誉。这样倨傲的态度，加上其他一些简直是孩子气的虚荣举动，一些简直无法想象竟然会出自一个思虑曾经是如此精明周全者的举动，似乎，由于激起一般民众的猜忌致使想要暗杀他的那些人变得大胆起来，从而加快他们的阴谋执行步骤。近代的宗教信仰和社会习惯，不太鼓励我们的大人物们自以为他们是神或甚至是先知。然而，成功，加上大受一般民众的欢迎，常常使一些最伟大的人物脑筋变得如此严重错乱，致使他们自以为拥有比他们实际所拥有的多很多权势和能力，进而透过这样的

---

① 译注：Alexander the Great（356—323 BC），古希腊时代马其顿的统治者。

妄自尊大，使他们贸然自陷于许多鲁莽的、有时候甚至是招致毁灭的冒险。这几乎是伟大的马尔柏禄公爵①独具的人格特征：几乎没有其他任何将军能够自夸的那种连续十年未曾间断的辉煌战功，从未迷失他的本性，从未使他做出任何一件轻率的举动，或说出任何一句轻率的言语。同一中庸冷静克己的特质，我认为，不能归属于任何其他后来的勇士，不能归属于尤金王子②，不能归属于已故的普鲁士国王③，不能归属于伟大的孔德王子④，甚至也不能归属于古斯塔亚道夫⑤。杜瑞恩⑥似乎已经达到最接近这种人格特质的程度了，但是，他生前对其他几桩事件的处理充分证明，这种特质在他身上，绝不像同一种特质在伟大的马尔柏禄公爵身上那样完美。

不论是平民百姓的那些卑微的打算，还是权贵人士的那些宏伟辉煌的目标追逐，了不起的本领和起初成功的冒险常常鼓励一些最后必然导致破产和毁灭的企图。

每一个公正的旁观者，对于那些精力旺盛、宽大恢宏与品格高尚者的真实优点所怀有的那种敬意与钦佩（因为是一种有

---

① 译注：The Duke of Marlborough（1650—1722），西班牙继承战争中（1702—1711）的英军统帅。

② 译注：Prince Eugene of Savoy（1663—1736），西班牙继承战争中的奥军统帅。

③ 译注：Frederick II（the Great）of Prussia（1712—1786）。

④ 译注：Louis II de Bourbon, Prince of Conde（1621—1686），法国将军。

⑤ 译注：Gustavus Adolphus（1594—1632），瑞典国王（1611—1632），三十年战争初期新教徒联军统帅。

⑥ 译注：Henri de La Tour d'Auvergne, vicomte de Turrenne（1611—1675），法国元帅。

充分根据的情感,所以是一种稳定不变的情感),完全不受那些人运气好坏的影响。然而,对于他们厚着脸皮自夸拥有的长处,他往往会怀有的那种钦佩,就不是这么一回事了。没错,当他们成功时,他常常会对他们佩服得五体投地。他们的成功遮蔽了他的眼睛,使他不仅看不见他们的冒险事业其实是极端的轻率鲁莽,而且也常常使他看不见那些冒险事业其实是极端的违背正义。他非但没谴责他们的这一部分性格缺陷,反而常常以最狂热钦佩的态度拥抱这部分缺陷。然而,当他们不幸失败时,一切便都变了颜色,也变了名称。以前是英勇雄壮的恢宏豪迈,现在重新获得极端鲁莽愚蠢的正名;以前隐藏在耀眼的成功光彩下的那些肮脏污秽的贪婪与不义,现在完全暴露出来,玷污了他们的冒险企图的全部光泽。如果恺撒不是赢了而是输了法萨里亚战役,那么,此刻,他的品格将只排在略微高于卡特林纳的位置,而他那违反国法的企图将被意志最薄弱的人视为肮脏下流的程度,甚至也许会超过曾经被当时对他充满党派憎恨的小加图视为肮脏下流的程度。① 他真实的优点,他正当的品位,他简洁优雅的文笔,他合宜的口才,他在战争中的技巧,他在困难时的机智,他在危险时的冷静与沉着的判断,他对朋友的忠诚眷恋,他对敌人的无比宽容,将全部获得承认,就像曾拥有许多了不起的特质的卡特林纳所拥有的真实的优点,

---

① 译注:公元前48年恺撒于 Pharsalia 打败庞培(Pompey)赢得罗马内战,因而得以活着写胜利者的历史。因此,尽管当时罗马贵族党的领袖小加图(Marcus Porcius Cato Uticensis, 95—46 BC)对他深怀敌意,处处反对杯葛他,恺撒仍得以避免他那颠覆罗马共和政体的行动被认定为阴谋反叛,像卡特林纳(Catilina,见第354页注2)被西塞罗认定的那样。

现在也会被人们承认那样。但是，他贪得无厌的野心，他的傲慢自大与不义，将会使所有那些真实优点的光彩黯然失色，或甚至熄灭。命运女神在这方面，就像在其他一些我们已经提过的方面那样，对人类的道德情感有很大的影响，并且按照她的赞许或反对，能够使同一性格，或者成为人们普遍爱戴与钦佩的对象，或者成为人们普遍憎恨与蔑视的对象。然而，这个道德情感上的重大出轨，决非毫无用处。我们在这场合，就像在其他许多场合那样，甚至可以为人类的弱点与愚蠢而赞美神的智慧。我们对成功的钦佩，和我们对财富与权贵的尊敬，是基于同一人性原理的，而且它们也同样是建立阶级差别与社会秩序所必不可少的心理条件①。这种钦佩成功的心理，使我们变得比较容易顺从人事嬗变可能指派给我们的那些上司；使我们比较容易以尊敬的态度，有时候甚至是以某种爱戴的态度，对待我们再也无法抵抗的那种幸运得逞的暴力。这种得到命运女神垂青的暴力，不仅包括像恺撒或亚历山大大帝那样了不起的人物所发动的暴力，而且也常常包括像阿提拉②、成吉思汗③或帖木儿④那样最凶猛残忍的野蛮人所发动的暴力。绝大部分的一般民众自然倾向抱着一种觉得惊奇的钦佩，仰望所有这些武力强大的征服者。虽然这无疑是一种非常懦弱愚蠢的钦佩，然

---

① 译注：参见本书第二篇第三章第三节第二段。
② 译注：Attila（406—453），公元 5 世纪前半期率领匈奴族（the Huns）入侵欧洲。
③ 译注：Genghis Khan（1162—1227），元太祖。
④ 译注：Tamerlane（1336—1405），蒙古勇士，曾建立从中亚到西亚的帖木儿汗国。

而这种钦佩却有助于使他们变得比较不是那么不情愿臣服于那种被一股不可抗拒的力量强加在他们身上的统治，臣服于那种即使他们不情愿也莫可奈何的统治。

　　虽然在成功顺遂时，过分妄自尊大的人有时候也许显得比德行端正谦逊的人更吃香，虽然一般群众，以及那些在稍远的地方眺望他们双方的人，给予前者的掌声常常比给予后者的响亮许多，然而，当一切得失都被确实估算了以后，在所有场合真正大大得利的，也许反而是后者，而不是前者。一个绝不把任何除非是真正属于自己的优点归属于他自己，也不希望别人把任何不是真正属于自己的优点归属于他的人，不用担心遭到羞辱，也不用害怕被看穿，反而可以心安理得在他自己真实纯正与表里如一的品性上高枕无忧。仰慕他的人可能不是很多，给予他的掌声也可能不是很响亮，但是，越是贤明的人，越是近身观察他，越是了解他，便越是钦佩他。对真正贤明的人来说，单独一个智者深思熟虑后的赞许让他感到的衷心满足，胜过成千上万虽然热情但无知的仰慕者所有喧闹的鼓掌喝彩声。他可以和巴门尼德（Parmenides）说同样的话：后者有一次在雅典的群众大会上宣读一篇哲学论文，目睹所有听众，除了柏拉图，都已经离他而去，尽管如此，他仍然继续宣读他的论文，并且说只要有柏拉图一人当他的听者就够了。

　　过分自尊自重的人就不是这么一回事了。那些最近身观察他的聪明人，最不钦佩他。当他陶醉于成功顺遂时，他们那种清醒公正的敬意远远不及他那过分的自尊自重，以致他认为他们那种敬意只不过是恶意与忌妒。他对最好的朋友们起疑。他们的陪伴变得使他不舒服。他把他们赶离他的身边，并且对于他们的贡献,他不仅常常不知感恩图报,甚至常常报以残忍和不义。他完全信任那些假装将他的虚荣与自大奉为偶像崇拜的谄媚者与叛徒。于是,那种起初虽然有些瑕疵,不过大致还算可亲与可敬的性格,最后却变成可鄙与可憎。当陶醉于成功顺遂时,亚历山大杀死克莱特斯(Clytus),因为后者认为他的父亲菲利浦的功绩优于他本人的功绩;把卡勒斯薛尼斯(Calisthenes)下狱拷打致死,因为后者拒绝依波斯人的方式顶礼膜拜他,并且谋害了他父亲的挚友——年高德劭的巴门尼欧(Parmenio),在此之前,他基于某些最无稽的怀疑,首先把那位老人唯一仅存的儿子关入狱中拷问,之后送上绞刑台,而那位老人其余的儿子们先前全都已经为他效死沙场。① 这位巴门尼欧就是菲利浦常常这么谈到的那一位巴门尼欧:他说,雅典人很幸运,他们每年都找得到十位将才,而他自己,终其一生,除了巴门尼欧,再也找不到其他任何将才。就是这位巴门尼欧的警惕与注意,让他随时可以完全放心信赖,并且在他高兴快乐时,让他常常说,朋友们,我们饮酒吧,我们这么做是不会

---

① 译注:作者在此引用公元前334至前323年间亚历山大大帝征讨小亚细亚时发生的一些事情。克莱特斯是亚历山大同父异母的弟弟,是一名骑兵队军官,曾经拯救过亚历山大的性命,但在公元前328年的一次宴会中,在他两人皆酒醉的情况下,被亚历山大杀死。卡勒斯薛尼斯是亚历山大的老师亚里士多德的亲戚,是编纂亚历山大言行记录的史官,被怀疑与人共谋反叛,以及,据说拒绝依波斯人的方式把亚历山大当作神崇拜而被处死。巴门尼欧(440—330 BC)是亚历山大的父亲菲利浦的副司令官,菲利浦死亡后,仍获得亚历山大的信任,继续担任他的副司令官。公元前330年,巴门尼欧仅存的儿子Philotas,一名前途有望的军官,因被怀疑阴谋反叛而被下狱处死;同时基于预先防范的考虑,亚历山大也把巴门尼欧处死。

出什么差错的，因为巴门尼欧绝不饮酒。就是这一位巴门尼欧，据说，有他在身边参赞机要时，亚历山大赢得所有他的胜利；而没有他在身边参赞机要时，他一次也没赢过。被亚历山大留下来继掌权位的那些对他低声下气、赞美他与谄媚他的朋友，在他死后，瓜分他的帝国，并且在这样抢走了他的家人和亲属们的遗产之后，把他们每一个残存的人，不分男女，一个接着一个，全部处死。

对于那些品德确实比一般人类水平优秀的杰出人物，他们过分的自大自夸，我们不仅常常宽恕，而且也常常完全体谅与赞许。我们说他们精力旺盛、宽大恢宏与品格高尚，这些形容词全都含有相当多钦佩与赞美的意思。但是，对于那些品德并非这样优秀杰出的人物，他们过分的自大自夸，我们绝不会体谅与赞许。他们过分的自大使我们反胃，他们过分的自夸使我们恶心，我们必须克服一些困难，才能够宽恕或容忍他们过分的自大自夸。我们称这种自大自夸为自傲或虚荣。这两个形容词，后一个总是意味着严厉的谴责，而前一个在大多数场合含有这个意思。

然而，那两种恶癖，在某些方面虽然相似，因为它们都是过分自大的变调，不过，在许多方面却大不相同。

自傲的人是诚实的，他心底相信自己比别人优秀，虽然有时候我们很难猜得到他那种信心有什么根据。他希望你只用当他设想自己处于你的位置时他实际会用来看待他自己的那种眼光，来看待他。他要求于你的，不会多于他认为是公正的要求。如果你显得没像他尊敬他自己那样尊敬他，那么，他觉得自己被冒犯而生气的程度，将大于他因自尊受损而感到懊丧的程度，他会觉得义愤填膺，仿佛他遭到真正的伤害。然而，甚至在这个时候，他也不愿降尊纡贵向你解释他自认为了不起的理由。他不屑博取你的尊敬。他假装甚至藐视你的敬意，并且努力，与其说透过使你觉得他优秀，不如说透过使你觉得你自己卑劣，来保持他自以为尊贵的假身份。他似乎与其说希望激发你对他的敬意，不如说希望摧毁你对你自己的敬意。

　　虚荣的人并不诚实，他心底很少相信自己具有那些他希望你认为他具有的优点。他希望你把他的面目看得远比实际的光彩许多，看得远比他设想自己处于你的位置并且假定你知道他所知道的全部事实时，他实际能够在自己身上看到的，更为光彩绚烂。因此，当你显得没把他的面目看得这么光彩绚烂时，当你也许只是看到他的真面目时，他因自尊受损而感到懊丧的程度，远大于他觉得自己被冒犯而生气的程度。那些被他用来主张他具有他希望你认为他具有的那种性质的理由，他会把握住每一个机会加以展示。他会以最夸耀、最多余的方式，展示一些他多少还说得上具备的优秀才艺，有时候甚至会虚伪地炫耀一些他或者完全不具备，或者少到可以说完全不具备的才艺。他非但不会藐视你的敬意，反而会以最焦急忐忑的殷勤博取你的敬意。他非但不希望摧毁你的自尊，反而乐于珍爱你的自尊，希望你投桃报李，也跟着珍爱他的自尊。他为了被你过分夸赞而过分夸赞你。他用心取悦你，努力收买你，希望你对他有好印象，为此，他对你彬彬有礼、殷勤有加，有时候甚至为你提供一些虽然常常也许会被他大肆张扬但毕竟是实质与必要的帮助。

　　虚荣的人看见富贵受到尊敬，于是希望非分地拥有这种尊敬，如同他也希望非分地拥有各种才干和美德所受到的那种尊敬那样。因此，他的服饰，他的代步工具，他的生活方式，全都显示一种比他实际拥有的更尊贵的身份，以及一笔比他所实际拥有的更大的财富。而为了在他的一生最初的少数几年维持这种唬人的外表，他常常使他自己在人生结束前好长的一段时间里陷入贫穷困苦的深渊。然而，只要他还能够继续他这样的挥霍一刻，他的虚荣心便可图得一刻的喜悦，图的不是以如果你知道他所知道的全部事实时你肯定会用来看待他的那种眼光来看待他自己，而是以他自以为，透过他自己灵巧的手腕，他已经成功诱导你实际用来看待他的那种眼光来看待他自己。在虚荣心的所有幻觉中，这也许是最常见的。那些名不见经传的陌生人，到外国进行短暂的旅游时，或从偏远的外省到他们本国的首都进行短暂的访问逗留时，最常企图这么做。这种企图，虽然说总是很愚蠢，很不值得有常识的人来做，但是，它在这种场合也许并非全然像在其他大多数场合那样的愚蠢。他们停留的时间如果不是很长，他或许可以躲过被人看穿的不名誉；而在放纵他们的虚荣心短短几个月或短短几年后，他们可以回到自己的家里，以来日的吝啬节俭，修补他们昔日的奢侈浪费所造成的残局。

　　自傲的人很少会因为这种愚蠢的行为而受责备。他意识到，要保持他自己的尊严，就必须谨慎地保持独立自主的地位；而当他的财力碰巧不是很雄厚时，虽然他也希望显得很体面，但他仍然会用心注意节省他的各项生活花费。他非常讨厌虚荣的人那种炫耀性的花费。那种花费方式也许使他自己的花费方式相形见绌。那种花费方式使他感到愤慨，他认为那是一种傲慢的僭越,是一种对绝非其本分地位的无礼霸占,他绝对会在谈到它的时候给予最刺耳与最严厉的谴责。

自傲的人,当他和地位相等的人在一起时都未必觉得自在,更何况是和地位高于他的人在一起。他放不下心中高傲的自负,但是,这种同伴的举止谈吐又是这么使他慑服,以致他不敢显露他的自负。他可以缩回来和一些比较卑微的人做伴,譬如,和他的下属,和阿谀他的人,以及和依赖他过活的人做伴,可是,他对这些人没有什么敬意。如果他可以选择的话,他也不愿意和他们做伴,因为他们一点儿也不讨他喜欢。他很少去拜访身份地位高于他的人,而如果他去的话,那主要也是为了证明他有资格和这种人交往,而不是因为和他们在一起他可以享受到什么真正的满足。就像克拉雷敦勋爵①提到阿伦德尔伯爵(Earl of Arundel)时所言:他有时候去宫里,因为只有在那里他才能够找到一位比他自己更高贵的人。但是,他很少去宫里,因为他在那里找到了一位比他自己更高贵的人。

虚荣的人就大不相同了。他努力争取与他的上级交往做伴,好比自傲的人那样急切地想避开他的上级。他似乎认为,他们的光彩可以使经常在他们身旁出入的人沾染上同样的光彩。他常出现在王宫与大臣的午后接见会,并且装出一副自己很可能获得垂青而升官发财的样子,虽然事实上,正由于他完全没有升官发财的可能性,他反而拥有远比升官发财更为宝贵的幸福,如果他知道如何享受平淡的幸福的话。他喜欢被允许坐在大人物所摆的筵席上,更加喜欢向他人夸耀主人在筵席上如何亲昵

---

① 译注:见第356页注4。

宠幸他。他竭尽所能地结交上流社会人士，结交那些所谓引导舆论的人，结交机灵诙谐的人，结交学识渊博的人，结交深受大众好评的人。而每当变化莫测的民意潮流，不管是在哪一方面，碰巧对他最好的朋友们不利时，他便会尽可能避开他们。对那些他想要结交讨好的人，他所采取的讨好方式未必很细腻讲究；没必要的卖弄，无根据的炫耀，不断的盲从附和，时常的谄媚巴结，虽然大多是某种令人开心振奋的谄媚巴结，绝少是食客或帮闲者那种下流与过度而令人生厌的谄媚巴结。相反，自傲的人绝不谄媚巴结，并且往往对任何人简直没有礼貌。

  虚荣心，尽管有这一切没有根据的自负，然而，它却几乎总是一种爽朗的，一种快活的，并且常常是一种和蔼敦厚的情感。而自傲则始终是一种阴沉的，一种愠怒的，以及一种尖酸刻薄的情感。甚至虚荣的人做出的那些虚伪，全都是一些无害的虚伪，全都旨在抬高他自己的身份，而不是想要贬抑别人的身份。持平而论，我们必须承认，自傲的人很少自甘下流，干出虚伪的勾当。然而，当他虚伪时，他的那些虚伪绝不是那么的无害。它们全都是有害的，全都旨在贬抑别人的身份。对于他人所受到的、在他看来是不公平的推崇，他感到义愤填膺。他怀着恶意与忌妒看待他们，并且在谈起他们的时候，常常尽他所能，努力淡化与贬低任何他们之所以受到推崇的理由。所有对他们不利的流言蜚语，虽然很少是他亲自捏造的，然而，在传到他耳中后，他时常都乐于相信，并且绝非不愿意重复给别人听，有时候甚至多少会予以夸大。那些出自虚荣心的谎言，不论怎样卑劣，也全都是我们所谓的白色谎言，而当自傲的人自贬身价虚伪下流时，他的那些谎言却全都是相反的颜色。

我们憎恶自傲与虚荣的心理,通常使我们倾向于宁可把那些被我们指控犯有这两种恶癖的人排在低于而非高于一般水平的位置。然而,就这个判断而言,我认为,我们十之八九是错的;我认为,自傲的人和虚荣的人两者的品格常常(也许在大多数时候)比一般水平高尚许多,虽然绝不会像前者实际自认为的那样高尚,也不会像后者希望被你认为的那样高尚。如果我们拿他们自己所炫耀的和他们本身作比较,他们也许显得应当是被轻蔑的对象。但是,当我们拿他们和他们的大部分竞争对手实际的品格相比时,他们也许就显得很不一样,也许就显得远在一般水平之上。在确实比一般水平高尚的场合,自傲往往伴有许多值得尊敬的美德;伴有诚实,伴有正直,伴有强烈的荣誉感,伴有诚挚与不变的友情,伴有最不屈不挠的刚毅与果断。而虚荣心,则伴有许多和蔼可亲的美德;伴有敦厚仁慈,伴有殷勤客气,伴有真心诚意想在所有小事上施恩,有时候甚至伴有在某些重大的事情上真正的慷慨。然而,它常常希望尽可能以最亮丽辉煌的色彩,张扬标榜它的这种慷慨。法国人,在上一(17)世纪,被他们的竞争对手和敌人指控犯有虚荣的毛病。西班牙人则被指控犯有自傲的毛病;而在一般外国人的印象中,前者通常被认为是比较和蔼可亲的民族,后者则被认为是比较高雅正派的民族。

虚荣的与虚荣心这两个词,从来不会被认为有赞美的意思。当我们心情愉快地谈论某个人的时候,我们有时会说他的虚荣心反而使他变得更好,或者说,他的虚荣心令人觉得有趣甚于令人生气,但是,我们仍会认为这是他性格中的一个弱点和笑柄。

相反，自傲的和自傲这两个词儿，有时候被认为有赞美的意思。我们常常会说，某个人由于太过自傲，或由于有太多高贵的傲气，以致他绝不容许自己有任何卑鄙的行为。在这种场合，自傲和宽大恢宏被混淆在一起。亚里士多德，一个无疑通晓世事的哲学家，在描写宽大恢宏者的性格时，以许多在过去两世纪通常被归属于西班牙人的性格特色来描绘他：他的所有决断都经过深思熟虑；他的所有行动都很和缓，甚至迟钝；他的声音低沉庄重，他的言语慎重从容，他的步伐与动作和缓；他显得有点儿懒散，甚至怠惰，完全不想为小事而熙熙攘攘，但在所有事关重大和攸关名誉的场合，他却抱着最坚定与最旺盛的果断力行动；他不是一个爱好危险的人，或者说，他不会主动去挑战小危险，但也不会急切地想要避开大危险，而当他真的面临危险时，他会完全不顾他的性命。

自傲的人通常太过于自满，以致不认为他的性格需要任何修正。一个觉得自己十全十美的人，相当自然地会蔑视一切更进一步的改善。他的自满，以及他那自以为优越的荒谬自负，通常从他年轻时直到他年老临终时一路伴随着他，就像哈姆雷特所言，他死时，心中负载着所有他的罪恶，没被涂油，未受临终涂油礼①。

虚荣的人就常常和前述的情形大不相同。渴望别人的尊敬与钦佩，如果这尊敬与钦佩是基于一些自然应受尊敬与钦佩的

---

① 译注：天主教相信，人死后，灵魂需经过短暂的炼狱洗涤净化，才能进入天堂；死前告解忏悔罪恶，以及在身上涂油，据说可以减轻灵魂在炼狱接受净化时所受的苦。

品德与才能，那么，这渴望其实是一种对真实的光荣有着真正爱好的情感。这情感，即使不是人性中最好的情感，也肯定是最好的一种情感。虚荣心常常只不过是企图在时候未到时僭取条件尚未具备的光荣。尽管你的儿子，在未满25岁时只不过是一个纨绔子弟，你也别因此而感到绝望，认定他在40岁之前不会变成一个很聪明且很值得尊敬的人，或不会在所有他现在可能还只不过是虚有其表地假冒拥有的那些才能与品德方面，变成一个真正的达人。教育工作的最重要秘诀，就在于把虚荣心导向适当的对象。绝不可容忍他因为取得一些琐碎的成就而洋洋得意。但是，在他自称拥有那些真正重要的成就时，也不要老是泼他冷水。他肯定不会自称拥有它们，如果他不是认真的渴望拥有它们。鼓励这种渴望，提供他一切有助于取得它们的手段，而且也不要太过生气，尽管他有时候会在尚未得到它们之前装出一副已经得偿所愿的样子。

　　上面提到的那些特征，我认为是区别自傲与虚荣心的特征，如果它们各自按照其固有的特质独立运作的话。但是，自傲的人常常是虚荣的，而虚荣的人也常常是自傲的。天底下最自然的事莫过于，一个把他自己看得比他实际值得的更为尊贵的人，也会希望别人把他看得比他自认为的更为尊贵；或一个希望别人把他看得比他自认为的更为尊贵的人，也同时会把他自己看得比他实际值得的更为尊贵。由于这两种恶癖常常混合出现在同一人物身上，它们两者的特征必然会混淆在一起。我们有时候会发现，出自虚荣心的那种浅薄鲁莽的炫耀卖弄，和出自自傲的那种极端恶意损人的傲慢无礼结合在一起。因此，我们有时候不知道怎样评定某一特定人物，或者说，不知道该把他列入自傲的人,还是把他列入虚荣的人比较好。

比一般水平优秀很多的人,有时候会低估他们自己,如同他们有时候也会高估他们自己一样。这种人,虽然不是很有威严,但在私人交往中,往往绝非不讨人喜欢。他的同伴们全都觉得和这样一个非常谦逊、完全不摆架子的人交往非常轻松自在。然而,如果那些同伴没有比普通水平更强的识人能力和更慷慨的气量,那么,虽然他们多少会亲切对待他,却很少会很尊敬他;而他们亲切对待的热情,绝少足以弥补他们缺乏尊敬的冷淡。识人能力平平的那些人,对任何人的评价绝不会高于他似乎给他自己评定的那个等级。他们说,他似乎怀疑他自己是否完全适合这样的一种情况或这样的一个职位,于是,他们便立即把优先权交给某个厚脸皮的蠢货,只因为后者对他自己的资格完全不抱任何怀疑。即使他们有识人能力,然而,如果他们缺乏慷慨的气量,他们也一定会利用他的单纯占他便宜,对他摆出一副他们绝没有资格装出的粗鲁无礼的优越模样。他和蔼敦厚的本性,也许使他能够忍受这种无礼对待一阵子,但他终究会变得厌烦起来,而这又常常是在一切已经太迟的时候,在他原本应该当仁不让的那个职位,已经无可挽回地失去,已经由于他自己的畏缩不前,而被他的某一个虽然比较不优秀、但比较主动激进的同伴霸占了以后。一个性格如此的人,在他年轻择友时,运气一定是非常的好,如果他在这世上一路走来始终得到完全公平的对待,甚至是来自那些,基于他自己往昔的体贴帮忙他或许有些理由当作是自己最好的朋友们的公平对待。年轻时太不爱出风头或太没有野心的人,年老时往往落得无足轻重、满腹牢骚、忿忿不平。

那些不幸被自然女神塑造得比普通水平低很多的人，似乎有时候会把他们自己评得比他们实际的水平更低。这种谦卑的心理，似乎有时候会使他们陷入呆头呆脑的状态。凡是曾经不怕麻烦地用心审视过那些所谓傻瓜的人，肯定都会发现，有许多所谓的傻瓜，他们的理解能力一点儿也不弱于其他许多虽然被认为是迟钝愚蠢的、但绝不会有人认为是傻瓜的人。有许多所谓的傻瓜，无需比平常人更多的教育，便可被教会相当好的阅读、书写和算数能力。许多从未被认为是傻瓜的人，尽管受过最仔细周到的教育，尽管在他们年老时仍然老当益壮地鼓起精神，企图学会他们年轻时的教育未曾教会他们的那些东西，却从未能够在任何说得过去的程度上学会那三项基本技能中的任何一项。然而，凭着一股自傲的本能，他们挺身和那些在年纪与地位上与他们相等的人平起平坐，并且仗着勇气与毅力，在他们的朋友间保持他们的适当地位。由于一种相反的本能，一个傻瓜会觉得他自己的身份低于每一个你能够给他介绍认识的朋友。他极端容易受到的那些虐待，每每使他愤怒得暴跳如雷、火冒三丈。但是，无论你怎样优待他，无论你对他是怎样的亲切或怎样的宽大，都绝不可能使他振作起来平等地和你交往对话。然而，如果你真的能够引导他和你交谈，那么，你往往会发现他的回答十分中肯，甚至很有道理。但是，那些回答总是鲜明地标示着他的严重自卑感。他看似畏缩，甚至可以说，不想和你照面或交谈，并且当他设想自己处于你的位置时，似乎觉得，尽管你表面上对他非常谦虚客气，你内心里还是禁不住会认为他远在你之下。有一些傻瓜，也许是大部分的傻瓜，之所以是傻瓜，似乎主要是或完全是因为他们的理解能力有点儿麻木或麻痹。但是，也有其他一些傻瓜，他们的理解能力，不见得比其他许多不被认为是傻瓜的人更麻痹或更没有感觉。但是，要使他们振作起来和他们的同胞平等相处所必备的那种自傲的本能，前一种人似乎完全缺乏，而后一种人则多少还有一点。

因此，最有助于当事人自己的幸福与满足的那个程度的自尊自重，似乎也是公正的旁观者最乐于赞许的那个程度。一个照他应该的程度而且绝不超出他应该的程度尊重他自己的人，很少不能从他人获得他自认为该得的一切尊重。他不过是希望获得他该得的尊重，而且也完全心满意足于这种尊重。

自傲的人和虚荣的人，则是与此相反，他们时常觉得不愉快。前者，因为对别人所拥有的，在他看来是不公平的优越地位感到气愤而苦恼不已。后者，因为预见到他那些没有根据的自负一旦被看穿，肯定会令他很没面子，而经常提心吊胆、惴栗不安。即便是气度真正恢弘的人，他那过度的自负，当得到某些了不起的本领与美德的支持，尤其是又得到好运的垂青时，虽然骗得过一般群众（他们的鼓掌喝彩，他一点也不重视），却骗不过一些智者（他们的赞赏是他唯一可能重视的，而他们的尊敬也是他最急于想要获得的）。他觉得他们洞悉他的一切，并且怀疑他们蔑视他的过度自负；他往往会落入这样悲惨的不幸：他首先会秘密地与他们为敌，小心提防他们的揭穿，最后会公开地、狂怒地与复仇心切地与他们为敌，尽管原本可以为他带来最大的幸福，并且让他无须疑神疑鬼地安心享受这幸福的，正是这些人的友谊。

我们对自傲者与虚荣者的憎恶感，虽然常常使我们倾向宁可把他们列在他们的适当位置以下，也不愿把他们列在这个位置以上，不过，除非我们被某些特别针对我们个人的粗鲁无礼所激怒，否则我们很少胆敢去冒犯或虐待他们。在一般的场合，为了让自己的心情舒坦一些，我们会尽力默默地忍受，并且尽我们所能地适应他们的愚蠢。但是，对于过分低估自己的人，除非我们有比大部分人更强的识人能力和更慷慨的气量，否则我们很难不会，至少，对他做出所有他对自己做出的不公平行为，而实际上，我们对他不公平的程度往往远大于此。他不仅在他自己的感觉上比自傲的人或虚荣的人更不快乐，而且他也比较容易遭到别人的各种虐待。几乎在所有场合，宁可稍微过分自傲一点，也不要在任何方面显得过分谦虚；在自尊自重的情感方面，稍微过分一些，不管是对当事人本身或是对公正的旁观者来说，似乎比任何程度的不足更讨喜。

因此，在这种情感上，如同在其他每一种情绪、情感和习性上，对公正的旁观者来说，最愉快的那个程度，对当事人本身来说也同样是最愉快的；而且依照最不致使前者觉得不愉快的，是超过或不足这个程度，同样的超过或不足，也相应地最不致使后者觉得不愉快。

结　论

　　对我们自身幸福的关心，把审慎的美德推荐给我们；对他人幸福的关心，把正义与慈善的美德推荐给我们。在后面这两种美德中，前一种制止我们伤害他人，后一种激励我们增进他人的幸福。在这三种美德中，第一种美德最初是由我们对自己的爱心推荐给我们的，而另外那两种美德最初则是由我们对他人的爱心推荐给我们的。这些爱心起初完全未顾虑到他人实际有什么感受，或应该有什么感受，或在某种情况下肯定会有什么感受。然而，顾虑他人的感受，后来不仅催促而且督导所有这些美德的实践。绝不会有什么人，在他的全部或任何相当长的一部分人生过程中，始终坚定不移地走在审慎的、正义的或适当慈善的道路上，而他的行为之所以得到这样的指引，却主要不是因为他时时顾虑他心里面那个高尚的人物、那个存在于我们的想象中的公正的旁观者、那个裁判行为对错的伟大判官与裁决者的感受。如果在白天我们曾经在任何方面背离过他指示我们遵守的那些规则；如果我们曾经过分节俭或松懈节俭；如果我们曾经过分勤劳或松懈勤劳；如果，由于情绪激动或一时疏忽，我们曾经在任何方面伤害了我们邻人的利益或幸福；

如果我们曾经忽略了一个可被清楚看见的适当机会，未能伸出援手增进我们邻人的利益或幸福，那么，这个长住在心里面的人，就会在晚上为所有那些疏忽与违背追究我们的责任，而他的叱责常常会使我们内心为我们的愚蠢与漠不关心我们自己的幸福，以及为我们对他人的幸福也许更加严重的无动于衷与漠不关心感到羞愧。

虽然审慎、正义与慈善的美德，在各式各样的场合，可能被两个不同的道理几乎同等有力地推荐给我们，但是自我克制或克己的美德，在大多数场合，却主要，甚至几乎完全只被一个道理推荐给我们。这个道理就是合宜感，就是对那个存在于我们想象中的公正的旁观者的感受的顾虑与尊重。没有这种顾虑与尊重所强加的约束，每一种激情，在大多数场合，肯定会（如果我可以这么说）一头栽进它自己的满足里。愤怒的心肯定会遵从它自己雷霆大发时的种种联想；恐惧的心则肯定会遵从它自己剧烈动摇时的种种提示。时地不宜的顾虑会劝诱虚荣心节制最嘈杂与最鲁莽的炫耀卖弄；或劝诱骄奢淫逸之心节制最公开、最猥亵与最可耻的放纵。对他人实际有什么感受，或应该有什么感受，或在某种情况下肯定会有什么感受的顾虑与尊重，是唯一能够在大多数场合，把所有那些叛乱暴动的激情威吓镇压成公正的旁观者能够体谅与赞许的那种色调与性质的道理。

没错，在某些场合，那些激情之所以受到抑制，与其说是因为我们觉得它们不合宜，不如说是因为我们审慎考量到放纵它们可能带来不好的后果。在这种场合，那些激情虽然被抑制，却未必被驯服，反而常常仍旧带着它们原来所有凶猛的气焰潜伏在胸中。一个被恐惧抑制住愤怒的人，未必搁下他的愤怒，反而只是保留他的愤怒，等待一个更安全的发泄满足的机会。但是，一个在对别人诉说他自己曾经蒙受的伤害时，因为他同情地感应到他的同伴心中那些比较温和的感觉而立即觉得他自己的怒火被冷却平息下来的人；一个立即接纳那些比较温和的感觉，并且变得不再以他原来采取的那种愠怒凶恶的眼光，而是以他的同伴自然会采取的那种比较心平气和的眼光来看待他自己所遭受的伤害的人，不仅会抑制，而且也多少会平息他心中的愤怒。他心中的怒火变得真的比从前温和，变得不大能够刺激他干出他起初也许想要干出的那种暴戾流血的报复。

被合宜感抑制下来的那些激情，全都多少会被它缓和平息下来。但是，那些只是被某种审慎的利益考量抑制下来的激情，相反，往往会被这种抑制煽动得更为高昂，并且有时候会（在原先给予刺激的原因消失后很久，当不再有人想到它的时候）突然非常荒谬且完全出乎意料地爆发出来，而且还夹带着十倍于原来的气焰与暴戾。

然而，愤怒，以及其他每一种激情，在许多场合还是可能被审慎的利益考虑很适当地抑制下来。这种抑制甚至需要有某一程度的刚毅和自我克制的努力，而公正的旁观者在看待这种抑制时，有时候也可能会抱着那种在他看来只不过是庸俗的算计行为应得的那种冷淡的尊重。但是，他绝不会抱着深感钦佩赞赏的心情，虽然在那些相同的激情由于合宜感的节制被减弱到他能够欣然体谅赞许的那个程度时，他是抱着这种钦佩赞赏的心情在观察它们的。在前一种抑制中，他也许常常可以分辨出某一程度的合宜性，而且如果你愿意的话，甚至可以说某一程度的美德。但是，这合宜性与美德的等级，却远低于在后一种抑制中总是使他深为感动与钦佩的那些合宜性与美德。

审慎、正义与慈善的美德，除了产生一些最可喜的效果之外，没有别的效果倾向。正如是对那些效果的注意起先把那些美德推荐给当事人那样，同样的注意后来也把那些美德推荐给公正的旁观者。在我们对审慎之人的品行赞许中，我们怀着特殊满足的心情感觉到当他在那种沉着镇静与深思熟虑的美德保护下过活时他一定享有的那种安全感。在我们对公正之人的品行赞许中，我们怀着同样满足的心情感觉到所有那些不论是在住所上、社交上或生意上和他有所牵连的人，从他那谨小慎微、时时挂念绝不伤害或得罪他人的处世态度中一定可以得到的那种安全感。在我们对慈善之人的品行赞许中，我们体会到所有在他的善行影响范围内的那些人心中的感激，并且和他们一样强烈觉得他有很大的功劳。在我们对所有那些美德的赞许中，它们的那些可喜的效果，它们不论是对实践它们的人或是对其他某些人的效用给我们的感觉，和它们的合宜给我们的感觉结合在一起，并且总是在我们的赞许中占有相当大的分量，甚至往往是其中主要的成分。

但是，在我们对那些克己的美德的赞许中，对它们的那些效果感到满足，有时候完全不是其中的一部分，而常常也只不过是其中很小的一部分。那些效果有时候可能是可喜的，有时候则是不可喜的，虽然我们的赞许在前一种场合无疑会比较强烈，但后一种场合也绝不至于完全消灭我们的赞许。最壮烈的勇气可能被用在伸张正义，但也同样可能被用于肆虐百姓。虽然在前一种场合它无疑会得到比较多的敬爱与钦佩，但即使在后一种场合，它看起来仍是一种伟大与可敬的性质。在那种勇气，以及其他所有克己的美德中，令人觉得光辉炫目的性质似乎总是它们奋发时所展现的那种精神的伟大与坚定不移，以及为了做出并且保持奋发所必备的那种强烈的合宜感。至于这种美德的奋发会有什么效果，则常常几乎不为人所注意。

第七篇

论道德哲学体系

第一章　论道德情感的理论应该探讨的问题

　　关于我们的道德情感的性质与起源，历来有许多学者曾提出许多不同的理论。如果我们仔细研究其中最有名且最值得注意的，我们将发现，它们几乎全和我在前面努力说明的那个理论的某一部分或另一部分相符；而且倘若前面谈过的都已被充分理解了，那么，要说明每一位作者，在形成他那个理论体系时，究竟是基于什么样的人性观点或见解，就不会有什么困难。每一个在这世上曾经有过任何名气的道德理论体系，最终也许都源自某一个或另一个我已在前面努力表明的人性原理。由于它们全建立在人性的原理上，所以就这一点而言，它们全有几分是正确的。但是，由于它们当中有许多是源自某一局部、不完整的人性观点，所以它们当中有许多在某些方面是错的。

　　在论述道德原理时，有两个问题需要考虑。第一，美德或美好的品行究竟是什么？或者说，是什么格调的性情和什么取向的行为，构成卓越且值得称赞的品行，构成那种自然受到尊敬、推崇与赞许的品行？第二，这种品行，不管它是什么，究竟是被我们心里面的什么能力或机能推荐给我们的,令我们觉得它是值得称赞的?或者换句话说,究竟透过什么机制,以及怎么运作,以至于我们的心灵会喜欢某一行为取向,而不喜欢另一行为取向;会把前者称为是对的,而把后者称为是错的;会认为前者是该受赞许、推崇与奖赏的对象,而后者则是该受责备、非难与惩罚的对象?

当我们考虑美德,是否像哈奇逊博士①所言,存在于慈悲心或慈善;或是否像克拉克博士②所言,存在于我们的行为合乎各种不同的人际关系的要求;或是否像其他某些学者所言,存在于审慎精明地追求我们自己的真正幸福:当我们这样考虑美德时,我们是在研究第一个问题。

当我们考虑美好的品行,不管它的性质为何,是否由我们的自爱推荐给我们的,是否由于我们的自爱,使我们看出美好的品行,不论是我们自己身上的或他人身上的,最有助于增进我们自己的私人利益;或是否由我们的理性推荐给我们的,是否由我们的理性为我们指出某一品行和另一品行之间的差别,就像它也为我们指出真理与谎言之间的差别那样;或是否由某种特殊的感觉能力,某种被称为道德感的感觉能力推荐给我们的,是否美好的品行所满足与取悦的,而相反的品行所冒犯与得罪的,就是这种道德感;或最后,是否由人性中的其他某个

---

① 译注:Francis Hutcheson (1694—1746), *Inquiry into the Original of Our Ideas of Beauty and Virtue* 一书的作者,于 1730—1746 年任格拉斯哥大学道德哲学教授,是本书作者大学时期的老师。

② 译注:Samuel Clarke (1675—1729), *A Discourse Concerning the Unchanging Obligation of Natural Religion* 一书的作者。

原理，诸如某种同情感或类似的感觉推荐给我们的；当我们这样考虑美德时，我们是在研究第二个问题。

我首先将讨论历来关于第一个问题的理论，然后再来讨论关于第二个问题的理论。

第二章 论各种说明美德之性质的学说

引 言

各种关于美德性质的论述，或者说，各种关于什么心性构成卓越且值得称赞的品德的学说，可以被归纳为三个不同的类别。在某些作者看来，美好的心性或品德并不在于哪一种情感，而在于我们的各种情感全都受到适当的治理和引导；那些情感可能是美好的，但也可能是邪恶的，视它们追求什么目标，以及这追求何等激烈而定。因此，根据这些作者的看法，美德在于情感或行为的合宜。

根据其他某些作者的看法，美德在于头脑精明地追求我们自己的私人利益与幸福，或在于适当地治理和引导那些自爱的、那些仅仅在乎私人目的的情感。因此，根据这些作者的看法，美德在于审慎。

另有一组作者主张，美德在于那些仅以他人的幸福为目的的情感，而不在于那些以我们自己的幸福为目的的情感。因此，根据他们的主张，无私的慈悲心或慈善，是唯一能够为任何行动盖上美德戳记的动机。

很明显，美德的性质，或者必须在我们各种不同的情感全都受到适当的治理和引导时，被笼统地归属于我们全部的情感；或者必须被归属于我们的某一类或某一部分情感。我们的情感主要分成自爱的与慈善的两大类。因此，如果美德的性质不能在我们的情感全都受到适当的治理和引导时，被笼统地归属于我们全部的情感，那么，它就必须被归属于那些以我们自己的私人幸福为直接目的的情感，或归属于那些以他人的幸福为直接目的的情感。因此，如果美德不在于情感的合宜，那么，它必定就在于审慎，或在于慈善。除了这三种情形，几乎不可能想象还会有其他任何关于美德性质的理论。我将在下面努力证明，所有其他看起来似乎和这三种都不相同的理论，怎样在本质上和这三种理论中的某一种或另一种其实是一致的。

第一节 论主张美德以合宜为本的学说

在柏拉图、亚里士多德以及芝诺看来①，美德在于行为的合宜，或者说，在于引发行为的情感和激起这情感的对象相配。

（1）在柏拉图的理论中②，心灵被认为是某种宛如一个小国家或小共和国的东西，由三种不同的功能或阶级所构成。

---

① 译注：Zeno of Citium（333—262 BC），希腊哲学家，斯多葛学派的创始者。
② 原作注：见 Plato, *The Republic*, book iv.

第一种是判断的功能,这种功能不仅决定什么是达成某一目的的适当手段,而且也决定什么是适合追求的目的,以及我们应该赋予每一目的多大的相对价值。柏拉图把这种功能十分恰当地称作理性,并且认为它应当成为统治整个心灵的主要功能。很显然,在所谓理性的名称下,他不仅纳入我们据以判断真伪的那种功能,而且也纳入我们据以判断各种欲望和情感是否合宜的那种功能。

各种不同的热情和欲望,虽然是此一统治阶级自然的子民,却这么时常反叛它们的主人,被他归纳成两个不同的组别或阶级。属于第一组的热情,根源于自傲与愤怒,或根源于被烦琐派学者称为易怒的那一部分心灵,包括野心,憎恨,爱面子,怕丢脸,渴望胜利、优越与复仇。这一组热情被认为或者源自,在我们的语言中通常会被我们以一种隐喻的方式称之为与生俱来的生气(natural fire)或元气(spirit)的那一部分心灵运作。属于第二组的热情,根源于对享乐的爱好,或根源于被烦琐派学者称为好色的那一部分心灵,包括身体的所有欲望,对舒适与安全的贪恋,以及对所有满足肉欲之事物的喜好。

理性指示我们遵守的,而且在所有冷静的时刻,我们也曾对自己断言最适合我们遵守的那个处世方针,我们很少会中断遵守,除非是受到前述那两组不同的热情中的某一组或另一组的唆使,亦即,除非是受到难以驾驭的野心与憎恨的唆使,或受到眼前的舒适与享乐纠缠不休的恳求。但是,虽然这两组热情是这么容易误导我们,它们仍然被认为是人性中必要的成分:第一组热情的存在,是为了保护我们免于伤害,为了主张我们在这世上的地位与尊严,为了使我们志向高尚正直,以及为了使我们推崇那些同样志向高尚正直的人；而第二组热情的存在，则是为了提供身体所需的各种营养和生活必需品。

审慎的精髓在于理性的坚强、敏锐与圆熟。根据柏拉图的观点，审慎的美德在于，根据一般常识和科学理念，对哪些是适合被追求的目的，以及哪些是适合被用来达成那些目的的手段，有一正确与清晰的认识。

当第一组热情，或属于易怒的那一部分心灵的热情，具有这一种程度的坚强与稳固，使它们能够在理性的指挥下，藐视所有可能遇到的危险，一心追求高尚光荣的目的时，这就构成刚毅与宽宏大度的美德。根据这派学说，这一组热情的性质比另一组热情更为慷慨与高尚。它们在许多场合被认为是理性的辅助，帮助理性制止和约束那些比较低级与下流的肉欲。这派学说指出，当贪恋享乐唆使我们做出我们不赞许的事情时，我们时常生我们自己的气，我们时常成为自己憎恨与愤怒的对象；我们的天性中易怒的那一部分，就是以这种方式被招来协助理性的那一部分对抗好色的那一部分。

当我们天性中所有那三种不同的部分彼此完全和谐一致时，当不管是易怒的，或是好色的热情，都绝对不会寻求任何不是理性所赞许的目标，而且理性也绝对不会下令执行任何不是那两种热情自动愿意执行的事情时，心灵的此一幸运的平静安详，此一完全圆满的调和一致，构成了那种在他们的语言中以一个被我们译为节制（temperance）的字眼表达的美德；那个字眼或许可以被更适当地译为心平气和（good temper）或心灵的沉着与中庸（sobriety and moderation of mind）。

最后一个也是四个基本美德中最伟大的那个美德，正义或公平。根据此一学说,当心灵的那三种功能都各自固守其本分、绝不企图侵犯其他任何功能的职责时,当理性指挥而热情顺从时,当每一种热情都各自执行其本分的职责,各自顺畅地、欣然地,并且使用和它所追求的价值相称的那个程度的力气与精神,努力对适当的对象发挥它的功能时,于是构成了柏拉图追随从前某些毕达哥拉斯派学者的说法,称之为正义或公平(Justice)的那种圆满的美德或完全合宜的品行。在此必须注意的是,希腊语中表示正义或公平的那个字眼有好几个不同的意义,而由于所有其他语言中,与那个字眼相当的字眼,就我所知,也都同样有好几个不同的意义,因此,那些不同的意义之间一定有某种自然的近似关系。就某个意义来说,我们算是对我们的邻人做了正义的事,如果我们绝不做任何直接伤害他的行为,亦即绝不直接伤害他的身体,或他的财产,或他的名誉。这就是我在上面论述的那种正义,这种正义的遵守可以被强制要求,违反这种正义会遭到惩罚①。就另外一个意义来说,我们不算是对我们的邻人做了正义的事,除非我们在心里头对他怀有的那些爱恋、尊敬与钦佩,是他的品行、他的处境以及他和我们的关系,理当使之适合我们感觉到的全部,并且除非我们在行动上充分表达我们的这些感觉。就这个意义来说,我们对一个于我们有功的人算是不公平的,如果我们没有尽力帮助他,没有尽力把他摆在公正的旁观者乐于看到他在的那个位置上,虽然我们没在任何方面伤害他。那个字眼的第一个意义,和亚里士多德以及烦琐派学者所谓的交换性正义(commutative

---

① 译注:参见本书第二篇第二章第一节。

justice）相符，也和格劳秀斯①所谓的 justitia expletrix 一致，在于绝不侵犯别人的东西，并且自动地做那些反正我们也可以被正正当当地强制去做的事情。那个字眼的第二个意义，和某些学者所谓的分配性正义（distributive justice）②相符，也和格劳秀斯所谓的 justitia attributrix 一致，在于适当的慈善，在于适当地使用我们自己的东西，在于把它用在，就我们的处境来说，最适合使用它的那些慈善或慷慨的目的上。就这个意义来说，正义包含一切有助于社会和乐的美德。希腊语的正义或公平有时候还有另外一个意义，涵义比前述两个更加广泛，虽然和前述第二个非常近似；而这个意义，就我所知，也是所有语言中表示正义或公平的那个字眼都有的意义。在最后这个意义上，我们会被认为对某一特定对象不公平，如果我们看起来没有以公正的旁观者认为它似乎应当得到的那个程度的尊重去重视它，或者我们看起来没有以公正的旁观者认为它本质上似乎有能力唤起的那个程度的热情去追求它。于是，我们会被认为对某一首诗或某一幅画不尽公平，如果我们对它们的赞美不够充分的话，我们也会被认为对它们公平过了头，如果我们对它们的赞美太过分的话。同样的，我们会被认为对我们自己不尽公平，如果我们看起来没充分注意到任何于我们自己有利的目标。就最后这个意义来说，所谓正义或公平，意思和言行举止正确圆满的合宜完全相同，因此，包含在它里头的，不仅有交换性正

---

① 译注：Hugo Grotius（1583—1645），荷兰法学家，现代国际法的鼻祖。

② 原作注：亚里士多德所谓的分配性正义与此稍有不同。他的分配性正义在于适当地分配社会公有的财产报酬。见 Aristotle, *Nicomachean Ethics* V. 2。

义与分配性正义这两种暗示，而且还有其他每一种美德，譬如，审慎、刚毅、节制等等的暗示。柏拉图显然是按最后这个意义在理解他所谓的正义，因此，照他的意思，正义包含每一种至为圆满的美德。

以上所述就是柏拉图就美德的性质，或者说，就适合受到称赞与认可的那种心性的性质，所提出的说明。照他的意思，美德在于这样的一种心灵状态，其中每一个功能都固守它自己的本分，绝不侵犯其他任何功能的范围，并且以它本来应有的那个程度的力气与精神严谨地执行专属于它的职责。他的说明，显然在每一方面，都和我们在前面对行为的合宜性所做的说明相符。

（2）美德，根据亚里士多德①的观点，在于依据正确的理性，力行中庸的习惯。照他的意思，每一种特定的美德都宛如位在两种相反的恶癖之间的正中央似的，这两种恶癖中的某一种，错在过分为某一种事物所感动，而另一种则是错在太少为同一种事物所感动。譬如，刚毅或勇敢的美德位在怯懦与冒昧鲁莽这两种相反的恶癖的正中间，这两种恶癖中的前一种，错在过分为可怕的事物所感动，而后一种则是错在太少为可怕的事物所感动。又譬如，节俭的美德位在贪婪与浪费这两种相反的恶癖的正中间，这两种恶癖中的前一种，错在对私利事物的注意超过适当的程度，而另一种则是错在对私利事物的注意低于适当的程度。同样的，宽宏大度的美德也位在傲慢自大的过分与优柔胆怯的不足的正中间；这两种恶癖中的前一种，错在

---

① 原作注：Aristotle, *Nicomachean Ethics*, II. 5ff. and III. 5ff.

对我们自己的价值与尊严感觉过于强烈，而另一种则是错在对我们自己的价值与尊严感觉太过微弱。用不着说，这个关于美德的说明，和前面我们对行为合宜与否的说明，简直是完全相符的①。

没错，亚里士多德认为，美德，与其说在于那些中庸或正确的情感，不如说在于适度或中庸的习性。要了解这一点，读者须注意，美德可以被视为某一行为的性质，或某个人的性质。当被视为某一行为的性质时，美德，根据亚里士多德的观点，是在于引发行为的那个情感的适度中庸，不论行为人是否惯常有这中庸的情感倾向。当被视为某个人的性质时，美德是在于这适度中庸的习惯，在于这适度中庸的情感已经变成习惯性的与常见的心灵倾向。譬如，由于一时的慷慨奋发而做出来的行为，无疑是一次慷慨的行为，但是，做出这行为的人却未必是一个慷慨的人，因为这也许是他唯一曾经做过的一次慷慨的行为。引发这行为的动机与心性倾向可能是颇为合理适当的。但是，由于此一适当的心性倾向似乎是一时心血来潮的结果，而不是性格中什么恒久不变的因素促成的，所以它不会给行为人带来什么了不起的荣耀。当我们称某一性格为慷慨的或慈悲的性格时，我们的意思是，那些名称中的每一个所表达的那种感情倾向，是行为人平时习惯的倾向。但是，任何单一次的行为，要证明行为人平常有什么习惯，是没有什么用的。如果单有一次行为便足以在行为人身上盖上什么美德的性格戳记，那么，最卑鄙的人也有资格主张自己具备一切美德，因为绝不会有什

---

① 译注：见本书第一篇第二章的引言。

么人未曾在某些场合做过审慎、公平、节制或刚毅的行为。但是，任何单一次行为，不论多么值得赞赏，绝不会给行为人带来什么掌声，不过，单一次邪恶的行为，如果是由一个平常循规蹈矩的人犯下的，便会大大降低，有时候甚至完全摧毁我们对他的美德的评价。单一次邪恶的行为便可充分证明，他的习惯不够完美，证明他其实不像我们根据他平常的行为倾向或许很可能认为的那样完全可以信赖。

此外，当亚里士多德主张美德在于实际的行为习惯时，他很可能想要反对柏拉图的学说，后者似乎认为，只要对什么事适合做或什么事当避免有正确的感觉和适当的判断，便足以构成最圆满的美德。根据柏拉图的看法，美德也许可被视为一门知识，因为他认为，没有人会在一清二楚地知道什么是对的和什么是错的之后，却不根据此一对错的知识行动。他认为，热情或许会使我们做出一些和可疑且不确定的意见相反的行为，但绝不会使我们做出任何和明显确定的判断相左的行为。与他相反，亚里士多德认为，知识的说服力量不足以撼动根深蒂固的习惯，并且高尚的德性也不是源自知识，而是源自实际的行动。

（3）根据斯多葛学派的创始人芝诺①的看法，每一只动物都被自然女神付托给它自己照顾，并且都被自然女神赋予自爱的原理，以便它不仅会努力维持它自己的存在，而且也会努力把它的天赋中所有不同的部分保持在这些能够达到的那个最好且最完美的状态。

---

① 原作注：参见 Cicero, *de finibus*。

人的自爱，拥抱（如果我可以这么说）他的身体和这身体的各个部分，以及他的心灵和这心灵的各种功能与力量，并且希望他的身心全都保持在最好且最完美的状态。因此，凡是有助于保持这个存在状态的，都会被自然女神为他指出来，告诉他那是合适他选择的事物；而凡是倾向摧毁这个存在状态的，也都会被自然女神为他指出来，告诉他那是合适他拒绝的事物。譬如，身体的健康、力气、敏捷与舒适，以及身外各种能够增进方便这些状况的事物，包括财富、权势、荣誉，以及和我们一起生活的那些人对我们的尊敬与重视，自然会被指出是我们合适选择的事物，而且拥有它们强过没有它们。另一方面，身体的疾病、虚弱、笨拙与疼痛，以及身外各种倾向造成或带来任何不利这些状况的事物，包括贫穷、缺乏权威，以及和我们一起生活的那些人对我们的轻蔑，也同样会被指出是我们合适避免的事物。那两类相反的事物中，各自有一些事物似乎比其他同一类事物更为可取或更应避免。譬如，在第一类事物中，健康看起来显然比力气更为可取，而力气则比敏捷更为可取；名誉比权势更为可取，权势比财富更为可取。又譬如，在第二类事物中，疾病比身体笨拙更应被避免，不名誉比贫穷更应被避免，而贫穷则比丧失权势更应被避免。美德或行为的合宜，就在于所有这些不同的事物与情况的取舍，完全按照它们被自然女神做成比较是或比较不是我们合适选择或拒绝的目标而定；就在于总是从摆在我们眼前的好几个合适我们选择的标的中，选择那最该被选择的，如果我们不能得到它们全部的话；同时也在于总是从摆在我们眼前的好几个合适我们拒绝的标的中，选择那最不该被避免的，如果我们无法完全避免它们的话。当我们以这样正确精密的识别能力决定取舍,当我们根据每一件事物在这个自然的事物尺度中所占的地位,恰如其分地给予它应得的注意时,我们的行为便可保持圆满正直,而根据斯多葛学派的观点,美德的本质就在于这行为上的圆满正直。这就是他们所谓的始终如一的生活,顺从自然的生活,以及顺从自然女神或造物主为我们的行为所规定的那些法则与方向的生活。

到此为止,斯多葛学派关于合宜与美德的理念,和亚里士多德以及古代的逍遥派学者(the Peripatetics)的理念,并没有很大的不同。

在那些被自然女神推荐给我们视为合适选择的目标中,主要有我们的家庭、我们的亲戚、我们的朋友、我们的国家、人类,乃至宇宙万物普遍的繁荣。但是,自然女神也教我们懂得,正如两个人的繁荣比单一个人的繁荣较为可取,所以,多数人的繁荣,或全体的繁荣,一定比什么都更为可取许多。自然女神还教我们懂得,我们只不过是那一个人,因此,每当我们的繁荣和整体或多数人的繁荣不能两全时,我们的繁荣便应该,甚至在我们能够自由选择时,让位给各种比它较为可取得这么多的繁荣。由于所有发生在这世界的事情,都是在一个贤明、有力与善良的神的眷顾监督下发生的,所以,我们可以放心相信,凡是发生的,都有助于全世界的繁荣与圆满。因此,如果我们自己陷入贫穷、生病或其他任何灾难中,我们应该首先尽我们最大的努力,在正义以及我们对别人的责任容许的范围内,把我们自己从这种不愉快的情况中拯救出来。但是,如果在我们尽了一切努力之后,发现这是不可能办到的,那我们就应该安心满意地认为,宇宙的秩序与圆满需要我们在这个时候继续处在这种情况。而且由于整体的繁荣，甚至对我们来说，也显得比像我们自己这样微不足道的部分繁荣较为可取，所以，我们的处境，不管好坏，应该从那一刻起成为我们所喜欢的对象，如果我们决心保持我们的天性完美所构成的那种情感与行为上的完全合宜与正直。没错，一旦有任何拯救我们自己的机会出现，拥抱那机会就变成是我们的责任。宇宙的秩序显然不再需要我们继续待在这个处境，因为这世界的伟大主宰，透过如此清楚地指出我们应该遵循的道路，已经明白地要求我们离开那个处境。同样的道理也适用于我们的亲属、我们的朋友或我们的国家所处的逆境。如果我们无须违背任何更加神圣的责任，便能够防止或结束他们的不幸，那么，这么做无疑便是我们的责任。行为的合宜，朱比特（Jupiter）① 为了引导我们的行为而交给我们的那条规则，显然要求我们这么做。但是，如果我们完全没有能力防止或结束他们的不幸，那么，这时候我们便应该认为，他们所遭遇的不幸，是所有可能发生的事情中最幸运的事情。因为我们可以放心相信，那个不幸最有助于整体的繁荣与秩序，而后者正是我们自己——如果我们是贤明与公正的人——应该最希望实现的目标。那不幸，被视为整体中的一部分，是我们自己的终极利益，因为整体的繁荣应该不仅是我们希望实现的主要目标，更是我们希望实现的唯一目标。爱比克泰德②说："在

---

① 译注：罗马神话中诸神的主神并为天界的主宰，相当于希腊神话中的宙斯（Zeus）。

② 译注：Epictetus，约生于公元50年，约卒于120年，希腊斯多葛学派的哲学家。

什么意义上，某些事情据说是符合我们的天性的，而其他一些事情则据说是违反我们的天性的？这是从我们自认为和其他一切东西独立分离的意义来说的。譬如，在这个意义上，始终保持干净，可以说，是符合'脚'的天性的。但是，如果你认为它是一只脚，而不是某种和身体的其他部分独立分离的东西，那么，它就一定有义务有时候踩入泥土中，有时候踏在荆棘上，有时候甚至为了整个身体的缘故而被割掉；如果它拒绝这些义务，它就不再是一只脚。我们对我们自己也应该作如是观。你是什么？是个人。如果你自认为是某个分离独立的东西，那么，符合你的天性的，就是长寿、富有与健康。但是，如果你自认为是一个人，是某个整体中的一部分，那么，为了那个整体的缘故，你有义务有时候生病，有时候面对航海的不方便，有时候生活困苦；而最后，也许，在你的天年来到之前死去。然则为什么你要抱怨？难不成你不知道，由于你的抱怨，就像'脚'不再是一只脚，所以，你也不再是一个人？"

　　智者绝不抱怨天意安排的命运，当他遭遇不顺时，不会认为这世界是混乱的。他不会把自己看成是某个整体，独立分离于自然界的其他每一部分之外，靠它自己，也为它自己而存在。他会以伟大的人类守护神，同时也是这世界的守护神——在他想象——会用来看待他的那种眼光，看待他自己。他会体谅并且赞许，如果我可以这么说，那位神明的感觉，并且自认为是某一无限广大的体系中的一个渺小的微分子或微粒子，必须而且也应该依照整个体系怎样才得便利，就受到怎样的处置。他对那个管理人间一切事情的智慧深具信心，因此，凡是临到他头上的命运，不论好坏，他都满怀喜悦地接受，完全相信，如果他知道所有存在于宇宙各部分之间的种种联系与依存关系的话,那命运正是他自己希望得到的命运。如果那命运是生,他会心甘情愿地活下去;如果那命运是死,由于自然女神一定不再需要他存在这世上,他也会欣然前往他被指定的那个地方。某位大儒派的哲学家说,我接受,不论我可能临到什么命运,我都以同等喜悦和满足的心情接受。他的学说在这一点和斯多葛学派完全一致。富裕或贫穷,快乐或痛苦,健康或生病,全都一样:而我也不希望众神在任何方面改变我的命运。如果在他们的宽大慈悲已经赐予我的一切之外,我还可以向他们请求什么,那就是请他们事先告诉我,他们乐于怎样处置我,以便我可以自动把我自己放在那个位置上,借此证明我由衷接受他们的安排。爱比克泰德说,如果我将扬帆出海,我会选最好的船和最好的舵手,而且我也会等待我的处境与责任所允许的最好的天气。审慎与合宜,众神为了引导我的行为而交给我的这两条守则,要求我这么做,但是,它们没有别的要求。尽管如此,如果刮起了那种不论是什么船只的强度或舵手的技巧都不可能抵抗的暴风,我也不会劳神于担心会有什么后果。一切我必须做的,都已经做了。引导我的行为的众神绝不会命令我,要觉得可怜,要焦虑不安,要垂头丧气或感到害怕。我们是否要溺死在海中,或在某个港口安全上岸,是朱比特的事,不是我的事。我完全把这件事留给他决定,我绝不会中断心中的平静去考虑他可能会怎样决定这件事,而会以同样无所谓与泰然的心情接受任何来临的结果。

斯多葛学派的智者,由于对统治宇宙的那个仁慈的智慧抱着这么完全的信心,而且对那个智慧认为合适建立的任何秩序也抱着这么完全顺从的态度,所以,对他来说很自然,所有人生的际遇必定大多无所谓好坏。他的幸福全在于,第一,沉思伟大的宇宙体系的幸福与圆满,沉思那个由众神与人类,由一切有理性有感觉的生命组成的伟大共和国的良好的统治秩序;第二,善尽他的责任,在这个大共和国的日常事务中,适当地扮演他的角色,不论那个智慧分派给他的角色是多么的渺小。他的种种努力是否合宜,对他来说,或许关系重大。它们的成功或失败,对他却不会有任何影响;不会激起任何热烈的喜悦或悲伤,也不会激起任何热烈的愿望或反感。如果他喜好某些事情甚于其他事情,如果某些情境是他选择的对象,而其他情境是他拒绝的对象,那也不是因为前者本身在任何方面比后者更好,或因为他认为自己在所谓幸运的情境中会比在所谓不幸的情境中享有更完整的幸福,而是因为行为的合宜,因为众神为了引导他的行为而交给他的这一条守则,要求他必须这样取舍。所有他的心意全被吸纳贯注在两种主要的心意中,他全神贯注在执行他自己的责任,以及希望一切有理性有感觉的生命得到最大可能的幸福。关于后面这个心意的满足,他百分之百安心仰赖伟大的宇宙主宰的智慧与力量。他唯一挂念的是怎样满足前面那个心意,不是挂念会有什么结果,而是挂念他自己的各种努力是否合宜。不论结果是什么,他都相信会有一个优于他的力量与智慧把它用来助力他自己也最希望实现的那个伟大的目的。

这个取舍合宜的原则,虽然最初是被那些受取舍的事物给我们指出来的,也为了那些事物的缘故而被指出来的,并且可以说,是被那些受取舍的事物推荐和介绍给我们认识的。然而,当我们一旦变得彻底熟悉了这个原则，我们在这种行为中看到的秩序、优雅与美丽，以及我们从这种行为中所感觉到的幸福，对我们来说，必然会显得比实际取得所有不同的合适我们选择的事物，或实际避免所有那些合适我们拒绝的事物，更有价值。人生的幸福与光荣，来自遵守这个合宜的原则；人生的不幸与耻辱，则来自忽略这个原则。

但是，对于一个智者来说，对于一个已将他的各种热情完全驯服在他的天性中的统治性原则之下的人来说，要做到正确遵守这个合宜的原则，在所有场合都是同样容易的。如果他处在顺境中，他会感谢朱比特让他处在这么容易把握的情境中，处在这种没有什么诱惑让他做错事的情境中。如果他处在逆境中，他也同样会感谢这个人生场景的导演，为他安排了一个很强劲的比赛对手，虽然和他竞争可能会比较激烈，不过，赢过他的胜利将会更为光荣，而且这胜利也同样是必然会实现的。处在那种并非由于我们自己的过错而临到我们身上的困境，如果我们在其中的行为完全合宜，哪会有什么羞耻可言？因此，绝不可能有什么不幸，反而会有最大的幸福与好处。一个勇敢的人，当他面对并非由于他自己的鲁莽所致，而是他的命运使他卷入的那些危险时，反而会欢喜雀跃。那些危险让他有机会运用这么一种英勇无畏的精神，它的发挥，经由意识到自己合宜出众与应受钦佩，会产生意气昂扬的喜悦。一个熟练所有他的运动技巧的人，不会厌恶和最强劲的对手较量他的力气与敏捷。同样地，一个能够克制自己的情感的人，不会害怕所有宇宙的主宰认为可能合适把他摆进去的环境。那位神明的宽大慈悲已使他具备足以超越每一种环境的美德。如果这环境是享乐，他有节制的美德去节制它；如果这环境是痛苦，他有坚定的美德去忍受它；如果这环境是危险或死亡，他有宽宏与刚毅的美德去藐视它。任何人生的变故，绝不可能使他惊慌失措，或使他不知道如何保持，在他的理解中，同时构成他的光荣与他的幸福的那种情感与行为上的合宜性。

斯多葛学派显然把人生看作是一种大有技巧的游戏比赛，然而，其中掺杂机遇的成分，或掺杂某种被世俗理解为机遇的成分。在这种游戏中，赌注通常是微不足道的，游戏的乐趣全来自玩得好，玩得公平和玩得很有技巧。一个优秀的玩家，尽管用尽了所有他的技巧，然而，由于机遇的影响，如果碰巧输了比赛，他的失败也应该是一件愉快的事情，而不应该是一件值得真正感到悲伤的事情。他未曾有什么错误的比赛动作，他未曾做出任何他应该觉得羞耻的事情，他彻底享受了比赛的全部乐趣。相反地，一个差劲的玩家，尽管他连连犯错，然而，由于机遇的影响，如果碰巧赢了比赛，他的成功也不可能给他带来什么满足。想起他曾经犯下的任何过错，就觉得羞愧与懊丧。甚至在游戏比赛当中，他也享受不到游戏能够提供的任何乐趣。由于不知道游戏的规则，畏惧、疑惑与犹豫，是他在做每一步游戏动作之前几乎都会有的不愉快的感觉；而当他下完了他的动作后，发现那是严重的错误而感觉到的羞愧与悔恨，通常会填满他整个不愉快的感觉。人的生命，加上所有可能伴随它的种种好处，根据斯多葛学派的理解，应该被视为只不过是区区两分钱的赌注；这赌注太过琐碎，不值得任何焦急不安的关切。我们唯一要担心挂念的，应该不是赌注的输赢，而是什么是适当的玩法。如果我们把我们的幸福寄托在赢得赌注上面，那么，我们的幸福就得倚靠一些超出我们的能力范围、不是我们所能掌控的因素。因此，我们必然会为我们自己招来永久的恐惧与不安，并且往往会为我们自己招来种种难以忍受和令人懊丧的失望。如果我们把我们的幸福寄托在玩得好、玩得公平和玩得很有技巧上面，简单的说，就是把它寄托在我们自己的行为的合宜性上面，那么，透过适当的训练、教育与注意，我们的幸福便可能完全在我们的能力范围内，是我们自己能够掌控的。我们的幸福将是百分之百的安全无虞，并且不受命运的影响。我们行为的结果，如果不是我们所能掌控的，那么，它也就同样不是我们所关心的，我们绝不会为它感到任何的恐惧或忧虑；当然也就不会蒙受任何难以忍受的，或任何真正的失望。

他们说，取决于各种不同的情况，人的生命本身以及各种可能伴随生命而来的好处或坏处，可能是我们应当选择或应当拒绝的对象。如果，在我们实际的处境中，符合人性的情况多于违反人性的情况；如果合适我们选择的情况多于适合我们拒绝的情况，那么，生命在这场合大致上是合适我们选择的对象，而且行为的合宜性也要求我们保持我们的生命。相反，如果在我们实际的处境中，违反人性的情况多于符合人性的情况，而且没有任何可能改善的希望；如果适合我们拒绝的情况多于合适我们选择的情况，那么，对一个智者来说，生命在这场合就变成是合适拒绝的对象。因此，他不仅可以自由地弃绝生命而去，而且行为的合宜性，众神为了引导他的行为而交给他的这条规则，也要求他这么做。爱比克泰德说，我被命令不许住在尼科波利斯（Nicopolis），我就不在那里住。我被命令不许住在雅典，我就不在那里住。我被命令不许住在罗马，我就不在那里住。我被命令必须住在狭小且多岩石的盖尔若（Gyarae）岛上，我就去那里住。但是，盖尔若岛上的房子烟雾弥漫。如果这烟雾不是太大，我会忍受它，待在那里。如果这烟雾实在太大，我会走进一间没有任何暴君能够把我从那里赶走的房子。我会随时记得（这间烟雾弥漫的房子的）大门是敞开的，以便当我高兴时我可以走出去，并且归隐到那间殷勤好客并且永远对全世界敞开的房子，因为除了对我最下层的衣裳之外，除了对我这一身臭皮囊之外，没有任何活着的人有任何力量能够对我怎么样。斯多葛学派说，如果你的处境整个看起来是不愉快的，如果你的房子，对你而言，烟雾太过弥漫，那你务必往屋外走出去。但是，走出去时，不要鸣不平，不要发牢骚，不要抱怨。要平静地、满足地、开心地走出去，要以感谢回向众神，感谢他们，由于他们无限宽大的慈悲，打开了安全与平静的死亡港口，随时准备接纳我们离开那风狂雨暴的人生大海；感谢他们准备了这个神圣的，这个不可侵犯的，这个伟大的避难所，始终敞开着，始终进得去，完全远离人世间的狂暴与不公平，并且大到足以容纳所有那些愿意，以及所有那些不愿意归隐到它那里的人。这个避难所让每一个人完全没有借口抱怨，或甚至幻想，除了他自己的愚蠢和软弱可能会让他蒙受的那种不幸之外，人生还会有其他什么不幸。在流传至今的少数几篇此派学说的断简残编中，斯多葛学派的学者们有时候以一种快活，甚至流于轻浮的语气，谈论放弃生命的议题。这种语气，如果我们只考虑那些片段的话，或许会使我们相信他们认为，只要我们想，不管这想法是多么的荒唐与任性，我们便可以因为稍微觉得呕气或不愉快而合宜地放弃生命。爱比克泰德说，"当你和某个这样的人一起吃晚餐时,你抱怨他喋喋不休地诉说他在米西亚①打仗的冗长故事给你听。他说:'既然我的朋友已经告诉你,我怎样在如此这般的一个地方占了上风,我就来告诉你,我怎样在如此这般的另一个地方遭到围困。'但是,如果你真的不想为他的冗长故事感到心烦,那就不要接受他的晚餐。如果你接受了他的晚餐,那你就没有一丁点儿立场抱怨听他说那些冗长的故事。你所谓人生的那些不幸也是一样。绝不可抱怨任何你有能力主动避开的事情。"虽然这说法显得有点轻松甚至轻浮,然而,不同于放弃生命的选项,或继续活下去,在斯多葛学派看来,才是最值得我们慎重考虑的选项。我们绝不该抛弃生命,除非起初赐予我们生命的那个主宰力量清楚地要求我们这么做。但我们将认为我们自己被要求这么做,而这不仅在命定的且不可避免的人生大限时。当那个主宰力量的眷顾安排,使我们今生的处境,整个看起来,变成是适合我们拒绝,而不是适合我们选择的对象时,他为了引导我们的行为而交给我们的那一条伟大的守则,在这个时候,要求我们放弃生命。在这个时候,我们或许可以说听到了那个神圣的主宰所发出的庄严仁慈的声音,清楚地要求我们这么做。

就因为这个缘故,所以斯多葛学派认为,抛弃生命可能是一个智者的责任,虽然他可以过得非常幸福;而相反,继续活下去也可能是一个弱者的责任,虽然他必然过得很不幸。如果,在智者的处境,自然适合他拒绝的情况多于自然适合他选择的情况,整个处境变成是适合他拒绝的对象,这时,众神为

---

① 译注:Mysia,古希腊时代小亚细亚西北部的一个国家。

了引导他的行为而交给他的守则,就会要求他尽快在情况方便时抛弃他的生命。然而,他是完全幸福的,甚至在他或许认为应当继续活下去的时候。他不是把他的幸福寄托在获得他所选择的事物上,或寄托在避免他所拒绝的事物上,而是寄托在他的取舍始终严正合宜,寄托在他的种种努力合宜恰当,而不是寄托在他的种种努力获得成功。相反,如果在弱者的处境下,自然适合他选择的情况多于自然合适他拒绝的情况;他的整个处境变成是适合他选择的对象,而继续活下去则是他的责任。然而,由于他不知道怎样利用那些情况,他其实是不幸的。纵令他手上的那一副牌是这么的好,可是他却不知道怎样出那一副牌,因此,不可能享受什么真正的满足,不管是在游戏过程中,或在游戏结束时,不论这游戏碰巧有什么结果①。

自愿死亡在某些场合的合宜性,虽然在古代各哲学门派中,也许是最为斯多葛学派所坚持的,然而,其实却是各门各派共同的一个教条,甚至温和慵懒的伊壁鸠鲁学派②也有同样的说法。在古代各主要哲学门派的奠基宗师还活着的那个时代,在伯罗奔尼撒战争③和战后许多年中,希腊各个共和国,在内,几乎始终处在最激烈的党派斗争纷乱中;在外,则卷入最为血腥凶暴的战争中,每一个共和国在战争中所追求的,不仅是霸权或统治权,而是彻底灭绝所有它的敌人,或者,比较不那么

---

① 原作注:参见 Cicero, *De finibus*, book III. 18。
② 译注:古希腊哲学家 Epicurus(342—270 BC)创立的学派,主张享乐主义。
③ 译注:指公元前431至前404斯巴达和雅典之间的战争(the Peloponnesian war),结果雅典战败。

残忍的，也要使他们沦为所有阶级中那个最低的阶级，要使他们沦为家奴，要在市场上把他们，不分男女老少，全都像牲畜那样，卖给出价最高的买主。而那些国家大部分又是小国，这使得它们每一个并非很不可能正好陷入那种它自己经常作孽使一些邻国陷入的，或至少企图使它们陷入的不幸中。在这样混乱无序的状态中，最没有瑕疵的清白，加上最高贵的身份地位和最伟大的公职服务，也不能保证任何人，即使他待在国内和他自己的亲人与同胞在一起，不会有朝一日由于某一对他怀有敌意与愤怒的党派得势而被判处最残忍与最不名誉的惩罚。如果他在战争中成为俘虏，或者他所属的那个城邦被征服了，他也许会遭遇到更大的伤害与侮辱。但是，每一个人自然，或者毋宁说必然，会使他的想象力熟悉种种他预知他的处境可能常常会使他遭遇到的危难。一个水手不可能不会常常想到暴风雨和船难，想到沉没在大海中，以及想到他自己在这种情况下可能会有什么样的感觉和行动。同样地，一个古希腊时代的爱国者或英雄，也不可能不会使他的想象熟悉所有各种他知道他的处境必定常常，或者毋宁说经常，会使他遭遇到的灾难。正如一个美洲的野蛮人会准备他的死亡之歌，并且考虑在他落入敌人的手中，当着所有旁观者的侮辱与嘲笑，被敌人以最受折磨的方式处死时，他该怎样行动那样，一个古希腊时代的爱国者或英雄也不可能避免常常动用他的脑筋，考虑在他被放逐时、被俘虏时、被降为奴隶时、被酷刑折磨时，或被送上绞刑台时，他应该忍受些什么，以及应该做些什么。但是，各门各派的哲学家们全都很恰当地主张，美德，亦即审慎、公平、坚定与节制的行为，不仅是最可能的，而且也是最确实可靠的，通向幸福甚至是今生幸福的道路。然而，这种品行却不可能始终会使坚持这种品行的人免于，有时候甚至还可能为他招来各种难免会在那样纷乱的国家状态中发生的不幸。因此，他们努力证明，幸福或者完全，或者至少大部分和命运无关。斯多葛学派说，幸福完全和命运无关；而柏拉图学派和逍遥学派则说，幸福大部分和命运无关。审慎、公平、坚定与节制的行为，首先是最可能保证每一种事业成功的行为；其次，即使它没获得成功，然而，这时心灵也并非毫无慰藉。有美德的人仍然可以享受他自己的内心所给予的完全赞赏；仍然可以感觉到，不管外面的事情是多么的不顺，内心里的一切都是平静、安详与调和的。他通常也可以安慰他自己，相信他拥有每一个贤明与公正的旁观者的爱与尊敬，相信后者一定会一方面钦佩他的行为合宜，另一方面痛惜他的运气不佳。

同时，那些哲学家还努力证明，人生可能遭遇到的一些最大的不幸，比通常想象的还更容易忍受。他们尽力指出任何人仍然可以享受到的各种慰藉，即使陷入贫穷，即使被放逐，即使遭到群众不公平的喧嚣辱骂，即使在目盲、在耳聋、在年老垂死的情况下辛苦过活。他们还指出种种在他受到痛苦甚至酷刑折磨时，在他生病时，在他为失去子女或为亲友死亡等等不幸悲伤时，可能有助于保持他的情操坚定的理由。古代哲学家就这些主题所写的那几篇流传至今的断简残篇，也许是最有教育意义的，同时也是最有趣的古代遗物之一。他们的那些学说的精神与气节，和现代某些学说沮丧、悲哀和哭泣的语气，形成令人叹为观止的强烈对比。

虽然古代那些哲学家这样努力提示每一个能够——套一句

弥尔顿①的说法——以像三层钢那样顽强的耐性,使坚定的心胸获得武装的理由;但是,他们同时尤其卖力说服他们的门徒相信,死亡本身没有,也不可能有任何不幸;不论在什么时候,如果他们的处境变得太过难堪,以致他们坚定的心胸不再能够负荷时,补救的办法是唾手可得的,人生的大门是敞开的,他们可以随时放心地走出去,只要他们高兴。他们说,如果除了眼前这个,没有其他任何世界存在,那死亡便不可能是不幸的;如果有另外一个世界,众神必定也存在那个世界,在他们的保护下,一个公正的人用不着担心遭遇到任何不幸。总而言之,那些哲学家,如果我可以这么说,准备了一首死亡之歌,以便古希腊时代的那些爱国者和英雄们可以在适当的场合吟唱,而在所有不同的门派当中,斯多葛学派所准备的那一首死亡之歌,显然是最为激昂的,我想这一定是众所公认的。②

然而,在希腊人当中,自戕一向似乎绝非很普遍的现象。除了克里欧孟尼斯③,我目前想不起有什么非常著名的希腊爱国者或英雄以他自己的手结束自己的生命。亚里斯托孟尼斯④

---

① 译注:John Milton (1608—1674),英国诗人,《失乐园》(*Paradise Lost*)的作者。

② 译注:作者在本书第五篇第二节第九段曾谈到美洲印地安人的死亡之歌,可以拿来和此处比较。

③ 译注:指 Cleomenes III (260—219 BC),斯巴达国王 (235—219 BC)。

④ 译注:作者似乎搞混了亚里斯托德慕斯 (Aristodemus,伯罗奔尼撒半岛西南部 Messenia 地区传说中的首领,于公元前 8 世纪领军抵抗斯巴达) 和亚里斯托孟尼斯 (Aristomenes,同样是 Messenia 地区传说中的首领,于公元前 7 世纪领军抵抗斯巴达)。两者的纪事首见于公元 2 世纪 Pausanius 所撰之 *Description of Greece*。根据 Pausanius,自杀的是亚里斯托德慕斯,而不是亚里斯托孟尼斯。

的死亡,和亚杰克斯①的死亡,同样是发生在有确实的历史记录以前很久的事。西米斯托克利斯②之死,虽然发生在信史期间,不过,常见的有关他怎么死的说法,看起来和最浪漫的神话故事没有两样。普鲁塔克③对其生平有所记述的所有希腊英雄当中,克里欧孟尼斯似乎是唯一以这种方式结束生命的人。西拉麦尼斯、苏格拉底和佛西翁④,这三人显然并不缺乏勇气,容许他们自己被捕入狱,并且甘心忍受同胞们的不公正所判处的那种死刑。勇敢的尤孟尼斯容许他自己被反叛他的士兵递交给他的敌人安迪哥奴斯,然后被活活饿死,完全没有企图自戕。⑤英勇的菲罗波门⑥容许他自己成为梅西尼亚人的俘虏,被关进地牢,并且据说是被秘密毒死的。没错,有好几个希腊哲学家据说是自戕身亡的,但是,那些关于他们生平的记述是这

---

① 译注:根据荷马的史诗 *Iliad*,亚杰克斯(Ajax)是 Salamis 的国王、希腊方面的英雄。他的死有许多不同的记述。根据荷马的 *Odyssey*,他是发狂自戕身亡的。

② 译注:Themistocles(524—459 BC),雅典的民主派政治家,领导雅典人于公元前 480 年在 Salamis 打败波斯人,后来因政治原因,被迫流亡小亚细亚。希腊史学家修西的底斯(Thucydides,460—400 BC)驳斥同代史学家 Aristophanes 关于他自戕身亡的传奇记述。

③ 译注:参见 Plutarch(AD 46—120),*Parallel Lives*。

④ 译注:Theramines(455—404/3 BC),雅典的寡头执政团的政客,所谓三十独裁者之一,由于过分温和而被处死。Phocion,雅典的将军,因主张和马其顿媾和,于公元前 318 年被以叛国罪处死。他们两人和苏格拉底一样,都被判处饮下毒胡萝卜液死去。

⑤ 译注:尤孟尼斯(Eumenes,362—316 BC)和安迪哥奴斯(Antigonus,382—301 BC)是亚历山大大帝死后众多争夺其帝国的将军中的两位。

⑥ 译注:Philopoemen(250—182 BC),伯罗奔尼撒半岛上的希腊联军主帅,在征讨反叛的城邦梅西尼亚(Messene)时不幸身亡。

么的愚蠢怪诞，以致有关他们的故事多半不可信。斯多葛学派的奠基者芝诺的死，有三种不同的说法。其一说，他在享受了98年最为完美的健康生活后，有一天在走出他的学校时碰巧跌倒，虽然没受到什么损伤，除了他的一根手指被折断了或脱臼，他却很生气地以手击打地面，并且，根据尤里披蒂斯所写的《奈奥比》(Niobe)① 的叙述，说"我就来了，为什么你要叫我呢？"然后立即回家上吊自戕。一般人大概会认为，在那么大把年纪，他应当更有耐性才是。另一说，他在同一年纪时，因遭遇到类似的意外，之后自己绝食饿死。第三说，他在72岁时寿终正寝。在三种说法中，这显然是最为可信的，而且也有某一当代人的权威支持，这个人绝对有机会知道他的生平事迹，这个人就是柏西乌斯（Persaeus），他原本是奴隶，后来成为芝诺的朋友与门徒。第一种说法出自泰尔的阿波罗尼乌斯②，他和奥古斯都·恺撒③是同一时代的人，大约活跃在芝诺身后两百年至三百年间。我不知道谁是第二种说法的作者。本人是一位斯多葛派哲学家的阿波罗尼乌斯可能认为，对一个谈论这么多自愿死亡的哲学门派的创始人来说，以自己的双手自愿结束

---

① 译注：Euripides (480—406 BC)，希腊悲剧作家。《奈奥比》是他的一部剧作，现已遗失。在希腊神话中，Niobe 是 Tantalus 之女，她的 14 个儿女全被 Artemis 和 Apollo 杀死，只因为她自夸可以和他们的母亲 Leto 相比拟，哭泣的 Niobe 被宙斯（Zeus）化成一块石头，据说仍然垂泪不已。

② 译注：Apollonius of Tyre。Tyre 是古代地中海东南边的一个重要的港口，今在黎巴嫩境内。Apollonius 据说是 Tyre 的国王。

③ 译注：Augustus Caesar (63 BC—AD 14)，Julius Caesar 的侄孙，罗马的第一个皇帝 (27 BC—AD 14)。

自己的生命，是一件光荣的事。文人们，虽然在他们死后，往往比那些和他们同一时代的伟大君主或政治家们受到更多人谈论，但他们生前通常是这么的默默无闻，这么的微不足道，以致他们的生平事迹很少被当代的历史家记录下来。后代的历史家们，为了满足大众的好奇心，而且由于没有任何确实可信的文件可以支持或反驳他们的故事，似乎往往就根据自己的想象捏造他们的故事，并且几乎总是掺杂大量不可思议的成分。在我们目前讨论的这个例子里，不可思议的故事，虽然没有任何权威支持，似乎向来比有可能是事实而且也有最好的权威支持的故事更流行。迪奥基尼斯·莱尔迪乌斯①明显偏好阿波罗尼乌斯所写的故事。鲁西安②和莱克坦蒂乌斯③两人显然也相信芝诺活了一大把岁数后死于非命的故事。

自愿死亡的风气在自傲的罗马人当中流行的程度，似乎远胜过它曾在活泼、灵敏与随和的希腊人当中流行过的程度。甚至就罗马人来说，这风气在罗马共和国早期或所谓美德盛行的时期，似乎也还没有确立。普遍流传的瑞古鲁斯④之死的故事，虽然很可能是一则神话。但是，如果当时的人认为，甘心忍受迦太基人据说曾施加在他身上的那些拷打折磨，会给那位英雄

---

① 译注：Diogenes Laertius，公元三世纪希腊的传记作家。
② 译注：Lucian（115—180 以后），叙利亚出生的希腊讽刺作家和诡辩家。
③ 译注：Lactantius（245—325），北非出生的基督教神学家。
④ 译注：Marcus Atilius Regulus，公元前 265 年至前 256 年的罗马执政官，于公元前 255 年，即第 1 次布匿战争（the Punic War）期间（264—241 BC）为迦太基人所俘。当他被迦太基人派遣回罗马谈和时，反而主张战争，但信守他的承诺，返回迦太基，在那里，根据非常可疑的传说，他因为守信返回而被拷打折磨致死。

带来什么不好的名誉的话，该则神话就绝不会被捏造出来。在罗马共和国的后期，这种甘心忍受敌人折磨的行为，据我的理解，会招来一些不好的名誉。在罗马共和国沦亡前的各次内战中，所有斗争的党派中，都有许多地位显赫的人士，选择宁愿亲手了结自己的生命，也不愿意落入他们的敌人手中。小加图①的死法，被西塞罗（Cicero）赞扬，被恺撒（Julius Caesar）谴责，成为也许是这世界曾经见过的两位最著名的辩护者之间一场非常严肃的论战的主题，并且赋予这种死法一种历经好几代后似乎仍然未见褪色的光彩。西塞罗的雄辩胜过恺撒的口才。赞扬的这一方大大胜过谴责的那一方，而后来好几代爱好自由的人士也把小加图视为罗马共和派中最值得尊敬的烈士。德利兹枢机主教②指出，一个党派的领袖可以为所欲为，只要他持续保有同伙们的信任，他就绝不可能做错什么事。这一则箴言所含的真理，他这位大人，在好几个场合，曾有机会亲身体验。小加图，除了有他的其他那些美德之外，似乎还是杯中物的一位了不起的伴侣。他的敌人们指控他老是醉醺醺的，但是，塞尼卡③说，凡是根据此一恶癖而反对小加图的人都将发现，要证明酩酊大醉是一项美德，比要证明小加图可能沉迷于任何恶癖，来得更为容易得多。

---

① 译注：Marcus Porcius Cato Uticensis (65—46 BC)，罗马政治家、军人与斯多葛派哲学家。

② 译注：Jean François Paul de Gondi, Cardinal de Retz (1614—1679)，法国神学家。在本书第一篇第三章第二节，第三篇第六节，以及第六篇第二章第三节，曾经提过。

③ 译注：Seneca (4 BC—AD 65)，罗马政治家、哲学家及悲剧作家。

在罗马帝国时期，这种死法似乎在很长一段时期内非常流行。在普里尼①的书信史中，我们发现一则记载说，有好几个人选择以这种方式结束生命，然而，他们之所以这么做，似乎是出于虚荣与卖弄的心理，而不是出于任何在冷静与明智的斯多葛派学者眼中可以算是适当或必要的理由。甚至追随时髦很少落于人后的一些上流社会的仕女们，似乎也往往毫无来由地选择以这种方式结束生命，并且，像孟加拉国的仕女们那样，在某些场合，陪伴她们的丈夫下葬。这种风气的流行无疑导致许多原本不会发生的死亡。然而，这种风气，也许是虚荣与鲁莽的人性成分发挥的极端，因此，它所可能造成的一切祸害，不论在什么时候，大概都不会很大。

自戕的原则，或者说，那个教我们在某些场合把那种激烈的行为视为赞许与喝采的适当对象的原则，似乎完全是哲学家凭空思辨琢磨出来的产物。自然女神，在她身心健全的时候，似乎从未鼓舞我们自戕。没错，确实有一种忧郁症（人性，除了其他种种悲惨的状态外，很不幸地，也很容易患这种病），似乎附带有一股抑制不住的自我毁灭的欲望。这种心理疾病，屡见不鲜地把那些不幸为这种病所苦的人，逼向这个致命的极端，尽管这些人的外在环境常常是极其顺利的，有时候甚至尽管他们还有最诚真和最深入内心的宗教信仰。不幸以这样悲惨的方式死去的那些人，不是该受谴责而是该受怜悯的对象。当他们已超越所有人间惩罚的范围时，企图惩罚他们，不仅荒谬，而且这种企图的不公平性也不亚于它的荒谬性。人间的惩罚只

---

① 译注：Pliny the Younger（62—113AD），罗马政治家和作者。

可能落在那些比他们后死的朋友和亲属身上，而那些人总是完全无辜的，并且对他们来说，单是以这种不体面的方式失去他们的朋友，便已经是一件非常严重不幸的事故了。自然女神，在她身心健全时，鼓舞我们在所有场合避免苦恼；鼓舞我们在许多场合保卫我们自己免于苦恼，虽然在那保卫的过程中，我们须冒着灭亡的危险，或甚至必死无疑。但是，当我们既无能力保卫我们自己免于苦恼，也还没有在那保卫的过程中灭亡时，所有自然的原则，所有对想象中的那个公正的旁观者是否赞许的顾虑，或所有对我们心中的那个人的道德褒贬的顾虑，似乎都不会要求我们须以摧毁我们自己来逃避苦恼。只在我们意识到我们自己的懦弱，意识到我们自己无力以适当的男子汉气概和坚毅去忍受不幸，才可能逼使我们采取这样决绝的解脱。我不记得曾经读过或听过有哪一个美洲的野蛮人，在他即将被某个敌对的部族俘虏时，自戕身亡，以免被俘后在敌人的侮辱与嘲弄中被拷打致死。他把他的光荣寄托在以男子汉的气概去忍受那些拷打折磨，以及寄托在以十倍的轻蔑和嘲笑去回敬敌人的那些侮辱。

然而，这种轻蔑生死的态度，以及同时彻底顺从天意的安排，或者说，完全甘心接受人世间的兴衰流变可能带来的每一件事故，却可以被视为整个斯多葛道德哲学架构赖以建立的两条最根本的教义。独立自主、勇敢奋发，但常常是严厉冷酷的爱比克泰德，可被视为前述第一条教义的伟大提倡者；而温和、优雅与仁慈的安东尼纳斯①，则可视为前述第二条教义的伟大

---

① 译注：即 Marcus Aurelius（121—180），公元 161—180 年的罗马皇帝。

提倡者。

那位被义巴弗利蒂图斯解放的奴隶,在他年轻时,遭到一位残忍的主人的傲慢虐待,在他较为成熟时,被性喜猜忌与反复无常的(罗马皇帝)德米雄逐出罗马与雅典,而不得不住在尼科波利斯,并且随时可能被同一位暴君驱逐流放到盖尔若岛,或也许被处死;只能够以在心中培养对人生轻蔑至极的态度来保持他内心的平静。他最为兴高采烈,从而他的雄辩也最为激昂的时候,莫过于当他诉说人生的一切享乐和人生的一切痛苦皆属空无的时候。①

那位秉性善良的皇帝②,身为整个文明世界绝对至高无上的统治者,无疑没有任何独特的理由抱怨他自己的命运,然而,他却乐于表达他对日常的事态发展所感到的满足,乐于指出,甚至在粗俗的观察者不容易看出有什么赏心悦目之处的那些日常的琐事中,也有许多值得我们惊叹的美丽。他指出,甚至在年老时,也和年轻时一样,有一种合宜性,甚至是动人的优雅,老年人的衰弱老朽和年轻人的朝气蓬勃一样符合自然。而且,死亡是年老的一个适当的结束,正如青年之于幼年,或成年之于青年那样。他在另外一个场合说,正如我们常常说,医生指

---

① 译注:爱比克泰德(Epictetus)(参见第196页注1)原本是尼罗(Nero,公元54至68年的罗马皇帝)和德米雄(Domitian,公元81至96年的罗马皇帝)的秘书义巴弗利蒂图斯(Epaphriditus)的奴隶,义巴弗利蒂图斯后来解放了这位未来的斯多葛学派大师。德米雄于公元89年把这位大师逐出罗马,爱比克泰德从此待在尼科波利斯直到老死。爱琴海中的盖尔若岛(今名Nisos)当时是罗马的一个流放罪犯的处所。

② 译注:指前述的安东尼纳斯(Antoninus)。

示某某人去骑马，或洗冷水澡，或赤脚走路那样，我们也应该说，自然女神，这位伟大的宇宙主宰与医生，指示某某人罹患某种疾病，或截断部分手足，或失去一个小孩。听从普通医生的指示，病人吞下了许多苦涩的药剂；接受了许多次痛苦的手术。然而，由于抱着结果可能是健康的希望，尽管这希望非常的不确定，他仍然高兴地顺从所有医生的指示。同样地，病人也可以期望大自然的医生所给的那些最严厉的指示，将有助于他自己的健康，有助于他自己最终的繁荣与幸福，并且他可以完全放心相信，那些指示，对宇宙的健康，对宇宙的繁荣与幸福，对朱比特的伟大计划的推行与促进，不仅有帮助而且更是不可免的必要。如果它们不是这么有帮助，也这么有必要的话，宇宙就绝不会产生它们，无所不知的造物主和宇宙的主宰绝不会容许它们存在。由于宇宙所有同时共存的部分，甚至是其中最微小的部分，全都严密地彼此扣合在一起，并且全都有助于构成一个庞大无比且相互连贯的体系，所以，所有一个接着一个相继发生的事件，甚至是那些表面上最微不足道的事件，全是那一条过去不知道从何开始，将来也不会有结束的伟大因果链当中的成分，而且还是必要的成分，而所有那些事件，由于它们全都必然起因于那个根本的整体安排与设计，所以，不仅对整体的繁荣来说，而且也对整体的延续与保全来说，它们全都是根本上必要的。不论是谁，如果他没诚心诚意地拥抱临到他身上的一切，如果他为临到他身上的事情感到难过，如果他但愿那事情没有临到他身上，那他就是希望，在他能力所及的范围内，阻碍宇宙的运动，破坏那条伟大的因果环环相扣的链条，尽管唯有透过这条因果链的开展，整个宇宙体系才得以延续与保全,因此,他等于是希望,为了他自己渺小的便利,使整部世界机器陷入混乱乃至解体。他在另一个地方说:"喔,世界,凡是适合于你的,都适合于我。凡是对你是合于时宜的,对我来说,就不会太早或太晚。你的时令产生的,全都是我的果实。一切全出于你,一切全属于你,一切全为了你。某人说,喔,心爱的希克洛普斯城①。难道你不会说,喔,心爱的神之城?"

从这些非常崇高庄严的教义中,斯多葛学派的哲学家,或至少是此派的某些哲学家,企图演绎出所有他们的那些与公认的意见相反的议论或反论。

斯多葛学派的智者努力体会伟大的宇宙主宰所持的见解,努力同样以那位神明看待事物的眼光去看待事物。那位神明的神意开展所可能产生的一切不同的事件,在我们看来,有的极为伟大,有的极为渺小,例如,借用蒲伯②先生所说的话,有的宛如一个泡沫的破灭,有的则好比是一个世界的毁灭,但是,在那位伟大的宇宙主宰来说,它们却完全没有什么大小之分,它们同样是他自永恒以来便已命定的那个伟大的因果链中必要的环节,全是同一不会出错的智慧,同一全面与无限的仁慈所造成的结果。同样地,对斯多葛学派的智者来说,所有那些不同的事件也完全没有什么大小之分。没错,在那些事件开展的

---

① 译注:所谓希克洛普斯城(the city of Cecrops)指雅典。

② 译注:Alexander Pope (1688—1744),英国诗人,以讽刺性的史诗 The Dunciad(有人译为《笨伯记》或《群愚史诗》)闻名于世。此处之引文出自 Pope 的 Essay on Man。参见本书第 176 页注 3。

过程中，有某个小小的部门①被分派给他，他自己在其中有小小的一些管理与指挥权。在这部门中，他努力尽他所能地做到行动合宜，努力按照那些他认为已经被指示给他遵守的原则为人处世。但是，他不会焦急地或暴躁地担心，他自己最忠实的努力，结果是否成功或失败。那个小小的部门，那个多少可以说已经托付给他管理的小小的体系，它的极度繁荣或完全毁灭，对他来说，完全无关紧要。如果那些结果取决于他，他肯定会选择繁荣而拒绝毁灭。但是，由于它们并非取决于他，所以他信赖某一高于他的智慧，并且完全安心地相信，实际出现的结果，不论是什么，正是他自己，如果他知道所有事情之间的联系与依存关系的话，肯定会极其认真地与虔诚地希望出现的结果。凡是他在那些原则的影响与指导下所做的，不论是什么，都是同样完美的行为；如果以他们通常用来说明这一点的那个例子为例，那就是，当他伸出他的手指，他便完成了一项，在每一方面，和他为了报效他的国家而牺牲他自己的性命一样应受奖赏，也一样值得赞美与钦佩的动作。正如对伟大的宇宙主宰来说，他的最大的与最小的努力，从一个世界的形成或分解，到一个泡沫的形成或分解，都是同等的容易，同等的值得赞美，并且也全是同一神圣的智慧与仁慈所造成的结果；所以，在斯多葛学派的智者看来，我们所谓伟大的行动，不会比我们所谓渺小的行动需要更多的努力，而是同等的容易，同样出自于完全相同的原则，因此，不论在哪一方面，都不会比所谓渺小的行动更应受奖赏，或值得更高程度的赞美与钦佩。

---

① 译注：这部门是指每个人本人能力所及的范围而言。

正如所有那些已经达到前述那个完美境界的人都是同样的幸福，所以，所有那些只差一点点尚未达到那个境界的人，不论他们是多么的接近那个境界，也都是同样的不幸。他们说，正如一个在水面下不过1英寸的人，不会比一个在水面下100码的人，能呼吸到更多空气。所以，一个尚未完全克服所有私人的、偏爱的和自私的情感的人，一个心中除了诚挚渴望整体幸福之外还有其他任何渴望的人，一个尚未完全从渴望满足他那些私人的、偏爱的和自私的情感，以致使他陷入的那个不幸与混乱的深渊解脱出来的人，不会比一个和那个深渊的出口距离最遥远的人，更能呼吸到自由与独立的新鲜空气，更能享受到智者所享有的那种心安与幸福。正如智者的所有行动都是完美的，而且是同等完美的，所以，尚未达到这个至高的智慧境界的人，他的所有行动都是不完美的，而且，如斯多葛学派的某些哲学家所称，也是同等不完美的。他们说，正如某一条真理不会比另一条真理更真，而某一句假话也不会比另一句假话更假那样，一桩光荣的行动不会比另一桩光荣的行动更光荣，而一桩可耻的行动也不会比另一桩可耻的行动更可耻。正如在打靶时，一个打偏了1英寸的人，和一个打偏了100码的人，是同样的没有命中目标一样，一个在我们看来是最无足轻重的行动上行动不合宜或没有充分理由的人，和一个在我们看来是最重要的行动上行动不合宜或没有充分理由的人，是同样的不完美。例如，一个不适当地或没有充分理由地杀了一只鸡的人，和一个杀了他的父亲的人，是同样的不完美。

如果说前面那两则反论中的第一则看起来实在有些牵强，那么，第二则反论就显然荒谬到不值得任何人认真考虑。它的确是这么的荒谬异常，让人简直禁不住要怀疑它必定是多少已经被误解或被扭曲了。无论如何，我无法容许我自己相信，像芝诺或克瑞安西斯①这样，据说，其雄辩术极其质朴也极其雄壮的人，会是这两则，或其他大部分通常只不过是傲慢的诡辩，而且也不太可能为他们的学说增添什么光彩的那些斯多葛学派的反论的作者，因此，我不打算继续说明它们。我倾向于宁可认为它们出自克里希布斯②之手。没错，他是芝诺和克瑞安西斯的门徒与随从，但根据所有流传至今的关于他的文献史料，他似乎不过是一个卖弄辩证法的学究，没有任何高雅的品位可言。他可能是第一个以满是人为造作的定义、分类和再分类，把他们的教义转变成一套刻板的、流于形式系统的人。要把任何道德的或形而上的教条中或许还含有的些许道理尽数消灭，这也许是一个最有效的办法。这样的人，很可以被认为，会太过于按照字面上的意义，去解读他的老师们在描述品德完美无瑕的人所享有的幸福，以及尚未达到那种品德的人所蒙受的不幸时所采用的某些强烈生动的言辞。

  斯多葛学派的哲学家们一般似乎承认，那些尚未达到完美的品德与幸福的人，本身还是有某一程度的进步。他们把那些有所进步的人，根据他们进步的程度，分成几个不同的类别；他们把各种不完美的，但那些有所进步的人想必有能力实践的

---

① 译注：Cleanthes（331—232 BC），斯多葛学派的第二代首领（262—232 BC）。

② 译注：Chrysippus（280—207 BC），斯多葛学派的第三代首领（233—207 BC）。

美德，不是称为各种的正直，而是称为各种合宜的、适当的、过得去的或相称的行为，全是可以用某个像真的，或可能是真的理由予以合理化的行为。西塞罗以拉丁文"officia"① 表示那些行为，而塞涅卡则是以拉丁文"convenientia"② 表示那些行为，我认为后者比较正确。关于那些不完美的但可以达到的美德，他们的学说，似乎构成了那一门我们可以称之为斯多葛学派的实务道德学的学问。这是西塞罗的《责任论》③ 的主题；据说也是另一本出自马卡斯·布鲁特斯④，但现在已经遗失的著作的主题。

自然女神为我们的行为所勾勒的那个计划与方式，似乎全然不同于斯多葛学派的主张。

根据自然女神的原则，对我们自己在其中还有小小的一些管理与指挥权的那个部门有直接影响的那些事件，或者说，对我们自己、对我们的朋友、对我们的国家有直接影响的那些事件，我们最感兴趣。我们的欲望与厌恶，我们的希望与恐惧，我们的喜悦与悲伤，主要就是那些事件所激起的。倘若前述那些热情，一如它们很容易变成的那样，过于猛烈，自然女神也已预备了一个补救和矫正的办法。真实的或甚至只是想象存在的公正旁观者，即我们心里的那个人的权威，总是会在我们身旁威吓镇压它们，把它们降为适度受到节制的情感。

---

① 译注：拉丁文 officia 是英文 office 的字源，有职务、服务、帮助的意思。

② 译注：拉丁文 convenientia 是英文 convenience 和 convene 的字源，有适切的服务或帮助的意思。

③ 译注：Cicero, *De Officiis*.

④ 译注：Marcus Brutus (85—42 BC)，Julius Caesar 最著名的刺客。

倘若，尽管我们尽了最忠实的努力，所有能影响我们所负责的那部分的事情，结果都是最不幸的与最悲惨的，自然女神也决不会让我们毫无慰藉。那个慰藉不仅可以得自于心里头的那个人对我们的完全赞许，而且，可能的话，也可以得自于一个更高而且更慷慨的原则，得自于坚定地信赖与虔诚地顺从那个主宰所有人生事件的仁慈智慧，只要我们相信，那个主宰绝不会容许那些不幸的事情发生，如果它们对整体的幸福并非是不可免的必要。

自然女神并未指示我们，要把这个崇高庄严的冥想当作是我们生命中的主要职务。她只是把它指出来，给我们当作我们遭逢不幸时的慰藉。但是，斯多葛学派却把它定位为我们生命中的主要职务。该派哲学教我们，除了保持我们自己的心灵秩序良好，以及我们自己的取舍合宜之外，不要认真焦急地看待任何事情，除非那些事情牵涉到某个我们不仅实际上没有，而且也不应该有任何管理或指挥权的部门，亦即，除非牵涉到由伟大的宇宙主宰所管理的那个部门。透过指示我们采取那种完全漠不关心的态度；透过指示我们努力，并非只是节制，而是根绝所有我们个人的、偏爱的与自私的情感；透过指示我们强忍我们自己，不要为任何可能临到我们自己、我们的朋友或我们的国家的不幸产生任何情感，即便是公正的旁观者会感觉到的那种同情的与弱化了的情感，总之，透过这样或那样的指示，它努力要使我们变得完全不在乎，完全不关心每一件切身事情的成功或失败，尽管自然女神指示给我们当作生命中的适当职务的，正是这种切身的事情。

哲学的种种议论，可以说，虽然也许会迷惑与搞乱我们的理解或判断,却绝不可能破坏自然女神在各种因果之间所建立起来的那种必然的联系。尽管有斯多葛哲学的那一切议论与主张,那些自然会激起我们的欲望与厌恶,激起我们的希望与恐惧,或激起我们的喜悦与悲伤的原因,无疑还是会在每一个人身上,按照他的感受性实际发达的程度,产生它们特有的与必然的效果。然而,心里头的那个人的判断,或许会受到那些议论很大的影响;心里头的那个了不起的人,或许会被那些议论教到想要威吓镇压我们所有个人的、偏爱的与自私的情感,使它们或多或少接近彻底的平静。指导心里头那个人的判断,是所有道德学说的主要目的。斯多葛学派的哲学对派下门徒的品行有很大的影响,是无可置疑的,虽然它有时候或许会刺激他们采取不必要的自戕行动,但是,它的一般倾向仍是鼓励他们要有最英勇宽宏与最广慈博爱的行为。

除了这些古代的,还有一些现代的学说,也主张美德在于行为的合宜,或者说,在于引发行为的情感和激起这情感的原因或对象相配。例如,克拉克博士①认为,美德在于按照各种事物之间的关系行动,在于按照某些行动施加于某些事物,或某些行动出现在某些关系中是否相宜或契合,来调节我们的行为;乌勒斯顿先生②认为,美德在于行动时按照事物的真相,按照它们特有的天性和本质,如果它们真的是什么,就把它们当作是什么来对待,如果它们不是什么,就别把它们当作是那

---

① 译注:Samuel Clarke (1675—1729),参见第398页注2。

② 译注:William Wollaston (1660—1724), *Religion of Nature Delineated* (1722) 一书的作者。

什么来对待；而萨夫兹贝里阁下①则认为，美德在于各种情感保持某种适当的平衡，在于不容许任何热情逾越它的适当范围。所有这些学说全都企图说明同一根本的理念，只是它们的描述全都或多或少不太准确。

但是，所有那些学说都没有提出，甚至也没有作态表示要提出任何严谨或明确的标准，能够供我们用来确定或判定情感是否具有这种适当性或合宜性。那个严谨而明确的标准，除了在公正与充分了解情况的旁观者心中的同情感，别的地方是找不到的。

此外，对于美德是什么的描述，在前述每一个学说中，实际提出来的，或至少打算提出来的（某些现代的作者在他们的意思表达能力方面，运气不是很好），无疑是颇为恰当的，如果专就它们所描述的范围而论。没有合宜性，就没有美德，而凡是有合宜性的，便该获得某一程度的赞许。但是，这样的描述仍然是不够完美的。因为，虽然合宜性是每一桩美德行为中的根本要素，却未必是唯一的要素。种种慈善的行为含有另外一种性质，由于有这种性质，它们显得不仅值得赞许，而且也值得报答。对于这种行为似乎值得的那种比较高程度的尊敬，或对于它们自然会引起的那种情感，那些学说中没有任何一个可以轻易或充分地给予说明。而它们对于邪恶是什么的描述，也不见得就比较完整。因为，同样的，虽然不合宜是每一桩恶行中的一个必要的因素，却未必是唯一的因素；反之在一些很

---

① 译注：Anthony Ashley Cooper, 3rd Earl of Shaftesbury（1671—1713），*Inquiry Concerning Virtue*（1699）一书的作者。

无害也很无足轻重的行为中,常常含有极高程度的荒谬与不合宜。一些于我们的同胞有害的行为,如果是蓄意的,除了不合宜之外,还有一种特别属于它们自己的性质。由于有这种性质,它们显得不仅应受谴责,而且也应受惩罚;显得不仅是该被憎恶的对象,而且也是该被怨恨与报复的对象。而对于这种行为让我们感觉到的那种比较高程度的憎恶,那些学说中没有任何一个可以轻易或充分地给予说明。

第二节 论主张美德以审慎为本的学说

主张美德在于审慎,并且还有不少著作流传至今的学说,最古老的,是伊壁鸠鲁的学说。不过,所有他的学说中的主要原则,据说都是他从一些前辈学者,特别是从亚里斯迪布斯①那里抄袭过来的。然而,尽管他的对头有这样的说法,至少他运用那些原则的方式很可能完全是他自己的。

根据伊壁鸠鲁的看法,身体的快乐与痛苦,是我们天生喜恶的唯一终极对象。他认为,它们总是那些热情的自然对象,那是无须证明的。没错,快乐有时候或许会显得适合被避免,但是,不会是因为它是快乐,而是因为如果享受它,我们或者会丧失某个更大的快乐,或者会使我们自己蒙受某个痛苦,而

---

① 译注:Aristippus of Cyrene(435—355 BC),苏格拉底的门徒,后来建立昔兰尼(Cyrenaic)哲学门派,厉行并鼓吹"享乐主义"(Hedonism)。

我们想要避免这个痛苦，甚于我们想要享受那个快乐。同样的，痛苦有时候或许会显得适合被选择，但是，不会是因为它是痛苦，而是因为如果忍受它，我们或者可以避免某个更大的痛苦，或者可以获得某个更大的快乐。因此，他认为，身体的痛苦与快乐，十分显而易见地，总是我们的喜好与厌恶的自然对象。至于它们是那些热情的唯一终极对象，他认为，也是同样有目共睹的。其他任何对象之所以被喜好或被厌恶，在他看来，完全是因为它有助于或倾向于产生身体的快乐或痛苦。有助于获得快乐，使权势和财富成为喜好的对象，而相反的，倾向于产生痛苦，则使贫穷与卑贱成为厌恶的对象。光荣与名誉所以被看重，是因为不论从获得快乐的观点，或者从保护我们免于痛苦的观点来看，同胞们对我们的尊敬与爱戴都是极其重要的。相反，耻辱与坏名誉之所以被避免，则是因为同胞们对我们的憎恨、轻蔑与愤怒，会摧毁一切安全感，并且必然会给我们的身体带来极大的痛苦。

心灵的所有快乐与痛苦，在伊壁鸠鲁看来，最后都源自身体的快乐与痛苦。当心灵想到身体过去的快乐，以及期待身体未来的快乐时，它是快乐的；当它想到身体过去曾忍受的痛苦，以及害怕身体未来会有相同或更大的痛苦时，它是悲惨的。

但是，心灵的快乐与痛苦，虽然最终源自身体的快乐与痛苦，却远远大过它们的源头。身体只感受到目前这一刻的感觉，然而心灵还另外感受到过去的和未来的感觉，前者透过回忆，后者透过预期，因此，心灵不仅承受更多痛苦，也享受更多快乐。当我们蒙受最大的身体痛苦时，他指出，如果我们仔细注意这痛苦，我们总是会发现，主要折磨我们的，并不是目前这一刻的痛苦，而是令人痛不欲生的对于过去的回忆，以及更加令人毛骨悚然的对于未来的恐惧。每一刻的痛苦，如果就其本身而论，如果完全和所有过去的以及所有未来的痛苦分开来看的话，只不过是小事一桩，完全不值得注意。然而，身体所能蒙受的全部痛苦，可以说，也只有这每一刻的痛苦。同样的，当我们享受最大的快乐时，我们总是会发现身体的感觉，即目前这一刻的感觉，只不过是我们快乐中的一小部分；我们的享受主要来自令人高兴的对于过去的回忆，或者来自令人更加高兴的对于未来的期待；心灵的贡献始终是快乐的绝大部分。

  由于我们的快乐与痛苦主要倚赖心灵，因此，如果我们天生的这一部分禀性安排适当，如果我们的思想与见解像它们应该像的那样，那我们的身体受到怎样的影响，就无关紧要。即使身体在极端痛苦中，我们仍然可以享受很大的一份快乐，如果我们的理智和判断保持优势的话。我们可以透过回忆过去和期待未来的快乐来愉悦我们自己。我们可以透过想起什么是我们甚至在这个时候有必要忍受的，来减轻我们的痛苦。因为，我们有必要忍受的，只是身体的感觉，只是目前这一刻的痛苦，而这痛苦单独来说绝不可能是很大的。我们由于害怕这痛苦的延续而所蒙受的一切痛苦，全是心里的某个想法所造成的，是可以透过更恰当的想法予以导正的。我们可以想，如果我们将来的那些痛苦是非常剧烈的，那它们便不太可能持久；而如果它们是很持久的，那它们便很可能是温和的，并且还会有许多缓和下来的空当；而且，无论如何，死神总是在我们附近，随时可以被唤来拯救我们。伊壁鸠鲁认为，死亡会结束一切感觉，不论是痛苦或快乐，因此，死亡不能被看做是一种痛苦。他说，当我们存在时，死亡便不存在；而当死亡存在时，我们便不存在，因此，死亡对我们来说算不了什么。

如果说实际感觉到身体的真实痛苦，就其本身而论，是如此的小到无须害怕，那实际感觉到身体快乐就更加小到不值得贪求。快乐的感觉自然远比痛苦的感觉更不具刺激性。因此，如果说痛苦的感觉，能从一个安排适当的心灵减去的快乐是这么的少，那快乐的感觉就几乎不可能给那样的心灵增添什么快乐。当身体没有痛苦，而心灵也没有恐惧或焦虑时，再添加上去的身体快乐的感觉便只会有极小的重要性，虽然它或许会使快乐多样化，但严格地说，它不可能增加这个情况的快乐总量。

因此，伊壁鸠鲁认为，人生最完美的状态，人生所能享受的最圆满的幸福，就在于身体的安逸，以及心灵的安详或平静。达成此一自然喜好的主要目的，是所有美德的唯一目标。在他看来，一切美德之所以是可喜可贺的，并不是因为它们本身的缘故，而是因为它们有助于完成这个目标。

例如，审慎，根据此派哲学，虽然是一切美德的来源与根本要素，然而，它之所以是可喜的，却不是因为它本身的缘故。那种仔细、费神与慎重的心灵状态，永远留神注意每一项行动的最遥远的后果，如果不是因为有助于取得最大的快乐，并且避免最大的痛苦，仅就其本身而论，不可能是一件开心或愉快的事情。

同样的，放弃享乐，约束与遏制我们自然喜欢享乐的热情，虽然是自我克制或节制的职责，但这职责，就其本身而论，也绝不可能是可喜的。这种美德的价值全来自它的效用，来自它使我们能够延缓眼前的享受以换取未来更大的享受，或者使我们能够避免因为贪图眼前的享受而可能蒙受的更大痛苦。总而言之,所谓节制的美德,不过是着眼于享乐的审慎算计罢了。

刚毅的美德时常引领我们进入的一些情况,譬如,辛苦耐劳、忍受痛苦、面对危险或死亡等等,毫无疑问地,更加不是自然的喜好对象。它们之所以会被我们选上,纯粹是为了避免更大的痛苦。我们认命地辛苦工作,是为了避免贫穷带来更大的耻辱与痛苦,而我们之所以甘愿招来危险乃至死亡,则是为了保护我们的自由与财产,为了保护我们借以获得快乐与幸福的手段和工具,或者是为了保卫我们的国家,而这则是因为我们自己的安全必然包含在我们国家的安全里头。刚毅的美德使我们能够高高兴兴地做这一切事情,把它们当作是我们在目前的处境中所能做的于我们自己最有利的事情,因此,刚毅的美德,实际上只不过是运用审慎、明智与沉着,恰当地辨别衡量各种痛苦、辛劳与危险,并且总是为了避免其中那比较大的,而选择忍受比较小的。

公平或正义也是同样的情形。绝不侵占他人的东西,就这决心本身而论,并不是可喜的;我占有我的东西,毫无疑问,不可能比你占有它,对你更有利。然而,你却应该克制你自己不可占有任何属于我的东西,因为如果你没有那么做,你肯定会激起人类的怨恨与愤慨。你内心的安详与宁静将完全遭到破坏。你的内心将充满恐惧与惊惶,你将不时想到人们随时准备要对你施加惩罚,而在你自己的想象中,这世上绝对没有任何力量,没有任何技巧,也没有任何隐蔽或躲藏的办法,足以保护你免于那惩罚。另外一种意义的公平或正义之所以是可取的,也是基于同样的理由。这种意义的公平或正义在于提供适当的帮助给各种不同的人士，按照他们和我们之间处于什么样的关系，亦即，按照他们和我们的关系是邻居、亲属、朋友、恩人、上司或同辈，而给予不同的适当帮助。在所有这些不同的关系中做出适当的行为，会使我们获得同胞们的敬爱；而没做出适当的行为，则会激起他们的轻蔑与憎恶。透过前一种行为，我们自然会确保我们内在的安乐与平静；透过后一种行为，我们必然会危及我们内在的安乐与平静，而这安乐与平静正是所有我们的喜好的最终与最主要的目标。因此，公平或正义的美德，这个在所有美德中最重要的美德，其全部的价值不过是，在对待我们的邻人时，要有审慎分辨与考虑周详的适当行为。

以上所述就是伊壁鸠鲁关于美德性质的学说。显得令人讶异的是，这位哲学家据说是一位非常和蔼可亲的人，可是他却未曾注意到，不论那些美德或相反的恶行实际对于我们身体的安乐与安全有什么影响，它们自然会在他人身上引起的那些情感和它们的所有其他影响相比，是某种远比较强烈的喜好或厌恶的对象。被人认为和蔼可亲，被人认为可敬，被人认为是尊重的适当对象，比这爱戴、尊敬与尊重可能为我们的身体带来的一切安乐与安全，更受每一个禀性适当的心灵重视；相反，被人认为讨厌，被人认为可鄙，被人认为是义愤的适当对象，比受人憎恶、轻蔑或愤慨可能使我们的身体蒙受的一切痛苦，更为可怕。因此，我们希望拥有前一种性质，以及我们所以厌恶后一种性质，绝不可能是因为我们考虑到那两种相反的性质对我们的身体可能造成什么不同的影响。

这个理论体系无疑和我在前面努力想要建立的那个理论完全不一致。然而，要找出这个理论是从人性的哪一个方面，或者,如果我可以这么说的话,从哪一个观察人性的角度或观点得到它的那种像似真理的性质,倒也不困难。由于造物主的睿智设计,美德,在所有普通的场合,甚至对于今世而言,是真智慧,是最可靠与最便捷的获得安全与利益的手段。我们在事业上的成功或失败,一定非常倚赖一般人认为我们是好人或是坏人,并且非常倚赖那些和我们一起生活的人一般是倾向帮助我们,或是倾向阻扰我们。但是,毫无疑问,想要获得他人的好感,并且避免他人的恶感,最好、最可靠、最容易且最便捷的方法,莫过于努力使我们自己成为好感的适当对象,而不是恶感的适当对象。苏格拉底说,"你希望拥有一个好乐师的名声吗?要获得它,唯一可靠的方法就是努力成为一个好乐师。你希望被人们同样认为有能力做一位将军或做一位政治家来服务你的国家吗?在这场合,最好的方法也是真正学会战争与统治的艺术和经验,成为一位将军或政治家。而同样的,如果你希望被人认为是冷静的、有节制的、正直的与公平的,获得这种名声的最好方法是努力使自己成为一个冷静的、有节制的、正直的与公平的人。如果你真能使自己成为可亲与可敬的人,成为尊重的适当对象,那你就不用担心不会很快获得同胞们的爱戴、尊敬与尊重。"由于美德的行为一般来说是这么的有利,而邪恶的行为则是这么有害于我们的利益,所以,考虑到它们相反的利害趋向,无疑会赋予美德一种附加的美丽与合宜性,并且赋予恶行一种附加的丑陋与不合宜性。节制、宽宏、公正与慈善,于是变得不仅在它们固有的性质下受到赞许,而且也在它们被看成是最高的智慧与最实际的审慎等等附加的性质下受到赞许。同样的,不节制、怯懦、不公正,以及恶意或龌龊的自私等等和上述的美德相悖的恶行，变得不仅在它们固有的性质下受到谴责，而且也在它们被看成是最短视的愚蠢与软弱等等附加的性质下受到谴责。伊壁鸠鲁似乎在每一种美德中只注意到这一种（附加的）合宜性而已。那些努力游说人们行为要守规矩的人，最容易想到的，也就是这种合宜性了。当人们以他们的陋习，甚至也许还以他们的口头禅，明白显示美德固有的自然美大概对他们不会有什么影响力时，还有什么办法可以打动他们的心，除了告诉他们说他们的行为其实很愚蠢，说他们自己最后很可能因为他们的那些愚蠢而倒大霉？

另外，借着把各种美德全归结于这一种合宜性，伊壁鸠鲁也满足了一项嗜好。这项嗜好每个人都会有，但哲学家们尤其倾向以一种特别钟爱的态度去刻意培养它，把它当作是他们的发明才华赖以展现的伟大手段。这嗜好就是，以尽可能少的几个原则，去说明所有不同的现象。当他把天生喜恶的所有根本对象归结于身体的苦乐时，他无疑更进一步地满足了这项嗜好。这位原子论哲学的伟大拥护者，是这么的喜欢从最显而易见与人人知道的因素下手，从微小的物质分子的形状、运动与排列下手，去推论所有物体的力量与性质，所以，当他同样从那些最显而易见与人人知道的感觉下手，去说明心灵所有的感觉与热情时，他无疑也得到了某种类似的满足。

就主张美德在于以最适当的方式求取或避免我们天生喜恶的根本对象而论，伊壁鸠鲁的理论和柏拉图、亚里士多德与芝诺等人的理论是一致的。他的理论在其他两方面和他们的理论不一样；第一，在说明什么是我们天生喜恶的根本对象上；第二，在说明美德何以卓越，或美德为什么该受尊重的理由上，他和他们不一样。

根据伊壁鸠鲁的看法，我们天生喜恶的根本对象全在于身体的苦乐，没有别的。然而，根据其他那三位哲学家，还有许多其他的对象，诸如知识，诸如我们的亲属、我们的朋友和我们国家的幸福，也是我们天生喜好的根本对象，也是我们因它们本身的缘故而喜好的最终对象。

另外，在伊壁鸠鲁看来，美德不值得因它本身的缘故而被追求，美德本身不是我们天生喜好的一个终极目标，美德之所以是可喜的，不过是因为它有助于避免痛苦，以及有助于获得安逸与快乐而已。然而，根据其他那三位哲学家的意见，美德是可喜的，不仅是因为它有助于获得我们天生喜好的其他根本对象，而且更因为它本身是比我们喜好的其他一切对象更有价值的东西。他们认为，人既然天生是个行动者，那么，他的幸福必定不仅在于他被动的感觉称他的心、如他的意，而且也在于他主动的努力本身具有合宜性。

第三节　论主张美德以慈善为本的学说

主张美德在于慈善的学说，虽然我认为它不像所有我已经说明过的那些学说那样古老，不过，它的历史也仍然是非常悠久的。它似乎是和奥古斯都[①]大约同一时代以及其后大部分自

---

① 译注：Augustus Caesar（63 BC—AD 14）。

称为折衷派（Eclectics）的那些哲学家的学说。这派哲学家宣称他们主要追随柏拉图和毕达哥拉斯的主张，因此通常也被人称为后期的柏拉图学派。

根据这些作者的观点，在神性当中，慈善或爱是唯一的行动原则，并主导所有其他属性的发挥与运用。神的智慧被用于找出各种方案，以实现他的慈爱所建议的那些目的，正如无限的神力被用于执行那些方案。然而，慈善仍然是最高的统治属性，所有其他的属性都臣服于它，而神的各种行动的卓越性，或者如果容许我用这样的措辞，神的各种行动的道德性，最后也全都源自慈善。人心的一切完美或美德，在于与神的完美有些类似或联系，或者说，在于充满了同一种影响神的所有行为的慈爱元素。人的行为，只有出于这个动机的，才真正值得赞美，或者说，在神看来，才可以宣称有些优点。唯有透过慈爱的行为，我们才能——可以说和我们的身份相称地——模仿神的行为，才能表达我们谦卑与虔诚的钦佩与赞美他那无限的完美。透过在我们的内心培养同一种神的原则，我们能把我们自己的情感提升到和他的种种神圣的属性较为类似的地步，从而使我们自己变得更为适合接受他的爱与尊敬，直到最后我们达到这派哲学企图使我们升华达到的那个伟大的目的：直接与神交会沟通。

这派学说，从前很受许多基督教神父们尊重，而在宗教改革后，也被好几个最杰出、最虔诚、最有学问，也最和蔼可亲的神学家采用，特别是被剑桥大学的罗夫·卡德沃斯[①]博士，

[①] 译注：Ralph Cudworth（1617—1688），英国神学家。

亨利·摩尔①博士，以及约翰·斯密②先生采用。但是，这派学说的所有拥护者当中，不论古今，已故的哈奇逊③博士无疑是无人可比的、最锐敏的、最清晰的、最富哲理的，而且比什么都更为重要的是，也是最冷静的和最精明的。

  美德在于慈善，是一个得到许多人性现象支持的想法。前文已经指出④，适当的慈善是最高雅悦人的情感，它会引起一种加倍的同情感，从而获得我们的欢心；由于它的行为倾向必然是有益他人的，所以它是感激与报酬的适当对象。基于所有这些理由，我们自然觉得它似乎具有一种高于其他任何情感的价值。另外，前文也曾提到，种种出自慈善或慈悲心的软弱缺失，甚至不会让我们觉得讨厌，然而，其他每一种热情所导致的软弱缺失，却总是极端使人怄气。有谁不厌恶过分的敌意，过分的自爱，或过分的愤怒？但是，最过分放纵甚至是偏私的友爱，却不是这么令人讨厌。唯有慈善的感情可以这样尽情地发挥，无须顾虑或注意是否合宜，而仍然保有某种可爱迷人的氛围。甚至纯粹本能的善意也有其可爱之处，这种善意使人不由自主地立即提供帮助，没有片刻想到他是否会因为这么做而成为人们谴责或赞许的适当对象。其他热情就不是这样。当它们被合宜感遗弃的那一刻，当它们没有合宜感相伴的那一刻，它们就不再讨人喜欢。

---

  ① 译注：Henry More（1614—1687），英国神学家。
  ② 译注：John Smith（1618—1652），英国神学家。
  ③ 译注：Francis Hutcheson（1694—1746）。本书作者大学时期的老师。参见本书第七篇第一章。
  ④ 译注：参见本书第一篇第二章第四节。

正如慈善赋予那些出自慈善的行为一种超越其他一切行为的美丽，所以，缺乏慈善，更不用说和慈善相反的意向，会把一种特殊的丑陋传染给任何证明有这种意向的行为。一些有害的行为之所以被认为是该罚的，往往没有别的理由，只因为它们证明行为人对邻人欠缺充分的慈善注意。

除了这一切，哈奇逊博士还指出，任何原本被认为是出自慈善的行为，一旦被发现涉及其他某种动机，我们觉得该行为很有价值的那种感觉，便会随着那种动机被认为对该行为已造成影响的程度而相应地减弱。如果一项原本被认为是出自感激的行为，后来被发现是出自期望得到某项新的恩惠，或者如果一项原本被认为是出自爱国心的行为，后来被发现是源自希望获得金钱上的报酬，这样的发现肯定会完全破坏那两项行为有什么功劳或值得赞扬的念头。因为混合了任何自私的动机，就好像混合了某种比较贱价的合金那样，会减少或完全消除原本属于任何行为的价值，所以他认为，美德必定仅存在于纯粹无私的慈善。

相反，倘若那些通常被认为是出自自私之动机的行为，被发现是源自某种慈善的动机，这就会大大增强我们认为该行为很有功劳的感觉。如果我们认为某人之所以努力增进他的财富，纯粹是因为他想借他的财富提供友善的帮助，以及适当报答他的恩人，那我们只会更加敬爱他。而这项观察似乎更加证实，能够赋予任何行为以美德之性质者，唯有慈善而已这样的结论。

最后他认为，而这也是此一美德的学说正确无误的一项显而易见的证明。他指出，在所有决疑者（casuists）关于什么是行为正直的辩论中，公益是他们经常引用的标准；他们借此普遍承认，凡是有助于人类幸福的，都是对的，都是值得赞扬的，都是有美德的，而凡是不利于人类幸福的，都是错的，都是该责备的，都是邪恶的。在最近有关消极服从与抵抗权的辩论中，通情达理的人士之间唯一的争执点是，当传统的权利遭到侵犯时，不分青红皂白地一味服从，是否可能比一时的起义造反，会导致更大的不幸。至于凡是大致上最有助于人类幸福的，是否也是道德上所谓好的，他说，从未有人认为是个问题。

由于慈善是唯一能赋予任何行为以美德之性质的动机，所以行为所展示的慈善心越大，属于该行为的赞美也就越崇高。

那些意欲为某一大共同生活体谋求幸福的行为，由于表明了它们的背后有一颗比那些旨在为较小的生活体谋求幸福的行为更加大的慈善心，所以它们也相应比较有美德。因此，最有美德的情感，是那种拥抱一切有理智的生物、以它们的幸福为其志向的情感。相反，在那些还说得上拥有美德的情感中，最不具有美德的，则是那种仅止于意欲为某个人，诸如为某个儿子，为某个兄弟，或为某个朋友谋求幸福的情感。

美德的极致，在于把我们的一切行为导向增进最大可能的幸福，在于使所有比较低级的情感服从于增进人类全体幸福的愿望，在于把自己看成不过是大多数人中的一个，因此自己的幸福，只有在不违背或有利于整体幸福的程度内，才可以追求。

自爱，在任何程度或任何方向上，绝不可能是一种有美德的原则。当它妨碍整体的幸福时，它是邪恶的。当它除了使个人照顾他自己的幸福外别无其他影响时，它只是清白无辜的，虽然它不值得赞美，但也不该招致任何责难。那些尽管有某种强烈的自利动机拉扯牵绊，但仍然被完成的慈善行为，因为那种拉扯牵绊的缘故而显得更有美德。它们表明了慈善心的坚强与饱满。

哈奇逊博士是如此决绝地不承认自爱在某些情况下可能是美德行为的一个动机，以致在他看来，甚至我们在意自我赞许的快乐，在意我们自己的良心给予我们的安慰与赞赏，也会减损我们善行的价值。他认为，那种在意是一种自私的动机，只要它对行为还有所影响，就表明唯一能够赋予人类行为以美德之性质的那种纯粹无私的慈善心还有所不足。然而，在一般人看来，在意我们自己的良心赞许，不仅绝不该被视为会在任何方面减损任何行为的美德价值，反而应该被视为唯一值得以"有美德的"这个形容词来称呼的动机。

以上就是这个和蔼可亲的学说对美德的性质所提出的说明。这个学说有一独特的意向，就是想要助长与支持人类心中最高贵与最和悦的情感，它不仅想要制止自爱的不公不义，而且透过将自爱描述成是那种绝无可能为那些受其影响的人带来任何荣耀的动机，它多少还想要完全打消自爱的念头。

正如其他某些我已经说明过的学说，没有充分说明至高无上的慈善美德特有的卓越性从何而来，同样的，这个学说似乎也有相反的缺点，亦即，对于比较低阶的，诸如审慎、警惕、慎重、节制、忠贞、刚毅等等的美德获得我们赞许的缘由，它并未给予充分的说明。我们种种情感的意图与目的，它们倾向于产生的那些有益的或有害的后果，是唯一在这个学说中曾被注意到的性质。至于它们是否合宜，它们是否和激起它们的原因相配，则完全没被注意到。

另外，关心我们自己私人的幸福与利益，在许多场合，看来也是很值得赞赏的行为原则。节俭、勤劳、慎重、注意与专心，通常被认为是从自利的动机培养出来的习惯，同时也被认为是很值得赞美的品行，值得每个人尊重和赞许。没错，混入自私的动机，似乎往往会玷污那些应该出自慈善的美行。然而，之所以如此的原因，并非在于自爱绝无可能是美行的动机，而是在于慈善在这样的场合显得缺乏它应有的强度，和它的对象全然不搭配。这种慈善的性质，似乎明显的不完美，并且整个来说似乎应受谴责而非赞美。在一向单是自爱便应当足以促使常人做出的行动中，若有某一慈善的动机涉入，确实不是那么容易减弱我们觉得它合宜或减弱我们觉得完成该行动的人是个好人的看法。我们心里没准备怀疑任何人会在自私的情感上有所不足。自私绝非人性中的弱项，或者说，我们不大会怀疑人性不够自私。然而，如果我们真能相信有某个人，若非出于关心他的家人和朋友，他是不肯适当照顾他自己的健康、生命或财产等等单是自保的动机便应当足以促使他照顾的对象的，那么，像他这样的无私，无疑是一种缺点，虽然是一种和蔼可亲的缺点，但是这种缺点使人成为更多的是怜悯的对象，而不是轻蔑或憎恶的对象。然而，这缺点仍多少会减损个人品行的尊严与可敬度。粗心大意与不注重节俭受到普遍的责备，然而，却不是责备它们缺乏慈善的动机，而是责备它们对自己的利益缺乏适当的注意。

虽然行为是否有利于社会福祉与秩序是决疑者常常用来判定行为对错的标准，我们却不能因此推论关心社会福祉是唯一有道德的行为动机，而只能说，和所有其他动机相比，它的重要性应该会压倒它们。

慈善也许是神的唯一原则，而且有好几个并非不可能成立的论证似乎可以说服我们相信事实就是如此。很难想象一个独立且尽善尽美的神，完全不需要任何外在的东西，幸福完全俱足于其自身，还能有什么其他行为动机。但是，不论慈善是不是神的唯一原则，像人这样不完美的生物，需要这么多他身外的东西维持生存，一定还有许多其他行为动机。倘使由于我们生命本质的缘故而常常应当会影响我们如何行为的那些情感或动机，在任何情况下都不可能被认为是有道德的，或不值得任何人尊重与赞赏的，那人的境遇就未免太难堪了。

前述三种学说，即主张美德在于合宜的学说，主张美德在于审慎的学说，以及主张美德在于慈善的学说，是关于美德性质的三种主要的论述。所有其他关于美德性质的学说，不论表面上是怎样不同，都很容易化约成前述三种学说中的某一种。

那种主张美德在于服从神的意志的理论，可以或者被归入主张美德在于审慎的那一类学说中，或者被归入主张美德在于合宜的那一类。如果有人问我们为什么应该服从神的意志时，这问题如果是因为对于我们应该服从神这样的信念有丝毫的怀疑而提出的，那肯定是邪恶与荒谬到了极点，如果不是这样，那就只容许有两个不同的答案。我们或者必须说，我们之所以应该服从神的意志，是因为神的能力无限，如果我们服从他，他会永远奖赏我们，如果我们不服从他，他会永远惩罚我们；或者我们必须说，不论我们是否关心我们自己的幸福，或是否在意任何奖赏与惩罚，在旁观者的眼中，一个创造物服从它的创造者，一个有限的与不完美的存在服从一个具备无限的与不可思议的完美的存在，令人有一种搭配合宜的感觉。除了这两个答案中的某一个或另一个,无法想象这问题还会有什么其他答案。如果第一个答案是适当的答案,那美德就在于审慎,或者说,美德就在于适当追求我们自己的最终利益与幸福;因为我们之所以必须服从神的意志,就是因为这个缘故。如果第二个答案是适当的答案,那美德必定就在于合宜,因为我们必须服从神的理由是,谦卑与顺从的情感和引起这些情感的那种宏伟卓越的存在搭配在一起,有某种合宜性。

另外,那种主张美德在于效用的学说①,也和那种主张美德在于合宜的学说是一致的。根据这种学说,所有那些对本人或他人而言是和蔼可亲的或有益的心性,都是有美德的,是值得赞许的,而相反的心性则是不道德的,是应受谴责的。但是,任何情感是否和蔼可亲或有益,取决于它被允许以何种程度存在。每一种情感都是有益的,只要它被局限在某一中庸的程度,一旦它超出适当的范围,就会变成有害的情感。因此,根据这种学说,美德并不在于哪一种情感,而是在于所有情感都合宜有度。这种学说和我在前面努力建立的那个道德理论之间唯一的不同,在于它把效用,而不是把同情,或者说不是把旁观者心中对应的情感,当作是这种合宜度的自然与根本的标准。

第四节 论善恶不分的学说

所有我在前面说明过的那些学说或理论都假定,不管邪恶

---

① 译注:作者的好友 David Hume 主张这种道德理论。参见本书第四篇第二节第三至五段。

与美德究竟是什么，它们之间有一真实的与根本的差别。例如，在任何情感的合宜与不合宜之间、在慈善与其他任何动机之间、在真正审慎与短视愚蠢或轻率鲁莽之间，有一真实的与根本的不同。另外，所有那些理论也都倾向鼓励值得赞美的，以及抑制应受谴责的性情。

其中某些理论也许真的倾向打破各种情感之间的平衡，使心灵特别向某些行为原则倾斜，超过那些原则该有的分量。古代的那些主张美德在于合宜的学说，似乎主要在鼓吹高贵的、庄严的与可敬的美德，鼓吹自制与克己的美德；鼓吹刚毅，宽宏，不计成败，藐视所有外在的不测，藐视痛苦、贫穷、放逐与死亡。行为最高贵的合宜性，就展现在这些伟大的努力上。相较之下，那些温柔的、和蔼的与亲切的美德，所有宽容仁慈的美德，则很少受重视，并且相反的，似乎被视为，特别是被斯多葛学派视为，只不过是智者心中绝不该窝藏的缺点。

另一方面，主张美德在于慈善的学说，当它倾全力鼓吹与助长所有那些比较温柔的美德时，似乎完全忽视那些比较庄严与可敬的心性。它甚至否定那些心性配称为美德。它称它们为种种道德的能力，并且把它们当成是一些不该和真正所谓的美德并列、一起享有同一种尊敬与赞赏的品行。它把所有那些仅关注我们自身利益的行为原则，尽可能当成更为不好的性质处理。它宣称，那些行为原则，非但它们本身绝无任何价值，而且当它们和慈善的动机合作时，还会减损慈善的价值。它断言，当审慎，只是用来增进私利时，甚至绝不能被想成是一种美德。

另外，主张美德仅在于审慎的学说，当它极力鼓吹小心、警惕、严谨、精明与节制的习惯时，似乎也同样极力贬低和蔼的美德，以及可敬的美德，它似乎剥去了前一种美德的一切美丽，和后一种美德的一切庄严。

但是，尽管有这些缺点，那三种学说中的每一种，仍大致倾向鼓励最好的与最值得赞扬的性情习惯。如果一般人，或甚至那些少数宣称按照某种哲理过活的人，真能以那三种学说中任何一种所提倡的训诫来节制他们的行为，社会肯定会变得更好。我们可以从它们当中的每一种学到一些不仅有价值而且独特的教训。如果真能透过训诫与劝勉，把刚毅与宽宏灌输到心灵里，那么，古代的那些主张美德在于合宜的学说，似乎便足以做到这一点。或者，如果真能以同样的方法，使心地变得和蔼仁慈，鼓舞我们怀着亲切与博爱的情感对待那些与我们一起生活的人，那么，那些主张美德在于慈善的学说为我们描述的一些图像，似乎便能够产生这种效果。伊壁鸠鲁的学说，虽然无疑是所有那三种学说中最不完美的，但是，我们从它那里仍可学到，实践和蔼的美德以及可敬的美德，是多么有助于我们自己的利益，多么有助于我们自己的快乐、安全与恬静，甚至是在今世。由于伊壁鸠鲁主张幸福在于得到快乐与安全，他特别卖力证明，要得到那些无价的财产，美德不仅是最好的与最可靠的，而且是唯一的方法。美德对我们内在的平静与安乐所产生的一些良好的影响，是其他哲学家主要歌颂表扬的对象。伊壁鸠鲁并没有忽略这个题目，只是主要强调那种和蔼可亲的心性，对我们外在的成功与安全会有怎样的影响。因此，他的著作在古代才这么受各门各派的哲学家们重视与仔细研究。主张仅美德便足以确保幸福的西塞罗，是伊壁鸠鲁学派的主要敌人，但是，西塞罗用来支持这项主张的一些最令人欣然同意的论据，却是从伊壁鸠鲁那里借来的。塞涅卡虽然是一位斯多葛学派的哲学家，而且这学派是最反对伊壁鸠鲁学派的，但是他引用伊壁鸠鲁的次数，远多于他引用其他任何哲学家的次数。

然而，另外有一种理论似乎完全泯灭邪恶与美德之间的分际，因此，它的倾向完全是于社会有害的。我指的是曼德维尔①博士的理论。虽然这位作者的想法几乎在每一方面都是错的，然而，人性中的某些现象，若是从某个角度观察，乍看之下，似乎支持他的那些想法。这些现象，经过曼德维尔博士以他那虽然粗鄙、不过倒也活泼幽默的文笔描述与夸大后，给他的理论抹上了一层像真理或可能真实的迷彩，很容易哄骗脑筋胡涂的人。

曼德维尔博士认为，任何基于合宜感，或基于对值得钦佩与赞美的行为怀有好感而做出的行为，都是基于喜爱被人钦佩与赞美，或照他所言，都是基于虚荣心而做出的。他指出，人天生在意他自己的幸福远胜于在意他人的幸福，绝不可能真的在内心里认为他人的成功比他自己的成功更重要。每当他表面上看似这么认为时，我们便大可放心地相信，他其实是想哄骗我们，而且他这时候的行为动机，其实和其他任何时候一样自私。除了在意他自己的幸福，他还有许多其他自私的热情，而虚荣心则是其中最强烈的一种，他总是很容易因为那些在他周遭的人赞美他而满心欢畅、欣喜若狂。当他表面上看似在牺牲他自己的利益以成就同伴们的利益时，他知道，他这样的行为

---

① 译注：Bernard de Mandeville（1670—1733），荷兰出生的医生，后来移居英国，*The Fable of the Bees*, or *Private Vices*, *Public Benefits* 一书的作者。

和他们的自爱一样自私,所以他们一定会给予他最过分的赞美,以表达他们心里的满足。他所期待的来自这种赞美的快乐,据他判断,价值超过他为了得到这快乐而放弃的利益。因此,他的行为,在这场合实际上完全像其他任何场合那样的自私,出于同样卑鄙的动机。然而,他洋洋得意,并且自以为他在这场合的行为是完全无私的,因为他的行为除非被他自己这样认定,否则不论是在他自己或是在他人的眼中,便似乎完全不值得称赞。因此,所有公德心或爱国心,所有喜爱公益甚于私利的行为,在他看来,只不过是对世人的一种蒙骗;被这么大大地夸耀吹嘘,导致人们如此热烈竞相仿效的所谓人性的美德,在他看来,只不过是谄媚赞美和虚荣自傲苟合生出来的孩子。

最慷慨与最有公德心的行为,是否不可以在某一意义上被视为出于自爱的动机?关于这个问题,我不想在这里深究。这个问题的答案,我觉得,对于证明确实有美德这回事,没有任何重要性可言,因为自爱往往可以是美德行为的一个动机。① 我将只努力证明,希望做出可尊敬的与高贵的行为,希望使我们自己成为尊敬与赞赏的适当对象,绝不可能被恰当地称为虚荣心。甚至喜爱名实相符的声望与名誉,希望以真正值得尊敬的品行获得别人的尊敬,也不该被称为虚荣心。前者是喜好美德,这是人性中最高贵最好的热情。后者是喜好真正的光荣,这种热情无疑比前者低一级,但是,它在尊贵的排行榜上显然仅次于前者。虚荣的人希望因为某些品行受到赞美,但是,那

---

① 译注:有兴趣深究的读者,或可参阅 David Hume:*Enquiries Concerning Human Understanding and Concerning the Principles of Morals*, Appendix II of Self-Love。

些品行，或者根本不值得赞美，或者不值得他所期待的那种程度的赞美，如他把他的名声建立在衣着与代步工具等等不足取的一些装饰上，或建立在同样不足取的一些日常举止的优雅体面上。虚荣的人希望因为某些确实很值得赞美的品行而受到赞美，但是，他完全知道那些品行不是他自己的。空洞无知、完全没有实际地位的纨绔子弟，却摆出一副很有身份、地位很重要的样子；愚蠢的说谎者，吹嘘他在一些从未发生过的奇异经历中，是如何的英勇与值得称道；无聊的文抄公，完全没有权利主张某些作品是他的，却装作是那些作品的作者，这三种人可以被恰当地指控犯有虚荣心的毛病。另外有一种人也可以被视为犯了这种毛病，这种人，对于别人在心里头默默地尊敬与赞许他，是不会感到满足的；他似乎喜欢那些感觉被表现出来时的喧闹与欢呼，甚于喜欢那些感觉本身；他永远不会感到满足，除非属于他的赞美在他的耳朵里鸣响；他会焦急执拗地、纠缠不休地、请求人们给予所有突显尊敬的外在标志，他喜欢头衔，喜欢被恭维，喜欢被拜访，喜欢被伺候，喜欢在公共场所被众人带着恭敬讨好的表情给予礼遇和款待。这种不足取的热情，完全不同于前面那两种热情中的任一种，反而是人性中最低级的与最幼稚的热情，正如另外那两种是最高贵的与最伟大的热情。

但是，虽然这三种热情——第一，希望使我们自己成为礼遇尊敬的适当对象，或使我们自己成为值得礼遇尊敬的人；第二，希望以真正值得礼遇尊敬的品行得到礼遇尊敬；第三，由于无聊的虚荣心作祟，无论如何都希望得到赞美——是如此的大不相同，虽然前两种热情总是受到人们赞许，而第三种热情必定会遭到鄙视,然而,它们之间还是存在着些许类似,而就是这种类似,经过这位生气蓬勃的作者以他那幽默逗趣的雄辩术夸大后,得以哄骗读者。虚荣心与喜好真正的光荣之间有一种类似性,因为这两种热情都是想获得尊敬与赞许。但是,它们在这一方面是不同的,即喜好真正的光荣是一种正当的、合理的与公正的热情,而虚荣心则是不正当的、荒谬的与可笑的。一个盼望以真正值得尊敬的品行求得尊敬的人,所盼望的无非是那种他有正当权利获得的东西,而那种东西如果拒绝给他,也一定会对他造成某种伤害。相反,一个盼望在其他条件下求得尊敬的人,所要求的,却是他没有正当资格获得的东西。前一种人很容易感到满足,不太会猜忌或怀疑我们不够尊敬他,并且很少会热切地想获得许多外在的标志,以突显我们确实尊敬他。相反,后一种人,永远不会感到满足,他心中充满猜忌,老是怀疑我们没有照他所盼望的那样尊敬他,只因为他暗地里意识到他所盼望的超过他所应得的。礼仪上最微小的疏忽,会被他当成是不共戴天的侮辱,会被他当成是在表达最毅然决然的藐视。他坐立不安、焦急难耐,永远担心我们已经完全不尊敬他了,因此,总是渴望得到新的表现尊敬的礼遇,除非不断有人逢迎奉承他,否则他便不可能有好心情。

在渴望成为值得礼遇尊敬的人和渴望得到礼遇尊敬之间,亦即在喜好美德和喜好真正的光荣之间也有些许类似性。他们不仅在这一方面彼此类似,即他们两者都是想成为真正值得礼遇尊敬的人,而且甚至在喜好真正的光荣和真正所谓虚荣心比较类似的那一方面,即在牵涉他人心里的感觉方面,他们彼此也有些类似。一个最为宽宏大度的人,即使他是为了美德本身而喜好美德，即使他完全不在乎人们实际对他的评价是什么，然而，他还是乐于想到那些评价应该是什么，亦即他还是乐于意识到纵使他没被尊敬也没被赞美，他仍然是尊敬与赞美的适当对象，而且如果人们是冷静的、正直的、表里如一的，是充分认识他行为的动机与情况的，那么，人们肯定会尊敬他赞美他。对于人们实际对他怀有怎样的感觉，他虽然不在乎，不过对于人们应该怀有的那些感觉，他却极为重视。他的伟大与尊贵的行为，动机全在于可以让他自己认为值得那些尊敬的感觉，并且，不论他人实际对他的品行有什么样的评价，当他设想自己处在他们的位置，并且仔细思量的不是他们的看法是什么，而是他们的看法应该是什么时，他对自己的行为应当总是会有最高的评价。正因为对美德的喜好多少还牵涉他人心里的感觉，虽然不是他人心里实际的感觉，而是他人合情合理应该会有的感觉，所以，就这方面来说，喜好美德和喜好真正的光荣之间仍有某些类似性。然而，在另一方面，它们之间却有很大的不同。一个凡事只顾是对的、是合宜的便去做的人，一个凡事只顾是尊敬与赞许的适当对象，纵使这尊敬与赞许永远不会着落在他身上也会去做的人，他的行为可以说出自人性所可能怀抱的最崇高与最神圣的动机。另一方面，一个虽然希望值得赞许但同时也急着想要得到赞许的人，虽然大体上也是值得赞扬的人，不过，他的动机却混杂有比较多的人性弱点。这样的人很容易因为人类的无知与不公不义而在感情上受伤害，他的幸福很可能因为敌人的妒忌与群众的愚蠢而遭到破坏。另一种人的幸福，相反，则完全安全无虞，完全不受命运的宰制，同胞们的任性善变对他的幸福也不会有任何影响。人类的无知所施加在他身上的那些侮辱与憎恶,他认为并不属于他,他完全不觉得受到屈辱。人类之所以轻蔑与憎恶他,纯粹是因为误解了他的品行。如果他们对他有比较正确的认识,他们肯定会尊敬他喜欢他。严格地说,他们所憎恶与轻蔑的那个人并不是他,而是另一个被他们误以为是他的人。我们的朋友,若是在化妆舞会上扮成我们的敌人被我们遇上了,如果在那种伪装下我们对他发泄了我们的怒气,他一定会觉得有趣而不是气恼遭到我们的羞辱。这样的感觉,就是一个真正宽宏大度的人在他遭到不公正的谴责时会有的感觉。然而,人性很少能够修炼到这样坚定的程度。虽然除了最软弱与最卑鄙的人,不会有人因拥有造假的光荣而感到洋洋得意,不过,由于人性有这么一种奇怪的矛盾,遭人误解的不名誉,往往会使那些看起来最坚决与最刚毅的人感到屈辱。

曼德维尔博士并不满足于把虚荣心这个轻佻的动机描写成所有通常被认为是美德的那些行为的根源。他还努力指出人类美德在其他许多方面的不完美。他宣称,就每一个实例来说,美德始终未达到它自以为达到的那种完全无私的地步,因此,每一桩所谓美德的实例,通常不过是对我们热情的一次隐匿的放纵,而不是一次征服。我们对享乐的任何节制,如果没达到极端苦行禁欲的程度,都被他看成是十足的奢侈与好色。每一样事物,如果超过维持人类性命所绝对必需的程度,在他看来,便都是奢侈品,因此,甚至穿上一件干净的衬衫,或住在一间方便生活的屋子里,也是不道德的。他认为,在最合法的婚姻中放纵性爱的倾向和最有害的满足性爱热情的方式,是一样的好色淫荡,并且嘲笑一般人这么轻松便可以做到的那种节制与贞洁。他那些推论的巧妙诡辩性质，在这里，就像在其他许多场合那样，被语言的含糊性遮蔽住了。我们种种的热情，有些除了突显它们令人不愉快的那个程度的名称外，没有别的名称。那些热情，在这个程度时比在其他任何程度时更容易被旁观者注意到。当它们让他感到震惊时，当它们让他觉得厌恶与不安时，他必然不得不注意到它们，因此自然会促使他给它们取名字。当它们和他自己自然的心情状态相契合时，他很容易会完全忽略它们，因此，或者完全没想到要给它们取名字，或者，如果他给它们取了什么名字，那也更多的是在突显热情受到征服与克制，而不是突显被这么征服与克制后，热情仍被允许存在的那个程度。譬如，通常用来表示喜好享乐与喜好性爱的名称，奢华与肉欲，都在表示那些热情不道德与令人不快的程度。相反，节制与贞洁这两个名词，似乎更多的是在表示那些热情受到克制与征服，而不是在表示它们仍被允许存在的那个程度。因此，当他能够证明它们仍然多少存在时，他便以为，他已经完全粉碎了节制与贞洁的美德存在的事实，并且已经证明了那些美德只不过是在哄骗人性的粗心与单纯。然而，那些美德并不要求我们对它们所要控制的那些热情的对象完全无动于衷。它们只是要约束那些热情的激烈程度，使那些热情不至于伤害个人，也不至于扰乱或冒犯社会。

曼德维尔博士的书①主要的谬误，就在于把每一种激情，不问其强弱与方向，一概说成是完全不道德的。正因为如此，每一样事物，只要是和他人的感觉有所牵连，不管这感觉是他

---

① 原作注：*The Fable of the Bees, or Private Vices, Public Benefits.*

人实际的或是该有的感觉,他都认为是无聊的虚荣事物;而他也正是透过这样的诡辩,得到他最中意的那个结论,即私人的恶行是公众的利益。如果喜欢豪华,喜欢各种优雅的艺术品,喜欢各种改善人类生活的东西,喜欢令人觉得愉快的衣服、家具或代步工具,喜欢有品位的建筑、雕塑、绘画与音乐,甚至就那些处境宽裕,即使放纵这些热情,后果也不会有什么不利的人而言,也应该被视为奢华、好色与炫耀,那么,奢华、好色与炫耀,确实是公众的利益,因为倘使没有他认为应当赋予骂名的那些品行,各种优雅进步的技艺便绝不可能得到鼓励,而且一定会因为缺乏就业机会而凋萎没落。某些在他之前流行的苦行禁欲的学说,主张美德在于完全根绝消灭我们的一切热情,是此一善恶不分的理论的真正基础。对曼德维尔博士来说,要证明下面这两项命题,一点也不困难:第一,人类的情欲从来没有被完全征服根绝过,以及第二,如果所有人类的情欲真的全被根绝消灭了,那么,由于这会终结一切勤劳与买卖,并且在某种意义上终结人生的全部活动,因此,对社会将有很大的伤害。凭着前述第一项命题,他似乎证明了没有真正的美德,而自以为是美德的品行,只不过是对人类的欺诈与蒙骗;凭着前述第二项命题,他似乎证明了私人的恶行是公众的利益,因为如果没有私人的恶行,社会便不可能繁荣兴旺。

以上所述就是曼德维尔博士的理论。这个曾经名噪一时的理论,虽然也许从未给这世界带来更多的败德恶行,不过,它至少教唆了那些出自其他原因的败德恶行更为厚颜无耻地展现在世人的眼前,并且以前所未闻的放荡大胆,旁若无人地招认它们的动机败坏。

但是，不管这个理论看起来是多么的有害，如果它不是在某些方面近乎真实的话，它也绝不可能骗过这么多人，更不可能这么普遍令卫道人士大感震惊。一个自然哲学①方面的理论可能看起来很像是真的，并且长期被世人很普遍地接受，却完全没有事实根据，而且和真实也没有任何近似之处。笛卡尔②的那些漩涡，在总共将近一世纪的时间中，被一个非常聪颖的民族尊为关于天体运行的一个最圆满的说明。然而，现在已经有人证明，而这证明也为全人类所信服，产生那些令人惊奇之结果的这些所谓的漩涡，不仅实际上不存在，而且完全不可能存在，甚至如果它们真的存在，也不可能产生任何被归因于它们的那些结果。但是，道德哲学方面的理论却不可能有这样的境遇。一个宣称要解释我们的道德情感根源的作者，不可能把我们骗得这么彻底，也不可能与真实脱离得如此的遥远，以致完全和真实没有任何近似可言。当某位旅行者描述某个远方的国度时，他也许能够骗过我们的轻信，使我们相信最荒谬最无稽的虚构故事是最确定的事实。但是，当某个人宣称要告诉我们的住家附近或我们天天生活所在的教区发生了什么事情时，这时如果我们是这样的漫不经心以致没用我们自己的眼睛去检视事实，那他也就很可能在许多方面骗过我们，然而，他骗我们相信的那些最大的谎言也必须是和真实有些近似的，甚至必须含有相当多真实的成分。一个讨论自然哲学的作者，当他宣

---

① 译注：今之所谓自然科学（natural science）在18世纪时被人称为自然哲学（natural philosophy）。

② 译注：Rene Descartes（1596—1650），法国哲学家与数学家。

称要说明伟大的宇宙现象发生的原因时,他无疑是宣称要说明在某个非常遥远的国度发生的事情,因此,关于这些原因或事情,他可以爱怎么说就怎么说,只要他所叙述的故事还在似乎有可能发生的范围内,他便无须放弃获得我们相信的希望。但是,当他提议要解释我们的欲望和喜爱的根源,要解释我们觉得赞许或不赞许的缘由时,他宣称,不单是要说明我们生活的教区所发生的事情,而是要说明我们自家里所发生的事情。虽然这时,就像一些懒惰的主人竟然信赖蒙骗他们的管家那样,我们也很可能受骗上当,然而,我们绝不可能相信任何完全不尊重事实的说明。至少某些段落的说明必须是有充分根据的,甚至最为夸大牵强的那些段落也必须有些根据,否则谎言就会被识破,甚至被我们很容易做到的那种草率的检查所揭穿。一个把某项原理讲成是某种自然的情感所以产生之原因的作者,如果该原理和该情感没有任何关联,而且和其他任何有些许这种关联性的原理完全不相似,那么,即使在最不聪明且最没有阅历的读者眼里,他也会显得既荒谬又可笑。

第三章 论各种关于赞许之原理的学说

引 言

在关于美德之性质的研究之后,下一个重要的道德哲学问题是关于赞许之原理,关于究竟是心灵的什么能力或机能,促使我们喜欢或憎恶某些品行,促使我们喜欢某一行为格调而不喜欢另一行为格调,促使我们称其一是对的而称另一是错的,促使我们认为其一是赞许、推崇与奖赏的对象,而另一则是责备、非难与惩罚的对象。

关于道德赞许的原理,历来有三种不同的学说。根据某些学者的观点,我们之所以赞许或非难我们自己的以及他人的行为,纯粹是基于自爱,或者说,纯粹是鉴于那些行为对我们自己的幸福有益或有害;根据另外一些学者的观点,理性,即我们用来辨别真假的那一种能力,也同样使我们能够辨别各种行为与情感的适当与否;还有一些学者的观点是,这种适当与否的辨别,完全是直接感觉的结果,完全来自我们看到某些行为或情感时直接感到满足或憎恶。因此,历来被认为是赞许之原理的，有自爱、理性与感觉三种不同的源头。

在开始说明这三种不同的学说之前，我必须指出，这第二个问题的答案，虽然在理论上极为重要，但在实务上却一点儿也不重要。那些探讨美德之性质的研究，必然会对我们在许多特定场合的是非对错观念产生影响。但是，那些探讨赞许之原理的研究，却不会有这种效果。探讨那些不同的念头或感觉来自我们心中的什么机关或能力，纯然只是一种哲学上的好奇。

第一节　论主张赞许之原理本于自爱的学说

那些从自爱的观点解释赞许之原理的学者，论述的方式并非完全相同，而且所有他们的那些不同的理论都含有许多不清不楚与不正确的地方。根据霍布斯先生①以及他的许多追随者②的观点，人之所以被迫托庇于社会，并非因为他对于他自己的同类有什么自然的爱恋，而是因为如果没有别人的帮助，他就不可能生活得很轻松或生活得很安全。因此，对他来说，社会的存在是有必要的，并且凡是有助于社会屹立不摇与幸福安宁的，他都认为间接有助于他自己的利益；而相反的，凡是可能扰乱或摧毁社会的，他都认为多少会伤害到他自己。美德是人类社会的主要支柱，而恶行则是人类社会的主要乱源。因此，

---

① 译注：Thomas Hobbes（1588—1679），英国哲学家。

② 原作注：包括 Samuel von Pufendorf（1632—1694，德国哲学家）和 Bernard de Mandeville。

对每个人来说，美德是可喜的，而恶行则是可憎的，因为前者让他预见到那个对他的生活舒适与安全是这么有必要的社会倾向繁荣兴旺，而后者则让他预见到那个社会倾向混乱毁灭。

美德有助于增进，而恶行倾向扰乱社会秩序，当我们冷静地、超然地考虑此一事实的时候，它会给美德增添一层非常美丽的光彩，同时也会给恶行涂上一张非常丑陋的面孔，这一点，正如我在前面某个场合指出的①，是无可置疑的。人类社会，当我们从某一抽象超然的观点冥思默想它的时候，似乎就像是一部庞大无比的机器，它那有规律的与协调的转动产生无数可喜的效果。正如就其他任何高尚美丽的人造机器而言，凡是有助于使该机器运转更为平滑顺畅的事物，都会因这种效果而显得美丽；相反，凡是倾向妨碍它运转的事物，则会因那个缘故而讨人厌。所以，美德，好比是保持社会齿轮清洁光滑的亮光粉剂，必然叫人喜欢；而恶行则好比是污秽的铁锈，使社会齿轮彼此尖锐抵触与刺耳摩擦，必然叫人讨厌。因此，这个关于道德赞许与非难的学说，就它把赞许或非难溯源自对社会秩序的关心而论，和我在前面某个场合解释过的那个赋予效用以美丽的原理②并无二致；而它所拥有的一切近似真理的表象，也正是得自那个原理。当那些作者描述文明教养的群居生活，相对于未开化的独居生活所享有的那些数不尽的好处时，当他们详细论述美德与良好的言行规矩对于维持前一种生活是多么的有必要，并且证明败坏伦常与不服从法律的行为盛行将怎样毋

---

① 译注：参见本书第四篇第二节第一和第二段。
② 译注：参见本书第四篇第一节第二段。

庸置疑地倾向使后一种生活重返人间时,他们为读者打开的那些新颖与宏伟的视野令他陶醉着迷;他清楚地在美德当中看到一种新的美丽,并且在恶行当中看到一种新的丑陋,这些美丽与丑陋是他以往从未注意到的,他通常是如此陶醉于他的这个新发现,以至于很少花时间去回想,此一政治学的见解,由于是他在以往的生活中从未想过的,所以绝不可能是他一直习惯于认为美德应予赞许而恶行应予谴责的根本理由。

另外,当那些作者从自爱推论我们关切社会的安宁与幸福,以及我们为了社会的缘故而尊敬美德时,他们的意思并不是说,当我们在我们这个时代赞美小加图的美德,并且厌恶卡特林纳的恶行时①,我们的这些情感是受到我们顾及前者可能带给我们什么好处而后者则可能给我们造成什么损害的影响。根据那些哲学家的的观点,我们之所以尊敬有美德的人,而谴责败德乱纪的人,并非因为我们认为社会的繁荣或混乱,在那久远的年代与国家,对我们自己今日的幸福或不幸有什么影响。他们从未认为,我们的情感会因为我们推想那两种人实际上会给我们带来什么利益或损害而受到影响。他们只是认为,如果我们生活在那久远的年代与国家,我们的情感将会因为我们推想那两人可能给我们带来某些利益或损害而受到影响;或者说,如果我们在我们自己所处的时代遇上了同种性格的人,我们的情感也将会因为我们推想那两种人可能给我们带来某些利益或损害而受到影响。总而言之,那些作者一直在摸索探求的,但一直未能清楚表明的概念,就是我们对于那些因为这两种相反的

---

① 译注:参见本书第六篇第三章第三十段。

性格而受益或受害的人心中的感激或怨恨，所感到的那种间接的同情：当他们说，我们的赞美或愤慨之所以被唤起，并不是因为我们想起我们曾经获得了什么利益或蒙受了什么损害，而是因为我们顾及或想到，如果我们在社会上和那两种人共事，我们很可能会获得某些利益或蒙受某些损害时，他们依稀指向的，就是那种间接的同情。

然而，同情，不论在哪种意义上，都不能被看成是一种自私的性情。没错，也许有人会认为，当我同情你的悲伤或你的愤怒时，我的情感是基于自爱，因为这样的情感源自我使我自己深切领悟你的处境，源自我设想我自己处在你的位置，并且由此怀想我在类似的情况下会有什么样的感觉。但是，虽然同情可以很恰当地被认为是源自我和主要当事人的处境有一虚拟的转换，然而，这个虚拟的处境转换却不应被认为是发生在我还是我自己的那个身份与角色上，而应被认为发生在我换成是我所同情的那个人的身份与角色上。当我因为你失去了独子而对你表示哀悼时，为了和你同感悲伤，我心里边想的，不是我，一个具有如此这般的角色与身份的人，如果我有一个儿子，而且如果那个儿子不幸死了，我会尝到什么痛苦；而是如果我真的是你，如果我不仅和你交换处境，而且也换成是你那样的身份与角色，我会尝到什么痛苦。因此，我的悲伤完全是因为你的缘故，一点儿也不是因为我自己的缘故。因此，它一点儿也不自私。我的同情，甚至不是源自我想到了任何曾经临到我自己的头上，或与我在自己本来的身份与角色上有关的事情，而是完全专注在与你有关的事情上，这样的情感怎能被当成是一种自私的热情？一个男人可以同情一个分娩中的女人，和她同感痛苦,虽然他不可能想象他自己会在他本来的身份与角色上蒙受她的那种痛苦。整个企图从自爱推演出一切道德情感,而且向来是这么的出名,不过,就我所知,却从未被说明得很清楚完整的人性理论,在我看来,似乎是源自没搞清楚同情的概念。

第二节 论主张赞许之原理 本于理性的学说

众所周知,霍布斯先生认为,人类原始的状态是一种战争的状态;而且在公民政府建立之前,人类之间不可能有安全或和平的社会。因此,据他所言,要保全社会,就必须拥护公民政府,而摧毁公民政府就等于是终结社会。但是,公民政府的存在有赖大家服从最高的民政长官。一旦他失去了他的权威,整个政府便完蛋了。因此,正如自保的理由教人们赞美任何有助于增进社会安宁的行为,并且谴责任何可能伤害社会的行为那样,如果人们的想法与言行一致的话,同样的道理也该教人们在所有场合赞美服从民政长官,并且谴责所有不服从与造反的行为。什么是值得赞美的与应予谴责的,和什么叫作服从与不服从,应该是同一回事。因此,民政长官所制定的法律,应该被视为判断是非对错以及公正与否的唯一根本标准。

霍布斯先生公开表明的意图,就是要透过传播这些理念,使人们的良心直接服从公民政府的权威而不是服从教会的权威,因为他所处的那个时代的事例告诉他,教会的骚乱与野心是社会秩序的主要乱源。神学家们因此特别讨厌他的学说，于是免不了极其尖酸刻薄地对他发泄他们的愤怒。所有纯正的道德学家也同样讨厌他的学说，因为该学说认为是非对错之间没有自然的区别，认为是非对错是无常的，是可变的，是完全取决于民政长官恣意独断的意志的。因此，此一学说受到来自四面八方的攻击，受到各式各样的武器攻击，受到冷静的理智以及狂怒的痛骂攻击。

想要驳倒这个如此叫人讨厌的学说，就必须证明，在所有法律或明文的建制之前，人的心灵天生便已被赋予一种能力，能够区别，在某些行为与情感中，有对的、值得称赞的与美好的性质，而在其他一些行为与情感中，则有错的、应予谴责的与邪恶的性质。

卡德沃斯①博士恰当地指出，法律不可能是那些对错区别的根源。因为假定真有这种法律，那么，随之而来的一定是下列两种情况之一，即，或者遵守该法律是对的，而不遵守它是错的，或者我们是否遵守该法律或不遵守它，都无所谓。那种我们是否遵守或不遵守都无所谓的法律，显然不可能是那些对错区别的来源；而且那种遵守是对的而不遵守是错的法律，也不可能是那些对错区别的来源，因为甚至这个遵守它是对的而不遵守它是错的判断，仍须假定有某些对的与错的理念或想法预先存在，并且遵守该法律和那些对的想法同在一边，而不遵守该法律则是和那些错的想法同在另一边。

---

① 译注：Ralph Cudworth（1617—1688），英国神学家，见其所作的 *Immutable Morality* 第一篇第一章。

既然人的心灵在有法律之前便已懂得分辨那些对错，因此，似乎可以推断，心灵必然是从理性得到这种分辨能力的，是理性为心灵指出对错的差别，就像它也为心灵指出真假的差别那样。这个在某些方面虽然是正确的、不过在其他方面却略显草率的结论，在抽象的人性科学还只是处在幼稚的发展阶段，而心灵的各种能力究竟有什么不同的作用与功能也还未被仔细考察与分辨清楚之前，比较容易被接受。当与霍布斯先生的争论还进行得如火如荼的时候，人们没想到心灵还能有什么其他的能力可以产生任何这种分辨对错的念头。因此，那时候流行的学说，主张美德与邪恶的本质不在于人的行为服从或违背某一上级权威的法律，而在于人的行为服从或违背理性，于是理性就被认为是道德赞许与非难的源头与原理。

美德在于服从理性，就某些方面来说，是正确的，而就某一意义来说，理性也可以很恰当地被看作是赞许与非难以及所有稳健的是非判断的源头与原理。我们正是透过理性，才得以发现我们的行为应该遵守的那些概括性的正义规则。而我们也正是透过同一种机能，才得以对什么是审慎的、什么是端正的、什么是慷慨或高贵的，形成一些比（正义的概念）较模糊和不确定的想法。我们经常怀着这些想法在社会上行走，并且努力尽我们所能，按照这些想法来形塑我们的行为格调。概括性的道德箴言，像所有其他概括性的箴言那样，都是从经验归纳整理得来的。我们从许许多多不同的个别案例中，观察什么使我们的道德机能觉得愉快或不愉快，观察什么是我们的道德机能所赞许的或非难的，然后透过归纳整理这些经验，把那些概括性的规则建立起来。但是，归纳整理始终被认为是理性的一种运作。因此，可以很恰当地说，我们是从理性得到所有那些概括性的行为规则与想法的。然而，我们正是用这些规则与想法来约束我们绝大部分的道德判断的；我们的那些判断，如果完全依靠直接的感觉，肯定会极端地摇摆不定，因为直接的感觉变化无常，不同的健康状态或心情常可使它发生根本的变化。由于我们的那些最稳健的是非判断服从理性归纳出来的一些箴言与想法的约束，因此，可以很恰当地说，美德的本质在于服从理性，而且就这一点而言，理性也可以被看成是道德赞许与非难的源头与原理。

虽然理性无疑是那些概括性道德规则的源头，而且也是我们依据那些规则所形成的一切道德判断的源头，但是，如果就此推定是非对错的最初感觉源自理性，甚至是在最初赖以形成概括性规则的那些个别的案例经验中，那就全然荒谬与难解了。这些最初的感觉，以及所有其他赖以形成任何概括性规则的实际经验，都不可能是理性的对象，而是直接感觉的对象。我们是透过在许多不同的事例发现，某一格调的行为经常按一定的方式使我们觉得愉快，而另一格调的行为则经常使我们觉得不愉快，于是逐渐形成概括性的道德规则的。但是，理性不可能使任何特定的事物直接被我们喜欢或被我们憎恶。理性可以使我们看出，某一事物是获得其他某些自然可喜的或可恶的事物的手段，从而使该事物因其他那些事物的缘故而间接被我们喜欢或被我们憎恶。任何事物，不可能因它本身的缘故而被人喜欢或憎恶，除非被直接的感觉辨别为可喜的或可恶的。因此，如果在每一个别的事例中，美德本身必然使我们觉得愉快，而恶行也同样必然使我们觉得不愉快，那么，如此这般地使我们甘心接受前者并且排斥后者的，就不可能是理性，而是直接的感觉了。

快乐与痛苦分别是我们喜好与憎恶的主要对象，但是，区分快乐与痛苦的，却不是理性，而是直接的感觉。因此，如果美德本身就是可喜的，而恶行本身也同样就是可恶的，那么，最初区分美德与恶行的，便不可能是理性，而是直接的感觉。

然而，一方面，由于理性在某一意义上可以被恰当地视为道德赞许与非难的原理，另一方面，也由于粗心大意，以致这些赞许与非难的感觉长期被视为根源于理性的运作。哈奇逊博士的功劳在于，他率先相当精密地区分所有道德褒贬在什么意义上可以说源自理性，以及它们在什么意义上又可以说基于直接的感觉。在他所举的那些有关道德感的例证中，已经把这一点解释得如此的充分，而且，在我看来，如此的不可反驳，以致关于此一课题如果还有什么争论未了的话，那也只能归咎于人们或者没注意到那位绅士所写的东西，或者对某些措辞方式有一种迷信的执着。后面那个缺点在学术界并非罕见，尤其是在一些像眼前这样深奥有趣的课题上，品格高尚的人甚至往往不愿意放弃任何一句他已习惯视为合宜的成语。

第三节　论主张赞许之原理
本于感觉的学说

主张感觉是赞许之原理的学说，可以分成两个不同的类别。
（1）某些学者认为，赞许的原理，建立在某一性质独特的感觉上，建立在当心灵遇到某些行为或情感时所发挥的某种特殊的感觉能力上；某些行为或情感使这个特殊的感觉能力发生某种愉快的感动，而其他一些行为或情感则使这个感觉能力发生不愉快的感动，于是前者被盖上对的、值得赞美的与有美德的性质戳记，而后者则被盖上错的、应予谴责的与邪恶的性质戳记。由于这种感动的性质独特，和其他每一种感动的性质不同，并且是某种特殊的感觉能力所产生的效果，所以他们就给它取了一个特殊的名字，称它为一种道德感。

（2）其他一些学者则认为，要说明道德赞许的原理，并不需要假定有任何新的、前所未闻的感觉能力存在。他们认为，自然女神，在这里，就像在所有其他场合那样，采取了最严格节俭的作法，令同一原因产生许多不同的效果。他们认为，同情，这个始终为人所注意，而人心也显然被赋予的能力，足以说明所有被归因于所谓道德感的效果。

哈奇逊博士曾经费心详细地证明赞许的原理不是建立在自爱的基础上。他也曾经证明赞许的原理不可能来自理性的任何作用。因此，他以为，除了假定自然女神赋予人心某种特殊的能力，再也没有其他的方式可以产生这种既特殊又重要的效果了。当自爱与理性都被排除了以后，他想不出心灵有什么其他已知的能力似乎还多少合乎这个目的要求。

这种新的感觉能力，他称之为一种道德感，并且认为它有几分类似于外表的感觉器官。正如我们周遭的物体，按一定的方式使那些器官发生反应时，显得具有声音、滋味、气味、颜色等等不同的性质那样，人心的各种不同的感动，按一定的方式触碰这种特殊的能力时，也显得具有可亲的与可厌的、正直的与邪恶的、对的与错的等等不同的性质。

这个学说认为，人心的各种简单的念头或认识全来自各种不同的感觉或知觉能力，而这些感觉或知觉能力可以分成两种不同的类别，其中一种被称为直接的或先行的感觉能力，而另一种则被称为反射的或后发的感觉能力。① 直接的感觉能力让人心能够，在没有先行感知到其他任何种类的事物时，对某些种类的事物有所认识或感知。譬如，声音与颜色是某些直接的感觉能力的对象。听到一个声音或看到一种颜色，不需要先行感知到其他任何性质或对象。另一方面，人心透过反射的或后发的感觉能力所感知或认识到的那些种类的事物，需要以先行感知或认识到其他某些种类的事物为其前提。譬如，谐调与美丽是某些反射的感觉能力的对象。要感知到某一段声音的协调或某一种颜色的美丽，我们必须先行感知到那段声音或那种颜色。道德感被认为是一种属于这一类的能力。洛克先生②称之为反思并且认为是人心对各种热情与情绪的简单认识赖以形成的那种能力，根据哈奇逊博士的分类，是一种直接的、内在的感觉能力。另外，让我们得以认识那些热情与情绪的美丽或丑陋，认识它们的善良或邪恶的那种能力，根据哈奇逊博士的分类，是一种反射的、内在的感觉能力。

为了进一步支持这个学说，哈奇逊博士还努力证明它合乎自然的类似原理，说人心被赋予其他许多种反射的感觉能力，完全类似道德感，诸如，我们赖以认识对象外表美丑的那种感

---

① 原作注：Francis Hutcheson, *Treatise of the Passions*.
② 译注：John Locke（1632—1704），英国哲学家。

觉能力；某种所谓对公益的感觉能力，让我们得以和我们的同胞们一起感觉到他们的快乐或痛苦；还有一种对荣辱的感觉能力，以及一种对嘲笑的感觉能力。

但是，尽管这位极富创意的哲学家，为了证明赞许之原理源自某种和外表的感觉器官有几分类似的特殊感觉能力，可以说费尽了心思，然而，却也存在着一些他承认可以从这个学说推衍出来的结果，也许会被许多人认为足以驳倒这个学说。他承认①，属于任何感觉能力之对象的性质，绝不可以被认为属于该感觉能力本身，否则就太荒谬了。有谁想过要称视觉是黑的或白的，称听觉是响亮的或低沉的，或称味觉是甜美的或苦涩的？因此，在他看来，称我们的道德能力是有道德的或不道德的，是正直的或邪恶的，也同样的荒谬。这些性质属于那些感觉能力的对象，而不属于那些感觉能力本身。因此，如果有什么人的心灵长得是如此的荒谬，以至于把残忍与不义当作最高尚的美德予以赞美，并且把公正与仁慈当作最卑鄙的邪恶予以谴责，则这样的一种心灵构造的确可以被视为对这个人和对社会都是不利的，而且它本身也可以被看成是不可思议的、令人惊奇的与不自然的，但是，它却不可以被称为不道德的或邪恶的。

可是，毫无疑问，如果我们看到什么人对着一个残忍的、冤枉的、由某位傲慢自大的暴君下令执行的死刑场面大声鼓掌叫好，我们应该不会认为我们犯了什么严重荒谬的过失，如果我们把这种行为称为极端的不道德与邪恶，尽管那种行为只不

---

① 原作注：*Illustrations upon the moral sense*, sect. I. p. 237, et seq. third edition.

过表示那个人的道德感觉能力败坏，以致荒谬地把那可恨与可恶的死刑执行场面当作是高贵的、宽宏的与伟大的行为给予赞扬。我想，当我们看到这样的一个旁观者时，我们的心肯定会暂时忘了同情那个受难者，而只感觉到极端厌恶与痛恨这样一个该受天打雷劈的家伙。我们对他的痛恨甚至应该会多于对那个暴君的痛恨，后者可能是受到强烈的忌妒、畏惧和怨恨的心理刺激，因此反而比较可以原谅。相反，旁观者的那种感觉则显得毫无来由或动机，因此，是十足彻底的可恶。我们的内心最难体谅的，最憎恨、气愤与排斥的，莫过于这种颠倒错乱的感觉或情感了；我们非但绝不会认为这种心灵构造只不过是有些奇怪或不妥罢了，说不上有什么不道德或邪恶的性质，反而会认为它是最极致与最可怕的道德堕落阶段。

相反，正确的道德（褒贬）情感，看起来总是多少值得赞美的，总是好德性的。某个人，如果他的赞美与谴责，在所有场合都和他所赞美或谴责的对象的高贵或卑劣极其精确地相配，那么，这个人似乎甚至值得我们给予某一程度的道德赞美。我们钦佩他的道德情感细致精确：他的那些情感引领我们自己的判断，它们那种非凡的与令人惊奇的公正性，甚至引起我们的惊叹与赞美。没错，我们未必能够确定一个这样的人，在他自己的行为上，也完全和他在品评别人的行为时一样的精确合宜。美德，除了需要有细致精确的情感，还需要有坚定的习惯与决心。有些人徒然有非常精确完美的道德情感，却不幸欠缺坚定的习惯与决心。然而，这种性情，虽然有时候带有一些缺点，却也绝不可能干出什么卑鄙无耻的罪行，并且是那种可以在上面把美德建立起来的最佳基础。有许多人，虽然用心良善，而且也真的打算尽到他们所想到的义务，却因为他们的道德情感卑鄙粗暴而令人讨厌。

也许有人会说，虽然赞许的原理不是建立在任何与外表的感官有什么类似的感觉能力上，但它仍然可能建立在某一特殊的感觉上，这种特殊的感觉只合乎这个特定的目的要求，而完全没有其他作用。他们也许会说，赞许与非难是我们在看到各种不同的品行时心中会兴起的某些感觉或情绪；而且正如愤怒或许可以被称为一种受到伤害的感觉，或感激可以被称为一种得到恩惠的感觉，赞许与非难也可以很恰当地被称为一种对错的感觉，或被称为一种道德感。

但是，这种解释，虽然可以避免前述那种反对的意见，却会招来其他一些同样无法辩驳的反对意见。

首先，任何一种特别的情绪，不论经历了什么样的变化，仍然会保有某些一般性的特征，而这些辨别它是属于哪一种情绪的一般性特征，总是比它在不同的个案中所经历的任何变化来得更为醒目与引人注意。譬如，愤怒是某种特别的情绪，因此，它的一般性特征，总是比它在不同的个案中所经历的一切变化来得更容易辨别。针对某个男人的怒气，无疑稍微有别于针对某个女人的怒气，而后者又稍微有别于针对某个小孩子的怒气。在这些例子里，一般的怒气因为对象的特性不同而有了不同的局部变化，凡是仔细观察的人都很容易注意到这一点。但是，在所有这些例子里，怒气的一般性特征仍然居于显著的地位。要辨识这些一般性特征，不需要怎样细腻的观察能力；相反，要发现它们的局部变化，则必须有敏锐的注意力。每个人都注意到那些一般性特征，却很少有人观察到那些局部性变化。因此，如果赞许与非难的感觉，就像感激与愤怒那样，是一种特别的情绪，和其他每一种情绪明显不同，那我们便该预期，在赞许或非难的感觉可能经历的所有变化中，它仍将保有那些标志它是属于哪一种情绪的一般性特征，而且这些特征一定是清楚明白的、一目了然的、很容易分辨的。但是，事实却不是这样。当我们在不同的场合赞许或非难时，如果我们仔细注意我们真正的感觉是什么，那我们将发现我们在某一场合的感觉往往全然不同于在另一个场合的感觉，而且在这些感觉当中根本不可能找到什么共同的特征。譬如，当我们看到一种温柔的、敏锐的与仁慈的情感时，打我们的心底升起的那种赞许的感觉，便完全不同于我们被一种伟大的、勇敢的与宽弘的情感打动时，心底升起的那种赞许的感觉。我们在各种不同的场合对那两种情感的赞许也许是十分彻底的，但是，前一种情感使我们的心情变得和蔼，而另一种情感则使我们的心情变得激昂，它们在我们的心中所激起的那些情绪，没有什么相似的性质。但是，根据我一直努力想要建立的那个理论，情形却是必然如此的。由于我们所赞许的那个人的情绪，在那两种场合，彼此是全然相反的，而且也由于我们的赞许源自对那两种相反的情绪的同情，所以，我们在前一种场合所感觉到，和我们在另一种场合所感觉到的，便不可能有什么相似的性质。但是，如果我们的赞许是一种特殊的情绪，和我们所赞许的那些情感没有什么共同的性质，而是源于我们看到我们所赞许的那些情感，就像我们的其他任何一种热情源于我们看到它的适当对象那样，这种情形是不可能发生的。同样的道理也适用于非难的场合。我们对残暴冷酷的憎恶，和我们对卑鄙下流的蔑视，没有什么相似的性质。我们在看到那两种不同的恶行时,我们自己心里的感觉,和他们的情感与行为正被我们打量的那些人心里的感觉,固然是不调和的,不过,却是两种截然不同的不调和。

其次,我已经指出①,不仅人心各种被赞许或被非难的热情或情感,在道德上有好坏之分,而且适当与不适当的赞许,对我们自然的感觉来说,也似乎带有同一种好坏之分。因此,我想问,根据这个理论,我们是怎样赞许或非难适当或不适当的赞许的?对于这个问题,我认为,合理的答案只可能有一个。那就是我们必须说,当我们的邻人对第三人的行为的赞许,和我们自己对那第三人的行为的赞许一致时,我们便会赞许他的赞许;而相反的,当他的赞许和我们自己的感觉不一致时,我们便会非难他的赞许,并且认为他的赞许在道德上多少是不好的。因此,至少在这一个场合,必须承认,观察者与被观察者之间感觉上的一致或对立,构成道德上的赞许或非难。如果在这一个场合事实是这样,那我就要问,为什么在其他每一场合不是这样呢?为什么要设想一种新的感觉能力来解释那些赞许与非难的感觉呢?

对于每一个主张赞许之原理倚赖某种特别的、分明不同于其他每一种感觉的理论,我都将提出下面这个反对的理由:如果有这种感觉的话,那上苍无疑要它成为人性的主宰性原理,然而,迄今却很少有人注意到它,以致在任何语言中都没有它的名字,这就很奇怪了。道德感(moral sense)这个名词是最

---

① 译注:参见本节第九至第十段。

近才形成的,而且迄今也还不能算是正规英语中的一部分。赞许(approbation)这个名词不过是最近这几年才被挪用来特别表示这一类感觉的。就正规的用语来说,凡是让我们觉得完全满足的,我们都可以说我们赞许,譬如,赞许同一栋建筑的形式,赞许一部机器的设计,赞许一盘食物的味道等等。良心(conscience)这个名词并不直接表示任何我们赖以赞许或非难什么的道德能力。没错,良心这个名词假设有某种这样的能力存在,并且恰当地表示我们意识到我们过去的作为符合或违背它的指示。当爱、恨、喜、悲、感激、愤怒,以及其他这么多全被认为臣服于这个主宰性原理的热情,都已经使它们自己重要到足以获得它们的称号时,它们全体的主宰竟然这么不受注意,以致,除了少数几位哲学家,迄今还没有人想到值得给它一个称号,那不是叫人觉得不可思议吗?

  当我们赞许任何品行时,我们自己所感觉到的那些情感,根据我在前面尝试建立的理论,来自四个在某些方面彼此不同的源头。第一,我们对行为人的动机感到同情;第二,我们对因他的行为而受惠的那些人心中的感激感到同情;第三,我们观察到他的品行符合前述那两种同情通常遵守的概括性规则①;最后,当我们把他的那些行为视为有助于增进个人或社会幸福的行为体系的一部分时,它们好像被这种效用染上了一种美丽的性质,好比任何设计妥善的机器在我们看起来也颇为美丽那样。在任何一个道德褒贬的实例中,扣除了所有必须被承认来自这四个原理的那些道德情感后,我将很乐意知道还有什么情

---

① 译注:关于这一点,请参考本书第三篇第四和第五节。

感剩下来，而且我也将爽快地容许这个剩余被归因于某种道德感，或其他任何特殊的能力，只要有人精确地查明这个剩余究竟是什么。如果真有任何这种特殊的原理，或任何像所谓道德感这样特殊的原理存在，那我们或许可以指望在某些特别的实例中感觉到它单独地、个别地、完全和其他任何原理分离地发挥作用，就好像我们时常纯粹地、没有混杂其他任何情绪地感觉到喜悦、悲伤、希望和恐惧那样。然而，我想，根本不可能想象会有那回事。我从未听说这种原理，曾在任何所谓的实例中，能被视为单独地发挥作用，未混杂有同情或反感，未混杂有感激或怨恨，未混杂有关于行为是否和已经确立的规则相符的理解，乃至最后也未混杂有我们对有效用的事物，不论是有生命的或无生命的，一般都会有的那种觉得它们整齐美丽的感觉。

另外有一个理论，也尝试从同情的观点来解释我们的道德情感的起源，它和我一直努力想要建立的那个理论有所不同。这个理论主张美德在于效用，并且以旁观者对效用的受惠者的幸福感到同情，来解释旁观者审视任何品行的效用时所感到的满足与赞许。这种同情，不同于我们对行为人的动机所感到的同情，也不同于我们对因他的行为而受惠的那些人心中的感激所感到的同情。这种同情，和我们赞许一部设计妥善的机器，属于同一种原理。但是，任何机器都不可能是任一种最后提到的那些同情的对象①。在本书第四篇，我已经对这个理论稍微做过说明。

---

① 译注：参见本书第四篇第二节。

第四章 论不同的作者处理道德实务规则的方式

本书第三篇第六节曾指出，正义的规则是唯一精密准确的道德规则；所有其他的道德规则都是松散的、模糊的，以及暧昧的。前者可以被比作文法规则；后者可以被比作评论家对什么叫作文章的庄严优美所定下的规则，比较像是在为我们应该追求的完美提示某种概念，而不是什么确实可靠的、不会出错的指示，供我们借以达成完美。

由于不同的道德规则所容许的精确度是如此的不同，所以，那些努力收集各种道德规则，并且去芜存菁把它们浓缩整理成某种体系的作者，遵循两种不同的方式进行写作：有一类作者彻头彻尾地遵循他们在分类考虑美德时自然会倾向采取的那种松散的方式；而另一类作者则是一味地努力要在他们的道德格言中引进那种唯有某些格言才可能容许的精确度。第一类作者像评论家那样写作，而第二类作者则像文法家那样写作。

(1) 第一类作者（我们可以把所有古代的道德学家算进这一类），满足于以一种概略的方式描述各种不同的邪恶与美德，并且指出前一种禀性的丑陋与不幸，以及后一种禀性的合宜与幸福，但他们从未想到要制定许多精确的规则，可以毫无例外地适用于所有个别的实例。他们只是努力，在文字容许的范围内，尽可能确定：第一，每一种美德所根据的心境究竟是什么，譬如，究竟是什么内在的感觉或情绪构成友爱的精髓，构成仁慈的精髓，构成慷慨的精髓，构成公正的精髓，构成气魄恢弘的精髓，构成所有其他美德的精髓，以及构成和它们相反的那些邪恶的精髓；第二，每一种美德的心境会把我们导向什么样的一般行为方式，或者说，会把我们导向什么样的平常行为格调与取向，譬如，一个友善的人，一个慷慨的人，一个勇敢的人，一个公正的人，以及一个仁慈人，平常会选择怎样的行为。

要描绘每一种美德所根据的心境特征，固然必须有既细腻又精确的笔法，但这种工作并非不可能做到多少还算精确的程度。没错，确实不可能把每一种心境因部分情况有别而可能经历的或应该会经受的变化全部描绘出来。那些变化是无边无际的，语言缺乏可以用来标示它们的名词。例如，我们对老年人所感觉到的那种友爱之情，有别于我们对年轻人所感觉到的那一种友爱之情；我们对态度严峻的人所怀有的那种友爱之情，有别于我们对态度比较柔和的人所感觉到的那一种友爱之情，而这一种友情又有别于我们对一个生性爽朗活泼的人所感觉到的那一种友情。我们对一个男人所怀有的友情，有别于一个女人让我们感觉到的友情，即使其中没有掺杂任何比较下流的热情。有什么作者能够一一列举与弄清楚友情可能经受的这些以及其他一切无边无际的变化呢？但是，它们所共有的那种一般性的友爱与亲密的依恋之情，仍然可以被探查到足够准确的程度。为它所描画的图像，虽然将始终在许多方面是不完整的，却有这样的相似性，足以让我们在与原物相遇时把它认出来，甚至足以让我们把它和其他诸如善意、尊敬、重视、钦佩等等和它颇为相似的情感区分开来。

如果只是要概略地描述每一种美德平常会促使我们采取什么方式的行为，那就更容易了。事实上，要描述美德所根据的内在感觉或情绪，而不触及行为方面的问题，也几乎是不可能的事。语言不可能表达所有呈现在内心里的那些——如果我可以这么说——看不见的情感变化的容貌。此外，没有别的方法标明与区分它们彼此，除了描述它们所产生的外在效果，描述它们在脸色上、在神态上、在外部的行为上导致什么样的改变，描述它们所建议的决心，以及描述它们所提示的行为。西塞罗就是这样，在他的《责任论》的第一册里，努力指引我们实践四项基本的美德，而亚里士多德也是这样，在他的《伦理学》的实务部分里，为我们指出一些不同的习惯，希望我们能用来控制我们的行为，诸如慷慨、庄严、豪迈，甚至滑稽与幽默等等；后头那些性质被那位逍遥放任的哲学家认为有资格排在美德的名单中，不过，我们自然会给予它们的那种轻微的赞许，分量似乎不足以使它们有资格获得如此可敬的美名。

那样的著作为我们呈现生动宜人的言行举止图像。它们透过活泼生动的品行描述，鼓动我们天生爱好美德的性情，增强我们对邪恶的厌恶；它们的那些既公正又精妙的观察评语，往往有助于在行为合宜的认识上，改正与确定我们自然的想法，并且指点我们注意许多微妙的细节，使我们对什么叫作行为正当，养成一种比我们在受到这种教诲之前动辄想到的那一种更为严正的概念。被适当称作伦理学的那一门学问，主要的内涵就在于以这种方式论述各种道德规则；那一门学问，虽然像文艺批评那样，不是一门极其精密准确的科学，却是非常有用而且令人愉快的。在所有学问中，就数它最容许作者发挥修辞与雄辩的技巧，并且，如果这事有可能发生的话，透过那些修辞与雄辩，赋予一些最不足挂齿的义务规则以某种新的重要性。它的那些告诫，经过这样修饰与润色后，能够在年轻可塑的心灵上产生最高贵最持久的印象，并且由于它们契合那个慷慨的年纪自然具有的豪迈胸怀，因此它们至少在一段时间内能够激励最英勇壮烈的决心，从而有助于建立与巩固人心所能感受到的那些最好也最有用的习惯。言教与规劝所能做到的一切鼓舞我们实践美德的效果，都是由这门学问以这种陈述方式做到的①。

（2）第二类道德学家，我们可以把所有中世纪以后基督教会里的那些决疑者，以及所有在本（18）世纪和前一世纪论述所谓自然法理学的那些学者，算在这一类作者里。他们并不满足于以这种概略的方式描述他们建议我们采纳的某些行为格调，而是努力制定一些精密准确的规则来指导我们行为的每一个细节。由于正义是唯一能够被制定这种精确规则的美德，所以，正义是前述那两组不同的作者主要研究的课题。然而，他们论述的方式却大不相同。

那些研究法律原理的学者，只考虑权利人应该认为什么是他自己有权利强求的；什么是每一个公正的旁观者会赞许他强

---

① 译注：在作者眼中，言教与规劝似乎不是培养美德的主要方法。参见本书第三篇第三节第二十一段、第三十六和第三十七段。

求的，或什么是一个法官或仲裁者在受理他的诉讼案件为他主持公道时，应该强迫义务人承受或履行的。另一方面，那些决疑者所琢磨的问题，更多的不是什么是可以被适当地强迫要求的，而是义务人基于最神圣最认真地尊重概括性的正义规则，以及基于最真诚地害怕伤害到他的邻人，或害怕违背他自己的正直人品，应该认为什么是他自己有义务履行的。法理学的目的是制定法官与仲裁者断案的规则。决疑学的目的是制定一个好人的行为规则。透过遵守所有法理学的规则，假定它们的确是这么完美，那我们应得的也不过是免于外来的惩罚。透过遵守决疑学的规则，假定它们是它们应该是的那样，那么，凭着我们的行为精妙正确，我们便应该有资格获得不少赞美。

  常常可能会有这样的情况：一个好人应该认为他自己基于一种神圣的与诚实的对概括性正义规则的尊重，有义务履行某些事项，但若是别人硬要他履行这些事项，或是由法官或仲裁者强迫他履行，却是一种极端不义的行为。举一个陈腐的例子来说：一个拦路抢劫的强盗，以死亡要挟，迫使一个旅者答应给他一笔钱。这样一个以不正当的暴力勒索而来的承诺，是否应该被视为具有约束力，向来是一个备受争议的问题。

  如果我们只把它视为一个法理学的问题，那么，答案便不可能有什么争辩的余地。认为那个强盗有权利使用力量强迫旅者履行承诺，将是荒谬悖理的。勒索该承诺，是一项应受最高惩罚的罪行，而硬要旅者履行承诺，将只是罪上加罪，罪加一等。一个只是被人骗了的人，没有什么立场抱怨受到伤害，如果那个骗了他的人原本可以正正当当地杀了他。如果有人认为法官应该强迫承诺人担起这种承诺的责任，或者认为民政长官应该承认那些承诺具有法律效力,那将是所有荒谬悖理的事情中最荒唐可笑的。总而言之,如果我们只把这问题看成是一个法理学的问题,那么,对于答案是什么,我们便不可能感到茫然困惑。

但是,如果我们把它视为一个决疑学的问题,那么,答案就不是这么容易确定了。一个好人,基于良心尊重那个最神圣的正义规则,尊重那个命令他遵守一切真心承诺的道德规则,是否不该认为他自己有义务履行承诺,至少是一个比较难以确定答复的问题。毋庸置疑,对于使他陷入这种困境的那个无耻之徒是否觉得失望,他不必有任何顾虑,那个强盗没受到他的伤害,因此任何人都不该强迫他做什么事。但是,在这个例子里,他是否可以完全不必顾虑他自己的尊严与荣誉,是否连他的人格中使他崇敬诚实的法则并且对任何近乎背信与撒谎的言行感到深恶痛绝的那一部分,其不可亵渎的神圣性,他也无须顾虑,也许可以比较合理地被当成是一个问题。决疑者因此对这个问题的意见相当分歧。有一派毫不犹豫地断言,对于任何这种承诺,都无须给予什么顾虑,而不这么想的人,只是性格懦弱与迷信。可以算进这一派的作者,在古人中有西塞罗,在近代人中则有普芬道夫①,以及他的注释者巴贝哈克②,尤其还有已故的哈奇逊博士,后者在大多数场合绝不是一个思虑松散的决疑者。另一派作者则持不同看法,他们认为所有这种承诺都具有约束力。我们可以把从前某些基督教会里的神父,以及

---

① 译注:Samuel von Pufendorf (1632—1694),德国哲学家。
② 译注:Jean Barbeyrac,法国哲学家,将 Pufendorf 的著作翻译成法文。

近代某些非常出名的决疑者,算进这一派里。

如果我们根据普通人的感觉来考虑这个问题,那我们将发现,一般人会认为甚至对这种承诺也该给予某些尊重。但是,究竟该给予多少尊重,却不可能依据任何毫无例外适用于所有场合的概括性规则来决定。一个十分轻率做出这种承诺又同样随便违背承诺的人,我们应当不会选来做我们的朋友或伙伴。一个允诺某个强盗5英镑却不履行的绅士,将会招致某些非议。然而,如果允诺的金额非常庞大,那么,应当怎么做,或许就比较难决定。例如,如果支付所允诺的金额将使允诺者的家庭破产,或者,如果那笔金额是如此的庞大,足以促进一些最有用的目的,那么,拘泥于道德细节,把那么大的一笔金钱扔给那种卑鄙下流的人物,便显得多少是一种罪过,至少是极端不恰当的。在一般人的眼中,一个为了遵守对某个强盗的誓言而让自己倾家荡产沦为乞丐的人,或一个为了遵守同样的誓言而扔掉10万英镑的人,即使他负担得起那笔庞大的金额,同样显得极端的不合情理与浪费。这样的浪费,似乎有违他的责任,似乎有违他对他自己以及对别人应尽的义务,因此,似乎绝不是尊重被这样勒索许下的誓言所能认可的举动。然而,这样的誓言究竟应该获得多大的尊重,或者说,这样的誓言最多该付出多少钱,却显然不可能依据什么精密的规则来确定。这会随着双方当事人的性格,随着他们的处境,随着誓言的郑重程度,甚至随着双方遭遇时的某些插曲而有所不同:如果允诺者大量受到有时候可以在最自甘堕落的人物身上发现的那种豪爽英勇的殷勤伺候,那么,他似乎应该支付比其他情况更多的钱。一般来说,严格的合宜性要求遵守所有这种诺言,只要遵守诺言不违背其他某些比较神圣的责任，诸如，不违背公共的利益，不违背我们基于感激，基于自然的亲情，或基于适当行善的法则应该照顾的那些人的利益。但是，就像先前指出的，我们没有任何精密的规则可以确定，基于尊重那些美德的动机，我们该有什么外在的行为，从而我们也就不可能确定，那些美德在什么时候会和遵守这种诺言是相违背的。

然而，该注意的是，一旦违背了这种诺言，即使是基于某些最必要的理由，总是会给许下这种诺言的人带来一些不好的名誉。在那些诺言被许下之后，我们也许可以相信遵守它们是不合宜的。但是，许下那些诺言仍然是一桩多少该受责备的行为。它至少背离了最高尚的恢宏与荣誉的行为准则。一个勇敢的人应该宁死也不愿意许下这种诺言，他若遵守就会显得愚蠢，而若不遵守就会招致不名誉的诺言。这种情境总是会附带一定程度的不名誉。背信与撒谎的恶行是这么危险，这么可怕，同时，纵情于这些恶行又是这么容易，而且在许多场合，是这么的安全，以致我们忌讳它们甚于忌讳几乎任何其他恶行。因此，我们的想象力会给一切背信的行为，不论是在什么情况或场合犯下的，贴上耻辱的标签。它们在这方面和女性失去贞洁的行为类似。基于类似的理由，我们也极端忌讳女性失去贞洁；我们对撒谎背信忌讳挑剔的程度，不亚于我们对女性贞洁的敏感要求。失去贞洁会无可挽回地败坏名誉。无论什么情况、什么理由，都不能为它求情辩解；无论怎样悲伤、怎样后悔，都不能为它赎罪。我们在这方面是这么的挑剔敏感，以致觉得甚至遭到强奸也会败坏女性的名节，即使心灵纯洁无瑕，也无法洗刷身体遭到的污染。违背郑重立誓许下的诺言，即使这诺言是对最卑鄙无耻的人许下的,也是同样的情形。诚实是一种如此必要的美德,以致我们认为,一般而言,即使对那些不值得我们给予其他任何顾虑的人,即使对那些我们认为可以合法处决摧毁的人,我们也应该诚实以待。违背承诺的人,不论他怎样主张他之所以立誓承诺是为了解救他自己的性命,或怎样坚持他之所以毁弃诺言是鉴于遵守诺言将不符合其他某些比较高尚可敬的责任,都不会达到什么辩解的效果。这些情况也许可以减轻,但绝不可能完全清除他的不名誉。在人们的想法里,他显然做错了一件事,这件事和一定程度的羞耻有不可分割的关系。他违背了他曾郑重宣誓他将遵守的诺言;他的人格,即使在本质上没被不可挽回地玷污,至少也被盖上了一个很难完全擦掉的惹人笑话的戳记。我想,不会有人在经历过这种遭遇后,还喜欢告诉别人他的故事。

这个例子很适合说明决疑学和法理学之间的差别在哪里,即使那两门学问研究的都是概括性的正义规则所规范的义务问题。

虽然这个差别是真实且根本的,虽然那两门学问具有截然不同的目的,但研究的主题相同使它们之间具有如此的相似性,以致大部分明言意图讨论法理学的作者,在解决他们所研究的种种问题时,有时候虽是根据法理学的原理,有时候却根据决疑学的原理,而且完全未清楚区别,甚至也许连他们自己也未察觉,什么时候他们所根据的是法理学的原理,以及什么时候他们所根据的却是决疑学的原理。

然而,决疑者的理论绝非仅限于研究我们的良心对概括性正义规则的尊重要求我们尽什么义务。它还涵盖其他许多基督教信仰的和道德的义务。主要导致研发这门学问的原因，似乎是罗马天主教的迷信在社会未开化的蒙昧时期所引进的那种秘密忏悔的习俗。根据那种习俗，每一个人的最秘密的行为，甚至是每一个人的最秘密的想法，当被怀疑背离了基督教的清净规则时，哪怕只有一丁点儿的背离，都必须吐露给听信徒告解的神父知道。而这种神父则会告诉他的那些告解者，他们是否以及在哪方面违背了他们的义务，以及在他能以被冒犯的神的名义赦免他们之前，他们必须忍受什么苦行忏悔。

自觉或甚至只是怀疑自己犯了错，对每一个人来说，都是一种心理负担，而且就那些未因长期习惯作恶而变得心如顽石的人来说，这种心理负担往往会伴随着焦虑不安与恐惧。一般人，在这种苦恼的时候，就像在所有其他苦恼的时候，自然渴望借由向某个他们能够信任保守秘密又有判断力的人倾吐他们心中的苦闷，以便卸下他们觉得压在他们心头的重担。他们因这种告白而蒙受的丢脸，会得到充分的补偿，因为他们倾吐的对象对他们的同情很少不会减轻他们心里的不安。他们觉得宽慰，因为他们发现，他们并非完全不值得尊敬，尽管他们过去的行为该受谴责，但他们目前的意向至少是被赞许的，而这也许足以弥补他们从前的过错，至少足以使他们的朋友对他还怀有一定程度的尊重。有一为数众多与手段巧妙的僧侣团队，在从前那些迷信的时代，巧妙迂回地获得几乎每一个私人家庭的信任。他们拥有那些时代所能提供的一切浅薄的学识，而且他们的行为举止，虽然在许多方面是粗鲁与混乱的，不过，和他们活着的那个时代的一般人相比，却显得优雅与井然有序。因此，他们被视为，不仅是所有宗教信仰义务的伟大导师，而且也是所有道德义务的伟大导师。他们会给有幸和他们相熟的人带来好名声,而显示他们不赞成的印章戳记,则会在所有不幸遭到他们非难的那些人身上盖上最深刻的不名誉。由于他们被看成是行为对错的伟大裁判,所以,人们一有什么踌躇顾忌的事情,便自然会请教他们;对每一个人来说,让别人知道他向那些僧侣倾吐他心里所有令他不安的秘密,以及除非得到他们的劝告与认可,否则他不会采取任何重要或伤脑筋的动作,是一桩很体面的事。因此,那些僧侣不难使一般人尊奉这样的规则,即人们付托给他们裁决的,不仅应该包括那些托付给他们裁决已经变成时髦的事项,而且也应该包括那些虽然托付给他们裁决尚未成为既定的通则,不过通常会托付给他们裁决的事项。于是,要使他们自己具备听信徒告解的资格,变成是僧侣与神学生用功学习的一个必修科目,而他们也因此时常收集整理一些所谓良心的案例,即一些很微妙的、很难取舍的、很难确定行为的合宜点位于何处的情境。如此整理出来的那些著作,他们认为,对那些所谓良心的导师,以及对那些将接受指导的人,或许都有一些用处。决疑学的那些书籍就是这么来的。

  决疑者所研究的道德义务,主要是那些至少在一定程度可以被限定在某些概括性规则内,而违反这些规则自然会带来一定程度的良心呵责,并且会担心将蒙受惩罚。他们的那些著作赖以产生的那种习俗,用意就是要缓解违反这一类义务所带来的良心不安。并非每一种美德的缺失都会伴有严重的良心不安,也不会有什么人向他的神父告解,请求赦免他没有履行他的情况容许他履行的那些最慷慨的、最友善的或最宽宏大度的行为。在这种缺失的场合,被违反的行为规则通常不是很确定的,而且通常也是属于这样的一种性质，即虽然遵守它或许该得到荣誉与奖赏，但违反它却似乎不会招致什么直接的责备、非难或惩罚。这一类美德的发挥，决疑者似乎视为一种超出义务范围外、不能被严格强求的功德，因此，不是他们必须讨论的主题。

因此，出现在听信徒告解的神父裁判席前，并且因那个缘故而落入决疑者的研究范围内的那些违背道德义务的行为，主要有三种不同的类别。

第一类，并且是主要的一类，是违背种种正义规则的行为。这些规则全都是明白确定的，而且违反它们自然会带来该受上帝与人类惩罚的意识，以及将蒙受惩罚的恐惧。

第二类是违背贞节规则的行为。这些行为，在所有比较严重的实例中，都是真正违背正义的行为。任何人，除非对某个他人造成最不可原谅的伤害，否则不能算是犯了什么这方面的罪过。在比较轻微的实例中，当这些行为只不过是违反了两性交往所应遵守的那些正确的礼仪时，它们的确不能被恰当地当成是违反正义的行为。然而，它们通常是违反了某个相当明了的规则，而且，至少就其中一个性别来说，通常会给有这些过失的人带来不名誉，因此，它们通常使耿直认真的人感到一定程度的羞愧与后悔。

第三类是违背诚实规则的行为。值得注意的是，违背诚实，虽然在许多场合确实是违背了正义，不过，却未必一定是如此，因此，并非总是会招致什么外来的惩罚。普通说谎的恶行，虽然是一种非常卑劣下流的行为，却往往无害于任何人。在这样的场合，不论是被骗的人或是他人，都不可能有权利要求报复或赔偿。违背诚实，虽然未必是违背正义，但是，总是违背了某个相当明了的规则,而且也自然倾向使有这种过失的人蒙羞。

年轻的孩子们似乎有一种本能的性向,人们说什么他们就相信什么。自然女神似乎断定,为了他们的保全,他们应该至少在一段时期内,绝对相信那些受托照顾他们的幼年生活以及他们最早的也最必要的一些教育的人。因此,他们的轻信是非常极端的,需要长期且丰富地体验过人类的虚伪,才能使他们变得对人类怀有某一合理程度的怀疑与不信任。各个成年人轻信的程度无疑很不相同。最聪明且最有经验的成年人通常最不轻信。但是,几乎没有哪一个活着的人,不是比他应该的更为轻信,不是在许多场合,不仅相信了最后被证明完全是虚假的流言蜚语,而且还相信了许多只要稍微深思或注意便可以知道很可能不是真实的故事。先天自然的性向是总是相信。只有后天学到的智慧与经验才会教我们不要轻信,而且它们很少把我们教得足够不轻信。我们全体当中最聪明也最谨慎小心的人,往往相信了一些他自己后来不仅觉得丢脸,而且也很讶异他居然会想到要相信的故事。

我们所相信的人,在我们相信他的那些事情上,必然会成为我们的领导者与指挥者,因此,我们会怀着一定程度的尊重与敬意仰望他。但是,正如我们会从钦佩他人变得希望我们自己也受人钦佩一样,我们也会从受人领导与指挥变得希望我们自己也成为领导者与指挥者。而且,正如我们不可能始终满足于只是受人钦佩,除非我们同时能够说服我们自己在一定程度内真的值得钦佩那样,我们也不可能仅满足于只是被人相信,除非我们同时也意识到我们自己真的值得相信。正如向往受到赞美与向往值得赞美,虽然是非常类似,却是两种分明有别的向往，希望被人相信与希望值得相信，虽然也是非常类似，却同样是两种分明有别的希望。

希望被人相信，希望说服、领导与指挥他人，似乎是我们天生最强烈的一种欲望。这种欲望也许是语言，这个人性特有的能力赖以形成的本能。没有其他种动物具有语言能力，而我们也不可能在其他种动物身上看到任何想要领导或指挥其同类判断或行为的欲望。这种想要领导与指挥同类的雄心壮志，这种想要真正出类拔萃、高人一等的愿望，似乎全然是人类特有的欲望，而语言则是这种领导与指挥他人判断与行为的雄心这种想要真正高人一等的愿望赖以实现的伟大工具。

不被相信总是令人感到屈辱气恼的，而当我们怀疑我们之所以不被相信，是因为我们被认为不值得相信、被认为会存心刻意骗人时，我们的屈辱气恼更是加倍。当面斥责某个人撒谎，是所有当面的侮辱中最无法接受的侮辱。但是，凡是存心刻意欺骗的人，他自己必然都会觉得他应当受这种侮辱，他不应被相信，他丧失了一切唯一可以让他在和同侪的交往中觉得自在、舒服或满足的那种被信赖的资格。一个不幸以为没有人相信他的每一句话的人，肯定会觉得他自己是被社会遗弃的人，肯定会非常害怕想到必须走入社会或出现在众人眼前，并且，我认为，几乎肯定会死于绝望。不过，大概不会有什么人曾经有过充分正当的理由对他自己怀有这样羞辱人的看法。我宁愿相信，最恶名昭彰的说谎者，至少光明正大地说了二十次实话，才会有一次存心刻意的撒谎。正如在最谨慎小心的人身上，相信的意向往往胜过怀疑与不信的意向那样，在那些最不在乎诚实的人身上，自然说实话的意向，在大多数场合胜过欺骗的意向，或胜过在任何方面改变或隐藏真实的意向。

当我们碰巧欺骗了他人时，即使我们是无心的，而且是出于我们自己事先被骗了的缘故，我们也会感到气恼悔恨。这种无心的欺骗，虽然往往不是我们有欠诚实或我们在喜爱真实方面有欠完美的记号，不过，它毕竟总是多少标志着我们缺乏判断力、缺乏记忆力、过度轻信以及有点儿鲁莽轻率。它总是使我们说服他人的权威减少，总是会给我们领导与指挥他人的正当性带来一定程度的质疑。然而，一个有时候因为犯错而误导他人的人，和一个会存心骗人的人，还是差得很远。前者在许多场合可以被安心地相信；后者在任何场合很少可以被相信。

心胸坦荡与开阔可以赢得信任。我们信任似乎愿意信任我们的人。我们以为，我们清楚看到了他打算引导我们走上的道路，因此，我们乐于放心接受他的引导。相反，心胸含蓄与隐蔽会产生不信任。我们害怕追随我们不知道要走到哪里的人。另外，对话与交往的主要乐趣，来自感觉与意见的某种调和，来自心灵的某种谐调，好比有这么多乐器彼此一致合拍地吹奏。但是，这种最令人快乐的协调不可能产生，除非感觉与意见有自由的交流沟通。因此，我们彼此都渴望感觉到对方心里的感觉，渴望深入对方的内心，渴望观察真正存在那里的感觉或情感。一个纵容我们的这种自然的渴望的人，一个邀请我们进入他的内心，一个宛如向我们敞开心扉的人，似乎表现出一种比什么都还要令人愉快的好客殷勤。任何人，在平常好心情时，如果他有勇气如实而且没有其他用意地说出他心里真正的感觉，他肯定会讨人喜欢。就是这种毫无保留的诚实，使得甚至小孩子的牙牙学语也讨人喜欢。我们乐于体谅心胸坦率者的见解，不论那些见解是多么的浅薄与不完美；我们会尽我们所能地努力降低我们自己的理解能力以迁就他们的心智水平，尽力顺着他们似乎采取的那种眼光去看待每一个议题。这种想要发现他人心里真正的感觉的激情，天生是这么的强烈，甚至时常恶化变质成一种粗鲁恼人的好奇心，连我们邻人有很正当的理由隐藏的那些秘密，它也想窥视；在许多场合，要控制住这种激情，以及所有其他人性的激情，并且把它降低至任何公正的旁观者可以赞许的程度，需要审慎的美德，以及一种很强烈的合宜感。然而，当这种好奇心被约束在适当的范围时，当它想探知的只不过是那些没有什么正当的理由好隐藏的事实时，那么，使它失望，就会变成是一桩同样粗鲁恼人的事情。一个连我们最单纯无害的问题也规避的人，一个连我们最没有恶意的询问也不给予满足响应的人，一个显然把他自己完全包裹在不可理解的浓重迷雾中的人，可以说，似乎筑了一道墙围住了他的心。我们怀着无害的好奇心，兴冲冲地跑向前，想要进入他的心扉，却突然觉得我们自己被一道最粗鲁也最侮辱人的蛮力推了回来。

　　心胸含蓄与隐蔽的人，虽然很少是一个很和蔼可亲的人，却并非就不受人尊敬，或一定就会遭人轻视。他似乎对我们感觉冷淡，而我们对他也同样感觉冷淡。他不是很受赞美或爱戴，但他也同样不是很受憎恨或谴责。然而，他很少需要为他的谨慎小心感到后悔，并且通常有点儿倾向于自夸他自己的含蓄保留是一种审慎的美德。因此，即使他犯了大错，有时候甚至伤了人，他也很少想要对那些决疑者说明他的情况，或认为有必要得到他们的开脱或赞许。

　　由于消息错误，或由于疏忽，或由于鲁莽轻率，以致在无意间骗了人的人,就未必总是这样。即使那只是一桩无关紧要的事情,例如,只是转述了一则普通的消息,如果他是一个真正珍视诚实的人,他也会为自己的草率感到羞愧,并且一定会抓住第一个机会充分坦承自己的疏忽。如果那是一桩要紧的事,他就会更加后悔;如果他所提供的错误消息导致了什么不幸或致命的后果,那他便几乎不可能饶恕他自己。他虽然在法律上没有罪,却觉得他自己是古人所谓的那种极端罪孽深重的人(piacular)①,并且心急如焚地想要做出每一种在他能力范围内的赎罪动作。这样的人也许常常想要对那些决疑者说明他的情况,而他们也通常对他很好,虽然有时候会公正地谴责他过于轻率,但一般都会为他开脱,使他免于蒙受撒谎的不名誉。

但是,最常需要请教他们的人,是那种说话含混与心态暧昧的人,这种人一方面存心刻意地骗人,却又同时希望自我陶醉恭维自己实际上是个老实人。他们对这种人的态度不一。当他们很赞许他欺骗的动机时,他们有时候会开脱他的罪过,不过,持平而论,他们一般而且还是远远地比较时常谴责他。因此,决疑学著述的主题是正义的规则应该得到什么样的良心尊重;对于我们邻人的生命与财产,我们究竟应该尊重到什么程度;赔偿责任涵盖多大的范围;贞节与谦逊的法则,以及在他们的用语中,所谓的肉欲究竟是什么性质的罪过;诚实的法则,以及誓约、承诺与各种契约应负的责任。

对于决疑者的那些著述,我们大致可以说,他们白费力气地企图以精密的规则指导那些纯属感觉与情趣品位裁决的事项。

---

① 译注:参见本书第二篇第三章第三节第四至五段。

怎么可能根据一般性的规则,在每一个场合丝毫不差地确定,正义感敏锐到何等程度就会开始变成一种无聊与愚蠢的良心过虑?含蓄寡言到了什么地步就会开始变成掩饰欺瞒?宜人的反讽可以进行到什么程度,而反讽又会在哪一个确切的程度开始变质成令人厌恶的谎言?行为举止最多可以自由自在到什么程度而还能被视为优雅合宜?什么时候自由自在会开始变成粗心大意的放肆?关于所有这样的问题,适用于某个场合的答案,很少也适用于其他场合;在每一个场合,随着情况有别,哪怕只有一丁点儿的差异,什么是合宜巧妙的行为,也会有所不同。因此,决疑学的那些书籍通常没啥用处,就像它们通常也令人厌烦那样。对一个偶尔需要参考它们的人来说,它们也不可能有什么用处,即使假定它们的判断都是正当的。因为,尽管它们收集了大量的例子,然而,由于实际上可能发生的情况比它们收集到的还要多出许多种,所以,要在所有那些例子中找到一个和他正在考虑的处境刚好相同的例子,也只能靠运气。一个真的渴望尽责的人必定是非常的愚蠢,如果他居然会以为他很需要参考它们;而对于一个不在乎责任的人,那些著述所采取的风格也不可能唤醒他多多注意责任的那一种。它们当中没有一本倾向鼓舞我们朝向慷慨与高尚的情操。它们当中没有一本倾向软化我们的心肠,使我们变得更温和仁慈。相反,它们当中有许多本倒是相当有助于教导我们怎样昧着良心狡辩;它们那些没有意义的细微区分,倒是有助于使无数巧妙的遁辞合理化,方便我们推托规避一些最根本的责任。他们企图在一些不容许精确的题目上做到的那种无聊的精确性,几乎必然会误导他们陷入歧途,犯下前述那些危险的错误,并且同时使他们的著作枯燥乏味、令人厌烦，充斥许多深奥难解与抽象空洞的区别，反而不可能在读者心中激起任何高尚的情感，尽管道德书籍的主要用处就在于激起那些情感。

因此，道德哲学的两个有用的部分是伦理学与法理学，决疑学应该被彻底摒弃。古代的道德学家的判断显然相对好很多，他们在讨论同样的主题时，并未假装要达到任何这样讲究的精密度，而只是满足于以一种概略的方式，描述正义、谦逊与诚实的美德究竟建立在什么样的情感基础上，以及那些美德情感通常会激励我们采取什么样的行为方式。

某些并非不像决疑学教义的东西，似乎曾经被好几位哲学家尝试论述过。例如，在西塞罗《责任论》的第三册里，就有一些这样的论述。在那里，他像决疑者那样努力为我们许多很棘手的、很难决定行为的合宜点究竟在哪里的问题，提出行为规则。同一册书的许多段落也显示，在他之前有其他好几位哲学家也曾尝试过同样的论述。然而，不论是他或是他们，好像都不是志在提出一套完整的这种规则体系，而只是想说明怎样有可能发生一些特别棘手的情况，让我们无法确定最合宜的行为究竟是在于坚持遵守，还是在于撤回我们平常遵守的责任规则。

每一套制定法（或成文法）体系，都可以被视为尝试迈向一套自然的法律体系（natural jurisprudence），或尝试迈向一套列举周详的正义规则体系，所获致的一个或多或少不完美的结果。由于违背正义是人们绝不肯彼此甘心忍受的行为，所以，民政长官不得不运用国家整体的力量强制人民实践正义的美德。没有这个预防措施，市民社会将变成一座流血混乱的舞台，每一个人每当自认为受到伤害时便会以他自己的双手为他自己报仇雪恨。为了预防这种人人为自己伸张正义所造成的混乱，所有已经获得相当统治权威的民政长官，都保证为其辖下所有人民主持正义，承诺听取与救济每一件伤害的控诉。此外，所有治理良善的国家，不仅任命法官裁断个人间的纠纷，而且为了规范那些法官的裁断，也制定了一些规则。一般来说，那些规则都是有意要符合自然的正义规则的。没错，实际上，它们未必总是符合自然的正义。有时候是所谓国家的体制，亦即所谓政府的利益，有时候则是某些专制垄断政府的特殊阶级的利益，会歪曲一些国家制定的法律，使它们背离自然的正义。在某些国家，人民的粗鄙与野蛮，阻碍自然的正义情操达到，在比较文明进步的国家，自然会达到的那种精密准确的程度。他们的法律，就像他们的举止态度，是那样的粗暴，那样的简陋，以及那样的是非不分。在其他一些国家，不适当的法院审判体制，完全阻碍任何正常的法律体系在他们国内自然地确立起来，尽管一般人民的举止态度也许已经文明进步到容许拥有最精密准确的法律体系了。在所有国家，制定法的判决，都没有在每一个场合完全符合自然的正义感所要求遵守的规则。因此，各个制定法体系，作为人类在不同时代与国家的情感纪录，固然应当享有最大的权威，但绝不能被视为是什么精确的自然正义规则体系。

有人或许会以为，法律学者们，针对不同国家的法律体系内各种不同的缺陷与改进所作的评析，应该已经引发学者们针对什么是自然的正义规则，进行独立于所有人为制定的法律体系之外的探索研究。有人或许会以为，那些评析应该已经导致他们把目标放在建立一套或许可以恰当地称作自然法理学的体系，亦即建立一套一般性的法律原理，这套原理应该贯穿所有国家的法律体系，并且应该是那些法律体系的基础。但是，虽然法律学者们的评析确实在这方面产生一些成果，虽然没有哪一位学者在有系统地讨论任何国家的法律体系时，没在他的著述中夹杂许多这方面的意见，不过，这世界却是直到最近才有人想到这种一般性的法律原理体系，或者说，才有人把法律哲学当作一门独立的、与任何个别国家特有的法律建制无关的学问来研究。在所有古代的道德学家当中，我们找不到任何人尝试迈向周详地列举正义的规则。西塞罗在他的《责任论》里，亚里士多德在他的《伦理学》里，都是以同一种概略论述所有其他美德的方式在处理正义的问题。在西塞罗和柏拉图的法律著述①中，我们本当期待自然会有某些企图，列举那些自然的公平规则，那些应该被每一个国家的制定法体系推动落实的公平规则，然而，实际上却是没有这种企图。他们所讨论的法律是公共政策的法律②，不是正义的法律。格劳秀斯③似乎是第一个企图给这世界提供一套应该贯穿所有国家的法律体系，并且应该是那些法律体系之基础的一般性原理的人；他的战争与和平的法律论文，尽管并非十全十美，也许仍是目前仅见有关这

---

① 译注：指柏拉图的 *Laws*，以及西塞罗的 *De Legibus*。

② 译注：关于公共政策的法律，请参见本书第二篇第二章第三节第十一段所举的战时卫兵的例子。笼统地说，所谓公共政策的法律，不是本于正义（justice）的原则，而是本于权宜或方便（expediency）的原则所制定的法律，旨在促进国家的财富、权力与繁荣。

③ 译注：Hugo Grotius（1583—1645），荷兰法学家，现代国际法的鼻祖。

个主题的最完整的著作。我将在另一门课努力说明法律与政府的一般原理，说明那些原理在不同的时代与社会发展阶段所经历过的各种不同的变革，不仅在有关正义的方面，而且也在有关公共政策、公共收入、军备国防以及其他一切法律标的方面。① 因此，这里将不再对法理学的历史做更详细的说明。

---

① 译注：作者的这个承诺，有一部分，至少就涉及公共政策、公共收入与军备国防的那一部分来说，已在他的另一本巨著《国富论》中实现。剩下有关正义或法理学的那一部分，作者在世时可惜来不及完成，他在这方面的努力，目前仅有他的学生在课堂上所作的笔记（*Lectures on Jurisprudence*）流传于世可供查考。